心灵哲学

[美]威廉姆·贾沃斯基 著
William Jaworski

宋尚玮 译
梅剑华 主编
陈敬坤 宋尚玮 副主编

中央编译出版社
Central Compilation & Translation Press

图书在版编目（CIP）数据

心灵哲学／（美）威廉姆·贾沃斯基著；宋尚玮译. —
北京：中央编译出版社，2024.10
书名原文：Philosophy of Mind：A Comprehensive
Introduction
ISBN 978-7-5117-4722-8

Ⅰ. ①心… Ⅱ. ①威… ②宋… Ⅲ. ①心灵学
Ⅳ. ①B846

中国国家版本馆 CIP 数据核字（2024）第 070971 号

图字:01-2024-1374 号

© 2011 William Jaworski
All rights reserved. Authorized translation from the English language edition published by John Wiley & Sons Limited. Responsibility for the accuracy of the translation rests solely with Central Compilation & Translation Press and is not the responsibility of John Wiley & Sons Limited. No part of this book may be reproduced in any form without the written permission of the original copyright holder, John Wiley & Sons Limited.
Copies of this book sold without a Wiley sticker on the cover are unauthorized and illegal.

心灵哲学

责任编辑	郑永杰
责任印制	李　颖
出版发行	中央编译出版社
网　　址	www.cctpcm.com
地　　址	北京市海淀区北四环西路 69 号（100080）
电　　话	（010）55627391（总编室）　　（010）55625174（编辑室）
	（010）55627320（发行部）　　（010）55627377（新技术部）
经　　销	全国新华书店
印　　刷	北京印刷集团有限责任公司
开　　本	710 毫米×1000 毫米　1/16
字　　数	473 千字
印　　张	29
版　　次	2024 年 10 月第 1 版
印　　次	2024 年 10 月第 1 次印刷
定　　价	128.00 元

新浪微博:@中央编译出版社　　　微　信:中央编译出版社（ID: cctphome）
淘宝店铺：中央编译出版社直销店（http://shop108367160.taobao.com）　（010）55627331

本社常年法律顾问：北京市吴栾赵阎律师事务所律师　闫军　梁勤
凡有印装质量问题，本社负责调换。电话：（010）55627320

序　言

心灵哲学是当代哲学最活跃的领域之一，它是形而上学、伦理学、认识论以及科学哲学和语言哲学等多个领域的研究活动交汇的中心。人们通常将心灵哲学划分为五个研究领域：（1）心与身，（2）意识，（3）心理表征，（4）心理学哲学与神经科学哲学，（5）行为理论。本书重点关注身心问题以及解决身心问题的一系列理论，并借此向读者介绍上述五个研究领域。相较于现有的其他书目，本书的内容更加全面。本书不仅探讨了人们所熟知的实体二元论、物理主义和二元属性论等理论形式，还涉及了其他书目鲜有提及的中立一元论、唯心论和形质论。本书既包含哲学文献中的杰出观点，也涵盖了通常受到冷遇的论证，例如维特根斯坦的私人语言论证，以及对功能主义的具身心智反驳。此外，本书还讨论了神经科学、心理学和认知科学的最新发展如何影响有关身心问题的争论，要知道，这些争论通常都是没有结果的。

本书以非技术性的风格进行写作，主要针对三、四年级的本科生、研究生和感兴趣的专业人员，但我经常用它的部分内容来给一年级本科生授课。每一章的开头都有一个综述，结尾处还附上了扩展读物，因此本书可以很容易地单独使用或与原始资料结合使用。本书包括一个词汇表和许多简单的插图，这些插图对准备板书和 PPT 很有帮助。每个单元的组织方式直截了当，旨在帮助读者直奔当前的主题：问题、理论，以及各自主要的支持和反驳论证。

作为本书的补充，有两章（第 12 章和第 13 章）内容可在 www.wiley.com/go/jaworski 免费在线获得。这两章探讨人与自由意志，因为许多学者喜欢在他们的心灵哲学课程中涉及这些主题。加入这两章使本书成为了一个入门课程中很容易使用的、灵活的教学工具。以下是一个以本书为基础的入门课程大纲。

	周次	主题	章节
心灵哲学	1—2	身心理论、身心问题及心灵哲学基本概念介绍	1.1—1.6 2.1—2.5
	3	实体二元论	3.1
		实体二元论的支持论证	3.2
		交互作用问题	3.5
	4	物理主义	4.1—4.4
		物理主义的支持论证	4.5
		知识论证和感质	4.7—4.8
	5	同一论	5.4
		刘易斯的同一论支持论证	5.6
		多重可实现性论证	6.1
	6	功能主义	6.3
		自由主义反驳	6.7
		中文屋论证	6.8
	7	形质论	10.1—10.6, 10.8, 11.1—11.2
人的哲学	8—10	动物主义	12.1
		构成主义	12.2
		灵魂	12.3
		大脑	12.4
自由意志与决定论	11—14	自由意志与决定论问题	13.1—13.2
		相容论	13.3—13.6
		意志自由论	13.7
		强决定论与强不相容论	13.8

　　本书对哲学文献也有原创性贡献。本书之所以提出形质论，并不只是将其作为一种历史求知，而是将形质论视为一种理论，该理论的中心思想与当前生物学、神经科学和心灵哲学的成果相契合。这里发展的形质论与经典突现论和非还原物理主义的形式有许多相似之处，但它与这些理论在一些重要方面也存在分歧，这些方面使它免受一些标准的反驳理论的抨击。

凡　例[*]

1. 原书中斜体字（除书名外）的部分，在本书中以楷体字表示；原书中黑体字的部分，在本书中也以黑体字表示，以突出作者对斜体字和黑体字所表达内容的强调之意，举例如下。

原书1.2节中有这样一句话：

Mental monism, on the other hand, which is commonly called **idealism**, claims that everything is mental; everything can be exhaustively described and explained using mentalistic concepts such as *belief*, *desire*, and *feeling*.

该句译为：

另外，**心理一元论**通常被称为**唯心论**，它主张一切都是心理的；一切都可以用心理概念如*信念*、*欲望*和*感觉*来全面地描述和解释。

原书中的斜体字 *belief*、*desire*、*feeling* 在本书中以楷体字"*信念*""*欲望*""*感觉*"表示；原书中 **mental monism**、**idealism** 在本书中以"**心理一元论**""**唯心论**"表示。

2. 书中人名用中文翻译，同时保留原名供读者查询相关信息。例如，"Wilfrid Sellars"译为"威尔弗雷德·塞拉斯（Wilfrid Sellars）"。

3. 原书中整段引用使用字号较小的字体标出，译文用仿宋体，英文仍用 Times New Roman 字体。

4. 原书中用于引用或强调的单引号和双引号在译文中均以双引号表示。

---

[*] 凡例为译者所加。

目 录
CONTENTS

第一章 身心理论与身心问题 ········· 001
   综述 ········· 001
   1.1 心灵与大脑 ········· 002
   1.2 身心理论 ········· 005
   1.3 身心问题 ········· 011
   1.4 心物突现问题 ········· 013
   1.5 他心问题 ········· 016
   1.6 心理因果问题 ········· 018
   扩展读物 ········· 021
   注释 ········· 022

第二章 心物区分 ········· 023
   综述 ········· 023
   2.1 心与物的对比 ········· 023
   2.2 物理现象 ········· 024
   2.3 第一人称权威与主体性 ········· 026
   2.4 感质与现象意识 ········· 028
   2.5 意向性、心理表征与命题态度 ········· 030
   2.6 理性 ········· 032
   扩展读物 ········· 033

第三章　实体二元论 035
综述 035
3.1　实体二元论：观点与动机 036
3.2　实体二元论的支持论证 040
3.3　对实体二元论支持论证的反驳 045
3.4　实体二元论与他心问题 052
3.5　交互作用问题 057
3.6　非交互论观点：平行论与偶因论 061
3.7　解释力不足的问题 064
3.8　正确理解实体二元论 066
扩展读物 067
注释 069

第四章　物理主义世界观 070
综述 070
4.1　物理主义的基本主张 071
4.2　物理主义的不同形式：取消论、还原论与非还原论 073
4.3　物理主义理论的含义 076
4.4　物理主义的动机 077
4.5　物理主义的支持论证：以往科学的成功 079
4.6　亨普尔难题 081
4.7　知识论证 085
4.8　感质缺失与感质倒置 088
4.9　意识的表征理论、高阶理论与感觉运动理论 091
扩展读物 102
注释 104

第五章　还原物理主义 105
综述 105
5.1　行为主义 106

  5.2 对行为主义的支持和反驳 …… 109
  5.3 心理话语的理论模型 …… 114
  5.4 心物同一论 …… 116
  5.5 斯马特的同一论论证：奥卡姆剃刀 …… 119
  5.6 刘易斯的同一论论证 …… 120
  5.7 还原论 …… 124
  5.8 多层级世界观 …… 128
  扩展读物 …… 130

第六章 非还原物理主义 …… 133
  综述 …… 133
  6.1 多重可实现性论证 …… 134
  6.2 还原论对多重可实现性论证的回应 …… 138
  6.3 功能主义 …… 140
  6.4 高阶性质 …… 144
  6.5 功能主义与同一论的对比 …… 146
  6.6 功能主义与非还原论共识：实现物理主义 …… 148
  6.7 功能主义的困难：自由主义与感质 …… 153
  6.8 中文屋 …… 160
  6.9 功能主义的具身心智反驳 …… 163
  6.10 金在权的三难困境 …… 165
  6.11 随附物理主义 …… 169
  6.12 排他性论证 …… 174
  6.13 正确理解非还原物理主义 …… 181
  扩展读物 …… 182
  注释 …… 184

第七章 取消唯物主义、工具主义与异常一元论 …… 185
  综述 …… 185
  7.1 取消论的支持论证 …… 186

7.2　取消论的反驳论证 ·················· 192
7.3　工具主义 ·························· 194
7.4　工具主义的支持与反驳论证 ·········· 195
7.5　异常一元论 ························ 197
7.6　异常一元论的支持论证 ·············· 199
7.7　异常一元论的反驳论证 ·············· 205
扩展读物 ······························· 206
注释 ··································· 207

第八章　二元属性论 ····················· 208
综述 ··································· 208
8.1　二元属性论与物理主义及实体二元论的对比 ········ 209
8.2　非机体二元属性论 ·················· 212
8.3　副现象论 ·························· 217
8.4　副现象论的支持论证 ················ 219
8.5　感质存在吗？ ······················ 221
8.6　丹尼特对感质的反驳论证 ············ 226
8.7　维特根斯坦的私人语言论证 ·········· 229
8.8　副现象论的反驳论证 ················ 235
8.9　解释突现：泛心论、泛原心论、心理物理定律与结构 ········ 236
8.10　突现论 ··························· 240
8.11　突现论的支持论证与反驳论证 ······· 243
8.12　正确理解二元属性论 ··············· 250
扩展读物 ······························· 250
注释 ··································· 252

第九章　唯心论、中立一元论与身心悲观论 ········ 254
综述 ··································· 254
9.1　唯心论的类型 ······················ 255
9.2　本体论唯心论的动机与支持论证 ······ 257

9.3 唯心论的反驳论证 …… 262
9.4 中立一元论 …… 264
9.5 中立一元论的支持与反驳论证 …… 265
9.6 身心悲观论 …… 271
扩展读物 …… 275
注释 …… 277

第十章 形质论世界观 …… 278
综述 …… 278
10.1 什么是形质论 …… 279
10.2 形质论世界观 …… 280
10.3 生物构成与功能分析 …… 284
10.4 组织的概念 …… 289
10.5 形质论与多层级世界观 …… 295
10.6 形质论与物理主义及经典突现论的对比 …… 298
10.7 因果多元论 …… 300
10.8 形质论的支持论证 …… 307
扩展读物 …… 314
注释 …… 315

第十一章 心的形质理论 …… 317
综述 …… 317
11.1 社会及环境交互作用的模式 …… 320
11.2 拒斥内在心灵 …… 325
11.3 外在论 …… 328
11.4 内在经验与感觉运动探索 …… 332
11.5 析取论 …… 335
11.6 直接访问、模式识别与他心问题 …… 341
11.7 心理语言：模式表达与模型理论 …… 344
11.8 形质论与行为主义 …… 349

11.9　具身 ·· 350
11.10　形质论与心物二分 ································· 353
11.11　形质论与心理因果问题 ···························· 354
11.12　形质论与心物突现问题 ···························· 362
11.13　心的形质理论的支持与反驳论证 ················ 363
扩展读物 ··· 365
注释 ·· 367

词汇表 ·· 369

参考文献 ··· 405

致　谢 ·· 429

索　引 ·· 430

第一章　身心理论与身心问题

综述

身心理论和身心问题是心灵哲学的核心内容。身心理论就心理现象和物理现象如何关联提出了多种不同的理解方式。这些理论总体上可划分为两大阵营：一元论与二元论。一元论主张，只存在一种基本事物。物理一元论或物理主义（physicalism），正如其名称一样，主张所有的事物都是物理事物；所有的事物都可以通过物理学进行全面描述和解释。心理一元论通常被称为"唯心论"（idealism），它主张所有的事物都是心理事物——所有的事物都可以通过我们的前科学的心理概念进行全面描述和解释。最后，中立一元论（neutral monism）主张，所有的事物都是中立的；所有的事物都可以通过一个概念框架进行全面地描述和解释，而这个概念框架既非心理的也非物理的，它是中立的。

与一元论不同，二元论并不认为只利用单一的概念框架就足以描述和解释一切事物。相反，对事物进行完备的描述和解释需要使用心理和物理两个概念框架。于是，个体可以具有两种本质上截然不同的性质：心理性质和物理性质。心理性质由心理概念框架中的谓词表示，物理性质则由物理概念框架中的谓词表示。在二元论中，二元属性论（dual-attribute theory）主张，同一个体既具有心理性质也具有物理性质。实体二元论（substance dualism）并不这么认为，该理论主张同一个体不可能既具有心理性质又具有物理性质。在实体二元论者看来，像你我这样的心理存在（mental beings）根本不具有物理性质，而像人的躯体这类物理存在（physical beings）也不具有心理性质。这意味着不仅存在两种截然不同的性质，而且存在两种本质上截然不同的事物：只具有心理性质的事物，以及只具有物理性质的事物。

除了上面提到的理论，还有另外三种理论，它们不属于一元论和二元论这两大主要阵营：工具主义（instrumentalism）不在两个阵营之中，因为它否认对心理话语的实在论理解；身心悲观论（mind-body pessimism）不在两个阵营之中，因为它不认为我们有可能就心理现象和物理现象如何关联给出完全令人满意的解释；形质论（hylomorphism）也不在两个阵营之中，因为它不认为人类的行为通过心理—物理区分就能得到准确的描述。

所有的身心问题都具有两个共同特征：一是在心理现象与物理现象之间做出区分，二是身心问题的前提使人们很难理解心理现象与物理现象是如何关联的。他心问题就是个例子。它使人们很难理解，我们如何能够通过对他人行为的认识而知道他人的思维和感觉。心物突现问题（the problem of psychophysical emergence）使人们很难洞悉，如果世界本质上是物理的，心理现象如何可能存在，而心理因果问题（the problem of mental causation）则使人们很难看出，心理现象与物理现象如何能够像它们所表现出来的那样产生相互作用。

1.1 心灵与大脑

当外科医生打开颅骨并切开硬脑膜后，里面的大脑便呈现在人们眼前。它与病人的心跳同步轻轻跳动着。病人是12岁的理查德（化名）。他出生时难产，但在癫痫发作之前，一切都很正常。癫痫治疗了三年都不见好，理查德和他的父母在经过几个月的痛苦抉择之后不得不做出选择。医生打算切除他的一部分大脑组织——理论上说，正是这部分大脑组织导致他癫痫发作。但困难在于，我们必须精准地确定那是什么部位，并且要在不损害周围组织的情况下移除它，以确保理查德依旧拥有说话大笑、认人记事、弹琴、辨味的能力。

理查德接受了局部麻醉，医生切开了他的头皮，现在理查德适度地服用了镇静剂，不过仍然处于清醒和有意识的状态。主治医生开始用两个带电流的金属探针一个接一个地触碰脑组织。根据理查德的症状,他猜测这就是癫痫发作的源头。癫痫刚发作时的情形都一样:一种彩色三角形的经验——就像明光的余像,只是更为清晰。然后理查德会对周围的环境感到困惑,看到有人拿着枪向他走过来。那些目睹理查德经验这些过程的人可以从他的声音中听到恐惧,也可以从他的脸上看到恐惧,因为他的眼睛和头部一直从右到左来回摆动,似乎是在追踪房间里那些人的行踪。

医生一边触碰理查德的脑组织,一边仔细观察他的行为,并且让他描述所经验的种种变化。刺激某一特殊区域后,理查德惊讶地说道:"哦,天啊,强盗们拿着枪向我跑过来了!"过了一会儿,重复该刺激,"是的,强盗们,他们在追我……哦,天啊!他们在那儿,我哥哥在那儿。他正用气枪瞄准我。"理查德的眼睛慢慢向左移动……[1]

前面的故事描述了神经外科医生威尔德·潘菲尔德(Wilder Penfield,1891—1976)做的一台真实的手术。潘菲尔德做了开创性的工作,用电刺激定位大脑的功能区域以便治疗像理查德这样的病人。他详细记录了自己的观察情况。潘菲尔德的另一个病例是一名32岁的女子布拉,一年前,她的癫痫开始发作。潘菲尔德的笔记记录了刺激她右侧颞叶不同编号区域时的效果:

15. "我听到有人唱歌。"

15. 重复。"是的,这是白色圣诞节。"当被问及是否有人在唱歌时,她说:"是的,一个唱诗班。"当被问到她是否记得这首歌是和唱诗班一起唱的时候,她说她记得。

16. "那不一样,一个声音——在说话——一个人。"

17. "是的,我以前听过。一个男人的声音——在说话。"

18. "声音又响起来了——像是广播节目——一个人在说话。"她说这就像一出广播剧,声音和以前一样。

19. "又是广播剧!"然后她开始哼起歌来。当被问及她在哼什么时,她说她不知道,那是她听到的。

19. 重复。病人开始哼了起来。她继续以歌曲一般的节奏唱下去。"我知道它,但我不知道它的名字——我以前听说过。我听到了,这是一种乐器——只有一种。"她以为是一把小提琴。

26. 病人说："很疼。"刺激停止了。她说："我看到了一幅画。"接着她又补充道："这是某一幅画中的面孔。"

27. "同样的事情。他们在敲鼓之类的东西。"

28. "我看见人们在走路。"[2]

学习神经科学的学生对潘菲尔德的方法所产生的效果很熟悉。对大脑皮层的电刺激可以使病人移动他们的四肢，感觉皮肤麻木或刺痛，经验闪光或嗡嗡的感觉，感到恐惧，经验记忆幻觉，或有一种他们在梦中的感觉。[3]它也可以抑制功能。例如，《纽约时报》曾头版报道了一场引人注目的展示，神经科学家荷西·德尔加多（Jose Delgado）只按了一个按钮就阻止了一头正在奔跑的公牛。[4]

潘菲尔德的观察之所以引发了人们的兴趣，原因有很多，其中一个很重要的原因是它们产生了一系列哲学问题。例如，心理现象和物理现象之间的关系是什么？理查德颞叶细胞的激活与他看到强盗的视觉经验之间有什么关系？细胞是根据简单的机械原理运作的微小部件；它们位于理查德的头骨内；它们有质量、体积，以及物理事物所具有的其他性质。而理查德的经验似乎不具备这些性质。它看起来并不小，他看到的人影似乎和普通人一样大。同样，这种经验似乎也不是发生在他头骨内的一个机械过程，而是周围区域里的一种质性意识。没有证据表明这种经验有质量或体积。我们究竟如何对它进行称重或测量呢？我们知道如何称重和测量脑细胞，如果强盗真的存在，我们也知道如何称量和测量他们，但我们如何称量或测量经验本身呢？经验和脑细胞看似非常不同，而它们显然密切相关。但如何相关？

哲学家、科学家和其他学者对这个问题各持己见。例如，有些人主张理查德的经验等同于他的脑细胞活动——经验和大脑活动是用两种不同的词汇来描述的同一件事。当使用可靠的科学词汇时，我们称理查德头骨中的事件为"颞叶活动"，但当使用日常的前科学词汇时，我们称其为"看到强盗持枪向我走来"。其他哲学家否认理查德的经验等同于他的脑细胞活动。他们会说，经验和大脑活动不是一回事；经验根本不是物理事件，而是由大脑活动引起的非物理事件。不过，还有一些人将这种回答又向前推进了一步：不仅经验是非物理的，人也是。你，理查德和我都是与物理紧密相连的非物理实体。（顺便说一句，这正是潘菲尔德本人喜欢的答案。）还有一些哲学家主张这个问题的提法不恰当，问心理现象和物理现象如何相关就是错误的，因为从一开始就用心理和物理二分法来描述人的经验本身就是一个错误。

不同的回答代表了不同的身心理论。身心理论及其试图解决的问题构成了心灵哲学的主题。我们将在接下来的章节中详细讨论这些内容：每种理论的主张是什么，人们为什么相信它们，它们对我们理解人的生命有什么意义，最重要的是，我们有什么理由认为它们是真的还是假的。我们首先来看这些理论的概述以及它们试图解决的问题。

1.2 身心理论

身心理论就心理现象和物理现象如何关联提出了多种不同的理解方式。身心理论有两大类：一元论和二元论。一元论主张，只存在一种基本事物；二元论主张，存在两种基本事物。一元论和二元论的划分见图1.1和图1.2。前者展示了身心理论如何划分；后者以一种直观的方式描述了它们之间的差异。

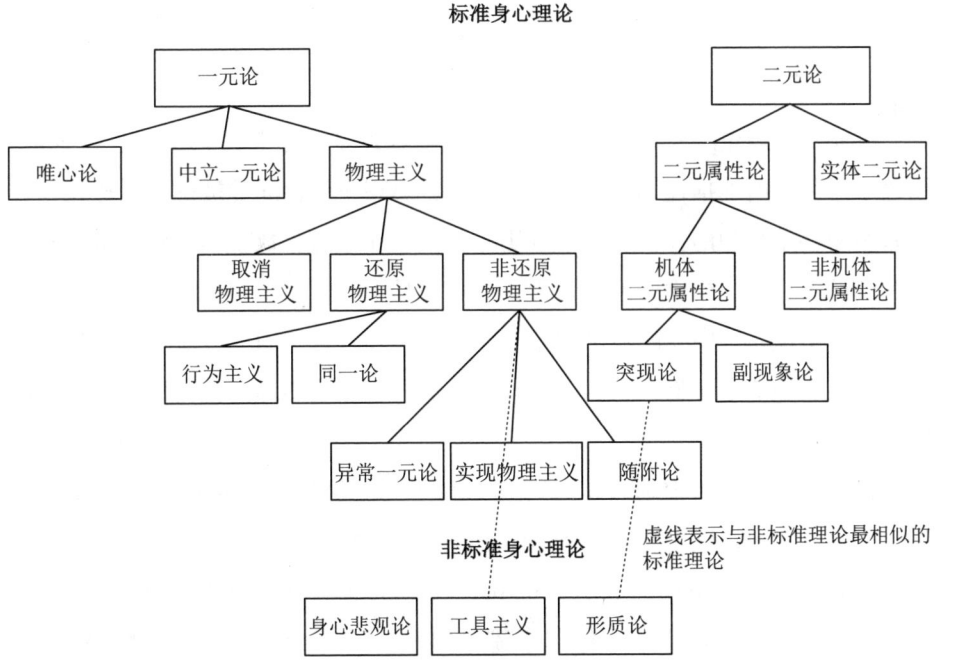

图1.1　标准身心理论与非标准身心理论

  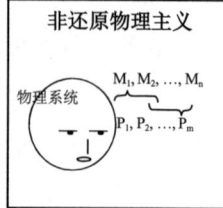 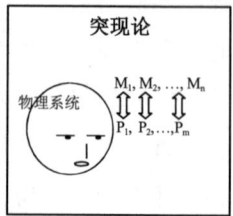

 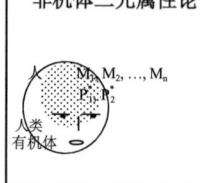 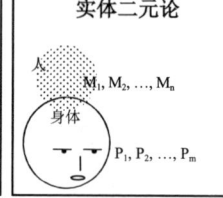 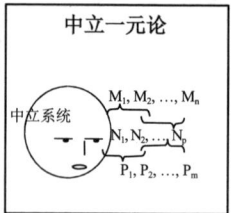

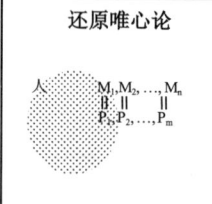 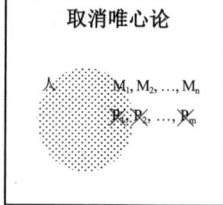

$M_1, M_2, ..., M_n$ 表征心理性质。
$P_1, P_2, ..., P_m$ 表征物理性质。
$N_1, N_2, ..., N_p$ 表征中立性质。

箭头代表因果关系。
竖等号表示性质等同。
大括号代表不必一一对应的性质关联。
叉号表示性质不存在。

图 1.2 标准身心理论

一元身心理论有三大类。**物理一元论**或**物理主义**主张，一切都是物理的；物理学可以全面地描述和解释一切。另外，**心理一元论**通常被称为**唯心论**，它主张一切都是心理的；一切都可以用心理概念如信念、欲望和感觉来全面地描述和解释。最后，**中立一元论**认为，一切都是中立的；一切都可以用一个既非心理也非物理而是中立的概念框架全面地描述和解释。因此，所有一元论都承诺只存在一种基本事物；它们的分歧在于那种事物是心理的、物理的，还是中性的。

相比之下，二元论则否认只存在一种事物。该理论主张存在两种基本事物：心理事物和物理事物。二元论又进一步细分为两大类。它们都主张事物可以具有两种截然不同的**性质**（property）或特征，即心理性质和物理性质，但它们在具有这些性质的个体属于哪种类型方面有分歧。**二元属性论**认为，同一个体可以同时具有心理性质和物理性质——心理和物理性质可以在单一个体中同时存在。**实体二元论**否认这一点。该理论主张同一个体不能同时具有心理性质和物理的性质。根据实体二元论者的观点，不仅存在两种截然不同的性质，也存在两种截然不同的个体：只具有心理性质的个体和只具有物理性质的个体。

图1.1和图1.2中描述的大部分身心理论都始于同一幅物理世界图景——图景中是巨大的物质与能量之海，是基本物理粒子或物料之洋，它们都遵循最出色的物理学所描述或将要描述的那些定律。物理主义主张，这就是万物的全貌；除了浩瀚的物理海洋之外别无他物。物理主义提出，物理学为一切存在物——所有个体及其所有性质以及所有支配其行为的原则——提供了全面的描述和解释。然而，根据大多数物理主义者的观点，我们可以用许多不同的方式来描述这些个体、性质和行为。例如，我们不去描述单个的电子或夸克或其他基本物理粒子，我们可以描述这些粒子的集合，如桌子或动植物。然而，当我们使用"桌子"或"人"等术语时，我们并不是在描述物理假设物之外的实体。除了构成桌子或人的基本物理粒子之外，桌子或人并不是一个实体。我们用"桌子"和"人"这样的术语来指称粒子集合——它们类似于"团队"这样的术语。团队成员是实体，团队并不是一个实体，团队只是指称团队成员的一种方式，是一个集合概念。在许多物理主义者看来，像"亚历山大"这样的人名类似于"新泽西魔鬼队"①这类队伍专有名称：如果它们有所指，指的则是粒子的集合。此外，"是活的""处于疼痛中""相信太阳系有八颗行星"这样的谓词也并不表达物理学所描述的性质之外的其他性质；相反，它们表达的是基本粒子集合之间非常复杂的关系，就像谓词"是固体"和"是液体"一样。因此，当我们说亚历山大是活的人，或正在经历疼痛，或具有一个信念时，我们实际上是在表达一大堆基本物理粒子之间非常复杂的关系。

二元属性论从同样的物理世界图景出发，但它们与物理主义者在物理学的描述和解释范围方面存在分歧。二元属性论者提出，物理学不能全面地描述所有的个体和性质，也不能全面地解释每个个体的行为。有些个体——比如人——除了具有物理学所描述和解释的性质之外，还具有其他性质。这些性质只能用不同的概念资源比如心理话语来描述和解释。诸如"处于疼痛中"或

---

① 新泽西魔鬼队是美国国家冰球联盟的一支冰球队。——译者注

"相信太阳系中有八颗行星"这样的心理谓词表达了这些性质——非物理性质,它们不同于物理学所描述的性质。二元属性论者提出,说亚历山大处于疼痛中或具有信念并不是要描述基本物理粒子之间非常复杂的关系;相反,它是要表达亚历山大具有一种独特的性质,该性质不同于任何基本物理粒子所具有的性质。换句话说,二元属性论主张存在两种截然不同的性质或属性(因此得名"二元属性论"),因为存在两种截然不同的性质或属性,我们需要同时使用心理词汇和物理词汇来描述事物。

近年来最主流的二元属性论是**副现象论**(epiphenomenalism)和**突现论**(emergentism)。两者都主张心理性质由物理事件产生或引起(cause)。物理学所描述的基本物理作用引起或产生了非物理性质——包括诸如信念、欲望和疼痛等心理性质。副现象论和突现论的分歧在于突现性质的因果效力——这些性质是否能对物理作用(它们正是从这些物理作用中突现的)产生因果影响。副现象论者认为不能。根据他们的观点,包括心理性质在内的突现性质都是因果无效的,它们本身没有因果效力,对宇宙中的事件没有任何影响。副现象论者指出,它们的确存在,因此,一个完整的宇宙描述必须包括用适合的词汇——例如,一种心理词汇——对它们所做的描述。但突现性质只是物理过程的因果副产品,它们本身不能引起或产生任何东西。在心理性质的因果地位问题上,突现论者与副现象论者意见相左。突现论者认为,心理性质并不是因果无效的;相反,心理性质具有因果效力,只是该效力与物理学所描述的截然不同,心理性质对物理事件流产生了独特的因果影响。

二元属性论者和物理主义者都主张任何具有心理性质的个体也具有物理性质。他们的观点是相容的,例如,他们主张你和我都是人类生物体——一种特殊的物理存在。但实体二元论者不接受该观点。他们认为,人作为心理存在是完全非物理的。物理主义意味着物理学可以描述我的所有性质,二元属性论意味着物理学可以描述我的某些性质,实体二元论则意味着物理学不能描述我的任何性质。根据实体二元论者,你和我完全是非物理的实体,我们根本没有物理性质。我们具有的唯一性质是心理性质:信念、欲望、希望、愉悦、恐惧、爱等。因此,根据实体二元论的观点,你和我都不是人类生物体。例如,我们不是刮胡子、整理头发或化妆时我们在镜子里看到的那个人。我们不是任何类型的物理实体。我们可能与人类生物体有某种联系,因为这种联系,你可能会对某个特定人类生物体的外貌或繁衍目的特别感兴趣，但你不是那个生物体。实体二元论者主张，在物理学描述的世界之外，还存在另一个由心理话语描述的非物理世界。我们用心理谓词和术语描述和解释非物理领域发生的事情。非机体二元属性论（nonorganismic dual-attribute theory）的核心精神与实体二元论相似。非机体二元属性论者和实体二元论者一样否认我们是生物机体。不过他们主张，尽管我们不具有生物体所具有的所有物理性质，但我们具有某些物理性质，如空间位置。

物理主义、二元属性论和实体二元论是最主流的身心理论，此外还有其他一些理论。唯心论就像物理主义的反面形象：正如物理主义宣称一切都是物理的，唯心论则宣称一切都是心理的。大多数唯心论者认为，当我们认为自己在指涉物理实体和性质时，我们实际上是在指涉经验。例如，当我谈论这张桌子时，我并不是在描述一个与我的经验截然不同的实体——一个在我或其他人没有感知到它的情况下也可以存在的实体。相反，我是在描述视野中一片广阔的色彩区域，以及它的立体感、坚固感、质感等。同样，当我描述我所认为的物理性质，如固态或质量时，我并不是在描述事物所具有的独立于经验的特征，我其实是用非心理词汇来描述我的一段经验。当我说这张桌子很坚固时，我实际上是在说我的手不像穿过空气那样穿过它。同样，当我说桌子很重时，我是在说我有一种预期的经验，预期如果我试图抬起桌子，我将会经历一个努力或费力的过程——换句话说，试图抬起它的经验伴随着遇到阻力的经验。于是，根据大多数唯心论者的观点，说某物坚固或沉重实际上只是谈论我的经验的方式，所有的物理事物都是如此：我们的心理词汇和物理词汇只是描述同一现象的不同方式——所有现象都是心理现象，物理学所描述的独立于心灵的领域并不存在。

相较前几种理论，中立一元论认为，宇宙本质上既不是心理的也不是物理的。相反，宇宙由个体、性质和事件组成，它们都可以用一种既非心理的也非物理的而是中立的概念框架全面地描述和解释。我们的心理和物理词汇只是表达中立性质或事件的方式。

除了上述理论，还有三种理论需要特别关注：**工具主义**、**形质论**和**身心悲观论**。这些理论不包括在图 1.1 最上方罗列的标准理论中。原因是标准理论的分类基于三个假设，而工具主义、形质论和身心悲观论都否定其中一个假设。

首先，图1.1中的标准理论都承诺心理话语的**实在论**（realist）理解，它们都认为心理话语的谓词表达了实在的性质。例如，实在论者主张，当我们说埃莉诺喜欢寿司的味道时，我们是在试图表达一个实在的个体对一个实在的性质的占有。即使是否认心理性质存在的取消物理主义者，在这个意义上也是实在论者。他们认为，像"喜欢寿司的味道"这样的谓词不表达实在的性质，因为不存在这样的性质。不过他们一致认为，当我们使用心理谓词时，我们至少是在试图表达实在的性质。而这正是工具主义者所否认的。工具主义者指出，心理话语并非旨在表达实在的性质。心理话语只是我们用来预测人类行为的手段或工具。当我们用心理谓词和术语描述和解释人类行为时，我们关心的不是准确刻画实在的图景，而只是对人们将要做的事做出有用的预测。因此，根据工具主义者，尽管存在信念、欲望和其他心理状态，但主张它们存在并不是做出了实在论者那种强本体承诺。主张信念和欲望存在，其实就是主张用"信念"和"欲望"这两个谓词来描述和解释人们的行为是有用的。

其次，图1.1所示的标准理论都承诺心理—物理区分。他们的分歧只在于心理现象是否等同于物理现象：二元论者主张心理语言和物理语言表达两种不同的现象，而一元论者否认这一点。但一元论和二元论都认为，有两种词汇或概念框架可以用来描述和解释人类行为：一种是心理词汇，另一种是物理词汇。形质论者不接受这一观点。他们提出人类的行为只能用一种独特的词汇来充分描述和解释，这种词汇既非心理的也非物理的，而是同时具有两种特征。中立一元论者的看法与此相似，但形质论者与中立一元论者不同，他们拒斥一元论。他们否认只用单一的概念框架——无论是心理的、物理的还是中立的——就足以描述和解释一切存在物。例如，只有通过与人类行为的类比，我们才能用描述和解释人类行为的独特词汇来描述其他生物的行为。然而，其他生物有它们自己独特的结构和行为模式，正因为如此，如果我们想对它们的行为做出完全准确的描述和解释，我们就必须使用适合它们的描述和解释资源。因为形质论者拒斥心理—物理区分，因此形质论也不符合身心理论的标准分类。

最后，图1.1中标准理论的支持者都承诺这样一个观点，即我们有可能找到一个令人满意的解释来说明心理现象和物理现象如何相互关联。身心悲观论者不接受这个假设。他们主张，对身心关系给出一个令人满意的解释是不可能的，因为人类的认知能力存在固有局限，这将阻止我们理解心理现象和物理现象如何关联。心物关系的融贯解释可能存在，宇宙中也可能有一些实体的心智足够强大，能够掌握这些关系是什么，但我们的心智却不能。我们的认知能力如此有限，以至于我们永远无法解决**身心问题**。

既然我们已经考察了部分身心理论，现在让我们考虑一些身心问题。

1.3 身心问题

当我们试图理解思维、感觉、知觉、行动及其他心理现象如何与人类神经系统中的事件相关联时，身心问题就出现了。在日常生活中，我们认为自己是自由的人，按自己的方式做事，因为我们有信念、欲望、希望和恐惧。我们将自己描述成经历快乐和悲伤、爱和恨、疼痛和愉悦的人。我们采取行动以得到我们想要之物，我们做出选择，我们为自己的选择负责，我们的行动、习惯和性格特征可以得到或好或坏、或对或错的评价。然而，在科学研究中，我们把宇宙看作一个物质和能量的汪洋大海，在这个最基本的层面上并不存在日常生活中我们所认识到的那些特征。在基础物理学层面，人类、岩石、树木和其他生物之间没有区别。它们都是由相同的基本物质构成的，基本物质层面不存在能将你与石头或狗区分开来的东西。我们在你身上发现的亚原子粒子与我们在岩石或狗身上发现的亚原子粒子相同，这些粒子在你身上和在它们身上的运行方式也完全相同。从基础物理学的角度看，日常经验中那些熟悉的对象不过是许多同类微观粒子的集合——这些粒子不具有我们用来区分人与其他事物的那些特征。电子和夸克没有信念或欲望，也没有希望或恐惧；它们不会欲求某物，也不会考虑如何获得某物；它们没有自由，也不选择行动；它们的行为不会受道德赞扬或指责；它们也不会培养个性，不会形成性格特征或习惯，更不会经历爱与恨、悲伤与快乐。

于是我们要面对人的两种形象：一种是日常的前科学形象——我们是自由、理性、有心理和道德生活的人；另一种是科学形象——我们是复杂的生化系统。过去350年里，哲学家、科学家、神学家及其他学者一直努力解决的一个主要问题就是，在一个基本物理层面上不存在那些特征的宇宙中，怎么会产生具有自由、心理和道德的人。这是现代哲学一些主要问题的基础，其中包括

自由意志与决定论问题（problem of free will and determinism），由事实—价值二分法产生的问题以及身心问题。所有这些问题都源于我们描述世界的科学方式与日常方式之间存在差异。天文学家与物理学家阿瑟·爱丁顿爵士（Sir Arthur Eddington，1882—1944）曾用一种令人难忘的方式说明了这种差异：

> 我已经静下心来写这些讲稿，把椅子挪到两张桌子旁边。两张桌子！是的……其中一个我从小就很熟悉。它是我称之为世界的那个环境中最常见的对象……它具有广延；它是相对永恒的；它有颜色……二号桌是我的科学桌……它与桌子的日常概念有很大不同……它不属于之前提到的那个世界——那个当我睁开眼睛就会自发出现在我周围的世界……我的科学桌基本是空的。这空旷中稀疏地散布着无数高速运动的电荷……通过精密的测验和冰冷的逻辑，现代物理学使我确信，我的第二张科学桌是唯一真正存在的东西……另一方面，现代物理学永远也无法驱除第一张桌子……它在我眼可见、手可触的地方。[5]

爱丁顿刻画了两种对世界的描述之间的紧张关系：一种是科学描述，另一种是常识的前科学描述。似乎只有一个有权主张自己描述的是真实的桌子。换句话说，只有一个描述可以胜任"真实的"描述角色，并且只有一个描述可以占据这个角色。因此，如果我们接受科学提供的描述，我们就必须拒绝常识提供的描述，如果我们接受常识描述，我们就必须拒绝科学描述。问题是，我们不想拒绝任何一个，我们有很好的理由认为两者都是真的。因此，我们很难理解科学描述与前科学描述之间的关系。

身心问题也有类似的情况。我们有两种描述和解释人类行为的框架：一种是科学框架，另一种是常识的前科学框架。每个框架所具有的概念资源似乎都完全足够描述和解释人类的思维、感觉和行动。举个例子，你可以试试把手臂举过头顶的行动。注意，我们可以用两种不同的方式解释你的行动。我们可以通过肩膀肌肉的收缩和大脑特定区域神经元的活动来科学地解释。我们也可以通过诉诸你的欲望和信念——例如，理解身心问题的欲望和相信举起手臂可能会有所帮助的信念——从心理方面解释你的行为。适用于行动的道理也适用于知觉。我们可以用质性特征来描述你当前的视觉经验——比如说，白色背景上的一系列小黑斑。我们也可以用眼睛和大脑中神经元的状态，以及反射光线的纸张和墨水的原子结构来描述。科学和常识所提供的资源似乎都足以描述和解释我们的行为和经验；它们都意在满足我们对信息的要求；每种理论都旨在揭示人们行为和知觉的原因。但是，如果原因只有一个——我们可以称之为真实的原因——那么，科学和常识就像竞争对手一样争夺着一个解释的角色，我们面临的烦心事就是对它们做出判断；我们面临身心问题。另一个麻烦则是**心物突现问题**。

1.4 心物突现问题

生命和心灵并不是一开始就存在于宇宙之中。在宇宙历史的早期，甚至连原子都不存在，因为当时的能量水平太高，无法让质子和电子稳定结对。因此，生命和意识相对来说都是宇宙舞台上的新人。对许多人来说，这表明生命和意识出现之前就已经存在的物理条件一定以某种方式导致了它们的出现。科学家们对导致生命出现的物理条件越来越清楚，但意识则是另一回事。

我们是有意识的人：我们有经验。然而，我们完全是由无意识的组分——分子、原子和物理学描述的其他微观实体构成的。这些微观实体并不像我们一样有意识。那么，意识经验如何从无意识的物理交互作用中产生？很难想象它们如何形成。想想看，意识经验那丰富多彩且富有质性的特征与物质的基本性质之间的差别——例如，理查德的视觉经验与他大脑细胞的差别，或者你当下的视觉、听觉和其他经验与电子的质量之间的差别。你当下对周围各种颜色、声音、气味和质地的意识如此丰富多样，而大量无意识的亚原子粒子之间的碰撞是如何结合产生这些东西的？如果 N 个基本物理粒子的运动不构成意识经验，那么假设 N+1 个粒子就可以构成意识经验便是不合理的。要知道，一个粒子能对某物是否有意识产生什么影响呢？单个粒子当然不具有产生意识的魔力。因此，如果 N 个粒子不足以产生意识，那么似乎 N+1 个粒子也不足以产生意识，在这种情况下，似乎任何数量的亚原子碰撞都不足以产生意识经验。为什么？我们承认仅仅一个亚原子粒子的运动不足以产生意识，毕竟，如果仅仅一个亚原子粒子的运动就足以产生意识，那么意识很可能不会在宇宙历史中出现得这么晚，因为亚原子粒子几乎从一开始就存在。而我们刚才也承认，如果一个亚原子粒子的运动不足以产生意识，那么两个亚原子粒子的运动也不足以产生意识：如果 N 个粒子不足以产生意识，那么 N+1 个粒子也不行。所以，如果一个粒子不够，那么两个也不够。对于两个亚原子粒子也是如此：如果它们的运动不足以产生意识，那么三个粒子的运动也不行，如果三个粒子的运动不足以产生意识，那么四个粒子的运动也不行，五个、六个、七个……以此类推，任意 N 个粒子的运动都是如此。因此，看来没有任何数量的亚原子碰撞足以产生意识。那么，意识如何得以在宇宙的历史进程中出现呢？就此而言，你我现在又如何得以具有意识？这就是心物突现问题。

请注意，我已经通过列举一些使我们感到困惑的想法来阐述这个问题。另一种阐述该问题的方法是提出一组陈述，这些陈述是并存不一致的（jointly inconsistent）：

(1) 我们是有意识的生物。
(2) 我们完全由无意识的组分构成。
(3) 无意识的组分不能结合产生有意识的整体。
(4) 整体的性质由其组分的性质决定。

陈述（1）说我是有意识的，陈述（4）意味着我的意识应该由我的组分决定。例如，我的质量由构成我的微观粒子的质量决定；如果我是有意识的，那么我的意识就像我的质量一样由我各组分的性质决定，这看起来很合理。但现在我们面临一个问题：根据陈述（2），我的组分没有意识，而根据陈述（3），这些组分也不能产生意识。因此，陈述（1）和（4）意味着我的意识必须由我的组分产生，但陈述（2）和（3）意味着意识不能由我的组分产生。鉴于上述假设都是合理的，所以陈述（1）—（4）是彼此不一致的，它们不可能都为真，但我们也不清楚哪个为假，因为每一个都有很好的理由支持它。

以这种方式阐述哲学问题的一个好处是，它清楚地说明了一个解决方案必须完成的任务：一个解决方案必须或者表明其中一个陈述为假，或者表明这些陈述尽管表面上看是不一致的,但它们并非真的不一致。例如,心物突现问题的解决方案必须或者表明陈述(1)(2)(3)(4)中有一个为假,或者表明尽管这些陈述表面上看是不一致的,但它们并非真的不一致。

以这种方式阐述哲学问题的另一个好处是,它能够帮助我们评估不同哲学家提出的解决方案(图1.3)。考虑心物突现问题的一些解决方案。取消物理主义者拒斥陈述(1)。他们否认意识存在,因此也否认我们是有意识的人。一些二元属性论者——尤其是泛心论者和泛原心论者——拒斥陈述(2)。他们主张,构成我们的实体,包括基本物理粒子在内,都具有意识或原意识状态。实体二元论者、唯心论者和非机体二元属性论者也拒斥(2),但理由不同。他们根本不承认我们是由物理事物构成的。相比之下,不少突现论者和副现象论者都拒斥陈述(3),他们主张意识是根据原始的心物定律从无意识的物质中突现的。还原物理主义者(我们将在第5章详细讨论其立场)也拒斥(3)。他们希望将意识状态等同于物理粒子之间的复杂关系。因此,如果有足够多的物理粒子以正确的方式相互关联,意识状态便会存在。中立一元论者和

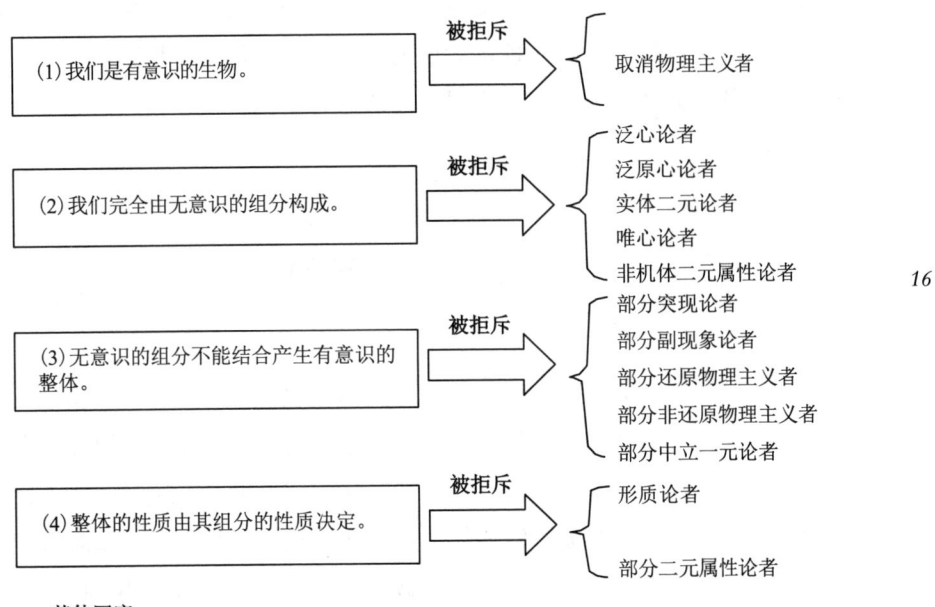

其他回应:
身心悲观论者:问题无法解决。
工具主义者:问题不必解决。

图1.3 心物突现问题的解决方案

非还原物理主义者（我们将在第 6 章讨论他们的立场）的观点与此类似。他们认为，意识状态和物理粒子之间的关系并不像还原物理主义者所设想的那样直接，不过任何时候当我们谈论意识状态时，我们仍然是在谈论物理粒子或中性粒子之间的复杂关系。而形质论者拒斥陈述（4）。他们认为，生命作为一个整体，其结构赋予了它们许多能力，这些能力是其组分所不具有的——这其中就包括意识能力。然而，某物的结构并不是由构成它的物质产生或决定的；相反，结构是那些支配物质的原则之外的一个基本的本体论和解释性原则。最后，一些身心悲观论者主张，心物突现问题无解，我们认识和理解世界的能力无疑是存在局限性的，而这些局限性在心物突现问题这样无法解决的哲学问题上很好地体现了出来。工具主义者并不坚持心物突现问题无解，而是强调问题不需要解决。他们认为，心理话语是有用的工具，我们不需要解决身心问题也可以继续使用它。

然而，了解不同的理论如何解决一个既定的身心问题并不是哲学家工作的结束而只是开始，因为要评估提出的解决方案，哲学家必须评估理论本身，这是一项复杂的工作。每种理论的支持者都提出了相信其理论为真的理由，而每种理论的反对者也提出了认为理论为假的理由。对各种支持和反对身心理论的论证进行评估将是我们后续章节主要关注的内容。但首先让我们再思考几个身心问题。

1.5　他心问题

他心问题源于我们对人类行为的第三人称客观认识与我们对自我意识状态明显的第一人称主观认识之间的冲突。我们是社会生物，这是我们理解自己是谁、自己是什么的一个基本出发点。例如，我们知道世界上还有其他人，我们经常通过与他人的日常交流了解他们的想法和感觉。但很难理解如何可能获得这种知识。心理状态似乎是私人的主观现象。你不能直接访问我的心理状态，我也不能直接访问你的。你可以对我隐藏你的思维和感觉，我也可以对你隐藏我的思维和感觉。思维和感觉似乎属于一个私人的、内部的主观经验领域——它与身体行为所属的公开的外部领域不同。但如果思维和感觉是私人的，如果只有我能访问我的心理状态，那么其他人就不可能知道我的心理状态是什么。事实上，他们甚至不可能知道我是否有心理状态，因为人类的身体似乎在完全没有任何意识状态的情况下也能正常运转。即使我没有意识经验，我的神经系统仍然有可能做出与智能行为相关的身体动作。相反，因为我无法访问他人的心理状态，所以我无法真正了解他们的心理状态是什么，我甚至不知道他们是否有心理状态。就我所知，周围所见的那些公开的、客观可见的人可能完全没有意识——他们可能只是自动机，他们的行为表现得好像他们有我这样的意识经验一样，但其实根本没有内在的心理生活。那么，我们怎么可能具有我们通常认为自己具有的那些关于人的知识呢？

我们可以用以下几个并存不一致的陈述来说明他心问题：

（1）我们经常知道他人的想法和感觉。
（2）他人的想法和感觉属于私人主观领域。
（3）如果他人的想法和感觉属于私人主观领域，那么我们不可能像我们所认为的那样经常知道他人的想法和感觉。

解决这个问题有几种方法。让我们考察几个例子（图1.4）。一些实体二元论

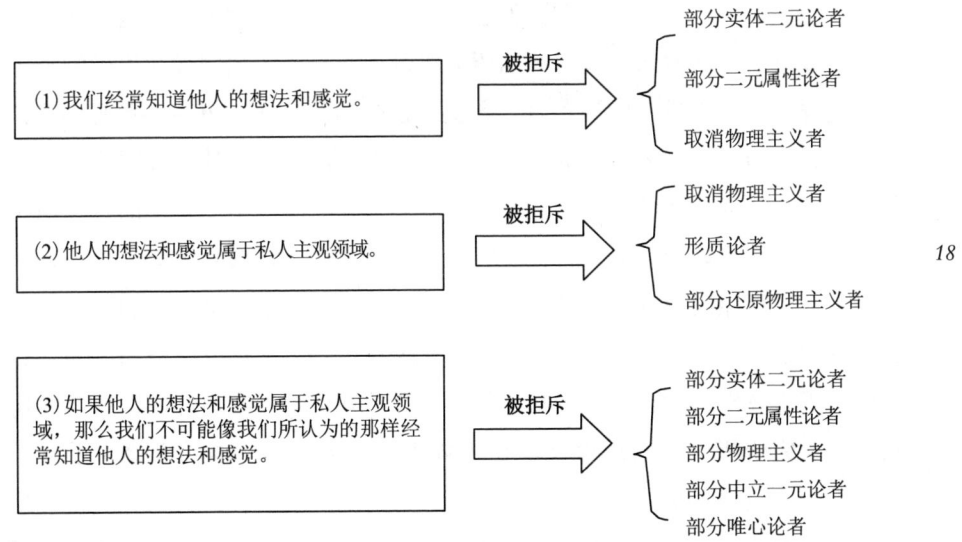

图1.4 他心问题的解决方案

者和二元属性论者拒斥陈述（1）。他们认为，我们相信心理状态是主观事件的理由比我们相信我们知道他人的心理状态的理由更充分。取消物理主义者既拒斥（1）也拒斥（2）：如果不存在思维或感觉，那么就不存在属于主观领域的思维或感觉。此外，取消论者还提出，既然我们不可能知道不存在的东西，我们就不可能知道他人的心理状态。形质论者和一些物理主义者也拒斥陈述（2），但理由不同。他们认为，思维和感觉不是私人主观事件，而是社会及环境交互作用模式，它们就像棋盘的模式一样客观可见。不少哲学家拒斥陈述（3）。二元属性论者、一些实体二元论者以及不少物理主义者和中立一元论者都主张，我们能够从身体的客观可见的行为中推断出他人的心理状态。此外，一些实体二元论者和唯心论者主张，我们可以直接通过我们所具有的一种特殊的读心术来了解他人的思维和感觉。

1.6 心理因果问题

再来考察一个身心问题：**心理因果问题**。它源于我们对人的行动原因的常识理解和我们对行动中所涉及的物理机制的科学理解之间的矛盾。我们理所当然地认为我们的信念、欲望和其他心理状态能够影响物理世界。当我在餐馆点餐时，我理所当然地认为我身体的语言机制由我点餐的欲望或我说话的意图触发。同样，当我坐进一辆汽车时，我认为是我的信念和欲望——我要去哪，怎样到达目的地——掌控着我的身体如何操控方向盘、踩下油门或踩下刹车。一般来说，我认为是我的心理状态产生了我的行动。事实上，行动的存在似乎预设了心理状态可以影响物理行为。行动，至少是那些包含身体运动的行动，似乎是具有心理原因的物理事件。如果我不小心在地毯上绊倒，我们不会称其为行动；但是，如果我在假扮小丑并故意在地毯上绊倒，那就是行动。为什么一种情况可以算作行动而另一种却不能？二者的差别不在物理方面。这两种情况可能包含完全相同的物理事件：我的脚碰到地毯，身体向前倾倒，手碰到地板，等等。差别看来是在心理方面。第二种情况是行动，因为它有一个心理原因：我在地毯上绊倒的意图。我们对世界的一个基本假设似乎是信念、欲望和其他心理状态可以导致物理世界的变化——该假设和我们相信行动存在一样基本。

然而，物理事件可以被其他物理事件触发。如果我们以正确的方式刺激你的神经系统，我们所能触发的身体运动将与你的行动中所包含的身体运动完全相同。神经科学家荷西·德尔加多是神经操作技术的先驱。他曾在一头公牛的中脑部位植入电极，这些电极可以通过远程控制激活，他称之为"刺激接受器"。利用这个装置，他只需按下一个按钮就能让公牛在狂奔过程中停下来——《纽约时报》的头版报道了这一场引人注目的有关神经操作的展示。德尔加多也在其他动物——猫、猴子、黑猩猩，还有人身上做过实验。他通过电刺激大脑区域的方式改变了20多个人类被试者的行为——他们的感觉、情绪和动作。人体终究是受基本物理定律所支配的大量基本物理粒子的集合。我们可以操控它的运动和状态，就像我们可以操控其他物理系统的运动和状态一样。然而通常情况下，我们让神经系统自身来处理自己的事务。你的行动所涉及的物理动作通常由你神经系统中的其他物理事件引起，而不是由外部装置引起，但在这两种情况下，产生这些动作所涉及的原理是相同的，它们都是物理学所描述的原理。

了解了这些要点，让我们来考虑一个简单的动作——伸手去拿手边的东西。这个动作的发生离不开手臂和肩膀肌肉的收缩。这些收缩由你神经系统中的事件即神经元的激发引起。这些神经元的激发又是由其他神经元的激发引起的，而引起其他神经元激发的则是另一些物理事件，比如光线、声音、压力、空气中的化学物质以及其他环境因素对你神经系统的影响。但是别忘了，要将你伸手的动作算作行动，它必须有一个心理原因——例如，想要抓住一个物体的欲望。现在我们面临一个问题：你的行动有物理原因，即你神经系统中的一个或一系列事件，它也有心理原因，即你伸手的欲望。你行动的心理原因和物理原因是什么关系？我们可以用以下几个并存不一致的陈述来说明这个问题：

（1）行动具有心理原因。
（2）行动具有物理原因。
（3）心理原因与物理原因不同。
（4）一个行动不能具有一个以上的原因。

陈述（1）和（2）意味着，任何既定行动既具有心理原因也具有物理原因。根据陈述（3），行动的心理原因和物理原因不同。因此，行动必须至少有两个原因，但（4）排除了这一点。它主张一个行动不能具有一个以上的原因。因此，陈述（1）—（4）是不一致的，陈述（1）—（3）意味着行动有多重原因，而陈述（4）意味着它们没有多重原因。

解决心理因果问题有几种方法。下面是一些例子（图1.5）。取消论者拒斥陈述（1）：既然心理事件不存在，那么导致行动的心理事件也就不存在。副现象论者也拒斥陈述（1），但理由不同：他们认为，心理事件存在，但那些事件并没有起到任何因果作用。一些突现论者和实体二元论者拒斥（2）。他们主张物理定律定期会被违反。每当我们做出一个行动，例如你伸手的动作，该行动的物理前因就不再具有因果效力——例如，你神经系统中的事件不再产生它们通常会产生的结果。你伸手的动作只有一个心理原因，也就是你的欲望；无论你何时行动，你神经系统中的事件都不是引起你身体动作的原因。一些还原物理主义者——特别是同一论者（我们将在第5章讨论他们的立场）——和一些非还原物理主义者拒斥陈述（3）。他们认为，你伸手的动作

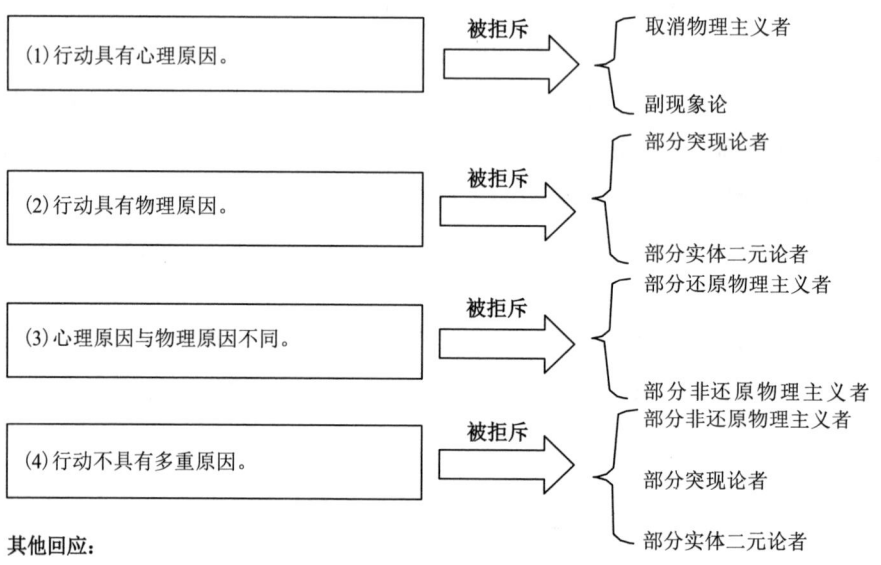

其他回应：
形质论：（1）—（4）只是表面上看起来不一致，因为"原因"这个术语有歧义。存在很多不同种类的原因。

图1.5 心理因果问题的解决方案

只有一个原因，神经元激发就是你的欲望。换句话说，"欲望"这个词只是另一种指称你神经系统中特定事件的方式，就像"水"是另一种指称 H_2O 分子的方式。一些二元属性论者和实体二元论者拒斥陈述（4）。他们认为，你伸手的动作有两个独立的原因：欲望和神经元激发都引起了行动，就像你和你的朋友一起拉动一根操作杆，尽管你们每个人都有能力独立完成。于是，你的行动是多元决定的（overdetermined），它有不止一个独立的、完全充分的原因。而形质论者认为，陈述（1）—（4）实际上并非不一致。他们主张"原因"这个术语有歧义。打个比方，以下句子中"law"这个术语是有歧义的：

最高法院可以推翻任何法律（law）。
最高法院不能推翻万有引力定律（law of gravity）。

由于"law"一词在这两个句子中的使用方式不同，所以一个句子为真并不意味着另一个为假。形质论者认为，陈述（1）—（4）中的"原因"一词也有类似的情况。因为该术语在四个陈述中各有不同的用法，所以它们并不是真的不一致。

我们现在对身心理论和身心问题有了初步的了解，是时候对它们进行更为详细的考察了。下一章的起点是思考心理现象和物理现象的独特特征，也就是哲学家们在使用"心理的"和"物理的"这两个词时到底说的是什么意思。

扩展读物

欲了解更多关于皮层定位和电刺激大脑的效果，请参阅科尔布和惠肖（Kolb and Whishaw, 2003）的研究。约翰·霍根（John Horgan, 2005）探讨了荷西·德尔加多在神经刺激方面的工作。第3章详细讨论实体二元论。第4章讨论一般的物理主义世界观。第5章和第6章分别讨论还原物理主义与非还原物理主义。第7章讨论取消论、工具主义和异常一元论。第8章的主题是二元属性论。第 9 章讨论中立一元论、唯心论和身心悲观论，第 10 章和第 11 章讨论形质论。

注释

1. Wilder Penfield and Phanor Perot, 1963, "The Brain's Record of Auditory and Visual Experience: A Final Summary and Discussion," *Brain* 86: 595 – 696, 615 – 617.

2. Penfield and Perot, 618.

3. Bryan Kolb and Ian Q. Whishaw, 2003, *Fundamentals of Human Neuropsychology*, 5th edn, New York: Worth Publishers, Chapter 11.

4. John A. Osmundsen, 1965, "'Matador' with a Radio Stops Wired Bull," *New York Times*, May 17.

5. Arthur Stanley Eddington, 1928, *The Nature of the Physical World*, New York: Macmillan Company, ix – xii.

第二章 心物区分

综述

身心问题有两个共同特征：一是在心理现象与物理现象之间做出区分，二是身心问题的前提使人们很难理解心理现象与物理现象是如何关联的。目前，我们所理解的心理—物理区分主要是由 17 世纪的哲学家勒内·笛卡尔提出的。他通过这种做法有效地拒斥了亚里士多德的多层级自然观。

物理领域由以物理学为代表的自然科学定义。它是物理学原则上能够描述和解释的领域。心理领域由描述和解释人类行为的前科学方式定义，使用的范畴包括信念、欲望、希望、愉悦、恐惧、爱、选择、责任、性格和人格等。

我们可以用两种方式大致刻画心理现象的特征：私人的和公众的。心理现象的私人概念主要包括第一人称权威（first-person authority）、主体性（subjectivity）、现象意识（phenomenal consciousness）和感质（qualia）等。心理现象的公众概念则主要包括意向性（intentionality）、心理表征（mental representation）、命题内容（propositional content）和理性（rationality）。

2.1 心与物的对比

现在对我们而言，几乎没有什么比心理现象和物理现象之间的区别更明显了。在我们的文化中，将心理健康与物理健康区分开来，或将动作行为的心理方面与物理方面区分开来，这是十分常见的。但将实在（reality）划分为截然不同的物理部分和心理部分，这种做法在很大程度上要归功于17世纪的哲学家笛卡尔（1596—1650）。

在笛卡尔之前，许多哲学家并没有带着心物二分法的思想去研究宇宙。特别是，他们对心理领域的认识要狭隘得多，而对宇宙其他部分的认识则更为广泛、更加细化。心理能力与他们所谓的智力（intellect）有关：即理解普遍原则的能力，以及对我们用语言表达的内容做出判断的能力。笛卡尔扩展了心理领域的定义，把哲学家之前认为完全不属于心理的东西，比如疼痛的经验也包括进来。例如，古希腊哲学家亚里士多德（公元前384—公元前322）和他中世纪的追随者们认为，疼痛、知觉、行动及相关现象既不是笛卡尔意义上的心理现象，也不是笛卡尔意义上的物理现象，他们不认为物理宇宙是一个巨大的、无差别的物质海洋。相反，构成宇宙的物质是以不同方式构造或组织而成的。尽管生物和其他事物都由同样的物质构成，但这些物质的构造或组织方式却使生物体具有了非生物体所不具有的能力。这些能力包括可以用心理词汇描述和解释的能力，也包括可以用非心理的生物学词汇描述和解释的能力——生物学词汇不是基础物理学词汇，而是一种介于基础物理学和心理话语之间的词汇。

20世纪的心灵哲学家重新引入了实在的多层级图景，生物学家和生物哲学家最近重新提出了一种观点，即不同层级的实在对应不同类型的结构或组织（我们将结合物理主义、二元属性论和形质论来讨论这个话题），但在我们是什么、我们有什么能力，以及我们在更广阔的世界中处于什么地位这些问题上，后笛卡尔范畴仍然主导着哲学家们的研究。出于这个原因，我们对身心理论的探讨先从心理现象和物理现象的区分开始。

2.2 物理现象

人们常常会感到困惑，当心灵哲学家把某物称为"心理的"，把另一些事物称为"物理的"时，他们是什么意思。最常见的困惑——甚至是专业哲学家也经常会感到的困惑——是假设**心理的**和**物理的**是相互排斥的范畴，称某物为"心理的"就意味着它不是物理的，或者反过来说，称某物为"物理的"就意味着它不是心理的。而我们在第 1 章中看到，部分物理主义理论主张心理现象是物理的，而一些唯心论则主张物理现象是心理的。心理现象和物理现象并不是由相互排斥来定义的。称某物为心理的并不意味着从定义上看它不是物理的，称某物为物理的也不意味着从定义上看它不是心理的；"心理的"和"物理的"这两个术语的定义彼此没有关系。

"物理的"这个术语在我们的日常生活中有多种使用方式。然而，为了避免不必要的混乱，我们在哲学中使用"物理的"一词的方式应当比我们通常在日常生活中的使用方式更为准确，这一点很重要。在本书中，"物理的"是由现代物理学的描述和解释资源定义的。

现代物理学的方法和原理于 16 和 17 世纪开始成形，这就是我们现在所说的**科学革命**。科学革命带来的变化之一是人们不断致力于用数学语言描述自然现象。人们越来越相信我们可以获得关于自然世界的知识，而这些知识就像我们的几何图形知识一样普遍且精确。一千多年来，欧几里得几何的公理被奉为普遍知识的典范。如果人们想认识并解释为什么给定的三角形、圆或其他图形具有它所具有的性质，欧几里得的公理就能帮人们达到目的。公理使人们能够描述和解释所有抽象的平面和立体图形的特征。当牛顿提出他的运动定律时，这些定律与欧几里得公理形成了一个自然类比。正如公理使我们能够描述和解释抽象的平面和立体图形的特征一样，人们相信类似牛顿运动定律这样的定律将使我们能够描述和解释所有具体事物的特征。物理学在 18 和 19 世纪不断发展完善，以至于最终人们不仅能够对固态物体进行精确的数学描述，而且能够对流体、电、磁和光的复杂现象进行精确的描述。现代物理学似乎正在实现一种普遍而精确的知识形式。因此，它是典型的自然科学，它的方法和原则从诸多方面规定了什么是科学。

所以，当我们谈论物理现象或物理领域时，我们谈论的是物理学所描述的现象或领域。曾经有人做过不同的尝试，试图给物理领域一个更有意义的定义。笛卡尔的定义试图借助广延性，比如说，占据空间的性质。然而，这个定义最终被抛弃了，因为有些东西——比如电子——虽不占据空间但仍然是物理实体，是物理学所描述的事物。人们还试图将物理领域定义为由物质构成的事物的领域。不过到了 19 世纪，物理学家们已经清楚地认识到，统一物理学主题的基本范畴是能量而不是物质。

上述这些定义的替代方案则是坚持从物理学本身提出更开放的定义：物理领域是由物理学描述和解释的领域。物理学认为该领域包含什么它就包含什么，物理学认为它具有什么特征它就具有什么特征。

2.3 第一人称权威与主体性

心理现象由心理话语的描述和解释所定义。它们是我们用下列谓词和术语来描述和解释的事物，如"相信""意欲""希望""想要""期盼""爱""恨""疼痛""气愤""愉悦""悲伤""窘迫""惊讶""激动""恐惧"等。

哲学家往往会使用心理现象的两类不同概念：一类是私人概念，一类是公众概念。心理现象的私人概念主要包括**第一人称权威**、**主体性**和**意识**等术语。它将心理现象当作主体内部发生的现象，只有经验它们的个体才具有直接访问这些现象的渠道。心理现象的公众概念则主要包括意向性、心理表征和理性等术语。它认为心理现象存在于我们与世界相互作用的方式之中——这些方式可以从理性的方面进行描述和评估。接下来，我们将对这些心理现象进行逐一探讨。

心理现象的私人概念某种程度上源于哲学家所说的第一人称权威。第一人称权威指的是这样一种观念，即从某种意义上说，每个人都享有认识他/她自身心理状态的特权。你可能对我的信念、欲望或感受有误解，但你对自己的信念、欲望或感受不会有误解。第一人称权威与第一人称无误性（infallibility）不同，后者指的是某人不可能误解他的信念、欲望和感受。第一人称权威与第一人称顽固性（incorrigibility）也不一样，后者指的是其他人不可能纠正我们关于自己所思（think）、所感（feel）和所欲（want）的看法。第一人称权威并不意味着我关于自身心理状态的信念不能被纠正，也不意味着他人不能纠正我关于自己所思、所感和所欲的看法。第一人称权威所意指的东西更为温和：大体来说，如果我确信自己相信或想要或感受到什么，并且我在这个问题上犯了错误，那么证明这一点的举证责任就落在了其他人身上。例如，如果我真诚地断言"我相信太阳围绕地球转动"，那么就存在一种假定，它支持我所说的话;除非有人提供反面证据,否则我们就得接受我确实相信这一点。这样的证据能是什么呢?在这个例子中,反面证据可能是我在其他情况下说过或做过与此相矛盾的事情——例如,你拿出我写的一篇文章,我在其中真诚地断言太阳不是围绕地球转动,或者你提供证据,证明我曾经下过很大的赌注,赌太阳不是围绕地球转动。在其他情况下,反面证据会有所不同。例如,如果你严肃地断言你正在经历疼痛,反面证据可能来自某些身体或行为上的线索:你的语气是放松的,你的瞳孔没有放大,你的心率没有加快,你的神经系统没有表现出人类在经历疼痛时通常会表现出的那些活动,等等。

心理现象的私人概念也源于人们对想法、感受和行为的一些日常观察。这样的例子包括:

(1) 我们可以保留自己的想法:你选择把你那颇为简朴的客厅涂成亮粉色,要是你问我对此有什么想法,我估计我不会把我的想法说出来。

(2) 我们无法感受他人的痛、痒和其他感觉:当你想要触碰我的手臂时,你能看到我猛地把手臂从你身边抽开,你也能看到我脸上的苦相,甚至你还可以测量我感觉神经元的活动,但你无法像感受这些事物那样感受到我肘部的灼烧感——至少,很难看出你如何能感受得到。

(3) 我们可能会误解他人的行为和意图:我走到一个狂欢节摊位前,我的意图原本是找这个摊位的经营者——我的竞争对手的麻烦。当你看到我走近摊位,扔出一个棒球并击中了靶子时,你可能会错误地认为我在试图击中靶子,其实我是想揍我的竞争对手。你可能会误解我的意图,进而误解我的行为的性质,但你不会误解我的身体动作——我捡起一个球并把它扔了出去。

哲学家有时会认为,这样的观察结果表明,心理现象属于一个内部的私人经验领域,只有经历这些经验的人才具有直接访问它的渠道。心理现象是私人的这一观点与主体性概念密切相关。

心理状态或经验是主观的,这一观点大体是指,它们原则上只能被一个人即心理状态或经验所归属的那个人访问。相比之下,说某物是**客观的**,就是指它在原则上可以被不止一个人访问。例如,当伽利略第一次通过望远镜发现环绕木星运行的卫星时，他是唯一一个实际上观测到卫星的人；不过，从原则上讲，其他人也可以观测到这些卫星。木星卫星的存在和运行都是客观的。

在心灵哲学中，主观—客观的区分与内在—外在（internal-external）或内部—外部（inner-outer）的区分密切相关。这个观点大致是说，你的心理状态包括一个内在的主观领域，你并且只有你可以直接访问，而你的身体状态属于身体行为的外部客观领域，原则上其他人也可以观察到。根据对心理现象的这种理解，你并不具有观察自己身体动作的特权，或者说，你的观察与我或其他第三方的观察没有任何区别。只要处于合适的位置，任何观察者都能至少和你一样清楚地看到你的身体行为。然而，在大多数倡导心理现象的主观概念的那些人看来，你的心理状态不是这样的。我们不能像观察他人肢体动作和面部表情那样观察对方的意识状态。在他们看来，你对我心理状况的了解是间接的，而你对我身体行为的了解却不是间接的。你可以直接目睹我的肢体动作、面部表情和其他身体状态，你也可以直接访问你自己的心理状态。然而，当谈到我的心理状态时，你只能推断我具有某种特定的信念、愿望或感觉。心理现象的主观概念的支持者因此主张，你对我的心理状态的访问是间接的、推断性的，而你对你自己心理状态的访问却是直接的、非推断性的。

2.4 感质与现象意识

心理现象的主观概念还与另外一些概念——比如，第二或第三人称非访问性（inaccessibility）——密切相关。根据我的客观的身体行为，你可以推断出我具有某种主观经验。例如，如果你看到我皱着眉头并且扭动着身体，你可能会推断我正在经历疼痛。但目睹我的行为并不能保证我真的在经历疼痛。根据心理现象的主观概念，我的身体行为未必能提供给你准确的信息，让你了解我正在经历什么。事实上，根据主观概念，它根本不能给你提供任何关于我的经验的信息，因为根据主观概念，我的整个身体可能处于麻醉状态，而我仍然具有意识经验。更令人惊讶的是，很有可能我周围的人表现得就像他们有意识经验一样，但其实他们完全缺乏意识经验——他们很可能是哲学家所说的"**感质僵尸**"（qualia zombies），也就是没有任何主观经验的生物，尽管他们的客观行为方式表现得就像他们有意识经验一样。

"感质"这个拉丁词语的字面意思是"质性"（qualities，其相应的单数形式为"quale"）。许多哲学家用这个术语来指称经验的质的或现象的方面。**感质**的常见例子包括疼痛、味觉、嗅觉和其他感觉经验的质性的方面。每种经验都有特定的感觉特征或感质。用哲学界很流行的观点来说，经历它们"是某种感觉"（something it is like）。例如，吃焦糖布丁是某种感觉：一种特殊的口感、气味和味道——无法用语言表达的经验的质性层面，人们必须亲身经验才能完全理解。如果有人问："吃焦糖布丁是什么感觉？"我们可以试着描述这种经验："它很甜，像奶油一般，口感类似于蛋奶沙司或意式冰激凌，但由于表面有焦糖，使它嚼起来多了一种嘎吱嘎吱的味道——这大概就是吃焦糖布丁的感觉。"当然，口头的描述不足以刻画实际的经验。原因是这类经验有一些口头描述所缺乏的东西——质性的或现象的维度，而且无法用语言进行传达。同样，**想象两种你去牙医那里钻牙的场景**。在第一个场景中，你在钻牙前打了麻药，一点感觉都没有。然而，在第二个场景中，你钻牙前没打麻药，会感到极度的疼痛。在第二个场景中，钻牙伴随着疼痛的质性经验——疼痛的感质，它具有第一个场景中不存在的一种特定的现象特征。这个质性的差别，也就是真正吃焦糖布丁和仅仅思考或描述吃焦糖布丁之间的差别，就是许多哲学家用"意识"这个术语来指代的东西。

这种意识概念需要与另一种概念，即指称他人行为的公开可观察方面的概念进行对比。例如，当医疗急救人员接受评估某人意识状态的训练时，他们接受的训练是确定这个人是否能说话，他或她是否对口头命令有回应，或对疼痛的刺激有反应。为了将这种行为意义上的意识与前面质性意义上的意识区分开来，许多哲学家将质性概念称为**现象意识**（phenomenal consciousness）。现象意识有几种不同的理解。根据一种标准的理解，现象意识是非关系的（nonrelational）和不可分析的（unanalyzable，或者有时也用内在的和简单的来描述它）。例如，我们可以分析看到一个熟透的西红柿所涉及的大脑机制。其中包括它与其他大脑机制及环境状态的复杂关系。然而，在主张现象意识的标准理解的人看来，看到熟透的西红柿这一感觉经验中的质性维度不能被分析为离散的机械成分之间的活动和关系。同样，借用美国哲学家威尔弗雷德·塞拉斯（Wilfrid Sellars，1912—1989）的一个例子，当我们看着一个粉色的冰块时，我们经验到的是一种简单、连续、同质（homogenous）的性质。这种性质可以与冰块的物理结构相对比，冰块的物理结构不是简单、连续和同质的，而是包含了不同种类的离散原子和分子之间的复杂关系。

2.5 意向性、心理表征与命题态度

相较于最重要的心理现象的私人概念，最重要的心理现象的公众概念是**意向性**和**理性**。意向性是某些心理状态所具有的指向某物——关于（about）或关涉（of）或对于（for）某物的特征。这个概念比意识概念更难理解。例如，假设你相信太阳系中正好有八颗行星。你的信念是关于行星的信念；它是一种心理状态，它指向行星的数量，行星的数量是它指向的主题。同样地，你的恐惧必须是关于某物的恐惧，这样你才会感到害怕——必须存在某物，它是你的害怕所关涉的那个东西。同样地，你的欲望或希望必须是对于某物的欲望或希望，这样你才能具有或满足你的希望或欲望。说这些心理状态关于或关涉或对于某物，就是说这些心理状态具有意向性。

"意向性"一词来源于拉丁语 intensio，用于形容弓箭手拉弓的状态——弓紧绷（in tension），瞄准目标。与此类似，像信念和欲望这样的心理状态看起来是指向外部世界的。"意向性"的一个更合适的英文单词可能是"指向性"（directness）或"关于性"（aboutness）：某些心理状态所具有的指向或关于某事的特征。

有些令人困惑的是，意向性与意图——例如，做这件事或做那件事的意图——没有直接关系。意图做某事只是具有意向性心理状态的一种情况。当我打算写信时，我形成的是关于写信的意图。但是意图并不是唯一具有意向性的心理状态。

意向性心理状态的一个重要特征是，它们可能无法"击中"这个世界，就像弓箭手无法击中目标一样。说我相信太阳系正好有八颗行星并不等于说太阳系确实有八颗行星。信念可能是错误的。虽然它们指向这个世界，但它们可能会出现错误指向。同样，说我想加薪并不等于说我一定会加薪。欲望可能一直得不到满足。就像信念一样，它们指向世界，但可能会出现错误指向。因

此，意向性的一个重要特征是，心理状态所关于或关涉或对于的那个对象不一定存在。我可以相信现任法国国王是秃头，即使现在没有法国国王。同样，我可能会害怕我的床下有怪物，但我有这种恐惧并不意味着我的床下真的有怪物。

有时候，哲学家用**心理表征**来讨论意向性。说我相信太阳系里正好有八颗行星，就等于说我对太阳系有特定的表征。我本人将太阳系表征为正好有八颗行星，但这种表征不一定与现实相符。哲学家也把意向心理状态指称为具有意向或表征内容（contents）的状态。例如，我的信念的内容可以用这句话来表达："太阳系正好有八颗行星。"

哲学家也把诸如信念和欲望这样的心理状态称为**命题态度**（propositional attitudes）。这个术语源于以下观点，即意向状态是我们对特定的陈述或命题所持有的态度——在英语中，意向状态的这一特征体现在我们对"that"一词在间接引语的使用中。例如，考虑下列陈述：

（1）加布里埃尔相信杯子里装满了水。(Gabriel believes that the glass is filled with water.)

"that"后面的从句表达了一个命题，即杯子里装满了水。当我们说出陈述（1）时，我们似乎在说加布里埃尔对这个命题有某种态度。他对这个命题采取了某种立场：他相信这是真的。他本可以对此采取不同的态度，比如下面的陈述所描述的态度：

（2）加布里埃尔怀疑杯子里装满了水。(Gabriel doubts that the glass is filled with water.)

和陈述（1）一样，陈述（2）描述了加布里埃尔对命题杯子里装满了水的态度，但它描述的加布里埃尔的态度是不同的：这次是怀疑，而前一次是相信。加布里埃尔相信杯子里装满了水，怀疑杯子里装满了水，希望杯子里装满了水，看到杯子里装满了水，猜测杯子里装满了水，等等，这些观点都表达了加布里埃尔对杯子里装满了水这个命题的意向状态或态度。

2.6 理性

意向性与理性密切相关。利用信念、欲望和其他意向心理状态来描述人们的行为，就是把这种行为归为某种可以诉诸理性来解释的东西。比较下面两种情况：

（1）约翰逊打开前门，刚走到一半，抬头看了看天空，他又回过身去拿他的伞。他锁上身后的门，沿着小路走去。

（2）服用新药几分钟后，约翰逊开始控制不住地抽搐起来。

在第（1）种情况中，约翰逊的行为——他拿伞的决定——显然是出于某种原因而做出的，而在第（2）种情况中显然不是。在第（1）种情况中，我们用约翰逊对天气的信念来解释他的行为；在第（2）种情况中，我们不是通过诉诸他的信念来解释他的行为，而是诉诸某些化学或身体条件：新药物与他的神经系统的相互作用。当我们用信念、欲望和其他意向状态来描述某人的行为时，我们虽未言明，但已将该行为置于一个更宽泛的理性关系模式中：我们致力于将该行为的发生看作出于某种原因，是用诸如深思熟虑和选择等概念可以描述的事情。第（2）种情况中提到的痉挛或抽搐不属于这类行为。在这种情况下说约翰逊的行为是"抽搐"，其实意味着这不是他根据特定的信念、欲望或其他态度而选择去做的事情。该行为并不能算作理性的——它是无理性的（nonrational）。

在这个例子中，说约翰逊的行为是无理性的不同于说他的行为是非理性的（irrational）。说某人的行为是非理性的，意思是说他的行为遵从理性评价，但没有满足理性评价的特定标准。举个例子，如果加布里埃尔想要点燃烤炉，他知道这个瓶子里装满了水，知道用水浇在煤块上会妨碍他点燃烤炉，那么加布里埃尔把瓶子里的东西倒在煤块上就是非理性的。这与我们试图描述岩石的运动情况不同。与加布里埃尔不同，岩石的运动甚至不是理性评价的对象。因为岩石没有运用理性进行深思熟虑和选择的能力，它的运动根本不遵从理性评价。它完全是无理性的,因此不能指责它的运动是非理性的。在第(2)种情况中,约翰逊的行为就像石头的运动。它不遵从理性评价。它不符合更宽泛的理性模式;它是无理性的,正因如此它就不能算作是非理性的。

心理现象的私人概念和公众概念都在心灵哲学中发挥了重要作用。尽管在不同的时期,哲学家们会有不同的侧重,他们会更重视与其中一个概念有关的问题。例如,在二十世纪五六十年代,美国哲学家如威尔弗雷德·塞拉斯、罗德里克·奇硕姆(1916—1999)和唐纳德·戴维森(1917—2003)都集中于探讨公众概念。与此同时,澳大利亚哲学家如斯马特(J. J. C. Smart)则关注私人概念。之后我们将看到,每一种心理现象的概念都形成了与它本身相关的一组身心问题,并且对身心理论产生了独特的影响。我们还将看到,有人试图弥合这两种概念之间的差距。例如,有些意识理论主张,意识状态是一种意向状态或表征状态——心理现象的私人概念可以被公众概念所吸纳。

扩展读物

笛卡尔的《第一哲学沉思集》是心理—物理区分的权威之作(见笛卡尔,1984)。亚里士多德关于人类心理能力的观点在他的许多著作中都有探讨(见亚里士多德,1984)。这些作品的拉丁文标题通常与英文标题并列:《论灵魂》(De Anima)第 2、3 卷,《论感觉》(De Sensu)第 1 至 5 章,《论动物之运动》(De Motu)第 7 至 10 章。一些著名的哲学家错认为心理的和物理的是相互排斥的范畴,这其中包括 17 世纪的哲学家托马斯·霍布斯(Thomas Hobbes)在《对笛卡尔沉思的第三组反驳》(Third Set of Objections to Descartes' *Meditations*)中的观点(见笛卡尔,1984),以及最近的约翰·塞尔(John Searle,1992:第 1 章;2004:导论)。

关于科学革命及其对现代哲学的意义,优秀的著作不胜枚举。巴特菲尔德(Butterfield,1997)做了很好的介绍,夏平(Shapin,1998)提供了一个可读的概述,阐述了一些使科学革命具有革命性的发展。理查德·韦斯特福尔(Richard S. Westfall,1977)和鲁伯特·霍尔(A. Rupert Hall,1981)讨论了现代物理学从开普勒和伽利略到牛顿的发展。哈曼(P. M. Harman,1982)讨论了物理学的统一主题在19世纪从物质到能量的转变。

借助物理学给物理领域下的定义包括赫伯特·费格尔（Herbert Feigl, 1958）对"物理的$_2$"（physical$_2$）的定义，斯马特（1959）的定义，以及最近杰弗里·波兰（Jeffrey Poland，1994）和安德鲁·梅利尼克（Andrew Melnyk, 2003）的定义。很多人的定义都试图对物理学所描述领域做出不一样的刻画，这其中包括笛卡尔在《第一哲学沉思集》第二沉思中刻画的定义；米尔和塞拉斯（Meehland Sellars, 1956）对"物理的$_1$"（physical$_1$）一词的定义，他们将其描述为时空域；此外还有费格尔（1958）对"物理的$_1$"一词的定义，他用这个词指空间、时间和因果性领域；以及米尔和塞拉斯（1956）的术语"物理的$_2$"，他们用这个术语来指代无生物现象的领域。

笛卡尔在第二沉思中提出了心理现象的私人概念，这一概念也得到了约翰·洛克（1959［1690］）的支持。"是某种感觉"这个表达是由托马斯·内格尔（Thomas Nagel, 1974）提出的。内格尔（1989）也讨论了主观性和客观性的区别，大卫·查尔默斯（David Chalmers, 1996：第1章；2002）提供了对现象意识、感质和感质僵尸的一种有益讨论。

现代的意向性概念由19世纪奥地利哲学家弗朗茨·布伦塔诺（Franz Brentano, 1973）提出。布伦塔诺的学生埃德蒙德·胡塞尔（Edmund Husserl, 1970［1900-1］：第2卷，533ff.）和美国哲学家罗德里克·齐硕姆（Roderick Chisholm, 1957）对这个概念进行了发展。塞尔（1983）和索科洛夫斯基（Sokolowski, 2000）对意向性进行了两次有益的介绍性讨论，唐纳德·戴维森（Donald Davidson, 2001a；2001c；2001e；2001g）探讨了理性的概念，不过他的论文通常比较难懂。

第三章　实体二元论

综述

实体二元论主张人与物体（肉体）① 是截然不同的。一方面，像你我这样的人是纯粹的心理存在，没有物理性质。另一方面，包括人类机体在内的肉体则是纯粹的物理存在，它们没有心理性质。因此，实体二元论者认为你和我并不是人类。尽管我们每个人可能都以某种方式与人类机体相连，但你和我本身并不是人类机体。

实体二元论的论证是这样的：（1）如果我们没有肉体也可能存在，那么我们就不可能是肉体；（2）我们没有肉体也可能存在，因此，我们不可能是肉体。换句话说，人和物体是截然不同的。前提（1）遵循同一性（identity）公理：一方面，一个事物没有它自身就不可能存在，所以如果我是一个肉体，我没有肉体就不可能存在。另一方面，如果我没有肉体也可能存在，那么我就不可能是肉体。前提（2）颇具争议性。至少有两种支持它的论证。第一种论证如下：（i）如果我没有肉体也可能存在是可设想的，那么我没有肉体也可能存在。此外，（ii）我没有肉体也可能存在事实上是可设想的。因此，我没有肉体也可能存在。像前提（i）这样的可设想性—可能性原则（conceivability-possibility principles）在心灵哲学中占有重要地位，但争议很大而且有限制。

---

① 括号中的内容为译者所加。——译者注

实体二元论者通常利用一些案例为（ii）进行辩护——在案例所构想的情境中，我们似乎能够设想自己存在而自己的肉体却不存在。然而批评者认为，在这些情境中，我们并不能真正设想自己没有肉体也可能存在。前提（2）的第二个支持论证则回避了其中一些问题。它主张，具有思维或经验是我唯一的基本性质——我的存在所需要的唯一性质。如果我的存在只需要思维或经验，那么我的存在就不需要物理性质；如果我的存在不需要物理性质，那么我的存在就不需要肉体，因为肉体只是一个具有物理性质的东西。于是上述论证提出，我没有肉体也可能存在。前提（2）的第二个论证的一个麻烦是，它暗含着对概念本质主义（conceptual essentialism）的承诺，在我们如何认识事物的本质属性的问题上，概念本质主义是一种很有争议的观点。此外，它还面临一些反驳，比如有人认为它犯了乞题（beg the question）的错误——它隐含地假设我不是肉体，而不是证明我不是肉体。

反对实体二元论的论证很多。批评者认为，实体二元论产生了严重的他心问题；它很难解释心物交互作用，而且它在经验上是不充分的。这些论证不足以驳倒实体二元论，因为实体二元论者可以用很多方式对此做出回应。然而，这样做的理论成本可能非常高。因此，实体二元论者必须对成本和潜在的收益进行仔细地权衡，并考虑是否有其他身心理论可以在不付出额外代价的情况下提供他们所寻求的东西。

3.1　实体二元论：观点与动机

实体二元论有着悠久的历史。它在古代得到了古希腊哲学家柏拉图（公元前427—公元前347）和其追随者的认可，在中世纪则得到了新柏拉图主义者的支持。不仅如此，从17世纪到20世纪，它可能是最流行的身心理论。它的某个版本得到了不少哲学家的支持，如勒内·笛卡尔、戈特弗里德·威廉·冯·莱布尼茨（1646—1716）和尼古拉斯·马勒伯朗士（1638—1715）。即使到了20世纪，仍有不少卓越的脑科学家如查尔斯·谢林顿（Charles Sherrington, 1857—1952）、约翰·埃克尔斯（John Eccles, 1903—1997）和怀尔德·潘菲尔德支持实体二元论，一些著名的哲学家如阿尔文·普兰廷加（Alvin Plantinga）和理查德·斯温伯恩（Richard Swinburne）也是它的支持者。

实体二元论主张，世界从根本上讲存在两种截然不同的个体：人和物。根据实体二元论者的观点，人是纯粹的心理存在；人只具有心理性质。而物是纯粹的物理存在；物只具有物理性质。因此，世界上不仅存在两种截然不同的性质——心理性质和物理性质，而且也存在两种截然不同的个体：只具有心理性质的个体和只具有物理性质的个体。实体二元论由此得名，因为"实体"是传统哲学术语，它指的就是我们称之为个体的东西。

实体二元论者的出发点与物理主义者相同。他们主张，一切物体都根据物理学所描述的原理运行。电子和人体之间的差异只是程度的差异而非种类的不同。人体虽说是由大量基本物理粒子构成的，但它们的运作原理与这些粒子完全相同。因此，用纯物理术语全面地描述和解释人类行为是有可能的，就像我们有可能用纯物理术语全面地描述和解释电子的行为一样。然而，人是不同的。根据实体二元论者，人，比如你和我，不是机体。相反，我们完全是非物理存在——我们的性质不能用物理的方式描述。

在日常英语中，"人"和"人类"往往被当作同义词使用。当我们听到一个记者说昨天有40个人在巴格达遇害时，我们理所当然地认为记者的意思是有40个人类遇害。但"人"还有另一种用法，大致适用于任何心理能力与正常人类相似的生物。如果我们发现了一个智能外星人物种，我们可能会觉得有正当理由主张折磨他们是错误的，就像折磨人类是错误的一样——智能外星人也是人；他们应该得到尊重和关怀，就像我们给予人类的尊重和关怀一样。

"人"一词的使用对我们讨论实体二元论很重要，因为根据实体二元论者，人类不是人，像你我这样的人也不是人类。这是实体二元论最有冲击性的含义之一。我们可以通过考察以下两个陈述来进行总结：

（1）我具有信念、欲望、希望、愉悦、恐惧、爱和其他心理性质。
（2）我是一个人这样的机体。

当我们说出陈述（1）和（2）时，大多数人都认为自己在这两种情形中说的话都是真的；换句话说，大多数人都确信我们有心理性质，但我们也是有生命的存在，是生物体——尤其是人类。然而，如果实体二元论为真，那么我们中的大多数人就错了,因为实体二元论意味着这两个陈述中必有一个是假的。根据实体二元论,同一个个体不可能同时具有心理性质和物理性质。因此,如果像陈述(1)所说我具有心理性质,那么我就不可能具有任何物理性质。但是人类机体是具有物理性质的物理存在。实际上,翻开任何一本生物教科书,你都会发现对人类机体所具有的各种物理性质的描述。但如果人类机体具有物理性质,而我没有,那么根据实体二元论,我不可能是人类机体。所以根据实体二元论,如果陈述(1)为真,陈述(2)必然为假。

这是一个惊人的结论。它意味着我不是那个当我刮胡子、梳头或化妆时在镜子里看到的生物体。我对那个生物体的外貌和活动或其繁衍目的特别感兴趣,当它穿过繁忙的街道时我特别担心它的安危,但我不是那个生物体。实体二元论者可以自由地宣称,我以某种方式"依附于"一个人类机体,但我肯定不等同于它,我不具有人类机体所具有的那些性质。例如,我没有头发,没有脸庞,没有手,没有手指,也没有四肢。我没有心脏,没有大脑——没有任何器官。我不会被公共汽车撞到,也不会被火烧伤。这些都是物理属性,如果实体二元论为真,那么我就没有任何物理属性——甚至没有空间位置:如果实体二元论为真,我就真的不在任何地方。

同样地,如果实体二元论为真,那么你在周围看到的人类机体也不是人。这些机体可能依附于人,但它们本身并不是人。机体是物体,是物理的存在,根据实体二元论,人与物体是截然不同的:前者是纯粹的心理存在,后者是纯粹的物理存在。因此,如果实体二元论为真,你就不可能击打或拥抱另一个人。击打毕竟是一个物体影响另一个物体,拥抱则是一个物体将自己或自己的一部分包裹在另一个物体上,但如果实体二元论为真,你就没有肉体,其他人也没有肉体。这样,你就不能击打任何东西,也不能被任何东西击打。同样地,因为你没有手臂或其他身体部位,你也不能拥抱任何东西或被任何东西拥抱。

实体二元论者可能会说,这些含义并不像乍看起来那么惊人。他们主张,因为人依附于肉体,所以我们很容易理解那些表明我们是物体的描述。例如,当我们说"埃莉诺打了加布里埃尔"时,我们实际上是在说埃莉诺导致她的肉体——她所依附的肉体——击打加布里埃尔的肉体,如图 3.1 所示。在这里,埃莉诺和加布里埃尔是由他们肉体上方的云状斑块所描绘的非物理实体。

箭头表示因果关系。在图中,埃莉诺导致她肉体(左侧所绘的人类机体)的四肢击打了加布里埃尔的肉体(右侧所绘的人类机体);由于被击中,加布里埃尔的肉体接下来引起了加布里埃尔的心理状态,如疼痛、愤怒或惊讶。于是,实体二元论者的观点并不像最初看起来那样违背直觉。我们与我们的肉体紧密相连——事实上,二者如此紧密相连,以至于我们经常把肉体的行为说成是我们自己的行为。

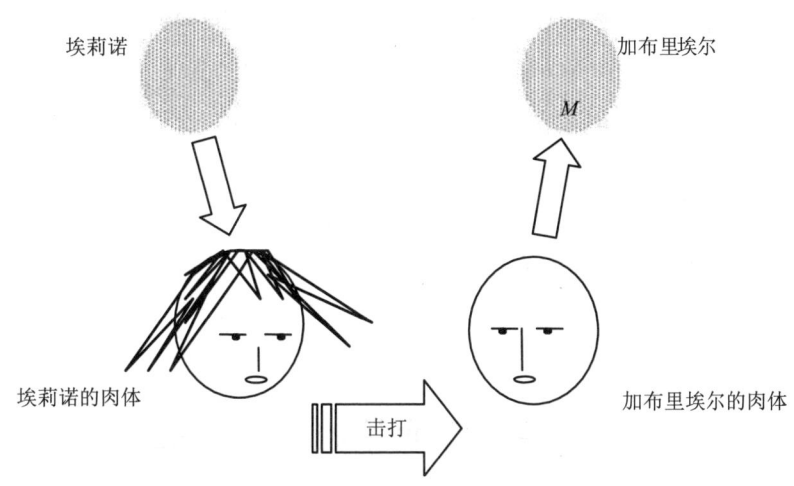

图 3.1　实体二元论的人—身交互观

尽管如此,许多人还是觉得实体二元论对人类本质的理解匪夷所思。为什么会有人愿意支持它?要回答这个问题,我们需要考虑两件事:实体二元论的动机,以及它的支持论证。人们支持一个理论的动机与人们相信该理论为真的理由不一定相同。这里的"动机"是指人们倾向于相信或希望一个理论为真的理由。有时理由和动机是一回事,但有时却不是。有时人们有动机去相信一些事情,即使没有很好的理由去相信它是真的。

让我们先来思考一些支持实体二元论的动机,然后再考察它的支持论证。支持实体二元论的动机是多种多样的,但它们都致力于将人置于物理领域之外。这样做的动机可能很简单,就是不愿相信人容易受到肉体所承受的千百种自然冲击的伤害。动机也可能相当复杂——例如,希望避免自由意志(free will)和决定论(determinism)问题。这个问题的一个版本表明,如果我们是物理宇宙的一部分,我们必定完全受基本物理定律的支配,因此我们不可能有真正的自由：我们的选择不可能影响事情的发生。要想避免这个问题，一种方法便是宣称我们不是物理宇宙的一部分，而是完全非物理的存在。

　　实体二元论的动机通常也源于宗教信仰。例如，一些东方宗教中关于转世的教义预设我们是非物理的存在，能够依附于不同种类的机体。例如，在我的某一世中，我可能依附于一头牛。当那头牛死后，我活了下来并经历转世——重新依附于另一种机体，比如人类。此外，西方宗教中有这样的思想，我们是或者具有不朽的精神或灵魂，而实体二元论经常被作为一种理解上述宗教思想的方式。例如，古希腊哲学家柏拉图是最早提出灵魂的实体二元论理解的人之一。受到柏拉图哲学的影响，古代晚期和中世纪早期的一些新柏拉图主义者也开始以实体二元论的方式来解释基督教的教义。

　　这些是支持实体二元论的动机，但无论动机是什么，实体二元论者都提出了真正的论证来支持他们的立场——这才是相信实体二元论为真的真正理由。接下来我们探讨其中一个。

3.2　实体二元论的支持论证

实体二元论最著名的哲学支持论证如下：

　　（1）如果我们没有肉体也可能存在，那么我们就不可能是肉体。
　　（2）我们没有肉体也可能存在。

因此，我们不可能是肉体。

换句话说，人和物体（肉体）是截然不同的。这通常被称为**实体二元论的模态论证**（modal argument for substance dualism），因为它诉诸人没有肉体而存在的**可能性**（可能性是一个模态概念）。该论证的结论可以从它的前提中有效得出：如果（1）和（2）为真，那么结论也一定为真。实体二元论者认为，我们有很好的理由相信（1）和（2）都为真。

　　前提（1）直接来源于同一性公理。在日常英语中，我们经常用"个性"（identity）来表示某人的个人特征——我们用来将他或她与其他人区分开来的个性特征或性格特征。然而在哲学中，这个术语有不同用法。在最严格的意义上，"同一性"和"相同"是同义词。说 x 和 y 同一就是说 x 和 y 是完全相同的对象、性质或事件，也就是说 "x" 和 "y" 只是同一事物的两个不同的称谓。例如，塞缪尔·克莱门斯和马克·吐温同一——"塞缪尔·克莱门斯"和"马克·吐温"是同一个人的两个不同的名字。同样，谓词"质量为 1 千克"和谓词"质量为 2.2 磅"是相同性质的两种不同表达方式。

显然，如果 x 和 y 同一——如果 x 和 y 是同一个事物——那么 x 没有 y 就不可能存在。原因很简单：一个事物没有它自身就不可能存在；x 不可能没有 x 而存在；没有马克·吐温，马克·吐温就不可能存在。那么，假设 x 和 y 是同一个个体，在这种情况下，x 不可能没有 y 而存在，正如 x 不可能没有 x 而存在一样，因为在这种情况下，y 就是 x。如果塞缪尔·克莱门斯和马克·吐温是同一个人，那么显然，没有塞缪尔·克莱门斯，马克·吐温就不可能存在，正如没有马克·吐温，马克·吐温就不可能存在一样，因为在这种情况下，马克·吐温就是塞缪尔·克莱门斯。总体而言，如果 x 和 y 同一，那么 x 没有 y 不可能存在。因此，如果我们发现 x 没有 y 可能存在，那么我们就成功地证明 x 和 y 不同一。例如，如果我们发现马克·吐温已经去世，但塞缪尔·克莱门斯仍然活得很好，我们就知道塞缪尔·克莱门斯和马克·吐温一定是不同的个体。

想想这一切对实体二元论的模态论证而言意味着什么：如果我和一个肉体同一——我的肉体，我看到在我面前的那个人类肉体——那么没有肉体我就不可能存在。事物不能没有自身而存在，所以如果肉体和我是同一个事物，如果我们就像塞缪尔·克莱门斯和马克·吐温，那么我们中的一个就不可能没有另一个而存在。然而，假设我们中的一个可以没有另一个而存在；假设我们能证明我没有肉体而存在是可能的；那我的存在便不需要那个肉体。在那种情形中，我们可以证明我实际上并不是那个肉体；我们也可以证明我的肉体和我一定是不同的个体——即人和物是不同的。实体二元论者指出，我们可以证明我在没有我的肉体或其他任何肉体的情况下存在是可能的。我们为什么要这样认为呢？

至少有两个论证可以支持前提（2），即我没有肉体也可能存在。我们称第一个论证为**可设想性论证**（conceivability argument）。它直接诉诸**可设想性—可能性原则**。可设想性—可能性原则（CPs）主张，可设想性是可能性的可靠指示：大致来说，如果我们能够设想某事，那么它一定是可能的。例如，如果我想知道在不拆桌子的情况将它巧妙移到门外是否有可能，我可以通过想象或设想一种将桌子移到门外的方法来尝试确定这一点。同样，如果我在制定下学期的课程表时，想知道是否可能同时选修形而上学和微积分两门课程，我不会穿越到未来去看这个课程表是否有效。相反，我会尝试设想一下是否可能通过查阅这些课程开设的日期和时间来确定课程有没有冲突。制定课程表的过程似乎假定了可设想性是可能性的可靠指示——如果我能设想课程表可行，它实现上就是可行的。反过来，CPs 意味着不可能的事情也是不可设想的。根据这一观点，我们之所以无法设想一个已婚单身汉或一个四边三角形的存在，是因为这些实体的存在本身是不可能的：不可能存在一个只有三条边的四边形物体，也不可能有一个已婚的单身汉。所以，CPs 的支持者主张，如果我们能设想某物，那它一定是真正可能的。因此，前提（2）的支持论证提出，如果可以设想我没有肉体也可能存在，那么我一定真的没有肉体也可能存在。该论证还提出，可以设想一个人——一个像我这样的心理存在——没有肉体也可能存在。考虑一些例子：

例1 许多人主张，他们能够设想在肉体已不复存在的情况下自己仍然存在，例如，那些相信死后生命仍在的人会默认自己仍然存在，就算他们的肉体已不复存在。这是一个人们似乎能够设想自己没有肉体也能存在的例子。你不必相信死后生命仍在也能做这样的设想。打个比方，你不必相信金山存在也能设想有座金山。重要的是，你能够形成一个即使肉体已死但自己仍然存在的观念。而设想死后生命仍在并不是设想你自己没有肉体也能存在的唯一方式。

例2 想象一下，你正从第三人称的有利视角观察自己的肉体——就像你在当地的便利店通过监测摄像头看到自己的身体时所具有的那种有利视角。想象一下，比如说，你现在正以第三人称视角观察那个正在读这本书的你的肉体，突然你的肉体不见了：它从视线中消失了，只剩你盯着你的肉体之前坐过的空椅子。这个时候，你似乎在设想自己没有肉体而存在。你正在设想自己有一种视觉经验——看到空椅子的经验——尽管你的肉体已不复存在。换句话说，你似乎能够设想一种情境，在其中即使你的肉体不存在你也可以存在。

例3 笛卡尔的《第一哲学沉思集》提出了另一种设想你没有肉体也

可以存在的方式：你可以设想自己的经验全都是不准确的。想想你现在正在经历的事：你可能觉得自己处在一个物理环境中，周围都是物理对象，一张桌子，一把椅子，一本书，等等。然而，想象一下你现在正在经历的一切都是巨大的幻觉；你的经验不对应于现实中的任何事物。尽管你似乎在看、听、触摸你周围的物体，但实际上这些东西都不存在；现实中不存在你认为自己感知到的那些物体。换句话说，那情境就像一场梦。当做梦时，你会有一种经验，好像你在异国的海滩上完全清醒着，而实际上你的肉体已经在床上睡着了。同样，在之前的情境中，你正在设想自己有一种经验，仿佛置身于一个物理环境中，被各种各样的物体包围着，尽管这些物体包括你自己都不存在。如果这种情况是可以设想的——如果你可以想象自己可能经历了一场大规模的幻觉——那么你就可以设想这样一种情境：在这情境中，你存在而你的肉体却不存在，在这情境中，你具有经验（因此你存在），但因为那些经验是幻觉，因为它们不对应于现实中的任何事物，所以实际上肉体不存在。

在可设想性论证的支持者看来，这样的例子说明一个人没有肉体也可能存在是可以设想的。而如果这样的情况是可以设想的，并且可设想性是可能性的可靠指示，那么就可以得出，人没有肉体而存在是可能的。

第二个支持人没有肉体也可能存在的论证诉诸本质属性的概念。我们称其为**本质属性论证**（essential property argument）。它最初由笛卡尔在《第一哲学沉思集》的第二沉思中提出。本质属性是某物存在所必需的性质。例如，有三条边是三角形的本质属性——一个三角形不可能没有三条边而存在。同样，作为哺乳动物对狗来说也是必不可少的；狗不可能不作为哺乳动物而存在。相比之下，偶然属性并非某物存在所必需的性质。例如，是埃莉诺最喜欢的形状，这个性质就是三角形的偶然属性；不是埃莉诺最喜欢的形状，三角形也存在——在埃莉诺出生前，没有哪个三角形具有这种性质。同样，成为宠物是狗的偶然属性；狗不成为宠物也存在，这是可能的。

现在想想你和我这样的人。我们有什么本质属性？根据本质属性论证，我们每个人都只有一个本质属性，如笛卡尔所说，我们的本质属性是具有经验或思维。笛卡尔的"思维"一词包括了我们在"心理现象"范围内所讨论的一切，不仅包括信念和欲望，还包括感觉、知觉和其他心理状态。根据本质属性论证，思维或经验是你和我存在所需要的唯一性质。[1]但是，如果思维是我们存在所需要的唯一性质，那么我们的存在就不需要任何其他性质，比如，我们的存在不需要物理性质。然而，如果我们的存在不需要物理性质，那么很明显，你和我在没有肉体的情况下也可以存在，因为肉体是只具有物理性质的东西，我们的存在不需要任何物理性质。因此，上述论证的结论是我们没有肉体也可以存在。

这一论证的核心前提是人唯一的本质属性是思维。但我们为什么要接受这种观点？实体二元论者回答这个问题的方式源于他们中的很多人回答一个更普遍的问题的方式：我们如何辨别事物的本质属性？我们对本质属性的认识至少有两种途径。**概念本质主义者**主张，我们可以纯粹通过先验的方式，即纯粹通过查阅定义或执行其他一些纯概念流程认识事物的本质属性。相比之下，**经验本质主义者**（Empirical essentialists）则认为，我们只能通过后验的方式，即只能通过对事物进行经验研究才能认识其本质属性。和很多实体二元论者一样，笛卡尔也是一个概念本质主义者；他认为，我们可以通过执行想象的或概念的流程来辨别事物的本质属性。

根据笛卡尔的理论，如果我们想辨别对象 a 的本质属性，我们首先要罗列出我们认为它所具有的全部性质。例如，先假设 P_1，P_2，P_3，…，P_n 是性质列表中的所有性质。接下来，我们拿出列表中的每个性质并考虑 a 没有该性质是否可能存在。我们试着去想象或设想 a 没有 P_1 而存在，a 没有 P_2 而存在，等等。如果我们可以设想 a 没有 P_1 而存在，那么我们就可以得出结论，a 没有 P_1 也可能存在。换句话说，我们可以得出结论，P_1 不是 a 的本质属性，它不是 a 存在所必需的性质。相反，如果我们不能设想 a 没有 P_1 也可能存在，那么我们就可以得出结论，P_1 是 a 的本质属性，a 的存在需要 P_1。笛卡尔认为，通过对列表上的每一个性质都执行这个流程，我们就能获得 a 的本质属性列表。

现在让我们思考一下，如何使用这个流程确定像你和我这样的人的本质属性。我们首先罗列出我们认为自己具有的全部性质。例如，我们可以把自己当作能看、能感觉、能动、能吃、能思考的肉体存在。接下来，我们拿出列表上的每一个性质，并思考我们是否没有它也可能存在。我们尝试着想象或设想自己不吃、不动、没有四肢或其他身体部位而存在。笛卡尔认为，这其中的每一个性质，离了它我们都有可能形成一种自我存在的概念。我们可以形成这样一个自我概念：即使我们没有胃、四肢或其他身体部位，也没有与之相关的进食或移动能力，但我们仍然具有经验。在笛卡尔看来，唯一的例外是思维或经验。与列表上的其他性质不同，没有经验我们便不能形成自我概念。尽管我们可以在想象中移除自己的身体部位和能力，但我们无法在想象中移除自己的经验。一旦你从想象中消除了经验，你就完全消除了你关于自己存在的一切概念。没有经验你就不可能设想你自己。笛卡尔指出，这表明思维或经验是人的本质属性之一。事实上，它是你唯一的本质属性；它是唯一一个缺少了你就无法形成自我概念的性质。因此，人的本质在于思维或具有经验；它是一个人存在所需要的东西，也是一个人存在所唯一需要的东西。[2] 而如果具有经验是一个人存在所需要的唯一条件，那么人的存在就不需要肉体。如果人的存在仅仅依赖于经验，那么人的存在就不依赖于肉体。因此，像你我这样的人没有肉体而存在是可能的。

3.3 对实体二元论支持论证的反驳

有几种方式可以对实体二元论者的论证提出挑战。但是显然前提（1）不是一个可行的挑战目标。这个前提直接来源于同一性公理。如果我没有肉体也可能存在，那我就不可能和肉体是一回事。挑战该论证唯一可行的方法是针对前提（2），即人没有肉体也可能存在。

我们考察了前提（2）的两个支持论证：可设想性论证和本质属性论证。这两者都遭到了严厉的反驳。可设想性论证的批评者至少有两种方式做出反驳。他们中的一些人主张，像本章例1、例2、例3这样的例子并不能真正说明我们没有肉体而存在是可设想的。其他人则认为，可设想性并不是可能性的可靠指示。我们将依次考察这些反驳。

要理解第一个反驳，我们考虑哲学家迈克尔·泰伊（Michael Tye）的一个例子：

假设……你刚才想象π的小数展开式中有七个连续的7……你到底在想象什么呢？假设你报告了以下情况：你在内心中想象自己拿着纸和笔坐

下来做算术题，你想象当你用 22 除以 7 时，又出现了七个连续的 7……（在这种情况下）你并没有真正想象其展开式中有七个连续的 7 的那个数字本身。[3]

泰伊的例子表明，我们有可能对自己的设想产生误解。例如，如果有人把泰伊所描述的那种视觉经验结合在一起，并主张形成了一个概念，即 π 本身的小数展开式中有七个连续的 7，那就大错特错了。但是，如果我们可能对类似情况下所设想的事情产生误解，那么我们对在例 1、例 2、例 3 中所设想的事情也可能产生误解。例如在例 2 中，你正在设想自己具有某种视觉经验——比如看到你的身体坐在一把椅子上，然后看到那把椅子空空如也的经验。通过形成这些想象，你真的能够设想自己没有肉体而存在吗？可设想性论证的批评者可能会说你没有，相反，这是一个类似于数字 π 的情况：你并没有通过把这些视觉图像结合在一起就成功地想象出你自己，就像在泰伊的例子中你并没有成功地想象出数字 π 一样。你只是成功地想象了一个长得像你的人从椅子上消失了。此外，批评者可能会强调，设想人们离开视觉器官——从环境中接收光线的物理结构——还能具有视觉经验，这一点很令人怀疑。因此，在例 2 中，你真正想象的不是那个缺少肉体的你，而是你自己——一个普通人——具有普通人的视觉能力和普通人的视觉器官，以普通人的方式注视着另一个看起来和你一样的人从椅子上消失。类似的情况也出现在例 1、例 3 以及任何其他例子中——这些例子被认为证明了人没有肉体而存在是可设想的。批评者指出，在所有这些例子中，实体二元论者都错误地描述了我们正在设想的东西。因此，实体二元论者未能证明我们真的能够设想人没有肉体而存在。

对可设想性论证的第二种批评挑战了可设想性是可能性的可靠指示这一主张。批评者认为，CPs 有很多种，显然不是所有的都为真。人们曾经设想人类长着鸟一样的翅膀在飞行，然而人类长着鸟一样的翅膀飞行在物理上是不可能的。同样，在 20 世纪以前，人们也许设想过有可能存在质量为 1000 千克的纯铀实心球体（以下简称"铀球"）。这是另一件在物理上不可能的事，因为铀的临界质量大约是 50 千克。其他反例关注的是可设想性概念本身。例如，目前还不清楚，人们在醉酒或吸毒后对事物形成的概念是否能够作为可能性的可靠指示。

在对这类例子的回应中，可设想性论证的支持者通常不赞成不受限制的

CPs，即对可设想性的概念不加限定或对可能性的概念不加限制的 CPs。相反，可设想性论证的支持者赞成以下列三种方式之一对 CPs 做出限制：将其限制于特定类型的可设想性中，将其限制于特定类型的可能性中，或将其限制于特定的主题中。例如，笛卡尔在其实体二元论论证中赞成这样一种 CPs，它被限制在清晰而明确的可设想性中；他没有主张醉酒和吸毒后的可设想性，也没有主张雾里看花的可设想性，或任何其他类型的可设想性。此外，笛卡尔认为，清晰而明确的可设想性不是任何一种可能性的可靠指示，而只是形而上学的可能性的可靠指示，或者如他所说，是上帝所能产生的各种环境的可靠指示。要理解第二个限制，我们来考虑下列定义：

当且仅当 p 与当前的技术限制一致时，p 是技术上可能的。
当且仅当 p 与物理定律一致时，p 是物理上可能的。
当且仅当 p 与自身一致时，p 是形而上学可能的。

每一个定义都表达了不同的可能性概念。我们可以通过一些例子来了解这一点。构建出一个行为方式完全像人类一样的机器人系统，这在技术上是不可能的。构建这样一个系统超出了我们目前的技术局限；我们目前缺乏这样的技术。然而，这并不意味着构建这样一个系统在物理上是不可能的。许多技术上不可能的事在物理上仍然是可能的，随着时间的推移，其中一些物理上的可能性或许也会成为技术上的可能性。200 年前，用卫星和无线电进行远距离通信在技术上是不可能的。然而，这在物理上仍然是可能的，随着时间的推移，它在技术上也变得可能了。同样，一个质量为 1000 千克的铀球和人类像鸟一样飞行在物理上是不可能的，它们不符合物理定律。然而，这并不意味着它们在形而上学方面是不可能的。许多物理上不可能的事情仍然是形而上学可能的。例如，假设物理定律没有得到满足，假设宇宙遵循不同的物理定律。在那样的情况下，一个质量为 1000 千克的铀球和人类像鸟一样飞行终究是可能的。

这些可能性概念之间的差异对于可设想性论证的支持者来说很重要，因为论证并非在每一种可能性概念下都能成功。事实上，要使可设想性论证取得成功，实体二元论者只需确证人没有肉体而存在的形而上学可能性。如果在任何情况下人没有肉体而存在都是可能的，那么人就不可能是肉体。这时实体二元论者对批评者做出一个明确回应：铀球和人类像鸟一样飞行的例子并不是形而上学不可能性的例子。形而上学不可能性的例子是已婚单身汉和四边三角形之类的。质量为 1000 千克的铀球或人类像鸟一样飞行在物理上是不可能的，但在形而上学上，它们并不像已婚单身汉和四边三角形那样是不可能的。如果物理定律不同，质量为 1000 千克的铀球也是可能的。而已婚单身汉或四边三角形在任何情况下都是不可能的。它们不仅是物理上不可能的，也是形而上学不可能的。因此，铀球和人类像鸟一样飞行的例子并没有证伪如下的限制性 CPs：

CP* 如果 x 没有 y 也可能存在是清晰而明确地可设想的，那么 x 没有 y 也可能存在就是形而上学可能的。

像这样的限制性 CPs 正是实体二元论者的论证获得成功所需要的东西。

不过，批评者还可以用第二种方式驳斥可设想性论证。他们可以不主张可设想性从来都不是可能性的可靠指示，而是主张只有当我们具有某种信息时可设想性才是可能性的可靠指示，但实体二元论者无法提供这些信息。再来看看铀球和人类像鸟一样飞行的例子。批评者可能会说，这些例子或许无法成功证伪限制性 CPs，但它们确实成功完成了另一些事：突出了 CPs 对科学知识的依赖；这些例子表明，有时候，只有当最好的科学知识是可靠的，我们的观念——什么是可能的或什么是不可能的——才是可靠的。

考虑技术的可能性。要知道某件事在技术上是否可行就需要知道目前存在哪些技术局限。但我们只能通过经验，即通过对世界的研究来了解目前存在哪些技术局限。同样，物理可能性涉及与物理定律的一致性。但要知道某件事是否符合物理定律就需要知道这些定律是什么，而那是我们只能通过经验即通过对世界的研究才能发现的。什么是技术上可能的，或什么是物理上可能的，我们对此的观念是否准确取决于我们对相应定律和局限的认识是否准确。如果我们不了解那些定律或局限是什么，那么某件事是否是技术上或物理上可能的，我们对此的观念必然是不准确的。这就是为什么人们曾经错误地认为，人类借助类似鸟的翅膀飞行在物理上是可能的：他们对空气动力学和鸟类生理学的定律一无所知。因为对这些定律的认识有限，他们准确刻画物理可能性的能力也同样有限。了解相关定律的人会觉得，人类用翅膀飞行的想法是不可设想的：

人的身体太重而肌肉又太虚弱，无法用足够的力量拍打翅膀使自己飞起来。

因此，对物理可能性和技术可能性的认识依赖于我们具有准确的科学知识。现在考虑形而上学可能性：我们如何得知什么是或什么不是形而上学可能的？有时我们可以纯粹依据逻辑了解形而上学可能性和不可能性。例如，我们可以纯粹依据逻辑便知道，一个人不可能同时以同样的方式既已婚又未婚，因为我们知道，一般来说，任何具有"$q\& \sim q$"形式的陈述都必然为假。例如，我们知道，"某人既已婚又未婚"这一陈述必然为假：它与自身不一致，或者说自指不一致（self-referentially inconsistent）。

然而，有时逻辑并不足以告诉我们什么是形而上学可能的或不可能的。例如，纯粹依据逻辑，我们不可能知道单身汉不可能已婚。要知道这一点，除了基本的逻辑原理外，我们还需要了解一些事情。我们需要了解"单身汉"的定义：只有未婚的人才是单身汉。纯粹依据逻辑就可以知道其真假的陈述被称为逻辑真理和逻辑谬误（logical truths and falsehoods）。[①] 一些陈述只在逻辑的基础上结合关键术语的定义便可以知道其真假，这样的陈述通常被称为分析真理和分析谬误（analytic truths and falsehoods）。我们通过参考逻辑和定义，以纯粹先验的方式认识逻辑/分析真理/谬误的真值；我们不需要研究这个世界。

然而，并非所有形而上学可能性和不可能性都可以先验地认识。有时我们只能后验地认识什么是形而上学可能的或不可能的，就像我们认识物理可能性的方式一样，也就是通过对世界进行研究。例如，水是 H_2O。因此，水没有 H_2O 分子而存在就是形而上学不可能的。但是，"水"的定义并没有告诉我们这一点。最初，人们可能把水定义为我们喝的东西，我们洗澡用的东西，从天上落下的雨，在冬天结成冰，充满河流、湖泊和海洋的东西。这些定义并没有告诉我们水是 H_2O 分子。水和 H_2O 的同一性必须通过经验发现——通过对世界的研究，而不仅仅是参考逻辑和定义。

现在考虑人和肉体。我们如何知道人没有肉体而存在是否是形而上学可能的？如果人与肉体的情况类似于水与 H_2O 的情况，那么我们只能通过研究世界并获得关于人与肉体本质属性的信息才能后验地认识它。批评者指出，这对可设想性论证的支持者来说是个大问题。可设想性论证的支持者认为，我们能

---

① 这里的逻辑谬误（logical falsehood）与逻辑谬误（logical fallacy）不同。——译者注

够纯粹通过概念确定陈述"人没有肉体也可能存在"为真,不需要对人和肉体的本质进行任何经验研究。但是,什么能证明这一假设呢?可设想性论证的支持者似乎没有提出任何有利的言辞。他们似乎理所当然地认为,我们的概念是形而上学可能性的可靠指示,无论这些概念多么缺乏经验支撑。这种对可设想性论证的反驳也与对本质属性论证的反驳有关。

本质属性论证至少有三种反驳。第一种反驳关注的是它对概念本质主义的承诺。根据笛卡尔的观点,我们确定某物没有某种性质是否可能存在是通过尝试设想它在没有该性质的情况下存在。我们能够清晰而明确地设想 a 没有该性质也存在,这种设想能力足以使我们确定 a 没有那个性质而存在是否是可能的,从而确定 a 是否在本质上具有那个性质。但经验本质主义者否认这类概念过程足以确定一个对象没有某种性质是否可能存在。根据经验本质主义者,辨别某物的本质属性不是坐在扶手椅上就能完成的任务,也就是说,不是通过概念的操作或分析就能完成的任务。辨别事物的本质属性需要实际的科学研究,因为我们最初形成的关于事物的概念可能不对应于它们的本质属性。

举个例子,我们可能已经学会了通过某种特定的外观、气味或味道来识别水,但如果我们把一瓶水带到一个遥远的星球,那里的大气层很奇特,它以不同寻常的方式影响了我们的感官,那么,那瓶水在我们看来可能就不再是原来的外观、气味或味道了。这是否意味着瓶子里的实体不再是水?经验本质主义者指出,当然不是。它还是原来的实体;只是该星球奇特的大气层对我们的感官产生了不同的影响。换句话说,它仍然是水,尽管它缺乏我们最初设想的水的特征。即使水的偶然性质发生了变化,水的本质属性也会保持不变。根据经验本质主义者的观点,某物的本质属性,也就是使某物之为某物的性质,使我们能够有把握地说在遥远的星球上瓶子里装的实体和地球上一样的性质,是由科学来辨别的——然而这些性质可能并不对应于水的前科学概念。我们发现水的本质属性不是通过设想水没有我们最初认为它有的各种性质也存在;而是通过化学分析科学地发现。但是,如果确定某物的本质是一项经验工作,如果它需要严肃的科学研究,那么,我就无法仅仅通过设想人没有肉体而存在来发现人的本质属性——甚至我自己的本质属性也一样。发现人的本质属性需要严肃的科学研究。

第二种反驳与第一种反驳有很密切的关系。它主张,本质属性论证犯了乞题的谬误:它隐含地假设了要证明的东西。该反驳基于一个合理的前提,即物理存在的本质属性只能通过经验发现。即使是大多数实体二元论者也愿意承认，当涉及我们对物理存在的认识时，科学是最终的权威。如果肉体受物理定律支配，那么我们就有理由假设，物理学最终决定了肉体及其性质——包括它们的本质属性——是什么。那么，假定这个假设为真，物理存在的本质属性只能通过经验发现。而本质属性论证是基于这样一个假设，即我们可以通过概念发现人的本质属性。如果物理存在的本质属性只能通过经验发现，而本质属性论证假设我们可以通过概念发现人的本质属性，那么，似乎该论证从一开始就假设人不是物理存在，因为如果人是物理存在，我们就只能通过经验发现他们的本质属性——就像我们只能通过经验发现水的本质属性一样。例如，如果我是一个物理存在，我的本质属性只有通过科学研究才能发现。那么，正如本质属性论证的支持者那样，假设我们无需进行任何科学研究，仅通过概念便可以发现我的本质属性，这相当于从一开始就假设我不是一个物理存在。那么根据第二种反驳，本质属性论证不能证明人不是物理的；相反，它假设了这个观点。

与笛卡尔同时代的安托万·阿尔诺（Antoine Arnauld，1612—1694）提出了对本质属性论证的最后一种反驳。它着眼于我们最初认为一个对象所具有的性质列表。我们此刻不妨假设，清晰而明确的可设想性可以作为形而上学可能性的可靠指示，而且笛卡尔的流程确实使我们能够辨别某种性质是否是某物的本质属性。该反驳认为，即使在这种情况下，笛卡尔的流程仍然很容易出错，因为一个对象往往具有我们最初无法识别的性质。我们可以考虑一下电磁性质。在电磁理论提出之前，人们很大程度上没有意识到大多数物体所具有的电磁性质范围如此之大。如果这些人列出了各种对象所具有的性质，他们的列表将是不准确的，因为他们遗漏了那些性质。一个对象的初始概念不完善会导致我们很容易出错。原因如下：想象这样一种情况，一个对象 a 正好有三个性质：P_1、P_2 和 P_3，其中 P_2 和 P_3 是其本质属性。然而，我们最初关于 a 的概念只包含性质 P_1 和 P_2。换句话说，我们不知道 a 还具有性质 P_3。然后，我们遵循笛卡尔辨别本质属性的流程，发现我们可以设想 a 没有 P_1 而存在，但我们无法设想 a 没有 P_2 而存在。因此，我们错误地认为 P_2 是 a 唯一的本质属性。想想这对本质属性论证意味着什么：如果我们最初关于人的概念在某一方面是不完善的，我们很可能在笛卡尔流程的引导下得出关于人具有什么本质属性的错误结论。

3.4 实体二元论与他心问题

上述反驳都在对"实体二元论为真"的支持论证提出挑战。此外，还有一些论证也旨在表明实体二元论为假。首先，实体二元论面临严重的**他心问题**。

要理解我们是谁、我们是什么，一个基本出发点是我们是社会生物。例如，我们知道世界上还有其他人，通过与他们的互动我们经常能够了解他们的想法和感受。然而，如果实体二元论为真，很难看出我们对他人的认识如何可能。他心问题可以表述如下：

（1）如果实体二元论为真，那么我们不可能知道他人的心理状态，也不可能知道他人存在。

（2）我们能知道他人的心理状态，也能知道他人存在。

因此，实体二元论是假的。

让我们从前提（1）背后的原因开始仔细考察这个论证。根据该论证，我们只有直接知觉到他人的心理状态，或者根据明显的身体行为推断他人的心理状态，我们才能知道他人的心理状态是什么。然而，如果实体二元论为真，我们似乎无法通过这两种方式了解他人的心理状态。我们不可能直接知觉他人的心理状态，因为如果实体二元论为真，那么心理状态就是一种主观现象，原则上只有心理状态的所有者才能访问。如果只有经历心理状态的人才能访问它，那么我就不可能直接知道他人的心理状态。物理行为，包括人类身体和其他物体的行为都是客观可见的，因此，它可以作为推断他人心理状态的基础。例如，如果一个人说出"太阳系有八颗行星"这句话时脸上带着真诚的表情，这可以作为推断此人相信太阳系有八颗行星的基础。然而，如果实体二元论为真，我们也不可能在此基础上知道他人的心理状态，因为如果实体二元论为真，身体行为几乎无法为我们提供他人心理状态的信息，包括他们有什么心理状态，他人是否存在。为什么会这样？如果实体二元论为真，我在周围看到的人类身体很可能完全像人一样做出行动，即使它们并不依附于任何人。根据实体二元论，身体是纯粹的物理实体；它们的行为可以用物理学全面地描述和解释，而不涉及任何人以及他们的心理状态。因此，依附于人的身体行为与不依附于人的身体行为可以是完全相同的。为了说明这一点，请思考图3.2中描述的场景。

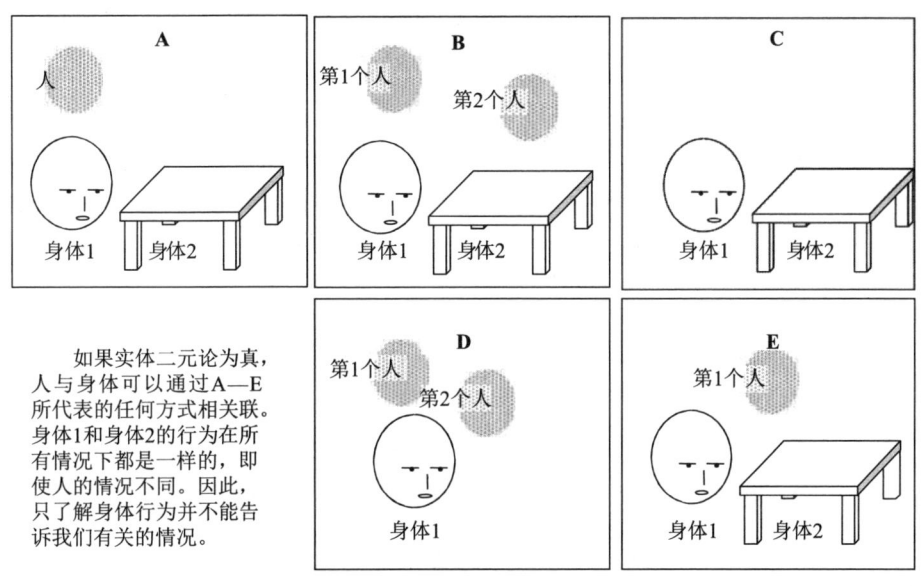

图3.2　他心问题

在每一个场景中，我们都看到了人体的行为和旁边桌子的行为。人体会移动、说话、摆姿势等，而桌子只是一如继往地"坐"在那里。在日常生活中，我们想当然地认为，人体会根据信念、欲望、疼痛和其他心理状态做出行动，而桌子则不会根据这些状态做出行动。在实体二元论框架中，我们可以用图3.2A所示的方式来理解这种情况。此处人体是与人相关联的，而桌子不是。但如果实体二元论为真，人与身体就不必以这种方式相互关联。我们通常认为身体行为由心灵原因引起，这种感觉可能是完全错误的。例如，可能的情况是，每一个物体都关联着一个人——人体是这样，桌子也是这样，如图3.2B所示。如果桌子不能移动、说话或摆姿势，这并不表明它没有与人相关联，而只是说明它缺乏完成这些活动所必需的物理机制。然而，如果人与物不同，我们便没有任何理由要求人只能与一种物体相关联，而不能与其他不同的物体相关联。桌椅和其他无生命的物体都可以与人相关联，即使它们的行为不能以任何方式反映这种关联性。类似地，也可能是没有任何物体与人相关联——无论是人体还是桌子，如图 3.2C 所示。如果人体移动、说话、摆姿势，那并不表明它与一个人相关联。它的语言机制和运动机制可以由它的神经状态以及环境对听觉和视觉系统的影响所触发，就像任何复杂机器的机制都可以被触发一样。因此，即使该人体表现出我们通常认为是智能的行为，我们仍然不能肯定地说它与一个智能生物有关。如果身体是纯粹的物理实体，那么无论它们是否与人有关，其行为都可以用物理学全面地描述和解释。由于人体和桌子的行为都可以用这种方式全面地描述和解释，所以它们的行为在场景 A、B 和 C 中可能完全相同，尽管它们与人的关系在每种情况下都不同。

如果实体二元论为真，身体行为就能以各种不同的方式与人相关联。想象一下，我们看到一个人体正在交谈，而它所坐的桌子却保持沉默和静止。直觉上我们想说，根据它们的行为，我们知道人体与人相关联，而桌子不是，除非与人相关联，否则人体的行为不会是这个样子；除非桌子没有与人相关联，否则桌子的行为也不会是这个样子。但如果实体二元论为真，我们就不能这么说，因为即使人的情况与我们直觉猜测的完全不同，我们周围的物体可能还会那样行动。实体二元论告诉我们，仅基于人体和桌子的行为，我们无法知晓两者是否与人有关。人体、桌子、氧原子、头发丝、指尖等，也许每个物体都关联着一个人。也许没有一个物体与人有关。也许一个物体与多个人相关联，如图 3.2D 所示，或者一个人与多个物体相关联，如图 3.2E 所示，或者不同的人在不同的时间与不同的物体相关联——如果实体二元论为真，上述任何一种情况都可能成立，而在每种情况下身体的行为可能完全相同。因此，如果实体二元论为真，身体的行为就不能为我们提供有关他人的任何信息——甚至不能告诉我们他们是否存在。

因此，如果实体二元论为真，我们既不可能通过直接感知他人的心理状态来知道他们的心理状态，也不可能从他人的身体行为推断他们的心理状态。我们甚至不可能知道他人的存在。如果人和物是截然不同的，那么我们就不可能像感知物那样感知人，而那些物体的行为也不能确切地告诉我们他人是否存在。因此，如果实体二元论为真，我们就不可能认识他人的心理状态，也不可能知道他人是否存在。

反对者认为，这种观点是极其荒谬的。我们对他人的认识当然不止实体二元论所说的那一点；我们显然经常能够而且确实知道他人存在，经常能够而且确实知道他人的想法和感受。既然实体二元论与我们的知识不一致，反对者的结论是，实体二元论必然是假的。

实体二元论者可以通过否定上述反驳论证的其中一个前提来进行回应。例如，针对前提（2），实体二元论者可以对那些认为"我们对他人的认识当然不止实体二元论所说的那一点"的批评者提出质疑。实体二元论者可以主张，这个前提不过是诉诸直觉，但直觉在很大程度上是文化环境的产物。如果我们接受的文化教育与实体二元论相反，那么我们当然会认为自己对他人的了解不止实体二元论所说的那一点。但事实并非如此。也许我们的直觉是完全错误的。

实体二元论的批评者可能会这样回复：我们期望用理论来解释某些事实或现象。我们期望身心理论能够解释的事实当中也包含我们对他人的认识，包括我们对他人存在的认识，以及他们有哪些想法和感受的认识。这些是构建身心理论的基本出发点——它使我们能够初步构建身心理论。如果一个身心理论不能容纳这些基本事实，如果它要求我们从根本上修改对世界的前哲学理解，那么它很可能犯了严重的错误。打个比方，如果我们让一些物理学家构建一个理论来解释光的现象，而他们提出的理论表明光不存在，这标志着他们的理论存在严重缺陷。

当然，有时我们确实会赞同一些理论，这些理论需要我们对前理论出发点进行彻底修改。但我们之所以决定支持这些理论，那是因为有非常有力的论证支持它们。然而，根据早先对实体二元论支持论证的评估，我们尚不清楚是否有非常强大的理由支持它。至少我们认为实体二元论为真的理由并不比我们认为自己知道他人存在并且具有思想和感受的理由更强，甚至可能弱得多。因此，如果要在拒斥实体二元论和拒斥我们知道他人存在，也知道他们的心理状态之间做出选择，批评者认为，我们毫无疑问必须放弃实体二元论。

不过实体二元论者还可以通过否定前提（1）来进行回应，前提（1）是说，实体二元论与知道他人存在且具有某种心理状态是不相容的。实体二元论者至少有两种方法可以反驳这种观点。首先，他们可以主张，即使实体二元论为真，我们也可以直接了解他人的心理状态。实体二元论者主张，我们每个人都具有一种类似超感官知觉（extra-sensory perception，简称 ESP）的能力，它使我们能够直接经验到他人的思维和感受。

批评者认为该回应至少存在两个问题。首先，几乎没有证据表明我们具有这种能力。旨在检测超感官知觉是否存在的实验几乎总是表明，我们没有理由相信它存在。其次，更重要的是，即使有些人确实具有 ESP 能力，但显然不是每个人都有。比方说，我很清楚我没有这种能力，但我仍然能使自己认识到他人存在，并且有时也知道他们的想法和感受。因此，即使有 ESP 这样的东西，实体二元论仍然意味着我们对他人的了解比我们实际上看起来具有的要少得多。

实体二元论反驳前提（1）的第二种方式是否认身体行为不能为我们提供关于人的信息。一种可行的策略叫作类比论证（argument from analogy）。它认为，因为我知道我与一个身体相关联，并且其他人和他们身体的关系与我和我的身体的关系相似，所以我可以知道其他人也与身体相关联。根据实体二元论者，我们可以根据每个人对自己的认识对他人进行归纳概括。

归纳概括是一种论证形式，它从某种特定事物的初始样本开始，然后基于初始样本对所有这类事物进行概括。在科学研究中我们经常使用归纳概括。如果到目前为止我们观察到的所有铜片都导电，我们就可以断定所有铜都导电。实体二元论者可以用类似的方式主张：我们能够确信周围的人体都与人有关联，而周围的桌子与人没有关联，我们也能够确信，人体之所以那样行动是由与它关联的人的心理状态决定的。为什么我们可以确信这些事情？每个人都知道他或她与一个人体相关联，而其身体的运作是由他或她的心理状态决定的。例如，我知道这个人体——我自己的身体——依附于一个人，我的信念、欲望、疼痛和其他心理状态决定着这具身体的大部分行为。我与我的身体以这种方式相联系，基于这样的知识，我可以推断其他人体的类似行为很可能有类似的原因，其他人的心理状态决定着他们身体的大部分行为，就像我的心理状态决定我的行为一样。于是，实体二元论者可以宣称，他们的理论与我们知道他人存在，并且这些人的心理状态与我们自己的相似是相容的。

批评者指出，上述论证的问题在于初始样本不够大，不足以支撑它所做的概括。归纳概括的强度大小很大程度上取决于初始样本的大小。如果我只研究了一块铜就对所有的铜都做出了概括，那么这个概括比我研究了许多块铜做出的概括要弱得多。然而，实体二元论者仅依据一种情况，即我的身体如何与我相关联就对所有人体（或至少大部分人体）与人如何相关联进行概括。鉴于世界上有如此多的人体，而初始样本只占群体规模的不到十亿分之一，这种概括是极其没有说服力的。只观察我自己的情况——我与我的身体的关系——几乎提供不了什么证据去证明所有的身体都以同样的方式与人有关联。

因此，批评者指出，如果实体二元论为真，我们最终能获得的关于他人的信息会非常少——事实上，少到我们甚至不能确信他人存在。然而，我们对他人的认识是理解我们是谁以及我们是什么的基本出发点。要拒斥这一基本的前哲学信念，转而支持否定它的身心理论则需要非常有力的论证。但实体二元论者提不出什么论证来对抗我们的前哲学信念，即我们了解他人及其心理状态。批评者主张，由于实体二元论与该信念不相容，因此实体二元论必定为假。

3.5 交互作用问题

交互作用问题由笛卡尔同时代的几个人独立提出，包括皮埃尔·伽桑狄（Pierre Gassendi，1592—1655）和波西米亚公主伊丽莎白（1618—1680），后者是笛卡尔的学生。这也是古希腊哲学家亚里士多德对柏拉图学派中的二元论者所做的批评之一。这个问题关注的是，那些在实体二元论看来完全是非物理实体的人是否可能与作为物理实体的身体发生因果交互作用。

直觉上我们想说，我们的信念、欲望、疼痛和其他心理事件会对世界上的物理事件产生因果影响。例如，许多行为似乎都是有心理原因的物理事件。如果我不小心摔了个跟头，我的动作不算是一个行为，但一个小丑如果故意摔了个跟头，它就算是一个行为。这些事件之间不存在物理方面的差别。我们很容易想象每种情况下的物理事件都是相同的：一个有经验的小丑可以假装摔跟头，但跟真正的意外摔跟头没什么区别。那么，真正的摔跟头与假装摔跟头的区别在哪里？为什么一个算是行为而另一个不算？答案似乎一目了然：一种情况中所涉及的物理事件有心理原因，即摔跟头的意图，而另一种情况则没有。

那么，行为与其他类型物理事件的区别似乎就在于它们的原因不同：行为是具有心理原因的物理事件。但如果行为是具有心理原因的物理事件，并且行为存在，那么就可以得出结论，唯一能经验心理事件的实体——人——必定能够与唯一能经验物理事件的实体——身体——发生因果交互作用。实体二元论的问题在于，它似乎与这类因果关系不相容：如果实体二元论为真，它似乎意味着人不可能与身体发生因果交互作用——至少很难看出二者如何可能。

如果实体二元论为真，人完全就是非物理实体，而非物理实体似乎不可能对物理实体产生因果影响。原因是物理事件发生在空间中，涉及力或能量的变化。但如果你和我完全是非物理的，那么我们就没有空间位置；我们并不清楚不占据空间位置的事物如何影响空间中的事物，或者更一般地说，非物理的事物如何操控力或能量状态。我们举个例子来说明这一点。

要驱动汽车前进，必须有某种东西把储存在汽油化学键中的能量释放出来。在大多数汽车中，这是通过发动机火花塞的燃烧来实现的。火花塞的燃烧又是由线圈产生并由配电器传送到火花塞的高压脉冲引起的。汽油燃烧释放的能量驱动活塞。接下来活塞驱动曲轴，曲轴驱动车轴，车轴驱动车轮。所以，汽车是由一系列发生在特定地点的物理事件驱动的，这些物理事件涉及能量的变化。某物要想介入这一系列事件，它必须影响这一系列事件中的某一个步骤：它可能需要转动曲轴，或驱动活塞，或点燃汽油，或引发系列中的其他事件。然而，引发这一系列中的任何一个事件都需要能量转化或力的操控。

人体的运作方式与此类似。四肢的运动是由肌肉收缩产生的。肌肉收缩又是由神经元放电释放的离子引起。而神经元放电由神经元膜的去极化触发，神经元膜的去极化通常是由于有其他神经元释放的离子存在，或者由于存在某种类型的环境刺激，如光、热或压力。就像汽车的运动一样，人体的运动也是由一系列物理事件驱动的。某物要想介入这一系列事件，它必须引起这一系列事件中的某一个步骤。但引起任何一个步骤都需要能量转化。因此，很难看出实体二元论与能够对身体行为产生影响的人如何相容，因为根据实体二元论，人完全是非物理的实体，我们很难看出非物理实体如何影响物理行为，原因至少有二。

其一，所有上述物理过程所涉及的能量转化都发生在特定的空间位置——燃烧室、曲轴与车轴的连接处、肌肉纤维、细胞膜等。因为这些事件发生在空间中，所以假设它们只能由空间中的某些事物引起似乎是合理的。至少，目前还不清楚不具有空间位置的事物是如何引起那些事件的——例如，它如何在这个位置上使膜去极化，或者如何在那个位置上打破化学键，或者如何在这里或那里施加一个力。让一个非物理实体对一个物理事件产生因果影响，就好比让这一条轨道上的火车撞击另一条完全分离的轨道上的火车。

其二，正如汽车和人体的例子所说明的那样，通常情况下，只有当某物具有能量时它才能引起物理系统的变化。正是因为汽油在化学键中储存了能量，才有能力驱动活塞；也正是因为神经元释放的离子具有电磁能，它们才能引起肌肉收缩；也正是因为神经元膜具有电位，它才能释放离子。但能量是物理的。事实上，从 19 世纪开始，物理学家就用能量来统一物理学的主题。这样看来，一个能够操控能量状态的系统必须是一个物理系统，一个能够用物理学描述的系统。于是我们很难理解，非物理的人，其信念、欲望和其他心理状态如何具有能量。因此，非物理系统能够影响物理系统的想法是不连贯的。

简而言之，交互作用问题可以表述如下：

（1）如果实体二元论为真，人不可能对身体产生因果影响。
（2）人可能对身体产生因果影响。

因此，实体二元论为假。

正如我们所看到的，实体二元论的批评者通过诉诸行为的存在来支持前提（2）：他们认为，只有当人可以对身体产生因果影响时行为才存在。为了支持前提（1），批评者主张，非物理实体不可能对物理实体产生因果影响。然而，如果实体二元论为真，人就是非物理实体；因此，如果实体二元论为真，人就不可能对身体产生因果影响。为什么非物理实体不可能对物理实体产生因果影响？批评者认为，某物可以对身体产生因果影响，仅当它具有非物理实体所缺乏的特征——诸如空间位置或能量状态等特征。

实体二元论可以用几种方式回应交互作用的问题。一是否定前提（1）：实体二元论者可以主张，他们的理论实际上和人—身交互作用是相容的。实体二元论者会说，人可能是非物理的实体，但这并不妨碍他们与身体产生交互作用。非物理实体如何可能对物理实体产生因果上的影响？拒斥前提（1）的实体二元论者可以坚持认为这个问题有误导性,物理实体和非物理实体之间如何发生因果交互作用是不需要解释的;相反,这种因果交互作用的存在必须被当作一种原始事实,就像我们大多数人将物理实体之间的因果交互作用当作原始事实一样。我们并不需要解释物理实体之间的因果交互作用如何可能存在。那么,我们为什么需要解释物理实体和非物理实体之间的因果交互作用如何可能存在呢?实体二元论者认为,似乎没有什么好的理由。因此,认为实体二元论者不能简单地在非物理实体和物理实体之间建立原始的因果联系,这是没道理的。笛卡尔对伊丽莎白公主的回应就是如此。[4]

上述回应的一个问题是它似乎违反了能量守恒定律。能量守恒定律是物理学的一个基本原理。该原理指出,系统的总能量是恒定的:能量既不会凭空产生,也不会凭空消失,能量只会转化。汽车及其周围环境和人体及其环境是能量封闭系统。这些系统的总能量既不会增加也不会减少,它只是从一种形式转化为另一种形式。例如,当燃烧室中膨胀的气体推动活塞时,储存在汽油化学键中的能量转化为机械能;刹车时车轮和车轴的机械能转化为热能。同样,当身体运动时,驱动人体细胞新陈代谢过程的分子中储存的化学能会转化为机械能和热能。在所有这些事件中,能量既没有产生也没有消失,能量只是转化了。整个物理宇宙都是如此。它是一个能量封闭系统,能量的总量是恒定的。宇宙中的总能量既不增加也不减少,它只是从一种形式转化为另一种形式。

因为汽车、人体和任何其他物理系统的运动过程所涉及的总能量是恒定的,所以似乎只有在违反能量守恒定律的情况下,一个非物理实体才能对物理实体产生因果影响。原因是非物理实体不是通过物理系统中的能量,而是通过不属于物理领域的其他能量来引起物理变化。然而,在这种情况下,物理宇宙将不再是一个能量封闭系统,而是一个对非物理能量的介入保持开放的系统。因此,即使实体二元论者能够设法对非物理能量的存在做出合理解释,这种能量要对物理宇宙产生影响似乎也需要违反能量守恒定律。

上述讨论表明,实体二元论者只有在拒斥物理定律的情况下才能支持心物领域之间具有因果关系。但批评者提出,如果要在拒斥实体二元论和拒斥我们最好的科学之间做出选择,我们毫无疑问必须放弃实体二元论。毕竟,我们接受物理定律的理由要比我们接受实体二元论的理由强有力得多。心理—物理的因果关系以及能量守恒的存在表明实体二元论是假的。

3.6 非交互论观点：平行论与偶因论

也许人根本不会对身体产生因果影响。至少有两种实体二元论者不是针对交互作用问题的前提（1），而是针对前提（2）：他们否认人与身体的因果交互作用。这种非交互进路的支持者就是**平行论者**（parallelists）和**偶因论者**（occasionalists）。

平行论者主张人与身体之间不会相互产生因果影响，它们之所以看起来是这样，是因为它们是平行运动的。打个比方，我们给两个落地大摆钟上好发条，使它们同步运行。然后，我们去掉钟表 A 上的报时和钟表 B 上的指针（图3.3）。因为它们是同步运行的，所以尽管钟表 A 上没有报时，钟表 B 上没有指针，但两个钟表的时间仍然完全相同。试想，如果一个不经意的观察者并不知道它们被调成了同步的，那么这两架钟表在他看来会是什么样子？如果观察者听到钟表 B 报时，这时钟表 A 的指针刚好显示该时间，观察者可能会得出这样的结论：两架钟表之间有因果联系，钟表 A 导致钟表 B 报时。然而我们知道，这个不经意的观察者是错的。钟表 A 和钟表 B 之间没有因果关系。

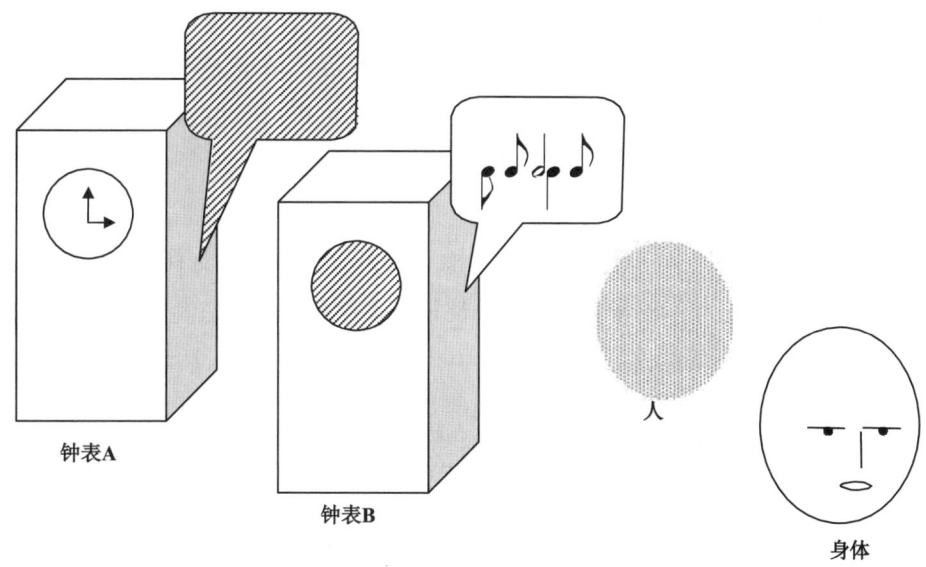

图 3.3　平行论

每当钟表 A 的指针到达整点时，钟表 B 就报时，但不是钟表 A 导致钟表 B 报时，而是钟表 A 和钟表 B 被调成了同步的。这种同步性解释了钟表之间具有因果关联的表象，尽管这里并不存在真正的因果关联。

根据平行论者的观点，人和身体也有类似的情况。人的心理状态和身体的物理状态看起来具有因果交互作用。然而，现实中并没有这样的因果交互作用——它们只是看起来有，因为人和身体就像那两架钟表一样是同步运行的。每当我的身体磕到脚指头时，我就会感到疼痛——不是因为脚指头让我感到疼痛，而只是因为我的身体和我是平行运作的。

批评者可能会抱怨平行论产生了一个荒谬的结果，即行为不存在，因为它意味着具有心理原因的物理事件不存在。不过平行论者却在回应中提出，行为不是具有心理原因的物理事件，而是看似具有心理原因的物理事件。小丑假装摔跟头看似是由他的意图导致的，而真正的意外摔跟头不会看似具有心理原因。因此，行为和非行为之间的区别不在于它们的原因而在于它们的表象：行为看似具有心理原因，而非行为没有。

平行论的一个潜在问题是，在钟表的例子中，钟表 A 和钟表 B 的同步运行有一个明确的解释，也就是说，我们将钟表做了那样的调整。但是如何解释人与身体的同步运行呢？平行论者可以用不同的方式回答这个问题。例如，莱布尼茨主张，人与身体的平行运作要归因于上帝。前定和谐（pre-established harmony）学说主张，上帝以这样的方式建立了世界，使得人和身体得以同步运行，就像钟表 A 和钟表 B 一样。但是平行论者也可以自由地宣称，人与身体的同步运行必须被当作一个原始事实来接受。

实体二元论的第二种非交互论形式是偶因论。它的支持者是尼古拉斯·马勒伯朗士。和平行论者一样，偶因论者也否认人与身体之间有任何因果关联，但在他们看来，这并不意味着因果能动性根本不存在。偶因论者主张，上帝扮演着因果中间人的角色，可以说，是他对人与身体之间的相互影响做出了安排。虽然我不能直接影响我的身体，我的身体也不能直接影响我，但上帝可以直接影响二者。上帝观察我的心理状态，并使我的身体发生相应的变化，同样，上帝观察我的身体状态，并使我产生了相应的心理状态。

偶因论至少面临两种担忧。一是它意味着上帝是唯一真正存在的行动者。这其中所具有的道德和神学含义是人们不能接受的。例如，假设我的身体射杀了另一具身体——比如说你的身体。我不可能对你身体的死亡负责，至少不可能直接负责，因为我不是那个导致我的身体扣动扳机的行动者。上帝才是。根据偶因论者，你和我对物理世界中发生的任何事都不负有因果责任，唯一负有因果责任的个体是上帝。而对于那些不愿将应受道德谴责的行为归属于上帝的人，以及那些想要将应受道德谴责的行为归属于你我的人，偶因论的含义都很令人尴尬。

偶因论的第二个问题是，诉诸上帝看起来是特设的（ad hoc）。"ad hoc"是拉丁语，字面意思是"对这个"。它用来指一个主张之所以被采用，不是基于某种原则，而只是为了对这个或那个意想不到的反驳做出回应。举个例子。假设我做了一个笼统的概括，比如"所有的奶牛都是白色的"，然后你通过制造一头棕色奶牛来证伪它。然而，我没有承认我的概括是错误的，而是回答说："这头棕色奶牛并没有证伪我最初的主张，因为当我说'所有的奶牛都是白色的'时，我的意思是除了那头奶牛，所有的奶牛都是白色的！"我在这里的回应就是特设的。把这头奶牛排除在我的概括之外，我并没有什么原则性依据，我决定这样做只是为了对这个反例做出回应。在批评者看来，偶因论者求助上帝来解释心理—物理的交互作用同样是特设的。

为什么采用特设主张是有问题的？原因是它们会显著削弱一个理论。理论意在统一我们对某一特定领域的知识。一个采用了特设原则的理论相当于一个几乎没有整体统一性的命题集，因此它也几乎没有能力统一我们对事物的理解。我们可以通过类比来思考下列概括的强度：

（1）所有的奶牛都是白色的。

（2）所有的奶牛都是白色的，除了你刚才给我看的那一头，还有邻居家牲口棚里的两头，还有外面田野里的六头，还有照片上的那几头，还有……

陈述（2）的概括比陈述（1）要弱得多。其原因是它包含了太多的例外。添加所有这些例外情况将使（2）丧失信息内容。这相当于说，除了不是白色的奶牛，所有的奶牛都是白色的。采用了特设原则的主张会削弱理论，就像这些例外会削弱（2）的概括一样。人们对偶因论者诉诸上帝表示担忧，担心它可能产生无数的特设主张。任何出现在偶因论者身上的哲学问题都有可能通过调用全能上帝的意志来解决。这会使偶因论失去任何真正的哲学内容。

　　无论这些对平行论和偶因论的反驳成功与否，这两个理论都意味着我们的信念、欲望和其他心理状态都无法影响物理世界。正因为如此，许多人认为平行论和偶因论是非常极端的观点。然而，对于想要避免交互作用问题的实体二元论者来说，它们却是可行的选择。

3.7　解释力不足的问题

　　古希腊哲学家亚里士多德第一个站出来指责实体二元论解释力不足。他批评柏拉图学派的二元论者未能解释为什么人会具有他们所具有的身体。如果事实上人不是人类而是依附于人体的非物理灵魂，为什么人体能够准确做出人自然而然想要做出的各种活动呢？亚里士多德指出，柏拉图主义者没有给出令人满意的答案。

　　我们将要考察的解释力不足问题的形式是较差解释推理（inference from a worse explanation）。要理解它，我们首先需要理解最佳解释推理（inference to the best explanation）。最佳解释推理是科学中常用的一种归纳论证形式。它始于一系列事实或现象以及一套旨在解释它们的理论。在评估这些理论的过程中，我们会摒弃一些理论，选择其他更好的理论，直到我们得到其中最好的解释——最能解释数据的理论。举个例子。

　　多年来，人们一直不清楚月球究竟是如何形成的。为了解释月球的形成，人们提出了几种相互竞争的理论。根据第一种理论，月球是一颗来自太阳系外的流浪行星，被地球引力捕获。根据第二种理论，地球和月球是由最初的宇宙尘埃云一起创造的，太阳系的其他部分也是由尘埃云形成的。第三种理论主张，月球的形成是一次大规模宇宙碰撞的结果：一颗小行星撞击了早期的地球，并向太空喷射出碎片，这些碎片最终结合在一起形成了月球。第一种理论遭到摒弃是因为如果月球被地球引力捕获，那么它最终基本不可能进入目前的轨道。第二种理论遭到摒弃是因为它无法解释为什么月球上没有铁矿石；科学家推断，如果地球和月球是由同一团宇宙尘埃形成的，那么月球极有可能也会像地球一样具有铁矿石。在研究了现有的证据后，科学家们得出结论，月球形成的最佳解释是第三种理论：月球的形成是一颗小行星与地球大规模碰撞的结果。

这个例子既说明了最佳解释推理，也说明了较差解释推理。在寻找月球形成的最佳解释的过程中，科学家们放弃了与数据不符的竞争性解释。在进行最佳解释推理的过程中，他们同时也在进行较差解释推理。因此，最佳解释推理通常也包括远离较差解释的过程。解释力不足的问题主张，实体二元论对某些事实提供的解释比其他理论更糟糕。因此，当我们越接近这些事实的最佳解释——最佳身心理论，我们同时也就离实体二元论越远。换句话说，我们相信其他理论为真的原因也是相信实体二元论为假的原因。

现在让我们考察一些与心理和物理现象之间的关系有关的事实，这些事实似乎给实体二元论者造成了困难。我们大多数人都理所当然地认为，心理现象并不是与任何一种物体都有关联——不是任何一种物体都具有心理状态或与心理状态有关。例如，人类等有大脑的哺乳动物具有心理状态，但桌子、铅笔和石头没有。为什么某些物理系统具有心理状态，而其他系统却没有？不同身心理论的支持者以不同方式解释了这一事实。例如，在心物同一论看来，原因是心理状态就是大脑状态（见5.4节）。因为有大脑的哺乳动物有大脑，而桌子、铅笔和石头没有，所以很容易理解为什么人类有心理状态，而石头、桌子和铅笔没有。同样，根据二元属性论者，比如突现论者和副现象论者，心理状态是由大脑状态产生的（见8.3节和8.10节）。因为桌子、铅笔和石头没有大脑，它们不可能产生心理状态；而有大脑的哺乳动物却可以。相比之下，实体二元论者如何解释心理状态和有大脑的哺乳动物之间的关联性？答案是：它们没有关联性！如果实体二元论为真，那么心理现象本质上与物理现象无关——心理状态根本不需要与任何物理系统相关联。因此，如果心理现象与特定种类的物理系统相关联，比如有大脑的哺乳动物，实体二元论者无法提出原则性的解释方法解释这些关联性；关联性的存在只能被当作原始事实来接受。

考虑另一个例子。心理现象不仅与有大脑的哺乳动物有关且与岩石和桌子无关，而且只与这些有大脑的哺乳动物的特定部分即它们的神经系统有关。为什么心理状态只与神经系统的状态相关，而与指甲或头发的状态无关？不同的身心理论对此也提出了不同的解释。根据心物同一论，心理状态就是神经系统的状态，所以心理状态只与神经系统相关。同样，根据突现论者和副现象论者的说法，心理状态是由神经系统的状态引起的，而不是由指甲或头发的状态引起的。相比之下，实体二元论者如何解释心理状态与神经系统状态之间的关联性呢？答案同样是，它们没有关联性。因为实体二元论者主张心理现象本质上与物理现象没有关系，他们必须把心理—物理的关联性作为原始事实。

这些例子说明了什么？在批评者看来，它们表明实体二元论解释力不如其他理论，这给了我们很好的理由认为实体二元论为假。理论的构建是为了解释特定领域的现象。身心理论的任务之一就是解释心理—物理的关联性。然而，在解释这些关联性方面，其他理论如心物同一论、突现论和副现象论做得更好。事实上，批评者指出，实体二元论的解释是最糟糕的：它根本没有解释心理—物理的关联性。因为它不能像其他理论那样解释经验事实——因为有理论能更好地解释这些事实，所以我们有很好的理由认为实体二元论为假。我们可能还不知道这一系列备选理论中哪一个为真——我们可能不知道哪一个理论为心理—物理关联性的事实提供了最佳解释，但我们不需要知道哪个理论最佳也能知道这些理论都比实体二元论更好。如果这些理论都比实体二元论更好，我们就知道，在向它们中的最佳解释——也就是真的理论——前进的过程中，我们会远离实体二元论这个假的理论。

要回应这个论证，实体二元论者可以主张该论证仅仅只是归纳的。他们可以说，即使其他理论能更好地解释心理和物理的关联性，也仍然不能证明实体二元论为假。此外，实体二元论者可能会主张，未能解释心理和物理的关联性并不是真正的缺点，我们并没有很好的理由认为，一个能够解释心理和物理关联性的理论优于一个将这些关联性作为原始的、无法解释的事实加以接受的理论。在这种情况下，就像在我们已经探讨过的其他情况下一样，实体二元论者仍然有办法回应这种批评。

3.8　正确理解实体二元论

我们已经考察了一些反驳实体二元论的论证，并指出了实体二元论的回应方式。有一点很明确，即实体二元论是一个非常有弹性的理论。如果实体二元论者就是要拒斥守恒定律或心理—物理因果关系的存在；如果他们就是要否认我们知道他人的存在，或者就是要拒绝用心灵理论来解释心理和物理之间的关联，那么反对者也无话可说。然而，面对如此多的反驳，支持实体二元论的代价似乎非常大。为了一个尚未得到决定性论证支持的理论而拒斥守恒定律或拒绝承认我们知道他人存在，这个代价似乎太大了。因此，对于有志成为实体二元论者的人来说，有趣的问题并不是实体二元论者能否对这些反驳做出回应，因为正如我们所看到的，他们能够做出回应；有趣的问题是为什么有人最初想要对这些反驳做出回应？既然这么做的代价如此之大，为什么会有人想要支持实体二元论？对于有志成为实体二元论者的人来说，在回答这些问题时，重要的是仔细考虑他们支持实体二元论的动机是什么，以及是否有其他身心理论可以在不迫使他们付出相应代价的情况下给予他们所寻求的东西。这样的理论包括非机体二元属性论（见 8.2 节），以及我们是具有非物理组分的人类的观点（见 12.3 节）。这些观点的很多支持者最初都是实体二元论者，但他们考虑了其他替代方案，并且确定其他理论可以给予他们想要的东西，且不必付出实体二元论的反驳者们所要求付出的高昂代价。

扩展读物

现代实体二元论的权威之作是笛卡尔的《第一哲学沉思集》。他在第六沉思中提出了实体二元论的主要论证，并在第二沉思中为他本质上只是一个思维之物这一主张进行了辩护。一些杰出的学者包括托马斯·霍布斯、安托万·阿尔诺和皮埃尔·伽桑狄都对该书做出了回应，他们分别写下了对《沉思集》的第三、第四和第五组反驳（见笛卡尔，1984：第 2 卷）。笛卡尔的《哲学原理》是对其观点的成熟阐述（见笛卡尔，1984：第 1 卷），他的通信集，包括他给伊丽莎白公主的信也经常包含一些有益的讨论（见笛卡尔 1984：第 3 卷）。

最近，阿尔文·普兰廷加（1974）、理查德·斯温伯恩（1997）和 W. D. 哈特（W. D. Hart, 1988）为实体二元论进行了辩护；尽管将哈特的观点描述为非机体二元属性论更为准确（见 8.2 节）。柏拉图在《斐多篇》（见柏拉图，1997）中主张实体二元论。柏拉图哲学对有关永生的宗教观念的影响可能在基督教的诺斯替教派中最为明显。诺斯替派基督徒认为，物理宇宙是邪恶的或腐败的，它把我们看作肉身监狱中的囚犯，我们死后将从这个监狱中解放出来，以达到启蒙或认识上帝的新状态（希腊语为神知）。然而，实体二元论与强调死者复活的西方宗教传统格格不入。例如，天主教会在1312年维也纳会议上发表的文件《天主教原教旨主义》（见坦纳，1990：第1卷）中谴责了中世纪哲学家彼得·约翰·奥利维的实体二元论。同样，尽管13世纪哲学家和神学家托马斯·阿奎那（Thomas Aquinas）主张人类的灵魂是不朽的，但他在《哥林多前书评论》中否认你我是不朽的（阿奎那，1995：特别是第15章924—925节第12—19诗篇）。

可设想性—可能性原则的合法性仍然颇具争议。金德勒和霍桑（Gendler and Hawthorne, 2002）的文章在这方面很有帮助，不过有些可能太专业了，不适合作为入门读物。概念本质主义在现代哲学中流行了很长一段时间，但由于索尔·克里普克（Saul Kripke, 1980）和希拉里·普特南（Hilary Putnam, 1975）等哲学家的工作，经验本质主义在20世纪后期得以复兴。现代经验本质主义可以被理解为是对亚里士多德的《物理学》第2卷第1章和第2章中的那种本质主义的一种发展（见亚里士多德，1984）。

吉尔伯特·赖尔（Gilbert Ryle, 1949：第1章）对他心问题进行了有益的讨论。皮埃尔·伽桑狄对交互作用问题的表述出现在《对笛卡尔沉思的第五组反驳》中。丹尼尔·加伯（Daniel Garber, 1982）对交互作用问题也进行了有益的讨论。他引用了伊丽莎白公主的原话和笛卡尔的回应，以及按照笛卡尔的思路精心设计的另一个回答。哈曼（1982）讨论了19世纪能量物理学的发展。莱布尼茨（1989）在他的《论形而上学》第33节和《单子论》第78—82节中讨论了平行论的思想和前定和谐论。马勒伯朗士（1997a [1688]；1997b [1674—1675]）在《关于形而上学和宗教的对话》和《真理的探索》中都主张偶因论。亚里士多德对解释力不足问题的阐述可以在《论灵魂》第1卷第3章（407b14—25行）中找到，这部著作经常以其拉丁名称"De Anima"（见亚里士多德，1984）被提及。他在同一篇文章中还提到了交互作用的问题。保罗·丘奇兰德（Paul Churchland, 1984：第2章）也提出了解释力不足的相关论证。

注释

1. 笛卡尔在他后来的著作《哲学原理》中阐述了这一点,他说,每个个体都有一个决定其本质的单一首要属性。根据笛卡尔的观点,我的首要属性是思维,而物体的首要属性是广延。如果思维是我的首要属性——我存在所需要的唯一属性——那么我便不需要广延或任何其他物理属性。

2. 继在第二沉思中将这种方法应用于人之后,笛卡尔继续将其应用于物体,特别是蜡。他说,可以设想蜡在没有气味、质地、温度和它看似具有的所有其他性质的情况下存在,但有一个例外:广延。他不能想象蜡没有广延——不占据任何空间而存在。因为他无法形成没有广延的蜡的概念,所以他得出结论:广延对蜡是必不可少的——这是蜡以及任何物体的唯一本质属性。

3. Michael Tye, 1995, *Ten Problems of Consciousness*, Cambridge, MA: MIT Press, 187.

4. 笛卡尔在给伊丽莎白公主的信(1643年5月21日)中写道,除了我们的物理因果概念——涉及广延、形状和运动的因果概念——我们还有另一种因果概念,它从属于心灵和肉体的结合体。他坚信,这个概念和物理因果概念一样不可还原且不可分析(他说,这是原始概念)。

第四章　物理主义世界观

综述

物理主义主张，一切都是物理的，物理学可以全面地描述和解释一切。物理主义有三大类型：取消论、还原论和非还原论。它们的分歧不在于物理学在描述和解释方面的合法性，而在于像日常心理话语这样的概念框架在描述和解释方面的合法性。在取消物理主义者看来，日常心理话语不具有描述或解释的合法性。当科学家最终对人类行为做出真正的物理解释时，我们将会发现，心理学的描述和解释完全不能对应任何物理解释，正如谈论宙斯神不能对应任何有关天气的真正物理解释一样。还原物理主义者和非还原物理主义者则不同意这种看法。当科学家对人类行为做出真正的物理解释时，我们会发现，心理学的描述和解释确实与物理解释中的某些东西相对应。就像谈论水对应于谈论 H_2O 分子一样，我们也会发现，谈论信念和欲望就对应于谈论大脑状态或某些触发行为的内部状态。

物理主义产生的动机源于人们对科学的描述和解释力充满信心，而物理主义的支持论证则来源于科学以往的成功。物理主义者认为，过去每当人们试图通过诉诸非物理实体来解释现象时，他们的解释都失败了，取而代之的是成功的物理解释。由于这种情况过去一直在发生，所以我们有充分的理由认为它未来还会继续发生——非物理解释总会失败，它终将被成功的物理解释所取代。换句话说，我们有充分的理由认为，一切事物都可以得到物理解释，任何事物都不能用非物理的方式进行解释。此外在这种情况下，我们也有很好的理由认为，一切都是物理的。这个论证的主要缺陷是它只是归纳的。归纳论证的前提可能为真，但结论可能为假。换句话说，有可能物理主义者对科学史的看法是正确的，但对一切事物都是物理的看法却是错误的。

一种反对物理主义的论证是亨普尔难题（Hempel's dilemma）。它主张物理主义或者是错误的，或者缺乏内容，或者"一切都是物理的"是错误的观点，或者我们不清楚说"一切都是物理的"是什么意思，以至于我们无法对该主张做出评价。物理主义者对此论证做出了几种回应。

其他反对物理主义的论证诉诸心理现象的私人概念。他们主张，物理主义难以容纳现象意识或主体性。例如，知识论证主张，人们可能已经知道了所有的物理事实，却不知道所有的事实。如果物理主义为真，那么所有的事实都是物理事实。但如果有人已经掌握了所有的物理事实，却没有掌握所有的事实（比如说，没有掌握关于现象意识的事实），那么并不是所有的事实都是物理事实，物理主义必定是错误的。其他类似的反驳论证主张，有可能两个人在物理方面完全相同，但心理方面却截然不同。甲乙二人可能在物理方面没有差异，他们看到熟透的西红柿时所产生的物理状态也完全相同，但他们对西红柿的质性经验却不同。该论证认为，如果情况真是这样，物理主义必定是错误的，因为如果它正确，那么在物理方面没有差异的系统必定在所有方面都没有差异。

物理主义者对这些论证做出了几种不同的回应。一些回应诉诸与物理主义相容的意识理论，包括意识的表征理论、高阶理论和感觉运动理论。这些理论仍然有很大的争议，就像对物理主义的反驳也有很大争议一样。不过，物理主义仍然是当今最流行的身心理论。

4.1 物理主义的基本主张

物理主义主张一切都是物理的——物理学可以全面地描述和解释一切。物理主义无疑是最流行的一元论。此外，自20世纪中期以来，它也一直是最流行的身心理论，并产生了海量的文献。鉴于它在当代心灵哲学中占有如此重要的地位，我们将用四章的篇幅对它进行阐述。本章旨在描述一般的物理主义世界观。后面的章节将关注不同类型的物理主义：还原物理主义、非还原物理主义、取消物理主义以及工具主义——工具主义并不属于第 1 章所概述的标准身心理论的阵营。

一切都是物理的，这个观点比较含糊。有些人可能会这样理解：

(1) 每个个体都具有某些特征或实施了某些行为，这些特征和行为都可以用物理学全面地描述和解释。

然而，这并不是物理主义者的理解。"一切都是物理的"在他们那里是一种更强的主张：

(2) 每个个体的每个特征和所做的每件事都可以用物理学全面地描述和解释。

观点（2）不仅主张个体事物的某些特征可以用物理的方式描述，或者它的某些行为可以用物理的方式解释，它实际上主张某个个体的所有特征和所有行为都可以用物理的方式描述和解释。此外，这些物理描述和解释是全面的，也就是说，它们没有任何遗漏，而是道出了关于个体、特征和行为的全部真相。这就是物理主义。

物理主义意味着，仅用物理概念就可以描述和解释人的所有特征和人实施的所有行为。一旦我们给出了关于人是什么和人的行为的物理解释，就不用再说其他的了；我们已经穷尽了关于人和人的行为的真相。我们当然可以自由地使用其他词汇或概念框架来描述人以及人的行为，但我们不需要这样做。根据物理主义者的观点，对人类行为的纯物理描述是一种从不提及信念、欲望、理由、动机、疼痛和愉悦的描述，它并没有遗漏任何东西。物理学足以对人是什么，人如何行动，以及他们为什么如此行动给出完备的解释。

为了说明物理主义世界观的含义，让我们想象一个神一样的存在，它具有关于宇宙的全部物理知识。我们称这个存在为超级物理学家。超级物理学家了解宇宙中所有基本的物理个体及其性质和关系，以及所有支配它们行为的规律。然而我们可以想象，超级物理学家并没有一个心理概念框架，甚至没有一个生物学概念框架。它没有知觉或概念上的工具来区分生物与非生物或有心物与无心物。因此，当它描述宇宙时，它仅仅只是根据所有存在的基本物理粒子的位置、性质和关系来构建其描述，除此之外别无他物。因为它没有区分生物与非生物或有心物与无心物的概念，它对宇宙的描述不会提及植物、动物或人，也不会提及如生长、繁衍、知觉、信念和欲望这样独特的生物或心理活动。

我们中的一些人可能会认为，超级物理学家的描述遗漏了一些非常重要的东西：例如，生命体与非生命体之间的差异，或者智能与非智能之间的差异。但如果物理主义为真，超级物理学家的描述就没有遗漏任何重要的东西——事实上，它完全没有遗漏任何东西。它对宇宙的描述是完备的。你我描述宇宙的方式能够区分生物与非生物或者有心物与无心物之间的差异，但这并不是在评论宇宙中何物存在，而是在说明我们如何描述它。从根本上说，一切都是物理的，在基础物理学的层面上，有心物与无心物、活人与尸体之间没有区别。它们都是同种基本物理粒子或物质的集合，具有相同的性质，并受同一套基本物理定律支配。生命与非生命或智能与非智能之间的差异是我们引入的，因为我们在进行描述和解释时有特殊的旨趣点。但这些旨趣点不一定与现实中的深层实在物对应。物理主义者主张，现实中的一切都是物理的——一切都可以用纯粹的物理术语做出全面的描述和解释。这就是超级物理学家的描述没有遗漏任何东西的原因。超级物理学家描述宇宙的方式与我们不同，但根据物理主义者的观点，这并不代表其概念框架有缺陷。不是说超级物理学家没有触及到宇宙中真正的存在物，而是它描述宇宙所使用的语言不像我们所使用的语言那样做出了区分。物理主义理论最惊人的观点就是，物理学的概念框架足以描述和解释一切存在物。

4.2 物理主义的不同形式：
取消论、还原论与非还原论

物理主义有三大类型：取消物理主义、还原物理主义和非还原物理主义。它们的分歧在于除物理学之外的其他概念框架在描述和解释方面的合法性。这些框架通常被称为**特殊科学**，包括化学、生物学、科学心理学和经济学，以及严格来说不属于科学的话语形式，比如日常心理话语。

物理主义本身并没有言及特殊科学话语准确与否。例如，它没有言及信念、欲望或其他心理现象是否存在。它只是说一切都是物理的。这只意味着非物理现象不存在，但并不意味着信念和欲望不存在，因为信念和欲望可能就是真正的物理状态，比如说大脑状态。确实有物理主义者主张心理现象不存在，他们是**取消物理主义者**。取消论者否认心理概念框架具有任何描述或解释的合法性。他们认为，心理描述不对应任何实在物；现实中并不存在信念、欲望、希望、愉悦或疼痛。根据取消论者的观点，试图诉诸心理状态来描述和解释人的行为，就像试图诉诸希腊诸神来描述和解释天气一样：这是一个有缺陷的概念框架产生的副产品，它可能曾经有用，可一旦我们对现象实现了完备的科学理解，它就会被取消（这正是"取消论"名称的由来）。

然而，大多数物理主义者并不是取消论者。他们认为心理话语具有某种描述性和解释的合法性，一些现象可以用心理术语准确地描述和解释，当我们最终对人的行为做出完备的物理解释时，我们将会看到，它至少在某些方面证明了日常心理话语的正确性。例如，我们最初所说的"疼痛"和"信念"实际上就是真正的物理状态，比如说大脑状态。换句话说，根据大多数物理主义者的观点，我们最终会发现，人类行为的心理描述方式与物理描述方式是相对应的，心理和物理概念框架只是描述同一事物的两个不同框架。打个比方，"我手里的钢笔长 4 英寸"和"我手里的钢笔长 10.16 厘米"，这两句话并不是在描述不同的钢笔或不同的长度，它们是用两种不同的测量方式描述同一支笔的同一个长度。英制和公制计量系统并不是描述不同的长度、重量和体积，它们只是用不同的系统描述同一长度、重量和体积。大多数物理主义者都主张，心理和物理概念框架有类似之处：它们是描述和解释同一组物理现象的两种不同框架。

早期，这批物理主义者期望心理范畴能够以某种直接的方式与物理范畴相对应。例如他们认为，对于每一种心理范畴，如信念或欲望，都存在与之相对应的物理范畴，如颞叶活动或 c 纤维激活。因为设想了这种精确的对应关系，所以他们对心理话语和所有的特殊科学最终都将还原为物理学充满信心。这种观点被称为**还原物理主义**。

"还原"一词在哲学和科学中有各种各样的用法,甚至仅在心灵哲学中也有多种用法。我们将在第5章详细讨论还原的概念,但目前我们可以做简单的理解,还原是一种理论或概念框架取代另一种理论或概念框架的描述和解释工作的能力。我们一般可以把理论和概念框架视为描述和解释事物的工具。所有的物理主义者都同意,我们最终将能够用物理理论来描述和解释一切。还原物理主义者认为,我们也能用这些理论来完成目前我们用特殊科学中的理论所完成的一切描述和解释工作。他们认为,特殊科学的范畴与物理范畴之间的精确对应关系最终使我们能够将心理性质和其他特殊科学的性质与物理性质等同起来。例如我们可以说,信念正是大脑的一种状态。将特殊科学的性质与物理性质等同起来,我们就可以用物理学的描述和解释代替特殊科学的描述和解释。因此,物理学将能够接替所有特殊科学所从事的描述和解释工作,一切都可以还原为物理学。

还原论曾在物理主义立场中占据主导地位很多年,但到了20世纪70年代初,理论的发展——我们将在第6章中详细讨论——使许多物理主义者相信,特殊科学范畴和物理范畴之间的关系比还原论者所设想的要混乱得多。该思想构成了**非还原物理主义**的基础,而这种物理主义观点随后便在心灵哲学中占据主导地位近40年。

像所有物理主义理论一样,非还原论也主张一切都可以用物理学进行全面地描述和解释。区别之处在于,我们有许多不同的描述世界的方法,而这些方法满足不同的描述和解释旨趣——其中一些旨趣与物理学旨趣迥异。当我们用物理语言描述事物时,我们这么做是因为我们感兴趣的是通过诉诸普遍且毫无例外的定律——物理学定律来描述和解释事物的行为。但我们并不总是对用这种方式描述事物感兴趣。我们总是有其他的描述和解释旨趣,它们是物理学无法满足的。为了满足这些旨趣,我们会运用特殊科学。但是,如果特殊科学能满足的旨趣物理学满足不了,那么物理学就不能接替特殊科学所从事的描述和解释工作。因此,特殊科学无法还原为物理学——不可还原不是因为存在非物理的个体、性质或事件,而是因为我们有物理学概念无法满足的特殊旨趣。

简言之,所有类型的物理主义都主张,物理学足以全面地描述和解释一切事物——一切个体、一切特性和一切事件。但就其本身而言,这种观点并未指明心理话语或任何其他特殊科学是否能够描述或解释现实中的事物。取消论者否认心理话语有此能力。他们说，科学不会证明日常心理学的描述和解释模式是正确的；相反，它将为取消它们，同时支持科学模式提供基础。还原论者和非还原论者对此持有不同意见，他们主张科学最终会证明心理学描述是正确的，心理话语确实成功地描述和解释了现实中的某些事物。还原论者和非还原论者的区别在于，他们对科学如何做出此类证明有不同理解。

4.3　物理主义理论的含义

任何物理主义理论都表明，我们可以用纯物理术语对所有人类行为进行全面地描述和解释。但一些特殊的物理主义还有更深层次的含义。例如，取消论最惊人的含义是，我们根本不是有心物。这意味着你和我没有信念或欲望，没有恐惧或希望；我们不会经验疼痛或愤怒、悲伤或愉悦，我们没有期待或渴望。根据取消论者的观点，信念、欲望或疼痛都不存在。心理框架没有描述或解释的合法性；相反，它在描述和解释人类行为方面有根本性缺陷——其根本性缺陷就在于它不对应于现实中的任何事物。例如，根据取消论者的观点，当一位已婚人士说"我爱我的配偶"时，他（她）所说的总是错误的——不是说他（她）结婚并非为了爱而是为了钱、为了利益或别的什么，而是说不存在爱这样的因素，没有人可以爱或不爱。同样，人们也不可能处于仇恨或冷漠这样的状态。当我们试图通过信念、欲望和其他心理状态来解释人的行为时，我们所说的总是错误的，因为信念、欲望和其他心理状态并不存在。

当然，在我们的日常实践中，我们总是乐意把假的声明看作好像是真的。举个例子，一个阳光明媚的下午，在曼哈顿有人说了句"太阳刚刚转到时代华纳大楼后面去了"。这种观点就字面意义而言是假的。太阳实际上并没有转动。真正发生的事情是，我们位于地球表面，而地球的自转导致时代华纳大楼插在我们和太阳之间。然而，在我们的日常实践中，这么说很别扭，还有部分原因是我们乐意把"太阳刚刚转到时代华纳大楼后面去了"这句话看作好像是真的。同样，在任何特定的情况下，要阐明人类行为的真正科学原理可能都是非常困难的，因此出于实际目的，我们可能总是乐意把诸如"我爱我的配偶"或"我喜欢意式咖啡而不是普通咖啡"等心理陈述看作好像是真的，即使它们就字面意义而言是假的。因此，取消论最惊人的含义就是我们所有的心理陈述就字面意义而言都是假的，我们仅仅是出于习惯或方便才把它们看作好像是真的。

还原物理主义也有一些惊人的含义。例如，它意指心理状态具有物理特征。假设我现在相信太阳系中正好有八颗行星。根据还原论者的观点，这个信念是某种物理的东西——一个大脑的状态，比如某一组细胞的激活。还原论者提出，信念对应何种物理状态需要由科学家来确定，但根据还原论者的观点，就我们的目的而言，重点是信念对应于某种物理状态，尽管很多人认为这与直觉相违背。想想看：在日常生活中，我们习惯于说一个心理状态，比如一个信念是真的或假的，是有根据的或无根据的，是理智的或不理智的。但是，要说一个信念是灰红色的，它位于我头骨以下四厘米处，有一根静脉贯穿其中等，这显然很不寻常。然而，如果我的信念是一个物理状态，那么它将具有物理状态所具有的全部特征。如果通过手术打开我的头骨，你就可以用手指触摸到我的太阳系有八颗行星的信念；你甚至可以移除它——不是说你可以说服我它是假的，而是字面意思，即移除相关的脑组织。

4.4 物理主义的动机

物理主义理论那些惊人的含义可能会让人怀疑为什么会有人愿意支持物理主义。如果物理主义理论的含义如此反直觉，那么物理主义是如何成为最流行的身心理论的呢？

物理主义产生的主要动机是过去 400 年来科学的成功。在人类出现后的很长一段时间里（长达数万年之久），人们都未能正确理解宇宙是如何运行的。他们的理解因为不够精确或受迷信影响而错误百出，但 16、17 世纪的科学革命改变了这一切。它建立了研究自然界的新方法，使我们能够准确地描述和解释事物发生的方式和原因——这些方法能够大大改善人们的生活，这在过去几个世纪是无法想象的。科学在不断进步，并最终将能够解答关于宇宙的所有问题（或者至少是所有可以解答的问题），物理主义正在建立在这样的自信之上。用一种更温和的方式来说就是，物理主义者确信，科学是理解世界的各种方式中最可靠的。它可能并不完美；它也许不能解答所有的问题（也许有些问题根本就没有我们能够发现的答案），但就可以解答的问题而言，科学是发现答案最可靠的方式，是目前最可靠的研究自然界的方法。

因此，自然科学是理解世界的关键，这是所有物理主义者的指导思想。支持某种特定形式的物理主义（还原论、非还原论和取消论），其动机源于科学史上的一些事件。还原论者诉诸一些成功的案例，在这些案例中，前科学的描述和解释已经被科学的描述和解释所证实。以水为例。我们最初用一个日常的前科学词语来描述水。当我们提出原子和分子理论后，我们并没有得出不存在水这种事物的结论；相反，我们的结论是水实际上就是 H_2O 分子。光的情况与之类似。当我们提出电磁理论并且能够证明光可以用电磁原理来理解时，我们并没有得出不存在光这种事物的结论；我们的结论是光其实就是电磁辐射。在这些以及科学史上的许多其他案例中，有一些事物是我们最初用日常的前科学术语描述的，而对它的精确科学描述则证实了我们的前科学描述是正确的。过去我们描述和解释现象使用的是前科学中的范畴，而这些范畴与科学家们为了对这些现象做出完备解释所发展出来的理论中的范畴相对应。根据还原论者的观点，心理话语很有可能也是这种情况。当我们最终对人的行为做出准确的科学解释时，我们会发现日常的、前科学的心理描述模式与科学解释中的某些东西相对应。非还原论者也同意这一点。只是他们认为，科学和前科学描述模式之间的对应关系比水和光的情况更为混乱。

取消论者的动机来自各种失败的描述和解释案例。比如说，曾经有一段时间，人们试图用一种叫作燃素的物质来解释燃烧现象。他们说，燃素是一种渗透在所有可燃物体中的微流体。当我们点燃什么东西时——例如，当我们用火柴点燃一张纸时——燃素被释放并流入周围的空气中，产生的灰就是去掉燃素的纸。当科学家最终构建了燃烧的氧化理论时，他们并没有宣称燃素实际上是氧气分子；相反，他们宣称燃素不存在。在描述和解释燃烧现象的问题上，燃素代表的是一种错误的尝试。科学史上还有其他类似的案例。让我们想想热传递现象：你有一杯很烫的咖啡，你把它放在桌子上，几分钟后咖啡不再是烫的，而是变成了室温。曾经有一段时间，人们主张有一种微流体即热量渗透在所有的热体中，以此来解释这一现象。他们说热量从咖啡泄漏到周围的空气中，这种泄漏解释了热传递现象。当科学家们构建了热的动力学理论时——当他们的理论将热解释为实际上只是分子的平均动能时——他们并没有试图挽救热量理论，并没有说热量实际上就是分子的平均动能；相反，他们说热量不存在，在解释热传递现象的问题上，热量代表的是一种错误的尝试。

取消论者主张，热现象的热量论和燃烧现象的燃素说所发生的事情将会发生在对人类行为的心理描述和解释上。他们提出，当我们最终获得了人类行为的完备科学解释时，我们会发现心理描述和解释不对应于任何科学解释中的事物。换句话说，我们会看到，心理范畴如信念、欲望、疼痛与燃素和热量有同样的命运；在解释现象方面它们代表着错误的尝试，纯科学术语可以对现象做出更准确的描述和解释。因此，取消论者的动机是这样的，心理范畴不对应也不会对应于科学范畴，科学家最终将用科学范畴对人类行为做出完备而准确的描述和解释。

4.5 物理主义的支持论证：以往科学的成功

物理主义的主要支持论证和它的动机一样都来自科学的成功。物理主义者认为，过去每当人们试图通过诉诸非物理实体来解释现象时，他们的解释都失败了，相比之下，当他们试图仅诉诸物理实体来解释那些现象时，他们的解释都成功了（或者他们至少敲开了提出成功的物理解释的大门）。然而，如果情况真是这样，如果非物理解释总是失败并被成功的物理解释所取代，那么我们有很好的理由认为，非物理解释终将失败，物理解释终将成功。但是，如果非物理解释总是失败而物理解释总是成功，我们就有很好的理由认为，没有什么是非物理的，相反，一切都是物理的——一切都可以用物理的方式描述和解释。换句话说，我们有很好的理由相信物理主义为真。

物理主义论证的主要前提是，非物理解释在过去总是失败的，总是被成功的物理解释所取代。物理主义者可以举出许多例子来支持这一前提，比如下面这些：

磁现象的非物理解释 曾经有一段时间，人们试图用非物理精气的存在来解释磁现象，他们主张非物理精气寄居于磁化的岩石或金属之中。这种解释被证明是错误的，取而代之的是使用电磁力概念的物理解释。

行星运动的非物理解释　人们曾经试图诉诸非物理智能来解释行星的运动，这些非物理智能创造了行星的轨道运动。这种解释被证明是错误的，取而代之的是一种时空弯曲的物理解释：行星在轨道上运动是因为像太阳这样的大质量物体会使时空产生弯曲。

生命的非物理解释　人们曾经试图诉诸生物中存在的非物理的生命精气来解释生物与非生物之间的差别（例如，活人与尸体之间的差别）。这种解释被证明是错误的，取而代之的是一种根据细胞层面的代谢过程而做出的物理解释。

心理疾病的非物理解释　人们曾经试图诉诸非物理的恶魔的存在来解释非正常的人类行为，他们主张这些恶魔附身于受折磨的人身上。这种解释被证明是错误的，取而代之的是大脑出现异常这样的物理解释。

在上面的每一个例子中，人们都试图通过诉诸非物理实体来解释某些事情，但每次非物理解释都失败了，并被物理解释所取代。物理主义者认为，科学史上这样的例子——非物理解释以失败告终并被物理解释成功取代的例子比比皆是。他们主张，由于这些情况在过去一直是常态，我们有充分的理由预期它们在未来仍将是常态。换句话说，我们有充分的理由预期，一切通过诉诸非物理实体来解释现象的尝试终会失败，而一切通过诉诸物理实体解释同一现象的尝试都会成功。因此，我们有很好的理由预期，没有任何事物可以用非物理的方式进行解释，相反，一切事物都将得到物理的解释。因此，我们有很好的理由认为，物理科学原则上能够解释一切。但说物理科学可以解释一切就等于说一切都是物理的。根据物理主义者的观点，科学史给我们提供了很好的理由去相信物理主义为真。

物理主义者的论证的主要缺点是它只是归纳的。它的前提给我们提供了某种理由去相信物理主义为真——所有的归纳论证都提供了某种理由去认为其结论为真——但这些理由并非决定性的。即使归纳论证的前提为真，结论仍然可能为假。例如，欧洲人曾经通过归纳提出：到目前为止人们观察到的所有天鹅都是白的；因此，所有的天鹅都是白的。这是一个归纳论证的例子，其前提为真但结论为假。尽管对大量白天鹅的观察提供了某种理由认为所有的天鹅都是白的，但这些理由并非决定性的，在澳大利亚发现了黑天鹅就表明这个结论为假。同样，科学史上所有非物理解释失败和物理解释成功的案例都提供了某种理由——也许是非常有说服力的理由——让我们相信未来所有的案例都将遵循同样的模式，但这些理由并非决定性的。

例如，思考一下实体二元论者会如何回应这些论证："在你们物理主义者引用的每一个例子中，人们都试图为磁力和行星运动等纯物理现象提供非物理解释。我们完全同意物理现象只能用物理学来解释，试图用非物理的方式解释它们当然是错误的。因此，用非物理方式解释这些现象的尝试总是失败也就不足为奇了。但这并不能说明非物理解释总是失败的，也不能说明不存在我们实体二元论者所认可的那种非物理现象。它只是表明，当处理一个相当有限的领域也就是物理现象领域中的问题时，我们有很好的理由认为非物理解释终会失败。但这与像我们这样的非物理主义理论却可以完美地相容。因此，这个论证并没有为物理主义提供强有力的支持去反对非物理主义。"其他身心理论的支持者，如二元属性论者和形质论者也可以基于他们自己的理论原则构建类似的反驳。他们的总体策略是，接受物理主义者的前提，即过去非物理解释总会失败并被成功的物理解释所取代，但不接受物理主义者的结论。

4.6 亨普尔难题

反对物理主义的论证也有不少。其中一种被称为**亨普尔难题**，它是以构建该难题的科学哲学家卡尔·亨普尔（Carl Hempel，1905—1997）的名字命名的。物理主义主张一切都是物理的，一切都可以用物理学全面地描述和解释。但是亨普尔难题指出，这种对物理学的依赖给物理学家们带来了一个问题：物理学家必须或者根据物理学发展的初期阶段，或者根据其最终的理想阶段来定义物理学；但是，如果物理主义者根据物理学发展的初期阶段定义物理学，那么物理主义最终是错误的。而如果他们根据物理学最终的理想阶段来定义物理学，那么物理主义最终会缺乏内容。因此，物理主义或者是错误的，或者是缺乏内容的。

亨普尔难题产生于他对科学的观察——科学是一项逐步发展的事业。我们提出理论以解释各种现象，然后通过实验检验这些理论。我们最初为解释某些事物而提出的理论通常会被实验证伪，并被其他逐步完善的理论所取代——这些理论能够接纳新出现的实验结果。因此，科学是一个理论化、实验检验、证伪、再理论化的过程，其目的是获得一个不会再被证伪的理论——一个不需要进一步修正的精确理论。因为科学是一项逐步发展的事业，各个具体科学分支中提出的理论是不断变化的。这其中也包括物理理论。一种物理理论被另一种物理理论所取代，另一种物理理论又被其他的物理理论所取代，以此类推。物理理论就是这样不断地被修正和取代，物理学领域也因此总在发生变化。所以，一般性地谈论物理学是没有意义的，我们只能根据物理学发展的特定时期或阶段去理解物理学。于是，当物理学家说一切都可以用物理学全面地描述和解释时，他们必须具体说明他们心中所想的是物理学的哪个发展阶段——例如，是17世纪的物理学，还是19世纪的物理学，抑或是当代物理学。但亨普尔难题指出，无论他们设想的是哪个阶段，它必属于两种情形中的一种：或者是物理理论被证伪和修正的初期阶段，或者是物理理论不会再被证伪和修正的最后、理想的物理阶段。亨普尔难题认为，无论哪个阶段物理主义者都面临一个问题（图4.1）。

假设物理主义者根据物理学发展的初期阶段来定义物理学。在这种情况下，物理主义最终是错误的。为什么？因为在科学的初期阶段提出的理论都是错误的。假设物理主义者将物理学定义为19世纪的物理学。物理主义主张一切都可以用19世纪的物理学全面地描述和解释，它会说一切都与19世纪物理学所描述的一样。问题是这种观点是错误的：并不是所有事情都像19世纪物理学所描述的那样。19世纪的物理理论被证伪并被20世纪的物理理论所取代。因此，如果物理主义者将物理学定义为19世纪的物理学，那么物理主义最终也是错误的。如果物理主义者把物理学定义为20世纪的物理学，情况也是如此。20世纪的物理理论被证伪，并被我们现在的物理理论所取代。因此，并不是所有事情都像20世纪物理学所说的那样。如果物理主义者将物理学定义为20世纪的物理学，那么物理主义最终仍是错误的。此外，即使物理学家根据我们目前最好的物理理论来定义物理学，情况也还是一样。在这种情况下，物理主义最终会宣称，一切都可以用当前的物理学全面地描述和解释——

第四章 物理主义世界观

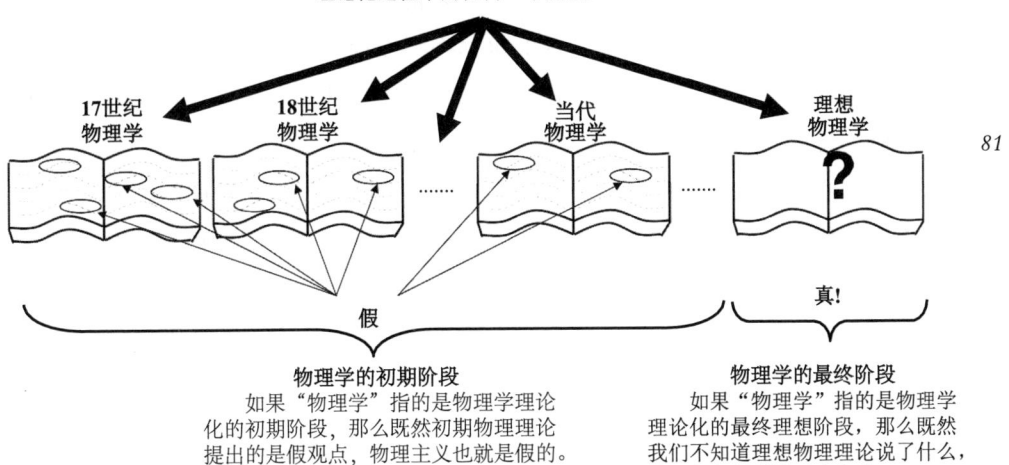

图 4.1 亨普尔难题

一切都是当前物理学所说的那样。而我们可以确信，这种观点也是错误的，因为并不是所有事情都像当代物理学所说的那样。原因还是物理学在不断发展：我们知道，未来可以预见的是，我们目前对宇宙的理解极有可能被更准确的理解所取代。换句话说，我们知道目前的物理理论很可能是错误的。因为我们还没有达到物理理论的理想阶段——物理理论不会再被证伪和修正的阶段——物理主义者试图根据当代的物理学或任何其他物理学的初期阶段来定义物理学，最终得到的结论都是物理主义是错误的。

那么，假设物理学家不根据物理学发展的初期阶段来定义物理学，假设他们根据最后的理想阶段来定义它。在这种情况下，物理主义会主张一切都可以用最终的理想物理理论全面地描述和解释——一切都是最终的理想物理理论所描述的那样。亨普尔难题指出，如果物理主义者这样定义物理学，那么他们会面临另一个问题：物理理论是缺乏内容的——我们根本不知道它在说什么。为什么会这样？因为在历史的这个时间点上，我们不知道完全准确的、无需修正的物理理论究竟说了什么。在历史的这个时间点上，那个理论仅仅是一个理想，是我们正在努力追求的东西，而不是我们实际上已经实现的东西。因此，我们不知道它在说什么。但如果我们不知道理想的、无需修正的物理理论说了什么，我们也就不知道，"一切都是理想的、无需修正的物理学所说的那样"是什么意思。因此，亨普尔难题指出，如果物理主义者根据物理学发展的最终的理想阶段来定义物理学，那么我们永远都不能理解物理主义在说什么。而如果我们永远都不能理解物理主义在说什么，那么物理主义就不再是我们需要认真考量的理论。

物理主义者可以用几种方式来回应亨普尔难题。最显而易见的是质疑亨普尔论证的前提，但这种回应不太多见。大多数物理主义者既没有反对这个论证的前提，也没有否认它的结论。相反，他们认为这个结论并不像物理主义的批评者所坚信的那样糟糕。亨普尔难题有两个论点：第一个论点认为物理主义是错误的；第二个论点主张它缺乏内容。聚焦于第一个论点的物理主义者认为，物理主义理论的谬误并不像批评者所坚信的那样令人担忧。他们说，让我们用物理学作个类比。如果物理学是刚刚描述的那种逐步发展的科学，那么尽管物理学家所提出的最好的理论是错误的，他们也必定会继续开展他们的研究工作。他们仍然在无所畏惧地努力奋斗。他们似乎认识到，提出错误的理论是物理学研究的必经之路——可以说，这是一种职业风险。聚焦于亨普尔难题第一个论点的物理主义者从物理学家那里得到了启示。他们认为，尽管物理学家提出的最好的理论可能在可预见的未来被证伪并被更好的理论所取代，但如果物理学家能够继续前进，那么我们可以合理地假设物理主义者也能做到这一点。就像物理学家一样，物理主义者可以对自己的能力保持信心，相信自己能够逐步得到对现实更好的解释，并希望最终得到一个完全准确的解释，尽管他们目前所提出的最好的物理主义形式是错误的。因此，许多物理主义者认为，物理主义的谬误并不像批评者所坚信的那样糟糕。

聚焦于亨普尔难题第二个论点的物理主义者寄希望于根据理想物理学来定义物理主义。他们承认这个定义缺乏内容，但否认这对他们的观点构成了严重威胁。他们说，如果亨普尔难题表明物理主义完全缺乏内容，那将构成严重的威胁，但它并没有表明这一点。我们可能并不确切地知道理想的物理理论有什么主张，但我们所知道的足以为物理主义赋予内容。原因在于，过去的物理理论让我们能洞悉未来的物理理论，所以如果我们对过去和现在的物理理论有所了解，我们就能对未来的物理理论有所洞悉，包括物理学家希望最终达到的理想的、无需修正的理论。我们可能并不确切地知道理想物理学会假设何种基本物理个体或事件，或者会赋予它们何种性质，但基于过去和现在的物理理论，我们可以相当确信，理想物理学不会宣称人是存在的基本物理实体之一，也不会宣称意识或意图这样的性质是人所具有的基本物理性质之一。过去和现在的物理理论已经为我们提供了足够的关于理想物理学的知识，我们知道它不会宣称上述类型是基本物理实体。物理主义者指出，如果根据理想物理学来定义物理主义，那么物理主义最终确实会缺乏内容，但这并不意味着物理主义最终会完全缺乏内容，由此可知，亨普尔难题的结论并不像批评者所坚信的那样糟糕。当然，物理主义者还可以采用多种策略回应亨普尔难题。

4.7 知识论证

其他反对物理主义的论证主张物理主义无法支持心理现象的私人概念——心理现象的私人概念主张意识这样的心理现象是私人的或主观的。这其中最著名的大概就是**知识论证**（knowledge argument）。它最初由哲学家弗兰克·杰克逊（Frank Jackson）提出。物理主义主张一切都可以用物理学全面地描述和解释，这一观点换个说法就是，所有的事实都可以用物理学描述和解释，换句话说，所有的事实都是物理事实。大致说来，事实就是真命题所表达的东西。例如，"二加二等于四"这个命题表达了二加二等于四的事实。物理事实是由物理词汇构成的真命题所表达的事实。如果物理主义为真，那么物理学可以对一切进行全面描述：每个事实都可以由物理语言构成的命题所表达；每个事实都是物理事实。但根据知识论证，我们有很好的理由相信不是所有的事实都是物理事实。

以玛丽为例。玛丽在两个方面是独一无二的。首先，她具有完备的物理知识：就像之前描述的超级物理学家一样，玛丽知道所有需要知道的物理事实。她已经完整地学习了物理学、化学、生物学、神经科学等。其次，玛丽以前从未经验过红、黄、绿等颜色。她是在完全黑白的环境中学习和成长的。然而有一天，玛丽离开了那个环境，生平第一次经验到了红色：她看到了一个熟透的西红柿。很明显，当玛丽看到西红柿时，她学到了关于世界的新的知识。她知道了经验红色是什么感觉。当然,在看到西红柿之前她就知道人们会经验红色——她一直都知道,经验红色需要具有一定反射光谱的物体,这些物体反射的光会击中经验者的视网膜,视网膜细胞会激活并引起经验者神经系统中的其他神经元激活。她知道所有有关红色视觉的物理方面的知识:所有的电磁辐射,以及与之相关的神经元活动模式。然而,她以前从来都不了解的是红色视觉的质性方面:与那些物理现象有关的感质。她从来不知道看到红色是什么感觉。

一看到熟透的西红柿,玛丽就知道她神经系统中的特定事件会伴随着一种非常特别的质性经验。因为玛丽是在看到熟透的西红柿后才学到这个事实的,所以这不是玛丽以前可能知道的事实,因为你不可能学到你已经知道的东西。因为玛丽在看到熟透的西红柿时学到了一个新事实,那么,她不可能在看到它之前就知道这个事实。然而在看到它之前,她知道所有的物理事实。因此,她学到的事实不可能是一个物理事实。既然她知道所有的物理事实,但又不知道所有的事实,那么,并不是所有的事实都是物理事实。而如果不是所有的事实都是物理事实,那么物理主义一定是假的。

知识论证基于以下前提:

(1)如果物理主义为真,那么所有的事实都是物理事实。

(2)如果一个人知道所有的物理事实但不知道所有的事实,那么并不是所有的事实都是物理事实。

(3)一个人可以知道所有的物理事实但不知道所有的事实,如果这是可以设想的,那么,一个人知道所有的物理事实但不知道所有的事实就是可能的。

(4)一个人可以知道所有的物理事实但不知道所有的事实,这是可以设想的。

我已经讨论了前提(1)背后的原因:如果物理主义为真,那么所有的事实都可以用物理词汇来表达。考虑前提(2)背后的原因:假设我知道所有的物理事实,但不知道所有的事实。既然我不知道所有的事实,那么一定有一个事实 q 是我不知道的。现在,如果 q 是一个物理事实,那么我就会知道它,因为我知道所有的物理事实。由于我不知道 q，所以得出 q 不可能是一个物理事实这一结论。因此，如果知道所有的物理事实但不知道所有的事实是可能的，那么并不是所有的事实都是物理事实。

这里真正关键的前提是（3）和（4）。前提（3）是与实体二元论的论证（见3.2节）相关联的可设想性—可能性原则：它主张玛丽那种情况的可设想性是其可能性的可靠指示。在讨论实体二元论时，我们已经探讨了人们对可设想性—可能性原则的关注（见3.3节）。接下来，我们将集中讨论前提（4）。

对（4）的支持来自玛丽的例子。根据知识论证，下面的陈述是可以同时设想的：（i）玛丽知道所有的物理事实，但（ii）她从未经验过颜色，并且（iii）她在第一次经验颜色时学到了一个新事实。因为（iv）没有人能学习他或她已经知道的东西，（i）——（iii）似乎蕴含了（4）。

（4）的批评者可以反驳说，或者（i）（ii）或（iii）本身是不可设想的，或者（i）（ii）和（iii）的合取是不可设想的——至少其中一个蕴含着另外某一个的错误。例如，针对（i）的可设想性，有人可能会争辩说，一个人具有玛丽具有的那种完备的物理知识是不可想象的，具有这种知识是不可设想的。再回想一下亨普尔难题：它表明科学是逐步发展的，最终达到对世界的完备和准确的认识。然而想象一下，这一理想还未真的实现，科学的进步是渐近的：就像数学中的渐近曲线无限地接近一个极限但从未达到它一样，科学的进步只是距离对现实越来越好的描述越来越近，但从未达到对现实的完全准确的描述。这幅科学进步的图景代表了一种科学可错论（*scientificfallibilism*）。如果这种可错论为真，那么具有完备物理知识的想法本身就不合逻辑。因此，玛丽的情况是不可设想的。

与之类似，针对（i）和（ii）的合取，批评者可以主张，一个人没有颜色经验却获得了完备的物理知识，这是不可设想的。换句话说，他们可以主张，只有当一个人有相应的经验时他才能知道某些物理事实，因此，玛丽不可能在不具有颜色经验的情况下学会所有的物理事实。

另一种非常流行的反驳（4）的方法是反驳（i）和（iii）的合取。其中一种做法是否认玛丽在看到熟透的西红柿时学到了一些东西。相反，一些批评者主张，她看到的只是不同描述方式下的同一物理事实——这是一种第一人称的主观描述，而不是第三人称的客观描述。我们通常这样来陈述：玛丽知道的是新表征下的旧事实。另一种反驳（i）和（iii）的合取的做法提出，物理事实逻辑上蕴含了关于意识经验的事实。像玛丽这样知道所有物理事实的人能演绎推理（deduce）出所有关于现象意识的事实。例如，玛丽知道看到红色会触发眼睛和大脑的活动，所以她就能在没有真正看到红色的情况下演绎推理出看到红色是什么感觉。

反驳（i）和（iii）的合取的第三种策略有时被称为**能力假说**（ability hypothesis）。能力假说并不否认玛丽看到熟透的西红柿时学到了一些东西；相反，它否认她学到的是一个新事实。根据这个论证，玛丽学到的是一种新的技能或能力。能力假说利用的是"知道如何这样"（knowing-how）和"知道这样"（knowing-that）之间的区别。我可能知道围棋是一种棋盘游戏，但不知道如何下围棋。相反，19世纪的医生可能知道如何治疗一种特定的疾病，却不知道这种治疗是通过影响病人的免疫反应来起作用的。一般来说，"知道这样"涉及事实，而"知道如何这样"涉及技能或能力。对（i）和（iii）合取的这种反驳主张，当玛丽看到熟透的西红柿时，她学会了如何做她以前不会做的事情；她获得了一种新的能力；但她没有获得新事实的知识。

知识论证和物理主义者对其的回应至今仍充满争议。

4.8 感质缺失与感质倒置

知识论证并不是唯一利用心理现象的私人概念来反驳物理主义的论证。另一种论证利用了感质的缺失或倒置。其论证如下：

(1) 如果感质的缺失或倒置是可能的，那么物理主义是错误的。
(2) 感质的缺失或倒置是可能的。

因此，物理主义是错误的。

什么是感质缺失和感质倒置？回想一下，根据意识的私人概念，经验的质性方面不需要与某人的动作或姿势中任何公开可见的表现相关联（见2.4节）。举例来说，我看到身边的人行为举止表现得好像他们和我一样具有现象状态，而实际上他们具有非常不同的现象状态，甚至完全没有现象状态。我吃焦糖布丁时的质性经验可能与你吃焦糖布丁时的质性经验不同。同样，当一个熟透的西红柿反射到你的视网膜和我的视网膜上时，你的质性经验可能与我的质性经验不同。同一类公开可见的行为可能伴随不同类型的感质，这种观念有时被称为感质倒置（qualia inversion）的可能性（图4.2A）。就颜色经验而言，它有时被称为光谱倒置的可能性。该论证的支持者认为，同样也有可能存在**感质缺失**（absent qualia）（图4.2B）。换句话说，我吃焦糖布丁可能不会伴随着你吃焦糖布丁时所伴随的质性经验。事实上，有可能我的任何行为都不伴随着你所具有的那种质性经验：我可能是一个感质僵尸，我的一切客观行为方式都表现得好像我具有意识状态一样，但我其实完全没有意识状态。

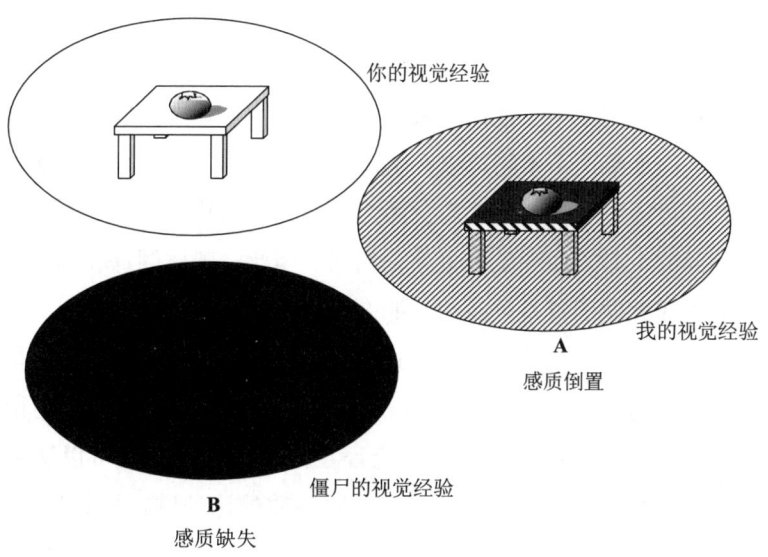

图 4.2　感质缺失与感质倒置

为什么我们应该假设感质倒置/缺失论证的前提为真？在为前提（2）进行辩护时，该论证的支持者往往会像知识论证的支持者所赞同的那样诉诸可设想性论证。他们主张，如果某事是可设想的，那么它在形而上学层面就是可能的。他们还提出，感质缺失或倒置是可设想的，可能有一些存在物，它们的行为方式表现得就好像它们像我一样有现象状态，而实际上它们具有不同的现象状态或完全没有现象状态。

前提（1）的论证更为复杂。感质倒置/缺失论证提出，如果物理主义为真，那么或者（i）感质必定不存在，或者（ii）感质必定是某种物理状态。如果物理主义为真，别忘了一切都是物理的，那么，或者感质必定是物理的，或者它们就一定不存在。但是感质确实存在，所以如果物理主义为真，感质一定是物理状态。而如果有可能存在感质的缺失或倒置，那么感质就不可能是物理状态。原因是同一性意味着必然具有共同的外延。例如，如果质量为1千克的物体等于质量为2.2磅的物体，那么质量为1千克的物体却不具有2.2磅的质量，这是不可能的。类似地，如果某种现象经验——比如吃焦糖布丁的感质——与一种物理状态比如大脑状态B同一，那么某物具有那种现象经验却不具有大脑状态B就是不可能的。而如果感质倒置或缺失是可能的，那么某物具有大脑状态B却不具有那种现象经验也是可能的，因为在感质缺失和感质倒置的情况下，两个事物在物理方面完全相同，但在现象方面却彼此不同。加布里埃尔和泽维尔可能是孪生，他们具有完全相同的物理状态，但却具有完全不同的现象状态。但如果两个事物可以在物理方面完全相同而在现象方面不同，那么现象状态不可能等同于物理状态，因为现象状态与物理状态的同一意味着物理上完全相同的人必须在现象上也完全相同。因此，感质倒置/缺失论证提出，如果感质缺失或感质倒置是可能的，那么物理主义一定是错误的。

物理主义者可以用几种不同的方式对这个论证做出回应。首先，他们可以否认感质存在。包括丹尼尔·丹尼特（Daniel Dennett）反对感质的论证和维特根斯坦（Wittgenstein）的私人语言论证在内，不少论证都可以达到这种效果。我们将在第8章对这两个以及其他反对感质的论证进行详细讨论。其次，物理主义者可以主张，即使感质存在，两个系统也不可能在物理方面完全相同而同时又在现象方面截然不同。对于采用这种进路的物理主义者来说，他们的任务是或者论证可设想性不是可能性的可靠指示，或者论证感质的缺失和倒置不是真正可设想的。我们在3.2节和3.3节已经讨论了可设想性—可能性原则与实体二元论支持论证的关联。最后，物理主义者可以承认感质存在，并且承认感质的缺失和倒置是可能的，但主张这与物理主义相容。意识的表征理论、高阶理论和感觉运动理论正是利用了这种策略，这是下一节的主题。

4.9 意识的表征理论、高阶理论与感觉运动理论

基于感质而对物理主义做出的反驳依赖于现象意识概念，这一概念是物理主义者难以容纳的。现象意识概念将感质当作非关系的、不可分析的性质或事件，并且只有经验它们的人才能对它们进行访问。不过，现象意识还有其他更容易被物理主义者接受的概念，这其中包括意识的表征理论（representational theories of consciousness）、意识的高阶理论（higher-order theories of consciousness）和意识的感觉运动理论（sensorimotor theories of consciousness）。

意识的表征理论主张，意识状态实际上是内部的表征状态——该状态表征了我们所经验的对象的性质。根据这种解释，感质是那些对象本身的性质。例如，我们在吃焦糖布丁时经验到的甜味只是焦糖布丁的一种化学性质，一种我们通过味觉器官在内部表征出来的性质。同样，当我们看到熟透的西红柿时，我们经验到的红色是西红柿表面的性质，我们用视觉器官将它表征出来。表征理论的支持者主张，他们的观点反映了对感觉经验的常识理解。他们提出，在日常生活中，我们把经验看作周围的对象及其性质的经验。我们认为甜味是焦糖布丁本身的特征，红色是西红柿本身的特征，等等。因此，表征理论的支持者认为，经验的质性方面——感质——最好被理解为我们所看到、闻到、尝到和以其他方式经验到的对象的性质。那么就不存在非关系的、不可分析的、主观印象的内部领域，只有熟悉的对象、性质和事件的外部领域。关于经验的质性方面的事实都是关于这些对象、性质和事件，以及我们的神经系统表征它们的方式的事实。

支持意识的表征理论的物理主义者做出了进一步的承诺：心理表征及其表征的性质都是物理的；人们可以对它们做出全面的物理描述和解释。让我们思考一下这个观点的含义：如果关于感质的事实实际上都是关于心理表征的事实，而关于心理表征的事实实际上是关于物理对象、性质和关系的事实，那么关于感质的事实也是关于物理对象、性质和关系的事实。因此，支持表征理论的物理主义者指出，感质不会给他们的观点造成任何特殊困难。

要理解这种处理感质的进路，我们需要考虑两件事。首先，我们需要考虑心理表征是什么，当表征主义者说我们具有表征环境特征的内部状态时，他们是什么意思。其次，我们需要考虑支持意识的表征理论的物理主义者如何容纳感质缺失和感质倒置的可能性。

心理表征有很多不同的解释。最简单的观点是，心理表征是某种类型的因果共变（causal covariation）。这种观点的支持者认为，我们神经系统的状态发生的变化与环境状态的变化相对应，或者说二者是共变的，这种变化很有规律性，并且由于存在这些因果共变关系，我们神经系统的状态表征着环境的状态。举个例子。假设我的神经系统有一个组分 c，它可以处于开和关两种状态，并且这两种状态与糖的存在和不存在共变：当 c 接触到糖时它处于开的状态，否则它处于关的状态。因为 c 的状态与糖的存在共变，所以那些状态便表示糖的存在，就像烟雾表示火的存在一样。火一定会导致烟雾，因此烟雾的存在通常传达了发生火灾的信息。同样，糖一定会导致 c 处于开的状态，因此 c 处于开的状态通常传达的信息是，环境中存在糖。根据简单共变理论，心理表征正是这类因果共变关系。具有糖的内部表征就是具有一个内部成分，当且仅当环境中的某物含有糖时，这个内部成分便被激活；具有红色的内部表征就是具有一个内部成分，当且仅当环境中的某物是红色时，这个内部成分便被激活；具有熊的内部表征就是具有一个内部成分，当且仅当环境中的某物是熊时，这个内部成分便被激活，以此类推。

然而，心理表征的简单共变理论面临严重的困难。这些困难很大程度上与所谓的心理表征的内容——表征所关于或关涉的东西有关。简单共变理论很难解释表征的内容是如何确定的——它很难解释是什么使得一个表征是关于这个对象、性质或事件而不是关于那个对象、性质或事件。根据简单共变理论，一个表征的内容应该完全由因果共变关系确定。例如，我相信周围有只熊，我的信念应该具有那是一只熊这一内容（而不是那是一条狗或那是一只猫），因为信念的出现是由熊而不是由狗或猫引起的。问题是，某物是只熊的信念也可能由不是熊的事物引起，比如考拉。那么，是什么使我的信念是关于熊的信念而不是关于熊或考拉的信念呢？简单共变理论并不能为这个问题提供令人满意的答案，正因为如此，它们也不能对心理表征做出令人满意的解释。这样的问题导致表征理论的大多数支持者都放弃了心理表征的简单共变解释，转而支持复杂解释。

复杂共变理论赞同心理表征涉及系统内部状态与其环境特征之间的因果共变，但他们主张，心理表征不止如此。哲学家弗雷德·德雷斯基（Fred Dretske）提出的心理表征理论就是其中的代表。该理论主张，心理表征不仅仅是某物所指示的东西，而是它在更广泛的系统中所承担的指示工作或功能。

在德雷斯基看来，系统的各个组分在系统内承担着不同的工作或功能：汽车发动机中火花塞的功能是点燃燃料；人体内心脏的功能是泵血；等等。对人工制品来说，不同组件执行的功能是由设计人员决定的，设计人员想要构建一个系统来执行任务，他们设计了系统的各个组分以便系统能够执行该任务。对人类生物体这样的自然系统来说，各个组分的功能是由自然选择决定的。自然选择在生物的发展中所起的作用类似于设计师在人工制品的生产中所起的作用。正如发动机的设计者决定了汽车发动机火花塞的功能一样，自然选择也决定了心脏及生物体中其他组分的功能。这些组分包括各种感觉器官或子系统。它们的功能是为生物体提供有关环境的信息，并且根据德雷斯基的理论，它们提供这些信息的方式就是具有与环境特征共变的内部状态。

类似德雷斯基这样的心理表征的复杂解释为许多意识表征理论的支持者所认可。此外，物理主义者认为，这类理论与物理主义相容。他们提出，将神经系统的状态与环境特征联系起来的因果关系，以及决定某物功能的自然选择机制，都可以用物理学全面地描述和解释。如果他们的观点正确，那么心理表征就是一种可以通过物理学全面地描述和解释的现象，如果感质可以通过诉诸心理表征得到全面的描述和解释，那么感质现象也可以用物理学全面地描述和解释。

现在考虑一下意识的表征理论的支持者如何处理感质缺失和感质倒置的问题。德雷斯基复杂表征理论的支持者主张，两个系统在物理上不可区分，但却具有不同的现象意识状态，这是可能的。他们认为原因在于现象意识状态是表征状态，两个物理上不可区分的系统有可能具有不同的表征状态。这怎么可能？回想一下，根据德雷斯基的观点，心理表征涉及具有指示环境特征功能的组分。如果一个系统不具有这样的组分，那么该系统就不可能具有任何表征状态。所以，如果现象意识状态是表征状态，那么这个系统也不可能具有任何现象意识状态。那么，假设两个系统在物理上是不可区分的，它们的组分具有不同的功能，这可能吗？根据德雷斯基的观点，这是可能的，因为在这种观点看来，某物的功能不仅取决于它的物理构成，它还取决于系统的历史，因为一个组分在系统中的功能是由设计师或自然选择决定的。如果一个系统既不是设计的产物，也不是自然选择的结果，那么它就不可能具有任何组分能够执行功能——包括指示环境特征的功能。想象一下，两个物理上无法区分的系统却有着不同的历史。第一个是加布里埃尔，一个正常的人，他身体各个部分的功能都是自然选择决定的。第二个是泽维尔，加布里埃尔的物理复制品，但他不是遗传自人类父母的自然选择的产物，也不是设计的产物。相反，泽维尔是一个偶然事件的产物：一道闪电击中了一片沼泽地，沼泽地的污泥碎片聚集在一起变成了加布里埃尔的物理复制品。泽维尔就是这样产生的，他既不是设计的产物，也不是自然选择的产物，因此，他的组分没有被分配任何功能。在这种情况下，他没有具有指示环境特征功能的组分，这意味着他没有表征环境特征的内部状态。所以他没有经验，没有现象意识状态。因此，德雷斯基观点的支持者指出，两个系统可能在物理方面完全一样，但却具有不同的现象意识状态。当加布里埃尔遇到环境中的对象时他会有经验，对他来说，历经这些遭遇是某种感觉。相比之下，当泽维尔遇到环境中的对象时他不会有经验，因为根据德雷斯基这样的表征观点，具有经验相当于具有表征状态，而泽维尔没有表征状态。支持德雷斯基观点的物理主义者因此主张，他们能够容纳感质缺失的观点，即两个系统在物理方面完全相同，但在现象方面却彼此不同，这是有可能的。

支持意识的表征理论的物理主义者试图以类似的方式容纳感质倒置的可能性。他们提出，物理上无法区分的系统具有不同的质性现象经验，这是可能的。他们认为，质性方面的异同对应于事物区分能力的异同，区分能力是将一种事物与另一种事物区分开来的能力。物理上不可区分的系统在区分能力上有所不同，这是可能的。原因是一个系统的区分能力取决于它的感官组分具有的指示功能，正如我们已经看到的，德雷斯基理论的支持者主张，物理复制品的组分执行的功能不同，这是可能的。打个比方：

想象两个物理上不可区分的温度计 A 和 B（图 4.3）。两个温度计的水银柱上升到了相同的高度，但相同高度的水银柱在两个温度计中所表征的事物并不相同。在温度计 A 中它表征华氏 98.6 度,而在温度计 B 中它表征正常温度。这是 A 和 B 具有的指示功能所各自指示的温度。如果我们用经验术语来描述 A 和 B,我们会说 A 和 B 以不同的方式经历了温度变化:A 的温度看起来是华氏 98.6 度,而 B 的温度看起来是正常。如果经验在质性方面的差异涉及经验主体对事物的现象感知方式的差异,那么我们可以说 A 和 B 对温度的经验在质性方面是不同的,因为 A 和 B 所经验的温度对它们来说是不同的,即使 A 和 B 是物理复制品,情况也是如此。

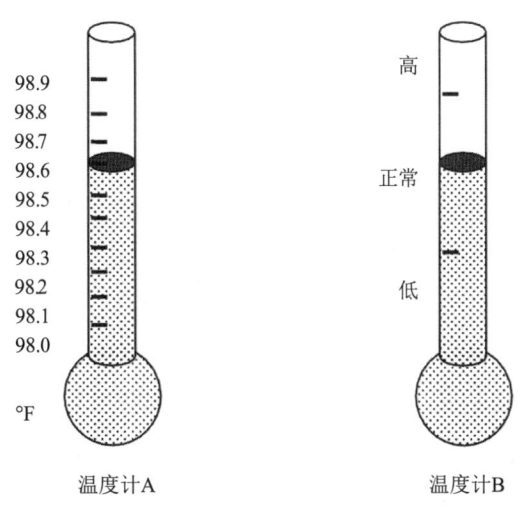

温度计A和B在物理方面完全相同,但它们水银柱的高度却表征不同的事物。在温度计A中它表征华氏98.6度,而在温度计B中它表征正常温度。这是A和B具有的指示功能所各自指示的温度,因为它们具有不同的指示功能,所以它们表征不同的事物。因此,两个系统在物理方面完全相同而在表征方面却不同,这是可能的。

图 4.3　物理上不可区分的系统却表征不同的事物

在表征观点的支持者看来,我们可以想象,在某些情形中,系统的组分的功能是指示颜色、质地、声音、气味和其他感官性质,这样的系统也有类似的情况。我们可以想象两个系统以完全相同的物理方式运行,但却有着截然不同的现象经验,因为正如温度计 A 和 B 的设计者为这两个物理上不可区分的温度计中的水银柱高度赋予了不同的功能一样,自然选择也可以为物理上不可区分的生物体的感官部分赋予不同的功能。支持德雷斯基观点的物理主义者因此主张,他们能够容纳感质倒置的观点,即物理上不可区分的系统具有不同的现象经验，这是可能的。

物理主义者诉诸意识的表征理论来处理与感质有关的各种反驳，这些学者面临几种不同的挑战。回想一下，物理主义者的立场依赖于两个陈述：

(1) 现象意识可以通过心理表征做出全面的解释。
(2) 心理表征可以通过诉诸物理学全面地描述和解释。

对物理主义者诉诸表征理论的批评可以针对这两个陈述中的任何一个。陈述（1）的批评者可以从几个方面反驳它。一些人主张，意识的表征理论一定是错误的，因为明显有一些现象状态不是表征性的。他们指出，我们经常会有诸如无指向性的焦虑感之类的心理状态——这种感觉既不是由于任何事物，也不指向任何事物。既然这些心理状态不指向任何事物，所以它们也不表征任何事物，然而它们仍然具有一种独特的质性感觉。因此，批评者认为，现象意识不能通过表征状态做出全面的解释；意识的表征理论一定是错误的。

陈述（1）的其他批评者反驳的是具体的表征理论。例如，德雷斯基理论的批评者认为，该理论的后果非常荒谬。再来看看泽维尔的例子。在德雷斯基看来，尽管泽维尔有眼睛、耳朵、鼻子、嘴巴和其他身体部位，这些器官能够像加布里埃尔的眼睛、耳朵、鼻子、嘴巴和其他感觉器官一样接受环境的影响，但泽维尔却没有任何经验。批评者说，这是非常荒谬的，如果泽维尔和加布里埃尔在物理方面完全相同，那么如果加布里埃尔有经验，泽维尔肯定也有经验。而德雷斯基的理论却意味着情况并非如此，所以德雷斯基的理论一定是错误的。

陈述（1）的其他批评者则否认现象意识存在。如果现象意识不存在，那么说它的存在可以通过心理表征做出全面的解释显然是错误的——如果现象意识不存在，那么它的存在就不能通过任何方式做出解释。最后，还有一些陈述（1）的批评者否认心理表征存在，否认我们的经验是对外部世界的内部表征。意识的感觉运动理论的支持者有时通过诉诸认知科学实验来批评表征理论（见11.4节）。

对物理主义者诉诸表征理论的另一种批评针对的是陈述（2）。陈述（2）的批评者主动承认现象意识可以通过心理表征来理解，他们只是否认诉诸心理表征可以使物理主义者对基于感质的各种反驳做出回应。他们认为,其原因在于心理表征不是一种物理现象,它不能通过诉诸物理学来全面地描述和解释。为什么会这样?让我们再来思考一下类似德雷斯基那样的心理表征理论。它依赖于自然选择的概念。然而,假设自然选择不能通过物理学术语做出全面的描述和解释,假设它是一种特殊的生物现象,不借助特殊的生物学描述和解释资源就无法得到解释。如果自然选择不能通过物理学做出全面的描述和解释,而心理表征又依赖于自然选择概念,那么心理表征也不能通过物理学做出全面的描述和解释。这是批评者如何抨击陈述(2)的一个范例。

现在我们来探讨**意识的高阶理论**。高阶理论与表征理论密切相关。高阶理论主张,意识状态是内部状态,它由其他内部状态表征或监测。高阶理论的支持者提出,当我有意识地体验焦糖布丁时,甜点的化学性质以某种方式影响我的感觉器官;我的感觉器官记录下了甜点的化学性质,大致就像意识的表征理论所宣称的那样。然而,这种感觉状态伴随着另一种内部状态,这个内部状态记录了感觉状态本身的发生。例如,假设除了组分 c,还有另一个组分 d,它可以有两种状态 S_1 和 S_2。组分 d 处于状态 S_1,除非组分 c 处于开状态。当组分 c 处于开状态,d 进入状态 S_2。因此 d 和 c 一样都是我神经系统的表征组分,不过它所表征的不是环境状态,而是另一个内部组分的状态:它表征 c 处于开状态。根据意识的高阶理论,当内部状态以这种方式被系统的其他内部状态监测时,它们就是有意识的。例如,处于开状态的 c 是一种意识状态,当另一种内部状态比如处于 S_2 的 d 指示 c 处于开状态时。

高阶理论的支持者们对于内部监测状态的本质是什么持有不同意见。**高阶知觉理论**的支持者认为,监测状态类似于内部知觉状态,我们具有感知意识状态的内在感觉,就像我们具有感知环境状态的外部感觉一样。哲学家大卫·阿姆斯特朗(David Armstrong)用以下术语阐述了这一观点:

> 意识不过是心理状态的所有者对这种内部心理状态的感知(知觉)……它只是一种进一步的心理状态……指向最初的内部状态……如果这种进一步的心理状态……能够……与一种大脑状态同一,那么它将是大脑的一个部分扫描另一个部分的过程。在知觉中,大脑扫描环境。在对

知觉的感知中，大脑的另一个过程扫描那个（大脑对环境的）① 扫描。1

而**高阶思维理论**的支持者主张，内部监测状态不同于对感觉状态的知觉；相反，它们更像是对那些状态的思维。意识到某物的甜味不同于对 c 处于开状态的知觉；相反，它更像是认为或相信 c 处于开状态。

意识的高阶理论受到了诸多挑战。例如，一些批评者认为，内部监测不足以使一个内部状态成为有意识的状态。他们提出，有很多例子表明，受到内部监测的状态是没有意识的。例如，语言和行动产生过程中所涉及的很多大脑过程仍然是我们没有意识到的，但那些过程都受到了其他大脑状态的监测。显然，一个状态要成为有意识的状态一定不只是被另一个内部状态监测这么简单。此外，一些批评者还提出，目前尚不清楚内部监测如何产生意识状态。通常情况下，并不是心理状态指向某物，某物就是有意识的。想象一个无生命、无意识的物体，比如一张桌子或一块石头。假设现在你知觉到那个物体或具有一个关于它的思维，你对物体的知觉或思维会突然使该物体具有意识吗？批评者说，当然不是。但是，如果知觉或思维一个无意识物不能使那个无意识物变得有意识，那么我们就没有理由相信，知觉或思维一个内部状态能使那个内部状态成为有意识的状态。因此，我们没有理由认为现象意识可以通过内部监测得到解释。

意识的表征理论和高阶理论都依赖于这样一个观点：现象经验在于具有表征外部世界的内部状态。**意识的感觉运动理论**否认这一点。他们认为，现象经验反而在于环境和经验主体的交互作用模式——在于指向外部的活动和生物体探索环境的方式，而不是发生在内部的表征状态。

意识的感觉运动理论得名于这样一种观点：探索环境是一种感觉运动过程，它不仅包括生物体的感官组分的活动，还包括使其能够四处移动以寻找信息的组分的活动。表征理论和高阶理论有时给人的印象是，知觉意识是一个被动的过程，在这个过程中，生物体以被动的方式记录环境特征，就像照相机记录光线一样。但感觉运动理论的支持者指出，真正的知觉并非如此。真正的知觉是一种探索活动，在这种活动中，生物体努力定位和再定位自身以获取有关

---

① 括号中内容为译者所加。——译者注

环境的信息。举个简单的例子：当人们在人群中看一些有趣的东西时，他们会歪着头，伸长脖子，踮起脚尖，向前探出身子，扭动身躯见缝插针。感觉运动理论的支持者指出真正的知觉就是这么工作的，这就是在锻炼感官和运动能力以便对环境进行探索并与之发生交互作用。感觉物体表面的质地不只是把手放在上面，而是要用手在上面来回划动。同样，品尝焦糖布丁不只是把它放进嘴里，而是要用舌头舔舐它，努力去更有效地感受它的性质。在感觉运动理论的支持者看来，现象意识可以通过这种感觉运动与环境的交互作用来理解。

他们认为，每种感觉形式都有独特的感觉运动交互模式。运动、感觉和环境特征都以规律性的方式发生变化以便对彼此的变化做出反应。例如，考虑图4.4中描述的我们关于正方体的经验。我们知道，如果从图4.4A所示的角度看这个物体，并绕着这个物体向右移动，我们就会看到如图4.4B所示的视觉样态。换句话说，我们知道，我们对物体的视觉经验会随着我们的运动以一种特定的方式发生变化。其他感觉形式也是如此。例如，我们知道，喝口意式咖啡后吃焦糖布丁与喝口橙汁后吃焦糖布丁，两次焦糖布丁的味道是不一样的，我们也知道，在不同颜色的灯光下西红柿的颜色看起来也是不同的。

围绕A中所示的物体向右侧移动，就会看到B中所示的轮廓。我们知道，我们对物体的视觉经验会随着我们所做的特定运动而变化，这就是感觉运动相倚的一个例子。根据感觉运动论者的说法，我们对对象的经验——它们特有的外观和感觉——是由我们对感觉运动相倚的驾驭构成的。

图4.4　正方体的视觉样态

在感觉运动理论的支持者看来，事物的质性外观、味道和感觉在于当我们用感觉和运动子系统与它们交互作用时，它们呈现给我们的各种感觉样态——既包括它们实际上呈现给我们的感觉样态，也包括我们的隐性知识，即它们在一系列不同条件下会呈现给我们怎样的感觉样态。例如，正方体形状的质性经验在于我现在看它时它呈现给我的视觉样态，以及我的隐性知识，即在不同条件下，比如如果我绕着它向右或向左移动，它会呈现出其他的视觉样态。同样，焦糖布丁的味道在于，当我把它放进嘴里用舌头舔舐它时，它呈现给我的味觉样态，以及我的隐性知识，即如果我在喝了一口意式咖啡或一杯红酒后品尝它，它会呈现出其他的味觉样态。根据感觉运动论者的观点，运动、感觉和环境之间的相互依赖是规律性的，是我们每个人原本就理解的东西，我们对这些规律性的相互依赖关系（有时被称为感觉运动相倚）的认识，以及我们在与环境进行交互作用时对它们的利用，构成了我们经验的质性特征。

感觉运动论者如何看待感质？他们说，从某种意义上讲，感质不存在——至少在我们一直讨论的那种意义上不存在。他们指出，经验的质性特征并不在于存在主观的、非关系的、不可分析的性质或事件；相反，它在于生物体和环境交互作用的模式。想想哲学家阿瓦·诺依（Alva Noë）和认知科学家凯文·奥里根（J. Kevin O'Regan）做的一个类比：开保时捷是什么感觉？经验的独特质性方面在于什么？如诺依和奥里根所言，它们不在于一个内在的、主观领域中发生的非关系的、不可分析的事件；相反，它们在于驾驶员和车辆之间的感觉运动交互作用——驾驶员如何踩下油门，汽车如何相应加速，驾驶员如何转动方向盘，汽车如何转弯，等等。像这样的感觉运动交互作用共同构成了开保时捷的感觉，而品尝焦糖布丁或看到红色的感觉也有类似之处：

> 看……是由一个人在看时所做的各种事情……共同构成的。假设你站在一堵红墙前……你看到这堵红墙是什么感觉？请试着描述一下你的经验。你如何完成这个指令？你可以做的一件事是将你的注意力集中到墙的红色的这个或那个方面……它的色彩或它的亮度……你对墙的红色色彩的关注在于什么？它在于与看到红色有关的（隐性）知识：如果你转动眼睛，传入的信息将会发生变化，这就是典型的眼睛采样，或者说是典型的视网膜采样颜色的非同质方式；如果你转动脑袋，传入的信息可能会发生变化，这就是典型的当光照不均匀时所发生的情况……你对色彩的关注并不在于一件事……不存在简单的、不可分析的经验内核。当你与红色的墙壁交互作用时，你会做不同的事情。[2]

焦糖布丁的味道，红墙的外观，草地与人造草皮的感觉——这些不是由某些神秘的内在领域的性质或事件构成的；相反，它们是与环境中的事物发生感觉运动相互作用的模式。

因为感觉运动理论的支持者认为经验的质性特征在于感觉运动交互作用的模式，所以他们并不认为，感质在那些基于感质来反驳物理主义的人所设定的意义上存在。例如，诺依和奥里根的立场如下：

> 感质指的是经验状态或事件的性质。但经验……不是状态。它们是行动方式……是我们所做的事情……因此，至少在这个意义上，（视觉）感质不存在……我们不是在否认经验具有质性特征……经验的质性特征……是由我们在知觉时起作用的感觉运动相倚（sensorimotor contingencies）的特征所构成的。我们的主张是，通过某件事情的发生（无论是在心灵还是在大脑中）来思考经验的质性特征是令人困惑的。经验是一个人所做的事情，它的质性特征是这种活动的各个方面。[3]

根据感觉运动论者的观点，不存在非关系的、不可分析的、主观印象的内部领域，存在的只是熟悉的对象、性质和事件的外部领域。关于经验的质性方面的事实都是关于这些对象、性质和事件以及我们与它们发生交互作用的感觉运动方式的事实。支持意识的感觉运动理论的物理主义者承诺更进一步的主张：与环境发生交互作用的感觉运动模式都是物理的，它们都可以得到全面的物理描述和解释。部分物理主义者诉诸感觉运动理论来处理基于感质的反驳，因此他们承诺以下两个陈述：

（1）现象意识可以通过与环境的感觉运动交互作用得到全面的解释。

（2）与环境的感觉运动交互作用可以通过诉诸物理学全面地描述和解释。

那些对诉诸感觉运动理论的物理主义者进行批评的人可以针对这两个陈述中的任何一个。例如，针对陈述（1）的批评者可以主张现象意识不只是感觉运动的交互作用。他们可以认同知觉包括感觉运动交互作用的模式，但否认这些模式可以全面地解释什么是知觉。他们可以坚称，除了模式还有感质——主观领域中的非关系的、不可分析的现象。

针对陈述（2）的批评者可以同意现象意识能够通过感觉运动的交互作用来全面地理解；他们可以只是否认，诉诸感觉运动的交互作用可以使物理主义者有办法处理基于感质的反驳，因为感觉运动的交互作用不能通过诉诸物理学来全面地描述和解释。（2）的批评者可能会坚持认为，原因是如果不诉诸生物学的特殊描述和解释资源，感觉运动交互作用的模式不可能得到描述和解释，而物理学本身却无法提供或取代这些资源。不管怎样，这是对（2）的批评者可能会如何论证的一个举例说明。

基于感质而对物理主义做出的反驳以及物理主义者对它们的回应仍然极具争议性。既然我们已经对这些内容及其他支持和反对一般物理主义世界观的论证进行了探讨，现在该考察物理主义的具体形式了：还原物理主义、非还原物理主义和取消物理主义，以及工具主义和异常一元论。

扩展读物

一种物理主义的早期希腊版本得到了德谟克利特的支持。亚里士多德（1984）在《论灵魂》的第 1 卷中讨论了几种类似的理论。关于人类本质的早期现代物理主义解释由托马斯·霍布斯（1991［1642］；1996［1651］）提出，拉美特利（Julien Offray de la Mettrie, 1996［1747］）则对此问题做出了 18 世纪最重要的阐述。自 20 世纪中期以来，大多数心灵哲学的争论都是在承诺物理主义的背景中展开的——这一点金在权（Jaegwon Kim, 1998：第 1 章）讨论过。法国数学家皮埃尔-西蒙·拉普拉斯（1951）提出了假想的超级物理学家（通常被称为"拉普拉斯妖"）的想法，尽管他是为了说明决定论的概念而不是物理主义：物理主义者不一定是决定论者，决定论者也不一定是物理主义者。

关于燃素和热的更多例子见汉金斯（Hankins, 1985）和哈曼（1982）。斯马特（1959）和大卫·刘易斯（David Lewis, 1966）以非常简洁的方式阐明了从过去的科学成功中做出的归纳概括。安德鲁·梅利尼克（2003）提出了一个更复杂的归纳论证。

亨普尔难题最初是由卡尔·亨普尔（1969）提出的。包括蒂姆·克雷恩和梅勒（Tim Crane and D. H. Mellor，1990）在内的其他人更有力地阐述了这一点。安德鲁·梅利尼克（2003：第1章）抓住了亨普尔难题的第一个论点，杰弗里·波兰（1994：第2章）抓住了第二个论点。

知识论证最初是由弗兰克·杰克逊（1982）提出的，但他后来的文章《玛丽不知道的事》（*What Mary Didn't Know*，1986）更简短也更容易理解，并涵盖了本书讨论过的对知识论证的一些反驳。托马斯·内格尔（1974）也提出了该论证的一个版本。特伦斯·霍根（Terence Horgan，1984）和布莱恩·洛尔（Brian Loar，1990）提出了"新表征下的旧事实"反驳。迈克尔·泰伊（2000）认为，关于意识的事实可以从物理事实中演绎出来。能力假说是由大卫·刘易斯（1983）和劳伦斯·尼米罗（Laurence Nemirow，1990）提出的。厄尔·科尼（Earl Conee，1994）、约翰·毕格罗和罗伯特·帕拉吉特（John Bigelow and Robert Pargetter，1990）提出了能力假说的其他版本。杰克逊（1998；2003）本人现在似乎放弃了知识论证，转而一种支持能力假说。

意识的表征理论的支持者包括弗雷德·德雷斯基（1995）和迈克尔·泰伊（1995）。泰伊（1995：第7章）对感质缺失或感质倒置是可能的这一主张提出了质疑。德雷斯基（1995：第3章和第5章）发展了一种不同的方法来处理感质缺失和感质倒置。关于心理表征的简单共变理论面临的更多问题，参见福多（Fodor，1987：第4章），德雷斯基（1988：第3章），斯蒂尔尼（Sterelny，1990：第6章）。这些书中提出了更多复杂表征理论。

17世纪的英国哲学家约翰·洛克（1959：第2卷第1章第4节）提出了一种高阶知觉理论。之后，大卫·阿姆斯特朗（1993：特别是第6章，第 ix 和 x 节）和威廉·利康（William G. Lycan，1996）为高阶知觉理论进行了辩护。高阶思维理论的支持者包括大卫·罗森塔尔（David M. Rosenthal，2005）和彼得·卡拉瑟斯（Peter Carruthers，2003）。阿尔文·高盛（Alvin Goldman，1993：366）用之前描述的方式批评了高阶理论。阿瓦·诺依和凯文·奥里根（2002）为意识的感觉运动理论辩护。另见奥里根（2009）和诺依（2004：第4章）。感觉运动解释建立在最初由心理学家吉布森（J. J. Gibson，1986）所捍卫的知觉生态理论之上。

注释

1. David M. Armstrong, 1993, *A Materialist Theory of the Mind*, 2nd edn, New York: Routledge, 94.

2. Alva Noë and J. Kevin O'Regan, 2002, "On the Brain-Basis of Visual Consciousness: A Sensorimotor Account." In *Vision and Mind: Selected Readings in the Philosophy of Perception*, edited by Alva Noë and Evan Thompson. Cambridge: MIT Press, 567, 571–572.

3. Noë and O'Regan, "On the Brain-Basis of Visual Consciousness: A Sensorimotor Account," 579–580.

第五章　还原物理主义

综述

还原物理主义主张，即使我们构建了人类行为的完备科学解释，日常心理话语仍将被保留下来，其范畴将以某种直接的方式与物理理论的范畴相对应。逻辑行为主义是第一个严肃的还原论。行为主义者试图通过对心理语言的分析建立先验的心理—物理关联。而它所面临的困难则导致人们很快便放弃了该理论。心物同一论的发展就是为了规避这些困难。同一论者试图通过科学研究建立后验的心理—物理关联。该理论目前仍然是还原论思想的主要形式。

同一论有两种支持论证，它们诉诸两种不同的后验同一模型。第一种论证主张，如果在同一论和性质二元论之间进行选择，我们应该选择同一论，因为它的本体论更简单，即它假定的基本性质更少。根据同一论，包括心理性质在内的所有性质都是物理的。相比之下，根据性质二元论，除了物理性质之外，心理性质形成了一个截然不同的性质类别。因此，性质二元论所承诺的基本性质类别是同一论的两倍。第二种论证主张，支持同一论不是你的选择，而是科学研究的结果。心理状态由其通常的因果关系来定义。例如，疼痛通常是由针刺、灼烧和擦伤引起的状态，并且疼痛通常会引起皱眉、呻吟及类似的行为。唯一能具有这些通常的原因和结果的状态就是物理状态。科学研究的工作就是揭示这些物理状态是什么。同一论的批评者没有理会第一种论证，因为它纯粹是归纳的。第二种论证的批评者分为两类。一些人否认心理状态由其因果关系定义。例如，他们认为意识经验的质性方面不允许进行因果分析，或者说心理话语所假设的状态无法与物理状态相同一。另一些人否认物理状态是唯一能够具有物理因果——这些物理因果定义了心理状态——的东西。

还原论认为，物理理论有能力接替心理话语所做的描述和解释工作，行为主义和同一论都与心物还原论密切相关。还原论构成了早期物理主义多层级世界观的基础。根据这种世界观，物理世界可以划分为不同的层级，分别对应于不同的科学。最底层对应的是基础物理学，其次是原子物理学、化学、细胞生物学、有机生物学，最后是社会科学。每一层级的个体构成了每一更高层级的个体，而每一个更高层级的理论又可还原为每一个更低层级的理论。因为还原是一种传递关系（如果 A 可还原为 B，B 可还原为 C，那么 A 可还原为 C），根据还原论的观点，所有理论最终都可还原为基础物理学。在还原论者看来，说一切都是物理的就意味着这一点。

直到 20 世纪 60 年代末，人们对还原论仍然信心十足，不过当时心理范畴与物理范畴的精确对应已经看起来越来越不可能了。一些论证已经表明，心理和物理的关联性不是精确的一一对应，而是混乱的一对多，即某一特定心理性质的实例并不对应于某一单一物理性质的实例，而是对应于多种不同类型的物理性质。这一观点是**非还原物理主义**（第 6 章的主题）的基础。

5.1　行为主义

基本的物理主义思想自古希腊自然哲学家德谟克利特（生于公元前 460 年）的时代就已经存在了。它的早期现代形式是由 17 世纪的托马斯·霍布斯（1588—1679）和 18 世纪的拉美特利（1709—1751）提出的。但与当时正如日中天的实体二元论不同，物理主义直到 20 世纪才发展成为一种严肃的心智理论。当然，到了 20 世纪 50 年代，物理主义已经在心灵哲学领域居于主导地位，并且今天仍旧是心灵哲学主导理论。

在本章和下一章中，我们将追溯主流物理主义思想在 20 世纪的发展——主要是还原物理主义和非还原物理主义的发展。二者都主张心理话语在某种程度上是准确的，它假定的实体（信念、欲望和其他心理状态）将与人类行为的完备科学解释中的某些东西相对应。这些理论的支持者有责任解释这种对应关系的本质。解释的方法至少有两种。还原论者主张，心理话语的谓词和术语与物理理论的谓词和术语精确对应。在最直接的情况下，一种心理性质或状态精准对应于一种物理性质或状态。第一个严肃的还原主义理论是逻辑行为主义。

"行为主义"一词在哲学和心理学中有不同的用法。在心理学中，有两种不同的观点都被贴上了行为主义的标签。第一种观点认为，心理学应当只关注可观察的现象，这种主张通常被称为**方法论行为主义**。第二种观点是对这种方法论主张的限制性解释：心理学应当只关注可观察的现象，在严格意义上，心理学家甚至不应当用假设的内在因果机制来解释外显的行为。这一主张通常被称为激进行为主义。

方法论行为主义的先驱是心理学家华生（J. B. Watson，1878—1958）。与物理学相比，心理学自17世纪以来取得的进展少之又少，华生对此感到十分苦恼。到了20世纪初期，物理学已经成功地改变了我们对宇宙的整体认知，而且这种进步显然还将延续下去。相比之下，心理学看起来并没有超越两千多年前希腊人的理解。更糟糕的是，心理学家所采用的方法似乎根本没有机会取得更大的成功。当时心理学的主要方法是内省。心理学家试图用类似笛卡尔的方法，即检验意识状态的内容和质性特征来研究心理现象。华生对心理学裹足不前感到愤怒，他提出了一种新的心理学方法论路径：心理学家应当只关注可观察的行为。如果心理学要成为一门像物理学一样严谨的科学，就必须尽可能多地模仿物理学的方法。这意味着心理学家必须关注可测量的客观现象——那些可以被不止一个人研究和评估的现象。由于意识的内容被认为是私人的或主观的，原则上只有一个人能获取，所以它们不适合作为心理学的研究对象。相反，华生提出心理学家应当研究感觉刺激和对它们的行为反应之间的关联性。

到了20世纪30年代，行为主义已经成为心理学的主要方法论，并且时至今日它仍然是主流的方法论。但是，对于心理学应当只研究客观的、可测量的现象这一强制令，人们有不同的解释方式。一些心理学家认为，为了使心理学成为真正的科学，心理学家在解释所观察到的刺激—反应的关联性时必须避免假设不可观察的机制。这些心理学家是以斯金纳（B. F. Skinner，1904—1990）为代表的激进行为主义者。对当今大多数心理学家来说，激进行为主义似乎是一种过度限制的方法论纲领。毕竟，即使是物理学家也会假设不可观察的实体来解释可观察对象的行为。这种假设实际上是物理学发展的主要手段之一。例如，考虑水的可观察行为——它在 0°C 结冰，在 100°C 沸腾，结冰时膨胀等。物理主义者通过假设他们无法观察到的实体——原子和分子来解释这些可观察现象。比如，水在结冰时膨胀，因为水分子在温度下降时排列成晶体，而这些晶体的体积比液态下的水分子大。尽管激进行为主义在 20 世纪 40 和 50 年代主导了心理学，但 20 世纪 60 年代出现了对心理学方法更宽松的理解。这种较为宽松的理解被称为认知心理学（cognitive psychology）。与激进行为主义者不同，认知心理学家通过假设内部相关机制来解释观察到的人类行为——而这些机制则被认为与神经系统的组分相同一。

与心理学中的用法相比，"行为主义"一词在哲学中被用于指示一种完全不同的主张——这种主张与心理科学应当研究什么无关，而是与心理表达的意义有关。它通常被称为分析行为主义或**逻辑行为主义**，主张心理描述是对实际和潜在行为的物理描述的简化。根据逻辑行为主义者的看法，像"我疼痛"这样的陈述实际上是对我实际在做什么，或者在各种反事实的情况下我会做什么的更长描述的简化。例如，它的意思可能是，"我在流汗；我的瞳孔放大了；我在皱眉；我试图逃避潜在的有害刺激；我在说'哎哟！哎哟！'；如果被问到：'你疼吗？'我会回答：'疼！'"等。

要理解行为主义者的观点，我们可以采用下面的方法，选取一个心理学命题，例如：

（A）WJ 相信行为主义是错误的。

接下来，考虑一下会让你猜想陈述（A）为真的各种情况。我们可以列一份初步的清单，其中包括：

（B）WJ 曾明确表示，他相信行为主义是假的，每当被问及他是否真的相信行为主义是错误的，他都会说"非常肯定！"；当在课堂上讨论行为主义时，WJ 总是带着一种特别尖锐的蔑视态度来表达他的观点，他阐述对行为主义的反驳时表现出近乎狂热的享受；WJ 的汽车保险杠上贴着反行为主义贴纸；他捐款给反行为主义组织，如 PBFW（世界无行为主义合作组织）和 AUAB（美国反行为主义联盟），在更激进的时候，他甚至给 VAB（反行为主义者暴力组织）捐款；WJ 在酒吧向在场的所有行为主义者发起辩论或与他们拳脚相加……

再次强调一下，这里的目的是对 WJ 的实际和潜在行为（WJ 正在做什么，已经做了什么，以及在各种反事实的情况下会做什么）构建一个描述，这些行为会让你猜想陈述（A）为真。换句话说，我们的目的是要描述你的证据以支持陈述（A）。现在，根据行为主义者的观点，这样的描述不仅为陈述（A）提供了证据，而且还提供了陈述（A）的实际意义：陈述（A）实际上只是陈述（B）的简化。那么，根据行为主义者的观点，心理陈述实际上只是关于实际和潜在行为的陈述的乔装改扮。

有人可能会问，行为主义者所说的"行为"到底是什么意思——行为到底应该包含什么？重点在此，行为主义者所说的行为必须满足两个条件。首先，它必须是可以用物理学进行全面地描述和解释的东西：我的皱眉，我的逃避行为，我的话语，我脸上的特殊表情等，看起来都可以用物理学进行全面地描述。其次，这些事件必须能在我们所谓的"路人"环境中被普通人观察到：只要人们具有普通感知能力就可以目睹它们，不需要使用任何特殊设备如脑电图、X 光或磁共振成像。产生第二个条件的原因是，心理谓词和术语被认为是在表明行为的条件。既然人们能够在路人环境中使用心理谓语和术语，那么心理语言用简化的方式表明的行为条件在路人环境中必定也是可观察的。行为主义者并不总是苛求满足行为条件的路人环境。例如，逻辑行为主义的鼻祖之一、哲学家卡尔·亨普尔曾主张，相关的行为数据涵盖了人们的心率、皮肤导电性以及激素水平等事实。由于这些都不是人们通常能够观察到的特征，所以心理表达不太可能是这类条件的简化。

5.2 对行为主义的支持和反驳

行为主义盛行于 20 世纪 30 和 40 年代，但到了 60 年代，人们普遍认为它已经消亡了。其消亡的原因比较复杂。首先，对该理论的普遍支持大大减弱了，因为哲学家们对**逻辑实证主义**（logical positivism）这一更宽泛的哲学纲领失去了信心，而行为主义是逻辑实证主义的一部分。逻辑实证主义者旨在表明，哲学问题都基于语言或概念错误而出现。一旦我们通过语言或概念分析过程澄清了语言的逻辑建构，那些表面上的问题就会消失。英国哲学家伯特兰·罗素（Bertrand Russell，1872—1970）在用概念分析方法解决形而上学问题方面取得了某些初步的成功，实证主义者相信，这种成功在其他领域也可以复制。当实证主义者如鲁道夫·卡尔纳普（1891—1970）、赫伯特·费格尔（Herbert Feigl，1902—1988）和卡尔·亨普尔试图使用概念分析方法解决身心问题时，逻辑行为主义便应运而生。然而到了20世纪50年代初，实证主义者显然过于乐观，他们高估了概念分析解决哲学问题的能力。他们的意义理论所产生的问题在一定程度上暴露了这一点。

逻辑实证主义者认为，一个命题的意义是它的证实条件——大致来说，也就是知道该命题为真的充分条件。意义与证实条件相等同被称为**意义的证实理论**（verifiability theory of meaning，简称VTM）。行为主义者基于VTM提出，既然心理陈述的真实性是通过观察人的行为而知道的，那么心理陈述的意义必然存在于行为条件中。他们认为，每当我们描述人们的信念、欲望或其他心理状态时，我们实际上是在描述他们实际的和潜在的行为：他们正在做什么，或者他们在各种反事实的情况下会做什么。因此，行为主义的支持论证依赖于两个前提：VTM和我们基于实际和潜在的行为而知道心理陈述为真。

然而，行为主义者的论证存在严重的问题。最主要的是VTM被证明是不连贯的。因为VTM主张一个陈述的意义在于它的证实条件，这就意味着一个不可证实的陈述一定是没有意义的。此外，实证主义者普遍赞同命题只有两种可证实的方式：分析的方式，其依据是构成命题的术语的定义；经验的方式，其依据是某种类型的经验或观察。因此，VTM意味着每一个有意义的陈述都可以通过分析的或经验的方式得到证实。但是考虑VTM本身，它似乎并不能通过这两种方法进行证实：在"意义"一词的定义中，没有任何东西意味着一个命题的意义必须存在于它的证实条件，似乎也没有任何经验或观察能够充分证明VTM为真。但是，如果VTM既不能通过分析也不能通过经验证实，那么它就不满足自身的意义准则，这意味着它本身是无意义的。出于这个原因，许多实证主义者不再把 VTM 称为一个主张或命题，而是将它称为方法论原则。

行为主义在解释心理话语的整体论（holism）方面也面临一些问题。心理谓词和术语形成了一个相互联系的紧密网络。想想我们如何对某人做出某一行为的理由进行描述：

> （1）约翰逊出门时带了把伞，因为他相信天要下雨了，他认为带把伞是避免淋湿的最好方法。

（1）标志着我们试图通过诉诸信念来描述约翰逊的行动理由。但约翰逊的信念只能与某类愿望或欲望相结合才能解释他的行为。例如，如果约翰逊想要淋湿，他对天会下雨的信念，以及他认为雨伞是避免淋湿的最好方法的判断，将不再能够解释他为什么要带伞。只有在假设约翰逊有欲望——例如，他想避免淋湿的欲望这一背景下，（1）才能解释他的行为。如果我们试图仅通过诉诸一种愿望或欲望来解释约翰逊的行为，也会出现同样的情况：

> （2）约翰逊出门时带了把伞，因为他不想淋湿。

只有假设约翰逊相信带伞就不会淋湿，不想淋湿的欲望才能解释他的行为。

这些事例说明，信念、欲望和行为在逻辑上是相互联系的：信念和欲望只有在相互结合的情况下才能解释行为。此外，约翰逊的信念——天会下雨与他的欲望——不想淋湿，以及他的行为——出门带伞之间的联系还受一系列其他心理状况的调节：知道淋雨会导致淋湿，相信如果真的下雨，他很有可能会淋雨，假设雨会以一个他能用伞挡住的角度落下，知道伞通常由防水材料制成等。

心理话语的整体论给行为主义提出了两个问题。首先，行为主义者主张，行为条件是知道某人心理状态的充分条件。但心理话语的整体论表明，行为条件并不是知道某人心理状态的充分条件。例如，想象一下我们看到了以下情节：

> 约翰逊打开前门，走到一半，看到天空中阴云密布，他又回过身去拿他的伞。他把身后的门锁上，然后沿着小路往前走。

我们可以认为约翰逊的行为表明了他相信天会下雨。但是，只有当我们假设约翰逊还有其他的信念和愿望时——比如他希望避免淋雨，并且相信带伞有助于他避免淋雨——我们才能认为他的行为是充分基于上述信念而做出的。只有在这些假设的背景下，约翰逊带伞的行为才算是他相信天会下雨的证据。因此，一种心理陈述的证实条件并不只是行为，它们无一例外地涉及其他心理状态。

其次，心理话语的整体论不仅对行为主义的支持论证提出了挑战，也对行为主义本身提出了挑战。如果行为主义为真，那么心理陈述只是对实际和潜在行为的简化陈述。于是，行为主义意味着从原则上讲，将一个心理陈述翻译成一个关于实际和潜在行为的陈述而不失去任何意义是可能的——就像我可以将简化表达"S♥J"翻译成英语表达"萨利爱约翰"而不失去任何意义一样。然而，心理话语的整体论认为，这样的翻译永远不可能实现，因为一个心理表达的翻译总是需要无数其他表达的翻译。举个例子：

行为主义意味着陈述（A）（"WJ 认为行为主义是错误的"）可以翻译成陈述（B）之类的关于 WJ 行为的陈述，这意味着翻译中引用的行为条件是知道（A）为真的充分条件。但（B）中引用的条件只有在我们对 WJ 的心理状态做出无数进一步假设的情况下才是知道（A）为真的充分条件。例如，只有当我们假设 WJ 没有遭受高度心理压抑时，（B）中引用的行为条件才是知道 WJ 相信行为主义是错误的充分条件——例如，只有当我们假设，他不是一个秘密的行为主义者，他对自己的状况感到非常羞愧，这驱使他努力使他人和自己都确信，他真的相信行为主义是错误的。因此，为使（B）能提供对（A）的准确翻译，我们必须添加条件（C）："WJ 不是一个压抑的行为主义者：他没有私下里对行为主义抱有同情，也没有因此而感到羞愧，在他真正相信什么的问题上，他不打算骗人骗己。"然而，我们注意到（C）引入了许多其他的心理概念：秘密地相信或想要相信行为主义，为自己的同情感到羞愧以及打算欺骗。如果我们要将（A）翻译成（B）这样的纯行为陈述，这些额外的概念本身也必须进行行为分析。但在对它们进行纯行为分析的过程中，我们会遇到与（A）相同的问题：引入额外的心理概念，分析这些额外的心理概念需要添加更多的概念，而分析那些概念又需要再次添加更多的概念，如此循环往复。因此在实践活动中，我们似乎不可能把哪怕是一个单独的心理表达转化为纯粹关于实际和潜在行为的陈述。

除此之外，行为主义还面临其他问题。例如，它意味着第一人称权威解释是难以置信的（见第2章）。如果我的信念、欲望和疼痛只是不同类型的行为，那么似乎只有通过用观察他人行为的方式观察自己的行为，我才能知道自己的信念、欲望和疼痛是什么。例如，只有当我能够观察到我的瞳孔放大，我在出汗、皱眉等时，我才能知道自己处于疼痛之中。但这似乎难以置信——我当然知道我在疼痛，因为我能直接感受到疼痛。

这种对第一人称知识的担忧还关系着对主体性的担忧。行为主义产生的动机部分源于它能够避免他心问题（见1.5节）。回想一下，他心问题源自这样的观念：信念、欲望、疼痛和其他心理状态都是主观现象，只有经验它们的人才能获取。如果心理现象是主观的，那么我们任何人都不可能知道他人的心理状态是什么。但如果心理现象不是主观现象，而是像物理运动这样的客观现象，那么知道他人的心理状态就不成问题了，因为物理运动像任何事情一样是公开可见的。然而，许多心灵哲学家确信，心理现象就是主观的，或至少有主观的成分（见2.3节）。行为主义的批评者认为，如果情况果真如此，那么行为主义一定是错误的，因为行为主义意味着心理现象不是主观的。

此外，对心理概念的行为分析似乎也有反例。例如，哲学家普特南主张，有可能存在超级演员，这些人可以复制所有与疼痛相关的行为，但却没有真正处于疼痛之中。他还主张，有可能存在超级斯巴达人，他们可以经验到疼痛，但却没有做出任何与疼痛相关的行为——甚至没有做出疼痛行为的倾向。如果行为主义为真，那么像这样的情况就不可能存在，因为主张某个人S处于疼痛中就相当于对S的实际和潜在行为的描述。而对超级演员的实际和潜在行为的描述与对一个处于疼痛中的人的描述是一样的，即使超级演员并没有处于疼痛之中。同样，对超级斯巴达人的实际和潜在行为的描述与对一个没有疼痛的人的描述是一样的，即使超级斯巴达人处于疼痛之中。这些例子似乎表明，疼痛不仅仅是实际和潜在的行为。因此，命题S处于疼痛中不能用行为主义者设想的方式进行分析。

普特南的例子还关系着另一种对行为主义的担忧，即心理语言不是在描述外显行为，而是在描述外显行为的原因。认为疼痛不是皱眉、呻吟和逃避动作，而是皱眉、呻吟和逃避动作的原因，这似乎是很合理的。

尽管存在这些困难，但我们尚不清楚行为主义是否真正被驳倒了。也许更准确的观点是，到 20 世纪 50 年代中期，许多哲学家已经对实证主义产生了不满，并将行为主义的缺点视为实证主义纲领全面失效的表现。他们不再相信概念分析可以解决所有的哲学问题，并开始准备探索心灵哲学的新进路。其结果是，真正给行为主义带来致命一击的不是某种极具破坏力的反驳，而是在许多人看来似乎更合理的替代方案，该方案基于以下观点：心理话语是理论话语，是一种科学或原科学（protoscientific）理论。

5.3　心理话语的理论模型

在行为主义逐渐消亡的时候，出现了一种被广泛认同的科学方法观，它认为科学是一个理论和观察相互超越的过程。科学过程始于科学家进行观察并提出解释这些观察的理论。之后，那些理论由进一步的实验观察进行检验并被证实或证伪。根据这种科学方法观，实证主义者区分了科学中使用的两种语言：理论语言和观察语言。其观点大致是，我们用一种前理论的观察词汇来表述对世界的最初观察，这种词汇不同于用来表述理论的词汇——它们与理论中经常使用的新谓词和术语有明显差异。行为主义者认为，心理话语就像一种观察语言，一组用来表述人类行为的前理论观察的词汇。说亚历山大处于疼痛之中，就是在对一个观察做出报告——观察亚历山大正在做出什么行为，或他在不同条件下将会做出什么行为。而行为主义的困难则促使哲学家以不同的方式理解心理语言。根据理论/观察的区分，最显而易见的选择是将心理语言看作一种理论语言。我们称之为**心理话语的理论模型**（theory model of psychological discourse），它主张心理话语类似于理论或相对类似于理论。

"理论"一词在哲学和其他学科中有许多不同用法。此处理论之意义的独特标志是，它们通过假定不可观察的假想实体来解释观察。例如，想想我们在解释对水结冰的观察时所使用的理论。该理论假设存在着不可观测的实体——

第五章 还原物理主义

水分子——水分子之间以化学和物理学所描述的方式相互联系。我们认为，这些实体之间的关系可以解释为什么水以我们所观察到的那种方式结冰：当水温降到4℃以下时，没有足够的热能来克服水分子之间的氢键，因此，水分子的排列没有在更高的温度下那么紧密。

根据心理话语的理论模型，心理解释是一种理论解释。心理话语是一种通常被称为"民间理论"的前科学或原科学理论。我们在日常生活中用它解释可观察的人类行为。例如，假设我们要解释恺撒为什么跨过卢比孔河，我们会说他想要巩固政治权力，并且相信向罗马进军是最好的手段。根据理论模型，当我们以这种方式解释恺撒的行为时，我们诉诸的是一种理论，该理论假定了某些假想实体——信念和欲望——它们相互关联的方式使我们能够解释恺撒为什么那样做。例如，信念和欲望相互关联的方式可以用下面的一般形式表示：

当 x 想要 y，并且相信做 z 是获得 y 的最好手段，那么如果 x 寻求 y 没有被禁止，x 一般会做 z。

如果信念和欲望是这样相互关联的，那么恺撒的信念和欲望就可以解释他为什么跨越卢比孔河。

理论模型是几乎所有物理主义心智理论的基本原则，只有行为主义是个例外。而且，它最初流行的部分原因是它能够解释行为主义的失败。理论中引入的谓词和术语在很大程度上是由它们彼此之间的关系来定义的。它们也因此形成了一个环环相扣的概念网络。所以，如果心理话语是一种理论，这就可以解释它的整体性特征——正是这种整体性特征促成了行为主义的消亡。同样，理论模型能够接纳我们的直觉，即信念、欲望和其他心理状态是外显行为的原因，因为根据理论模型，当我们诉诸恺撒的心理状态来解释他的行为时，我们是在假定行为的假想原因：他对政治权力的欲望，以及他向罗马进军是实现这种欲望的最佳手段的信念。信念和欲望这两种状态共同导致了恺撒跨越卢比孔河。最后，理论模型引入了一个重要的本体论思想：心理谓词和术语所假定的假想实体与神经系统的状态相同一。这一思想构成了**心物同一论**（psychophysical identity theory）的基础。

5.4 心物同一论

行为主义者曾在概念分析的基础上提出，心理状态先验地与物理状态相同一。相比之下，同一论者则基于对神经系统工作机制的科学研究提出，心理状态后验地与物理状态相同一。科学史为这种后验同一提供了无数的实例。人们发现水与 H_2O 相同一不是通过分析"水"的概念，而是通过实验研究水是什么。热与分子的平均动能相同一，光与电磁辐射相同一都是同样的情况。在每个实例中，人们都发展出了不同的描述和解释框架，它们所运用的词汇也不同，后来人们发现这些框架指称或表达的是完全相同的现象。例如，"光"和"波长为380—750纳米的电磁辐射"最初属于不同的概念框架：一个属于电磁理论，另一个是前科学词汇。然而人们发现这两个术语指的是同一种现象。这种类型的同一通常被称为**理论同一**（theoretical identifications）。根据同一论者的观点，神经科学最终会导致信念、欲望和其他心理状态与人类神经系统状态的理论同一。

X 和 Y 的理论同一有两个特征。首先，这种同一性是通过经验发现的。打个比方，某一语言群体的成员可能会用"长庚星"这个名字来指称傍晚出现在西方的一颗星，用"启明星"这个名字来指称清晨出现在东方的一颗星，但他们可能当时并不知道，只是后来才发现这些名字指称的是同一颗星。重要的是，长庚星和启明星的同一性并不能通过概念分析而发现。"傍晚出现在西方的星"和"清晨出现在东方的星"这两种表达显然具有不同的意义。分析它们的意义并不能揭示它们指称的是同一个对象。长庚星与启明星的同一性只能通过经验发现。其次，与长庚星—启明星的情况不同，在理论同一的情况下，至少有一个谓词或术语，或者"X"或者"Y"属于一个理论。

同一论者支持两种不同的理论同一模型。最初，他们认为理论同一是个选择的问题。科学家会发现特定类型的心理状态与特定类型的物理状态之间的关联性。例如，他们会发现，当且仅当大脑状态 B 出现时，疼痛才会发生。然后，他们会基于节俭原则选择将疼痛与大脑状态 B 相同一。也就是说，选择的原因是它产生了一个更简单或更精练的理论——该理论只假设了一个实体,只是它有两个不同的名称("疼痛"和"大脑状态 B"),而不是假设两个不同的实体分别对应于两个不同的名称。此外,这种同一性还避免了潜在的尴尬处境,即必须解释如果疼痛和大脑状态 B 实际上是不同的,那么它们如何以及为什么会相互关联。哲学家斯马特是这种理论同一模型最初的支持者。

然而,它很快就遭到了哲学家大卫·刘易斯的批评。刘易斯提出了另一种理论同一模型(大卫·阿姆斯特朗也独立提出过该模型)。根据刘易斯—阿姆斯特朗的替代方案,理论同一不是基于节俭而做出的选择,它实际上是科学研究的逻辑所蕴含的结果。在日常前科学生活中,我们经常引入一些术语来指代那些我们最初只能根据其因果关系来确定的事物。例如,犯罪现场调查人员可能会引入"飞刀麦克"这个名字来指称杀害米勒的人。一开始,除了通过他在米勒的死中所起的因果作用,我们没有其他办法确定"飞刀麦克"的身份。尽管如此,重要的是这个因果角色提供了关于"飞刀麦克"是谁的线索。法医调查可能会揭示杀害米勒的人就是琼斯。在这种情况下,法医调查将揭示琼斯就是飞刀麦克。换句话说,在本案中,飞刀麦克最初被定义为杀害米勒的凶手。随后科学研究发现,琼斯就是杀害米勒的凶手。科学研究由此揭示了琼斯就是飞刀麦克。根据刘易斯和阿姆斯特朗的观点,理论同一的原理正是如此。我们最初通过参考某物特征的窄样态来定义它。例如,我们把水定义为这个瓶子里的东西。科学研究揭示了这个瓶子里的东西是 H_2O。因此,科学研究揭示了水就是 H_2O。

与诉诸节俭原则的模型相比,刘易斯—阿姆斯特朗理论同一模型的优势在于,根据这个模型,同一关系是同一性的传递性的有效结果。同一性的传递性是图 5.1 所示的逻辑原则。它的意思是,如果 $x=y$,并且 $y=z$,那么 $x=z$。回想一下,如果 x 与 y 同一(即 $x=y$),那么 x 和 y 只是同一实体的两个不同名称。同样,如果 y 与 z 同一(即 $y=z$),那么 y 和 z 指称同一个实体。因此,如果 x 和 y 指称同一个实体,y 和 z 指称同一个实体,那么显然,x 和 z 一定指称同一个实体(即 $x=z$)。根据刘易斯和阿姆斯特朗的观点,这正是理论同一所采取的形式。理论同一不是选择的问题,科学家们没有选择将水同一于 H_2O,而是根据同一性的传递性和科学证据,他们被迫将水同一于 H_2O。

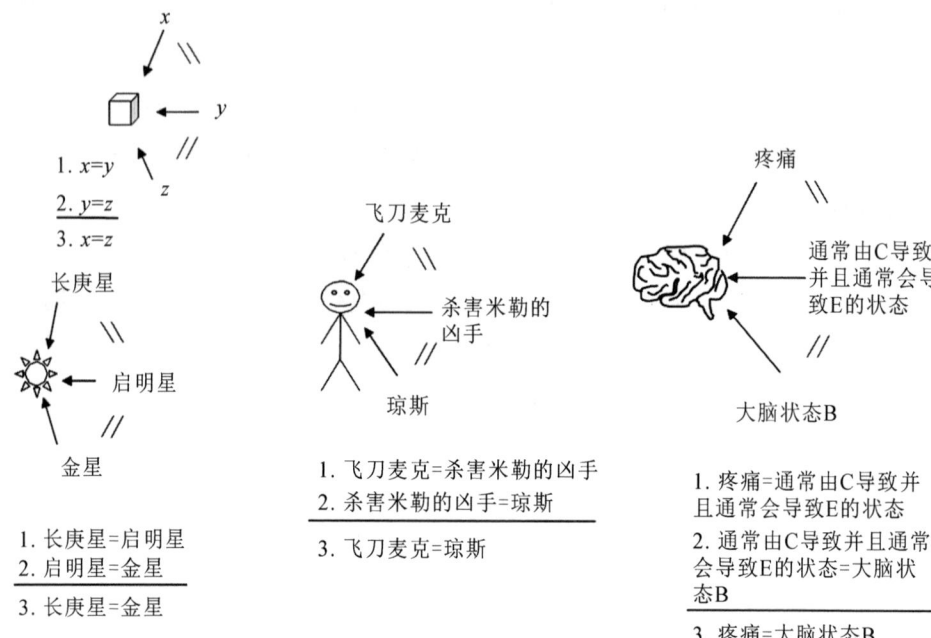

图 5.1 同一性的传递性

现在考虑将这个模型应用于我们的心理状态。根据刘易斯和阿姆斯特朗的观点，在我们的前科学生活中，我们利用通常的环境原因和通常的行为结果来定义心理状态。例如，我们最初将疼痛定义为一种通常由针刺、灼烧和擦伤导致，并且通常会导致皱眉、呻吟和类似行为的状态（不管它最终是什么）。然后，这种状态就成为了进一步进行科学研究的对象，目的在于发现疼痛到底是什么。疼痛因此被定义为通常具有这样或那样的原因和结果的状态，而科学研究又将这种状态与大脑状态 B 相同一。疼痛因此通过同一性的传递性而与大脑状态 B 相同一：

（1）疼痛 = 通常由针刺、灼烧和擦伤引起，　　由定义确立
并且通常会引起皱眉、呻吟等类似行为的状态。

（2）通常由针刺、灼烧和擦伤引起，并且　　由科学研究确立
通常会引起皱眉、呻吟等类似行为的状态 = 大
脑状态 B。

（3）疼痛 = 大脑状态 B　　　　　　根据同一性的传递性
　　　　　　　　　　　　　　　　　由（1）和（2）得出

同一论至少有三种支持论证。一种是基于对性质二元论的批评：同一论者认为，性质二元论无法解决心理因果问题，它的失败使我们有很好的理由认为同一论是正确的。我们将在第8章详细讨论这一论证。第5章中探讨的两个论证都是基于前面提到的理论同一模型。第一个论证是由斯马特提出，第二个论证由大卫·刘易斯提出。

5.5　斯马特的同一论论证：奥卡姆剃刀

斯马特对同一论的论证诉诸**奥卡姆剃刀**。奥卡姆剃刀是以奥卡姆的威廉（Willian of Ockham, 1287—1347）命名的方法论原则，威廉这位14世纪的哲学家被认为是该原则最初的构建者。奥卡姆剃刀的传统形式指出，如无必要，勿增实体。该原则的要点在于，我们应当尽可能用最简单的理论工具来解释现象。奥卡姆剃刀与我们许多人在日常生活中使用的一个原则类似：如无必要，勿乱花钱。例如，想象一下，你需要按处方购买一些药品。药剂师给了你一个选择：你可以买不太出名的普通药，也可以花两倍价钱买名牌药。你了解到普通药和名牌药的有效成分完全相同，它们在所有你关心的问题方面都是一样的，只是其中一种更贵。如果你和我们大多数人一样，那么在这种情况下，你会选择比较便宜的药。奥卡姆剃刀在有关理论的问题上表达了类似的观点：如果你在 TA 和 TB 两个理论之间进行选择，这两个理论在所有相关方面都是一样的，但 TA 的本体论更简单——也就是说，TA 假设的基本实体比 TB 少——那么你应该选择 TA，因为它是本体论上"更便宜"的理论。

斯马特对同一论的论证诉诸奥卡姆剃刀。同一论和性质二元论在所有相关方面都是一样的。比如说，我们认为两者都是连贯的。再比如说，我们认为两者都没有任何内在矛盾。我们还假设两者都与所有关于心理现象和物理现象如何关联的科学数据相容，并且我们假设它们有相同的解释力，同一论能够解释性质二元论能够解释的一切，性质二元论也能够解释同一论能够解释的一切。然而，同一论和性质二元论之间有个显著差别：同一论的本体论更简单，它假设的基本实体更少。同一论者将心理状态如疼痛，与物理状态如大脑状态 B 相同一。相比之下，性质二元论则将两者区分开来。因此，性质二元论最终承诺了至少两倍数量的实体存在。比如，同一论者主张，"疼痛"和"大脑状态 B"这两个术语表示的是同一个实体，而性质二元论则主张至少有两个实体，每个术语都表示一个实体。因为同一论和性质二元论在经验和解释力方面都相同，唯一显著的区别就是它们的本体论规模，所以我们应该选择同一论，因为它的本体论更小更简单。

对于斯马特的论证，批评者至少有两种回应方式。第一种驳斥了该论证的一个前提。批评者主张，同一论或者不连贯，或者与科学数据不相容，或者比性质二元论的解释力弱。如果上述任何一种情况成立，那么诉诸奥卡姆剃刀也没有意义，因为如果 TA 不连贯，与经验数据不一致，或者比 TB 的解释力弱，那么无论 TA 的本体论多简单，TA 也并不比 TB 更可取。

对斯马特论证的第二种回应接受该论证的前提但拒绝其结论。批评者主张，虽然选择具有更简单本体论的理论一般而言是很好的理论实践，但本体论的简单性并不能保证具有更简单本体论的理论为真。如果斯马特论证的前提为真，那么这些前提便提供了某种理由使我们相信同一论为真——所有的归纳论证都提供了某种理由使人们相信它们的结论为真，但是，那些理由却不是决定性的。

5.6 刘易斯的同一论论证

与斯马特的论证相比，刘易斯对同一论的论证不是归纳的而是演绎的：

（1）心理状态由通常的环境原因和通常的行为结果来定义。
（2）唯一能够具有那些通常的原因和结果的状态是物理状态。

因此，心理状态必定是物理状态。

刘易斯举了一些例子来支持前提（1），比如前面描述的疼痛的例子。我们可以合理地假设，引入"疼痛"一词是为了指称通常由针刺、灼烧和擦伤引起，并且通常会导致皱眉、呻吟及类似行为的状态。我们同样可以这样思考信念——例如，相信我们的太阳系正好有八颗行星。我们可以将其定义为这样一种状态：它通常是由参加了一场关于行星数量的讲座或阅读了一篇文章而导致，并且通常会导致某人对"太阳系有多少颗行星？"这个问题的回答是"八颗"，或者对"太阳系确实有八颗行星吗？"这个问题回答"是"。这样的例子表明，心理状态是由其通常的原因和结果所定义的。

前提（2）有时被称为物理因果完备性或物理解释的完备性。它提出，原则上物理学能够对所有的原因提供全面的描述和解释。接受这个前提的理由是什么呢？至少存在三种支持它的论证。刘易斯本人对（2）的论证如下。如果物理主义为真，那么一切都是物理的。因此，如果物理主义为真，那么一切存在的状态，包括一切具有通常原因和结果的状态都是物理状态。刘易斯指出，事实上物理主义是真的。所以，如果事实上存在具有通常因果关系的状态，那么它们一定是物理状态。物理主义为真这一主张是最有争议的前提。刘易斯为其所做的辩护论证类似于4.5节中讨论的从过去科学的成功中做出归纳的概括：科学家以往在试图解释现象时总是成功地发现了现象的原因，他们的成功给了我们认为这样的成功会持续下去的很好的理由。我们有充分的理由认为，自然科学有能力发现所有可能被发现的原因。

此外，前提（2）的支持者还可以从实体二元论的反对者那里得到启示：他们可以主张，如果前提（2）是错误的，那么或者（i）没有任何状态能够具有定义了心理状态的那些原因和结果，或者（ii）有非物理状态能够具有那些原因和结果。但是，出于3.5节讨论过的那些原因，结论（i）似乎是荒谬的。例如，它似乎意味着人类行为不存在。而行为与其他物理事件的区别就在于它们有心理原因。如果心理原因不存在，行动就不存在。此外，假设具有原因和结果的状态不存在，并且刘易斯论证中的前提（1）为真：心理状态是由其通常的原因结果所定义的。从这些主张似乎可以得出心理状态不存在的结论。基于这些原因，结论（i）似乎是不可接受的。然而，前提（2）的支持者可以辩称，出于3.5节讨论过的那些原因，结论（ii）也是不可接受的：物理事件有非物理原因最终将违反物理学的守恒定律。因此，结论（i）和结论（ii）都是不可接受的，但这些似乎都是否定前提（2）的结果。既然否定前提的结论是不可接受的，我们就有很好的理由去接受那个前提。

最后，（2）的支持者可以主张，物理学的因果完备性是科学的一个基本方法论假设：如果科学家不相信他们能用科学技术，也就是用来研究物理世界的那种科学技术发现事物的原因，那么他们就不会花时间或精力去发现这些原因。还是因为他们相信科学技术有能力发现原因，他们才会使用科学技术。请注意这意味着什么：科学家默认他们试图发现的原因都是物理的——是可以用科学技术揭示的那种原因。因此，科学活动本身是假设了物理学的因果完备性原则。

现在考虑对刘易斯论证的一些挑战。一种对前提（1）的挑战源于对感质的担忧。根据（1），疼痛这样的心理状态可以依据它们与其他事物的关系——例如，它们通常的原因和结果进行分析。然而，（1）的批评者认为，一些心理状态——特别是感质——不能以这种方式进行因果分析。这些批评者主张，感质是非关系的、不可分析的，有可能一种质性经验与多种不同类型的因果过程相关。这是4.8节中讨论的感质缺失/倒置论证的一个版本。

根据这一论证，我看到身边的人行为举止表现得好像他们和我一样具有现象状态，而实际上他们具有非常不同的现象状态，甚至完全没有现象状态。与我的行为相伴随的质性经验可能和与你的行为相伴随的质性经验不同（图4.2A）。事实上，有可能我的任何行为都不伴随着你所具有的那种质性经验：我可能是一个感质僵尸，我的一切客观行为方式都表现得好像我具有意识状态一样，但我其实完全没有意识状态（图4.2B）。（1）的批评者以类似的方式辩称，在我身上，针刺、灼烧和擦伤所伴随的质性经验与在你身上针刺、灼烧和擦伤所伴随的质性经验可能不同。同样，也有可能在我身上，针刺、灼烧和擦伤所伴随的质性经验与在你身上针扎、灼烧和擦伤所伴随的质性经验完全不同。如果感质倒置和感质缺失是可能的，那么这就表明，感质不能根据它们的通常原因和结果来进行分析，因为任何既定的质性经验都可能伴随或不伴随任何既定的因果过程。

同一论者可以用几种方式回应这一论证。我们在4.9节已经探讨了其中的一部分：意识的表征理论、高阶理论和感觉运动理论可以为同一论者提供一些理论资源来接纳感质缺失和感质倒置的可能性。另一种选择是，同一论者可以否认感质缺失和感质倒置的可能性，或者否认感质存在。我们将在8.5节考察上述主张的支持论证。

挑战前提（1）的第二种方式来自对心理话语理论模型的批评。如果心理话语不是一种理论，那么心理状态就不是理论假设出来的假想实体。在这种情况下,心理状态既不是最初由其通常的环境原因所定义的假想结果,也不是最初由其通常的行为结果所定义的假想原因。但如果两者都不是,那么就很难看出心理状态如何被通常的环境原因和通常的行为结果所定义。因此,如果心理话语的理论模型是错误的,那就很难看出刘易斯论证中的前提(1)如何可能为真。我们是否有理由相信心理话语的理论模型是错误的?在11.7节中,我们将考察另一种方案,即心理话语的**模式表达理论**(pattern expression theory of psychological discourse)。如果模式表达理论在各个方面都优于理论模型,那么我们就有很好的理由认为理论模型是错误的,而且在这种情况下,我们也有很好的理由认为前提(1)也是错误的。

现在考虑一下对前提(2)的挑战。这些挑战有不同的理论来源,并且针对的都是前提(2)的支持论证。例如,前提(2)的第一个支持论证依赖于物理主义为真这一前提。而该论证的反对者可以用第4章所讨论的方式对这一主张提出挑战。

此外,要回应前提(2)的第二个支持论证,反对者或者可以主张,否定前提(2)并不意味着(i)或(ii),或者(i)或(ii)并不是真的十分荒谬。例如,我们在第8章将会看到,副现象论者就否认(i)是荒谬的:他们认为,即使心理状态不具有因果效力,我们也不能得出荒谬的结论说行动不存在。另外,在第11章我们还将看到,形质论者否认(ii)是荒谬的:他们认为,存在物理原因之外的其他原因并不意味着一定违反了物理定律,也没有产生其他荒谬的后果,比如行为的多元决定论(overdeter mination)。还有一些哲学家会赞同违反了物理定律或出现了行为的多元决定论,但否认这些结论是荒谬的。例如,实体二元论者以及那些同情二元论观点的人很可能并不惧怕违反物理定律。

最后,前提(2)的第三个支持论证的批评者可以主张,方法论考量对结论的支持都是归纳性的,我们可以接受前提(2)的第三个支持论证的前提但同时否定前提(2)。此外,他们还可以主张,第三个支持论证的支持者从他们的前提演绎出了错误的结论。这些前提支持科学技术能够发现原因,但它们并不支持那些原因一定能被物理学全面地描述。这些前提还能够容纳这样的科学技术存在,它们所发现的原因只能用生物学、心理学或社会科学的某些分支来描述。刘易斯关于同一论的论证以及对其论证的各种回应仍然是充满争议的。

5.7 还原论

同一论与心物还原论密切相关：心物还原论认为，心理话语的描述和解释可以被物理理论的描述和解释所取代。

"还原"一词在哲学和科学中的用法五花八门。在这里，该术语指的是一种特殊的本体论和认识论情境（图 5.2）。想象一下，域 A 包含在域 B 中，但由于人类认识世界的方式有限，人们认识和描述 A 实体的方式与认识和描述其他 B 实体的方式不同。结果，人们用理论框架 TA 来描述和解释 A 实体的行为，用理论框架 TB 来描述和解释其他 B 实体的行为，而这两个理论框架不同。这导致人们最初并没有意识到域 A 包含在域 B 中。然而，人们后来发现，域 A 实际上是域 B 的一部分，A 实体实际上只是某种类型的 B 实体，因此，A

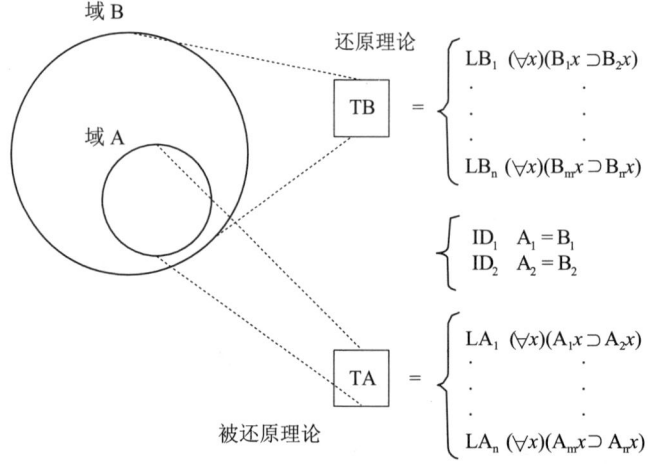

A 实体是 B 实体，但由于我们最初没有认识到这一点，我们发展了两种不同的理论框架 TA 和 TB，分别描述和解释 A 的行为和其他 B 的行为。因为 A 实体是 B 实体，所以支配 B 实体的定律同样也支配 A 实体。因此，当我们最终发现 A 是 B 时，我们就能够用 TB 的概念资源描述和解释 A 的行为。于是 TB 能够起到之前由 TA 所起的描述和解释作用。在这种情况下，我们说 TA 被还原为 TB。内格尔的还原模型主张，理论是定律陈述的集合，解释是从定律陈述中演绎出来的。根据内格尔模型，TA 还原为 TB 就是从 TB（$LB_1, ..., LB_n$）的定律陈述演绎出 TA（$LA_1, ..., LA_n$）的定律陈述。因为 TA 的定律和 TB 的定律有不同的谓词，所以演绎需要桥律。例如，ID_1 和 ID_2 允许从 LB_1 演绎出 LA_1。

图 5.2　TA 还原为 TB

实体的行为可以用 TB 全面地描述和解释。TA 与 TB 的特定关系就反映了这种情境。支配 A 实体行为的原则由 TA 的定律陈述表达，总体上支配 B 实体行为的原则由 TB 的定律陈述表达，而前者只是后者的特殊应用。人们会说，TA 的定律可以还原为 TB 的定律，我们可以用 TB 的概念资源对 A 的行为做出一种还原的描述和解释。根据特定的条件假设——这些条件就是所谓的边界条件（boundary conditions），它将 A 实体与其他的 B 实体区分开来——A 陈述可以从 B 陈述中演绎出来。于是，被还原理论 TA 的定律陈述所起的描述和解释作用被更大的还原理论 TB 的定律陈述所取代。因为这种意义上的还原是一种理论之间的关系，所以通常被称为理论间还原（intertheoretic reduction）。

考虑一个例子。人们认为开普勒定律已被还原为牛顿定律。牛顿定律表明，在施加一定的力时，大质量的物体会以特定的方式运动。如果将这些定律用于行星体——换句话说，如果人们在行星系统的范围内研究这些定律的含义——这些定律预测行星体将大致按照开普勒定律所描述的方式运行。开普勒定律，也就是被还原理论的定律，被证明是牛顿定律也就是还原理论的定律的特殊应用。就其精确性而言，开普勒定律确实表达了牛顿定律在行星体上的应用。这种情况的一个结果是，人们可以诉诸牛顿定律来解释为什么开普勒定律适用：开普勒定律之所以适用是因为牛顿定律表明，在行星系统中运行的系统将大致按照开普勒定律所描述的方式运行。

人们曾多次尝试对理论间还原做出准确的解释。这些尝试依赖于对理论本质和解释本质的假设。欧内斯特·内格尔（Ernest Nagel，1901—1985）在阐明理论间还原这一概念方面做出了最早也是最有影响力的尝试。内格尔赞同理论的句法模型（syntactic model of theories）和解释的覆盖律模型（covering-law modelof explanation）。大致来说，理论的句法模型主张，理论是定律陈述的集合，解释的覆盖律模型主张，解释是从定律陈述中演绎出来的。根据内格尔的还原模型，说 TA 可以还原为 TB 就是说 TA 的定律陈述可以从 TB 的定律陈述结合描述各种边界条件的陈述以及**桥律**（bridge principles）（如果桥律是必要的）中演绎出来。桥律是得到了经验支持的前提，它将具有不同谓词和术语的理论词汇表连接在一起。根据内格尔的还原模型，如果被还原理论具有还原理论所不具有的谓词和术语，那么桥律对于理论间还原就是必要的。例如，假设我们指定了 TA 中的一个定律陈述 LA，我们要从 TB 的一个定律陈述 LB 中演绎出 LA：

LA　对于任意 x，如果 x 是 A_1，那么 x 是 A_2。
LB　对于任意 x，如果 x 是 B_1，那么 x 是 B_2。

由于 TB 的词汇表中不包括谓词 A_1 或 A_2，因此演绎过程需要以下附加前提：

ID_1　$A_1 = B_1$
ID_2　$A_2 = B_2$

给定 ID_1 和 ID_2，LA 可以由 LB 通过等值式替换而推出。

我们经常引用的通过桥律还原的例子是热力学还原为统计力学。热力学定律陈述中的术语"热"并不包括在统计力学的词汇中。因此，从力学定律陈述中演绎出热力学定律陈述，需要使用附加前提连接两个理论的词汇表。这个附加前提可能是这样的：

热 = 平均分子动能

如前所述，这类同一性陈述被称为"理论同一"。在内格尔的还原模型中，理论同一作为桥律将被还原理论的词汇与还原理论的词汇联系起来。因此，理论同一保证了理论间还原的可能性。

内格尔的还原模型受到了广泛的批评，其他可选择的还原模型则基于对理论和解释之本质的不同假设。但还原涉及一个域包含在另一个域中的观点，这个观点意味着被还原理论所假设的实体与还原理论所假设的实体是同一的。例如，在主张将开普勒定律还原为牛顿定律时，我们做出的假设是，行星就是大质量的物体，而不仅仅是其行为与大质量物体的行为有关联的物体。

为了说明同一性对还原的必要性，让我们想象域 A 和域 B，它们由完全不同的实体组成，但这些实体的行为却彼此相关。例如，事实证明，支配 A 实体的原则和支配 B 实体的原则在以下意义上互为镜像：对于每一个定律 A，都有一个相应的定律 B，反之亦然，A 性质的实例与 B 性质的实例一一对应。因为 A 原则和 A 性质镜像反映了 B 原则和 B 性质，像下面这样的双条件句最终便是正确的：

BC_1　　必然地，对于任意 x，x 是 A_1 当且仅当 x 是 B_1。
BC_2　　必然地，对于任意 x，x 是 A_2 当且仅当 x 是 B_2。

这样的双条件可以保证 LA 的定律陈述能够从 LB 的定律陈述中演绎得出：例如，如果 BC_1 和 BC_2 都为真，就有可能从 LB 演绎出 LA。然而，这些双条件不能保证的是 TA 可以还原为 TB。原因是 A 和 B 是完全不同的域，它们只是碰巧相关联。这不是我们发现一个领域属于另一个更大的领域的情况，因此也不是一个域的定律可以通过诉诸另一个域的定律来解释的情况。没有诸如 ID_1 和 ID_2 这样的同一性陈述，一个域就不可能包含在另一个域中，而没有这种包含，就无法用还原理论的定律来解释被还原理论的定律。

一些哲学家主张，还原所需的桥律必须是像 ID_1 和 ID_2 这样的同一性陈述。例如，科学哲学家劳伦斯·斯克拉（Lawrence Sklar）就用维德曼-弗朗兹定律（Wiedemann-Franz law）的例子对此进行了论证。维德曼-弗朗兹定律表明，金属的导热性与导电性之间具有关联性。它使我们能够从关于前者的定律陈述中演绎出关于后者的定律陈述。然而，这种可演绎性从来没有被理解为可以证明导电性理论能还原为导热性理论，反之亦然。它指向了一种不同的还原方向，即将物理的宏观理论还原为微观理论：金属的导电性和导热性都可以诉诸原子和亚原子粒子的性质来解释。

将上述关于还原的解释应用于心理话语则表明，心物还原需要心—物性质的同一性。心理话语还原为自然科学的某一分支要求心理实体与相关自然科学分支所假设的实体相同一。它不能涉及两个截然不同但又相互关联的领域。让我们想象一种包含心物平行论的情况（见 3.6 节），这一点就很清楚了。

想象两个完全不同的本体论领域，一个由物理组成，另一个由非物理的笛卡尔自我组成。再想象一下，这些领域恰好在刚才所描述的意义上互为镜像：

124

支配物理行为的定律与支配笛卡尔自我行为的定律平行，笛卡尔自我的状态与物理的状态截然不同却又一一对应。在这种情况下，有可能基于物理行为对笛卡尔自我的行为进行演绎。然而，这种可演绎性并不能保证笛卡尔自我的行为可以还原为物理的行为。也许物理的行为可以为理解或预测笛卡尔自我的行为提供有用的模型或启发，但它并不能解释为什么支配笛卡尔自我的定律可以成立。如果某种中立一元论是正确的——比如说，心理和物理现象彼此相关，但都可以还原为第三种概念框架，这个概念框架既非心理也非物理，它是中性的——那么同样的情况也会出现。仅仅是心理性质的实例和物理性质的实例之间的关联性——即使这种关联性类似于定律——也不能充分确保心物还原。心物还原要求心理状态与物理状态相同一。

5.8 多层级世界观

心理话语可还原为物理理论的观点通常兼具多层次或**多层级世界观**（multilevel worldview）。多层级世界观认为，世界由许多层级或层次构成，这些层级对应不同的科学学科。学科间的差异体现在许多方面，例如，每个学科都有自己独特的研究方法和规范，有自己独特的谓词和术语，也有自己独特的描述其领域内实体行为的原则。生物学用来描述和解释代谢过程的词汇与物理学用来描述和解释基本物理粒子行为的词汇不同，而经济学用来描述和解释自由市场行为的词汇与心理学用来描述和解释人类个体行为的词汇不同。

多层级世界观认为，这些词汇对应于不同的现实领域，而这些领域层层关联，其关联的方式如图 5.3 所示。决定层级结构的主要是构成关系：较低层级框架假定的实体构成了较高层级框架假定的实体。例如，基本的物理实体，如夸克、电子和胶子构成质子和中子；质子和中子构成原子；原子构成分子；分子构成细胞组织；细胞组织构成器官；器官构成生物体；而生物体构成经济、政治和其他社会制度。

此外，多层级世界观的支持者通常认为实体之间的构成关系反映了科学理论之间的关系。例如，还原物理主义者将这些关系视为还原关系：他们提出，

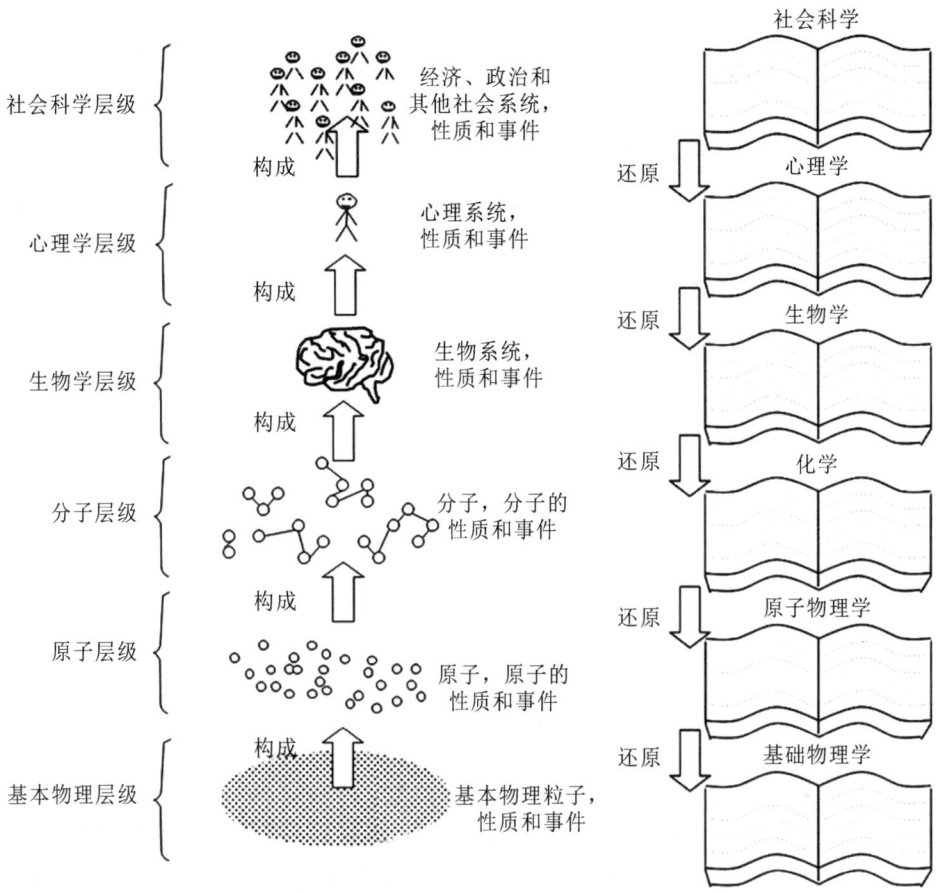

图 5.3 还原论的多层级世界观

在前文中谈到的那种意义之下，较高层级的理论可还原为较低层级的理论。比如，社会科学原理可以还原为心理学原理，政治、经济和其他社会科学的规律都可以诉诸心理学规律来解释。因此，心理话语原则上能够取代社会科学所起的全部描述和解释作用。同样，心理学原理也可以还原为生物学原理。我们可以通过诉诸生物学原理来解释为什么心理学原理是正确的。例如，我们可以通过诉诸神经学或其他生物学原理来解释，为什么当人们想要 x 并相信执行行动 A 会确保获得 x 时，他们通常会执行行动 A。接下来，生物学原理可以通过诉诸化学原理来解释，而化学原理又可以诉诸原子或亚原子相互作用的原理来解释。

于是，根据还原论的观点，每一个较高层级的理论框架原则上都可以还原为较低层级的理论框架。而且，这种还原关系还是可传递的：如果 TA 可以还原为 TB，TB 可以还原为 TC，那么 TA 也可以还原为 TC。因此，每一个概念框架最终都可以还原为基础物理学。因而，基础物理学能够取代每一个科学框架所起的描述和解释作用。根据还原论的观点，一切事物都能被物理学描述和解释说的就是这个意思。物理学之外的其他概念框架的范畴——它们通常被称为特殊科学——与最一般的科学即基础物理学的范畴整齐地排列在一起。因此，存在一组基本的物理个体，一组基本的物理性质，一组支配物理个体的基本物理原理，以及一组可以描述和解释一切事物的范畴——基础物理学范畴。每一门特殊科学的范畴都与这些范畴相对应，对应关系保证了理论同一，而理论同一又使基础物理学能够承担起每一门科学分支的描述和解释作用。根据还原论者的观点，不同的科学描述的是同一个基本物理世界——那个基础物理学所描述的世界。

扩展读物

卡尔·亨普尔（1980）和鲁道夫·卡尔纳普（1959）为逻辑行为主义进行了辩护。吉尔伯特·赖尔（1949）和路德维希·维特根斯坦（2001）经常被刻画成行为主义者，但这是一个有争议的主张，有很好的理由认为他们只是赞同心理语言的模式表达理论（见 11.7 节）。艾耶尔（A. J. Ayer, 1952）为意义的可证实性理论提供了一个通俗易懂的定义和辩护。亨普尔（1950）和奎因（Quine, 1964）的讨论更有帮助但技术性也更强。逻辑实证主义的崩溃也得益于托马斯·库恩（Thomas Kuhn, 1996）等哲学家在科学史方面的工作。他们主张，科学进步的实证主义概念是有缺陷的：实际的科学并不符合实证主义对科学的看法。

彼得·吉奇（Peter Geach, 1967：第 1 章）和罗德里克·齐硕姆（Roderick Chisholm, 1957：第 11 章）都诉诸心理话语的整体论来反对行为主义。关于 20 世纪心理学史的更多内容，请参阅弗拉纳根（Flanagan, 1991）和加德纳（Gardner, 1985）。

心理话语的理论模型由希拉里·普特南（1975a）、威尔弗雷德·塞拉斯（1956）、赫伯特·费格尔（1958）和杰瑞·福多（1968）等几位学者独立提出。不过理论模型的主要捍卫者是取消物理主义者（见7.1节）。保罗·丘奇兰德（1981）就是其中一位。重要的是，心理话语的理论模型与心理学家和认知科学家所说的"心智理论"不一样。后一个术语指的是理解他人的信念、欲望和其他心理状态的能力。心理话语的理论模型与心智理论的科学研究有复杂的历史渊源，许多从事心智理论研究的心理学家都默认心理话语的理论模型。但理论模型和心智理论并不是一回事。人们可以既具有理解他人心理状态的能力同时又拒绝理论模型。

心理话语理论模型的批评者包括凯瑟琳·威尔克斯（Kathleen V. Wilkes, 1991）、罗伯特·夏普（Robert A. Sharpe, 1987）、约翰·霍尔丹（John Haldane, 1988）、本内特（M. R. Bennett）和哈克（P. M. S. Hacker, 2003：第13.2节）。威尔克斯、夏普和霍尔丹以及其他一些人讨论理论模型之利弊的论文可以在克里斯蒂安森（Christiansen）和特纳（Turner, 1993）中找到。心的形质论（见11.7节）的支持者则支持心理语言的另一种解释。

同一论由心理学家普赖斯（U. T. Place, 1956）提出，但其最初也是最清晰的形式则是由斯马特（1959）构建的。前实证主义者赫伯特·费格尔（1958）也明确提出了同一论。差不多与此同时，威尔弗雷德·塞拉斯（1956；1963）眼光独到地预见了许多问题、论证和反论证，这些问题、论证和反论证将是心灵哲学家们未来几十年研究的主要内容。

大卫·刘易斯（1966；1972）和大卫·阿姆斯特朗（1981；1993）都为同一论进行了辩护，他们二人的同一论版本彼此非常相似。大卫·查尔默斯（1996：第3章）诉诸光谱倒置和感质缺失来反对意识的因果分析。有关这一点的更多内容，请参见第8章对副现象论的讨论。第一个提出感质倒置观点的人是17世纪哲学家约翰·洛克（1959 [1690]：第2卷，第32章，第15节）。

奥本海姆（Oppenheim）和普特南（1958）开创性地提出了还原论多层级世界观。欧内斯特·内格尔关于理论间还原的开创性论述出现在他的《科学的结构》（*The Structure of Science*, 1979）一书第11章。卡尔·亨普尔（1965）明确阐述了理论的句法模型和解释的覆盖律模型，内格尔正是基于此提出了自己的观点。包括劳伦斯·斯克拉（1967）、肯尼斯·沙夫纳（Kenneth Schaffner, 1967）、罗伯特·考西（Robert Causey, 1977：第4章）、克利福德·胡克（Clifford Hooker, 1981）和帕特里夏·丘奇兰德（Patricia Churchland, 1986：第7章）在内的批评者对内格尔的还原论进行了重要的批判性讨论。约翰·比克尔（John Bickle, 1998；2003）最近对还原论进行了辩护。这些讨论相当技术化。其中丘奇兰德的讨论可能是最容易理解的。

重要的（也是令人困惑的）是，许多生物学家和一些哲学家用"还原"一词来指称一种科学研究的方法——功能分析法（见10.3节）。包括威廉·贝克特尔（William Bechtel, 2007）在内的一些哲学家有时以这种方式使用"还原"一词。这种还原概念与本章所讨论的还原概念完全不同。它与合成和机制解释的概念（见10.7节）紧密相关——这些主题我们将在第10章关于形质论的阐述中详细讨论。

第六章　非还原物理主义

综述

还原论世界观多年来一直在心灵哲学中居于主导地位，但同一论的反驳论证改变了这种状况。其中最重要的就是多重可实现性论证。多重可实现性论证与功能主义——一种基于心理话语的计算模型的心智理论——共同促成了新的身心理论：非还原物理主义。非还原物理主义很快就成了心灵哲学的新正统，尽管一直饱受批评，但它仍然是当今最主流的物理主义类型。

与其他物理主义一样，非还原物理主义也主张，一切都可以用物理学全面地描述和解释。然而它还主张，有许多不同的描述物理实在的方式。心理学、经济学及生物学等特殊科学的范畴比基础物理学的范畴更抽象，正因为更抽象，它们才能满足基础物理学所不能满足的描述和解释旨趣。因此，基础物理学不能取代特殊科学所起的描述和解释作用。特殊科学不能还原为物理学，不是因为存在非物理的个体、性质或事件，而是因为我们有特殊的描述和解释旨趣，这些旨趣用物理学的概念资源是无法满足的。

非还原物理主义者的重任是解释特殊科学的范畴如何得以描述实在：如果一切都能由物理学描述和解释，而特殊科学的范畴又不同于物理学的范畴，那么这些范畴如何得以与现实相对应？在大多数情况下，非还原论者会用两种方式中的其中之一来回答这个问题。实现物理主义者主张，心理现象是由物理现象实现的，而随附物理主义者则主张，心理现象随附于物理现象。

实现物理主义的基础是功能主义,该理论认为心理话语是一种抽象的计算话语。因为实现物理主义的基础是功能主义,所以它也继承了有关功能主义的各种担忧。例如,自由主义反驳(liberalism objection)主张,功能主义导致我们将心理状态归属于不具有心理状态的系统。如果心理状态是功能主义者所主张的那种抽象状态,那么几乎任何东西都可以具有心理状态,但这似乎是错误的:心理状态肯定没有功能主义者所认为的分布那么广泛。为了回应自由主义的反驳,一些功能主义者采用了功能的目的论理解,对能够实现心理描述的各种系统加以限制。此外,中文屋论证表明,功能主义不能充分容纳心理现象的公众概念,而感质论证则表明,它也不能充分容纳心理现象的私人概念。不仅如此,来自认知科学的具身心智反驳(embodied mind objection)认为,心理话语不像功能主义者所宣称的那样抽象。非还原物理主义的其他反驳不是针对功能主义,而是针对功能主义与物理主义的结合。例如,金在权的三难困境认为,实现物理主义是不稳定的理论,它最终会崩溃,或者变成还原论,或者变成取消论,或者变成二元论。此外,金在权的排他性论证还主张,非还原物理主义者必须像副现象论者那样否认心理性质的因果效力。

随附物理主义还面临其他问题。确立问题是要确立随附关系的正确类型。随附关系有许多不同类型,我们并不清楚哪一种随附关系(如果有的话)为非还原的物理主义理论提供了充分的依据。而非对称问题源于随附关系并不是一种非对称关系:特殊科学性质对物理性质的随附与物理性质对特殊科学性质的随附是相容的。然而,物理主义者需要特殊科学性质非对称地依赖于物理性质。因此,随附性看来不足以满足物理主义者的需要。解释问题也得出了类似的结论。随附性与许多截然不同的理论——物理主义、二元属性论、中立一元论、形质论——都相容。这表明随附性本身不足以代表物理主义的特征。

当这些论证与对多重可实现性论证的批评相结合时,它们对心灵哲学中的非还原论共识提出了严峻的挑战。

6.1 多重可实现性论证

多重可实现性论证对同一论提出了严峻的挑战,并在形成非还原论共识(自20世纪70年代以来,这一共识一直主导着心灵哲学)方面发挥了关键作

用。根据多重可实现性论证,心理状态是多重可实现的,因为它们是多重可实现的,所以它们不可能与物理状态相同一。举一个例子:

想象一下,我们发现亚历山大的疼痛与某种类型的物理现象即大脑状态 B 密切相关,我们将二者的关联方式称为"实现"。我们还发现,玛德琳的疼痛以同样的方式与另一种不同类型的物理现象——不是大脑状态 B,而是大脑状态 C——相关。因为大脑状态 B 不包括大脑状态 C,大脑状态 C 也不包括大脑状态 B,于是我们得出结论,没有大脑状态 B 疼痛可以发生,没有大脑状态 C 疼痛也可以发生。换句话说,我们得到的结论是,大脑状态 B 和大脑状态 C 本身都不是疼痛发生的必要条件。在这种情况下,疼痛似乎不可能与任何一种物理现象相同一。原因是性质同一必然需要外延相同:例如,如果质量为 1 千克的物体与质量为 2.2 磅的物体相同一,那么当且仅当物体具有 2.2 磅质量时它才具有 1 千克质量。因此,如果疼痛同一于大脑状态 B,那么某物疼痛当且仅当它具有大脑状态 B,同样,如果疼痛同一于大脑状态 C,那么某物疼痛当且仅当它具有大脑状态 C。但是玛德琳没有大脑状态 B 也经验疼痛,亚历山大没有大脑状态 C 也经验疼痛。因此,疼痛并不是只与一种类型的物理状态相关联,这意味着疼痛并不是与一种类型的物理状态相同一。此外,因为疼痛与一种特定类型的物理状态 P 相同一意味着疼痛的每一个实例都必然是 P 的一个实例,所以我们实际上不需要发现疼痛与其他类型的物理状态的关联性。这种情况显而易见是可能的,其可能性足以使上述论证获得成功:如果亚历山大和玛德琳的情况是可能的,那么就可以得出疼痛不是一种物理状态的类型;而且,多重可实现性论证还提出,这类情形看起来不仅适用于疼痛,还适用于所有类型的心理状态。该论证因此得出结论,同一论一定是错误的。另外,由于心物还原论要求心物同一性,因此心物还原论也必然是错误的。

自 20 世纪 60 年代末被首次提出以来,上述推理方法一直具有极大的影响力。它在很大程度上导致几十年来学术界一致认为同一论和心物还原论是错误的,而这种共识仍将持续下去。多重可实现性论证依赖于以下前提:

(1) 心理状态是多重可实现的。
(2) 如果心理状态是多重可实现的,那么它们不与物理状态相同一。 *132*

（3）如果心理状态不与物理状态相同一，那么心理话语不能还原为物理理论。

在这些主张中，最具争议的是前提（1），即多重可实现性论题（MRT）。这一论题的支持者既诉诸可设想性—可能性原则的先验论证，又诉诸生物学、神经科学和人工智能研究成果的后验论证。

　　MRT 的可设想性论证主张，可设想性是可能性的可靠指示。如果这一条成立，并且可以设想的是，一种特定类型的心理状态的实例可能与不同类型的物理状态的实例相关联，那么这种情况就是可能的。而且，支持该论证的人还主张，这类心物关联当然是可设想的。科幻小说家经常设想这样的场景：机器人和物理特征与我们截然不同的外星人能够经验疼痛，能够具有信念、欲望和其他心理状态，它们不必依赖于大脑半球或与人类心理状态相关的任何其他物理结构。如果这些情景是可设想的，而可设想性是可能性的可靠指示，那么这些情景必定是真正可能的。

　　至少从笛卡尔时代开始，可设想性—可能性原则就一直是心灵哲学的重要内容。尽管如此，人们还是免不了对它们产生担忧并做出限制，我们在 3.2—3.3 节中已经讨论过这些问题。MRT 的经验论证者试图避免这些担忧。他们认为，各门科学学科已经提供了归纳的基础，证明一种特定类型的心理状态由不同类型的物理状态实现是有可能性的。这些学科包括生物学、神经科学和人工智能。

　　诉诸生物学的人主张，我们有关进化的知识为支持 MRT 提供了很好的理由。具有我们这样的心理能力乃一种选择优势。例如，经验疼痛的能力增加了生物体的生存机会。如果我有被活活烧死的危险，我所经验的疼痛会促使我采取行动消除威胁。同样地，假如我有被大型食肉动物吃掉的危险，如果我能感到恐惧并对威胁做出适当的反应，我的生存机会就会增加。类似地，在许多情况下，或多或少具有关于环境的准确信念——例如，知道或相信火和大型食肉动物是危险的——可以提高我生存和成功繁衍的机会。简言之，有很多理由认为，具有我们这样的心理状态是一种选择优势。当然，在这种情况下，我们也有很好的理由认为，宇宙中其他地方的生物也进化出了与我们类似的心理能力，因此它们在心理方面与我们相似。而我们也有很好的理由认为，这些生物在物理方面与我们不同。过去40年的生物学研究表明，生命可以在各种不同的物理环境中进化。曾经被认为无法维持生命的环境，如深海火山口，已被发现能够维持丰富多样的生态系统。那么，生物似乎很有可能能够在与地球非常不同的各种物理环境中进化，在这种情况下，任何在那样的环境中进化的具有心理天赋的生物不太可能在物理方面与人类相似。因此，我们目前的生物知识状况表明，宇宙存在某些生物在心理方面与我们相似，但在物理方面与我们不同。生物学研究给了我们很好的理由相信 MRT 是正确的。

第二种经验论证诉诸神经科学。让我们思考一下大脑的可塑性，即大脑或神经系统的某些部位实现其他认知或运动功能的能力。例如，如果控制拇指运动的运动皮层细胞受损，相邻皮层区域的细胞就能接管原先由受损细胞执行的功能。这表明，不同的神经组分能够实现相同的认知操作，该论证的支持者提出，这给我们提供了很好的理由来假定一种心理状态可能由多种类型的物理状态实现。

第三种类型的经验论证诉诸人工智能（AI）的工作。一些人工智能研究人员正在构建基于计算机的认知功能模型。他们寻求构建模拟各种人类认知形式（如言语理解）的计算系统。该系统的成功构建将进一步支持心理状态可以通过不同类型的物理状态来实现的观点，因为这些系统的认知能力不仅可以通过人脑实现，还可以通过硅电路实现。

MRT 的批评者指出，这些经验论证都只是归纳性的：即使它们的前提正确，MRT 仍然可能是错误的。此外，一些对 MRT 持批评态度的人主张，诉诸生物学是失败的。他们提出，细致考察生物学数据后我们会发现，这些数据并不支持 MRT。其他批评者将矛头指向了神经科学。他们认为，该论证没有准确反映神经科学所假设的物理状态类型；当我们观察神经科学家所真正假设的状态时，我们会发现，这些状态并不支持某一特定的心理状态可能与不同类型的物理状态相关联的观点。最后，批评者还认为，诉诸人工智能也是有缺陷的，因为人工智能研究人员尚未成功构建出具有类似人类认知能力的系统。在取得更大进展之前，诉诸人工智能对 MRT 来说无异于只是概念论证：它仅仅主张人工智能的进步是可以设想的，因此是可能的。此外，塞尔的中文屋论证也旨在表明，硅基心灵是不可能的（见 6.8 节）。

上述讨论代表了批评者对 MRT 的支持论证所做出的几种回应。此外，他们还直接指出 MRT 是错误的。

6.2　还原论对多重可实现性论证的回应

对 MRT 最主流的批评是这样的，MRT 建立在一个可疑的假设之上，即假设我们对心理和物理现象的理解不会随时间的推移而改变。MRT 的类型学回应（typology-based responses）认为该假设是错误的。尽管我们目前的科学和心理学理论种类表明，一种特定类型的心理状态可以与许多不同类型的物理状态相关联，但未来的科学研究将产生具有不同种类或类型的各种理论：它们假设的心理和物理状态的类型与我们目前的理论假设的心理和物理状态的类型有所不同。类型学回应的支持者认为，一旦我们有了这些新的种类，我们就会发现 MRT 是错误的，心理和物理状态正如还原论者所坚持的那样是一一对应的。

有三种对 MRT 的类型学回应（图 6.1）。我们当前的心理和物理类型学呈现的图景如 A 栏所示：一种类型的心理状态 M 与多种不同类型的物理状态 P_1，P_2,...,P_n 相关联。多重可实现性论证的支持者由此得出结论，M 不是物理性质，因为如果它是物理性质，它的实例将与单一类型物理性质的实例一一对应。然而，有些还原主义者假设了窄的（narrow）或物种特有的心理类型（species-specific mental types），他们把 M 分解成几种更窄的心理状态类型 M_1，M_2,...,M_n，每一种都对应于单一类型的物理状态，如 B 栏所示。例如，假设我们发现人的疼痛与大脑状态 B 相关联，火星人的疼痛与另一种类型的物理状态 Z 相关联。在支持窄心理类型的人看来，未来的科学研究将产生一种不同的心理类型，它不再只包括疼痛，而是包括多种不同类型的疼痛，如人的疼痛和火星人的疼痛。他们提出，我们现在的术语"疼痛"并不是指称一种单一的心理状态；相反，它是一个不加区分地指称许多不同类型心理状态的术语。打个比方，"玉"一词最初指的是一种单一类型的矿物理；然而，科学研究后来发现，我们所说的玉实际上包括两种不同类型的矿物理：硬玉和软玉。支持窄心理类型的人主张，我们目前的心理谓词和术语也将面临类似的情形。因此，我们目前的术语"疼痛"并不是指称在人和火星人身上发现的一种单一的心理状态；相反，它是一个不精确的术语，它指称许多不同的物种特有的心理状态类型，包括人的疼痛和火星人的疼痛。他们提出，多重可实现性论证没有抓住重点：物理状态并不像我们目前理解的那样与心理状态一一对应，而是我们目前的理解将被一种更加透彻的理解所取代，这种理解不会假设像疼痛这样宽泛的心理状态，而是假设更窄的、物种特有的心理状态，比如人的疼痛和火星人的疼痛。

A	B	C	D
当前类型	新心理类型	新物理类型	新协同类型
$M\begin{cases}P_1\\P_2\\\vdots\\P_n\end{cases}$	$M\begin{cases}M_1=P_1\\M_2=P_2\\\vdots\\M_n=P_n\end{cases}$	$M=P\begin{cases}P_1\\P_2\\\vdots\\P_n\end{cases}$	$M\begin{cases}M_1=P_1\\M_2=P_2\\\vdots\\M_n=P*\begin{cases}P_{n-1}\\P_n\end{cases}\end{cases}$

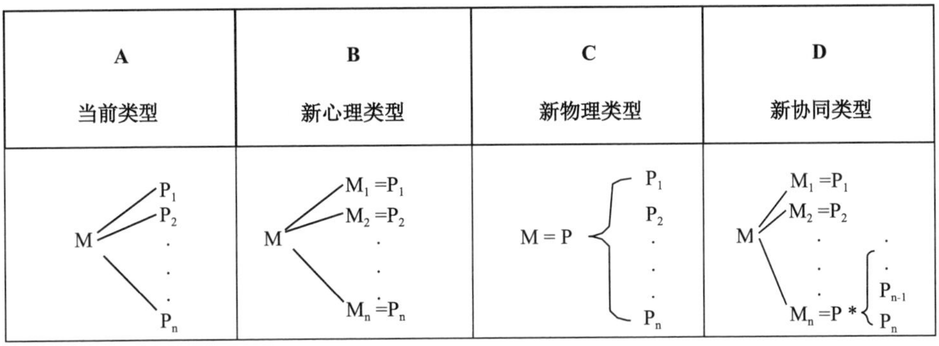

图 6.1　MRT 的类型学回应

MRT 的批评者也可以通过假设宽物理类型（broad physical types）来进行回应。他们试图将不同类型的物理状态集中在单一总体的物理类型 P 之下，P 一一对应于单一类型的心理状态 M，如 C 栏所示。宽物理类型的支持者认为，未来的科学研究将产生一个不同的物理类型学，比如说，这个物理类型学不再区分人类大脑状态 B 和火星人的物理状态 Z。相反，我们会发现 B 和 Z 有一些重要的共同点——它们实际上是一种更宽的物理状态的实例，那些实例与疼痛的实例一一相关。我们现在的术语"大脑状态 B"和"物理状态 Z"实际上不是指称不同类型的物理状态；相反，它们类似于术语"电"和"磁"。这些术语最初用来指称不同的物理现象；然而，科学研究后来揭示，电和磁属于同一种总体现象类型——这一发现还反映在"电磁学"的名称中。宽物理类型的支持者主张，我们现在的物理谓词和术语也会发生类似的情况。"大脑状态 B"和"物理状态 Z"不是分别指称在人和火星人身上发现的不同类型的物理状态；相反，人类物理学和火星物理学有我们尚未发现的重要共同点。一旦发现了这些共同点，我们就会看到 MRT 是错误的，举个例子，疼痛与一种宽物理状态 BZ 相关，这种物理状态在人和火星人身上都能发现。

最后，MRT 的批评者可以将上述两种策略合并为一个调节类型学策略（coordinated typology strategy）；他们可以主张，心理类型和物理类型都会改变，从而形成 D 栏所示的一对一的心物关联。未来的科学研究将会修订我们的心理类型和物理类型。心理类型和物理类型在某种程度上是相互依赖的，因此它们最终会以某种方式汇合，从而在心理类型和物理类型之间形成一对一的关联。

批评者指出，因为我们的心理和物理类型学很可能以其中一种方式发生改变，所以多重可实现性论证并不能成功证明心理状态与物理状态不同一。

6.3 功能主义

尽管面临上述批评，多重可实现性论证仍然具有巨大的影响力。哲学家们以不同的方式对其进行了回应。正如我们所看到的，一些哲学家拒绝接受该论证，另一些哲学家则拒绝接受物理主义。然而，最主流的回应既不反对其论证，也不反对物理主义，而是反对物理主义必须承诺还原论。以这种方式做出回应的哲学家赞同对物理主义进行非还原论理解。最初，希拉里·普特南提出**功能主义**来取代同一论，这在很大程度上引发了对物理主义的非还原论理解。

功能主义主张，心理状态是对抽象描述的假设，这些描述使用的范畴类似于计算机科学中使用的那些范畴。功能主义者赞成同一论者的观点，认为心理话语构成了一种理论，但他们对心理话语是一种什么样的理论持不同意见。功能主义者认为，心理话语不像是一种自然科学理论，而像一种抽象理论。它所假定的心理状态类似于欧几里得几何所假定的角、直线和图形。我们通过抽象的方式得到欧几里得原理，在抽象的过程中，我们专注于某一小范围内的性质，并对它们构建理想化描述。例如，我们专注于周围物体的空间性质；我们忽略它们的物理细节——构成、颜色和重量——只关注它们的大小。然后，我们对它们进行理想化描述：将轻微弯曲的线条描述为直线，将不规则的曲线描述为规则曲线，等等。根据功能主义者的看法，心理话语的情况与之类似。它提供了对真实世界中系统的抽象描述，这些描述忽略了自然科学所描述的系统的物理细节，而仅仅专注于其某一小范围内的特征。普特南最初主张这些特征类似于**图灵机**的特征。

令人困惑的是，图灵机并不像内燃机或洗碗机那样是一台真正的机器。事实上，它根本不是一个具体的实体。相反，图灵机是一种抽象描述，它假定了一组状态，这些状态彼此相互关联，并且与各种输入和输出也有关联，它们的关联方式已经被所谓的机器表规定好了。例如，机器表可能规定，状态 S_1，$S_2,\dots,S_n$，输入 $I_1,\dots,I_m$，输出 $O_1,\dots,O_p$ 的关联方式如下：

如果系统处于状态 S_{13}，并接收到输入 I_7，则系统将产生输出 O_{32}，并进入状态 S_3。

如果系统处于状态 S_{37}，并接收到输入 I_5 和 I_{23}，则系统将产生输出 O_{15}，并进入状态 S_{31} 和 S_{42}。

如果系统处于状态 S_6，并接收到输入 I_{51}，则系统将产生输出 O_{33} 和 O_{34}，并进入状态 S_{12}。

这些陈述提供了一系列指令或流程——一个程序——它可以由具体系统执行或实现。根据普特南最初的理论——该理论有时被称为机器功能主义（machine functionalism）或计算功能主义（computational functionalism）或**心的计算理论**（the computational theory of mind），心理描述就像图灵机描述。它是抽象的描述，假设了输入、输出以及与输入、输出相关联的内部状态。特别是，它假设的信念、欲望和其他心理状态是将感觉输入与行为输出联系起来的内部状态。

"图灵机"这个名字来源于英国数学家阿兰·图灵（Alan Turing，1912—1954），人们普遍认为他是计算机科学之父，同时也是人工智能领域的先驱。图灵提出了一种测试人造系统是否有资格成为智能物（intelligent being）的方法——**图灵测试**（Turing test，图6.2）。许多哲学家和科学家都追随图灵的脚步，通过这个测试来确定智能物的意义。在图灵测试中，一个人类评判员与两个谈话者进行谈话。一个谈话者是人，另一个是人造机器。由于谈话是通过电传打字机或网络聊天室等纯文字设备进行的，评判员最初无法分辨哪个谈话者是人，哪个是机器。如果在谈话结束时评判员仍然分不清哪个是人，哪个是机器，那么机器就通过了测试：它将有资格成为一个智能物。

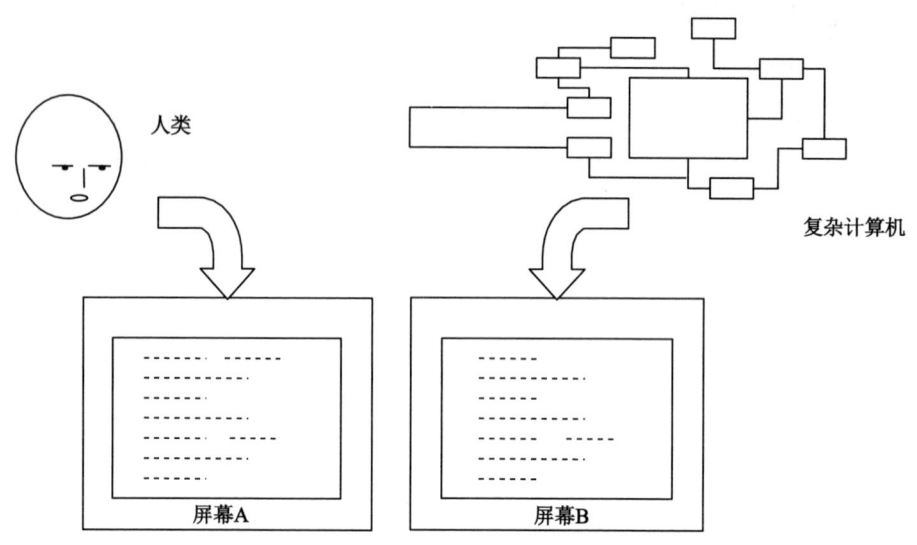

评判员通过文字设备与人和复杂计算机进行沟通。如果评判员在一段时间后不能说出哪个是人，那么计算机便通过了图灵测试；它有资格成为一个有心者。

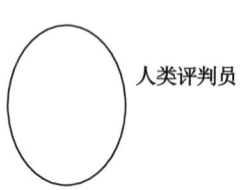

图6.2　图灵测试

图灵测试背后的默认假设是，智能就是将系统的输入与输出以适当的方式相关联——正是这种关联的方式将人类的语言互动与恒温器、计算器或个人电脑的行为区分开来。换句话说，要获得成为智能物的资格，系统就必须能够将输入与输出相关联，就像人类在谈话中将语言输入与输出相关联那样。具有心灵就是将输入与输出以正确的方式关联起来，这个假设正是功能主义的基础，也是功能主义与认知科学——特别是人工智能研究之间存在持久联系的原因。普特南认为，图灵机描述和心理描述之间唯一重要的区别是，心理输入、输出和内部状态彼此之间的关联是概率性的，而不是确定性的。例如，如果埃莉诺相信太阳系中正好有八颗行星,她接收到听觉输入"你相信太阳系中正好有八颗行星吗",那么她就会产生语言输出"是的",不过她会如此回答的可能性不是确定性概率1,而是在1和0之间。根据功能主义,信念、欲望、疼痛和其他心理状态是一个理论的假设之物,它们之间以及与它们与感官输入和行为输出的关系可以进行如下概括,"如果某人S想要x,S相信做A是确保x的最好方法,那么S很可能会做A"。

功能主义者不需要认同心理话语的图灵机模型;相反,他们可以借助认知心理学或其他学科的模型来理解心理话语。然而一般来说,功能主义者有两个主张。首先,心理话语是抽象话语,它假定了一系列对象、性质、状态或其他实体,这些对象、性质、状态或其他实体以理论原则所表达的方式相互关联。其次,具体系统的行为与心理话语所假设的对象、性质或状态相对应。

到目前为止,我们一直在使用"实现"和"多重可实现性"等术语来泛指心理状态和物理状态之间的关系。但是,恰当地说,实现的概念是与功能主义联系在一起的。它关注抽象描述与具体系统之间的对应关系。设T是一个理论,它描述了其所假设的$S_1, S_2, \ldots, S_n$之间的各种关系。某一具体系统的具体状态之间的关系可能与$S_1, S_2, \ldots, S_n$之间的关系相匹配。如果T说,给定输入I_{15},状态S_1以0.73的概率导致状态S_2,那么结果就会是,比如说,给定神经刺激B_4,亚历山大的大脑状态B_5以0.73的概率导致大脑状态B_{67}。换句话说,结果就是,亚历山大的大脑状态B_5、B_{67}和B_4提供了T中S_1、S_2和S_{15}之间关系的模型(图6.3)。如果这对亚历山大的所有大脑状态都成立,功能主义者就会说T描述了特定类型的**功能结构**(functional organization),该结构是由亚历山大的大脑实现的,他们称亚历山大的大脑是T的实现。亚历山大大脑状态之间的关联方式与$S_1, S_2, \ldots, S_n$在T中的关联方式相匹配。事实上,人们一般会说,具体系统实现了抽象描述所假设的状态。木桌实现了欧几里得矩形:桌子周长上的每个点都被认为与欧几里得矩形上的一个点相对应。类似地,电子在袖珍计算器硅电路中的运动实现了一种算法:它们与算法中的步骤相对应。

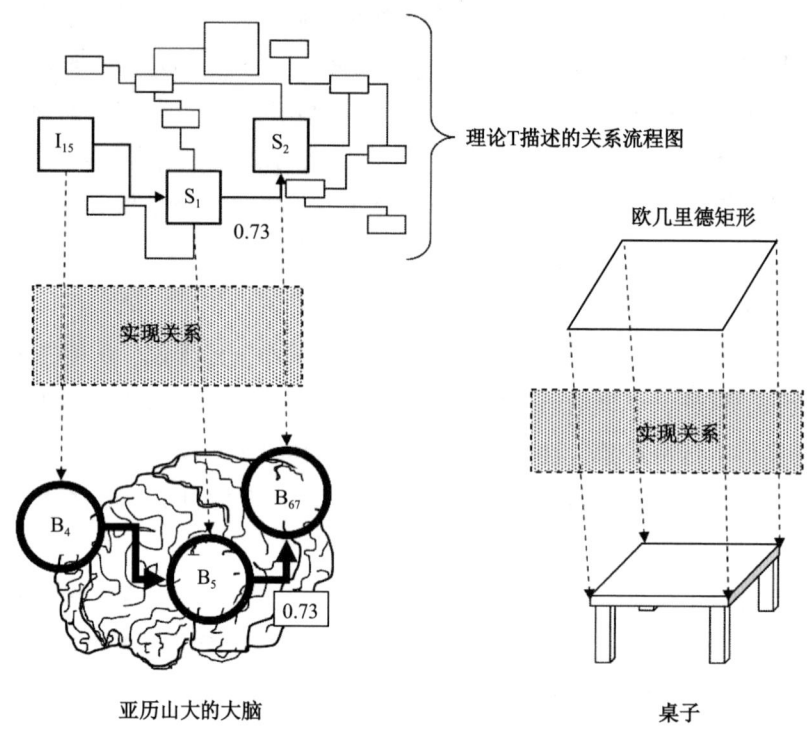

图 6.3 实现关系

6.4 高阶性质

因此，实现是抽象描述和具体系统之间的关系，系统的状态与那些描述所假设的状态相匹配或相对应。心灵哲学家对这种关系提出了几种不同的解释。大概希拉里·普特南的提议是最有影响力的。他提出，实现可以理解为高阶性质和低阶性质之间的关系。

称性质为高阶（higher-order）性质与称性质为高层性质（higher-level）是不同的。高阶性质由其他性质逻辑建构而成，它们的定义涉及合取、析取、否定和量词等逻辑运算符的使用。举个例子。假设 P_1 和 P_2 都是性质，为具有性质 P_1 或 P_2 的东西设置标签是很方便的。在这种情况下，我们可以定义一个新的性质 Q：我们说，某物有 Q 当且仅当它有 P_1 或 P_2。因此，性质 Q 是一个逻辑建构。它由性质 P_1 和 P_2 利用析取的逻辑运算建构而成。同样，假设大三学生是三年级的大学生，大四学生是四年级的大学生，用一个术语来指称大三或大四的学生是很方便的。在这种情况下，我们可以将高年级学生定义为三年级或四年级的学生。因此，"高年级学生"这个术语是大三学生和大四学生这两个性质的逻辑建构。

高阶性质也是逻辑建构；它们涉及量词操作。高阶性质是通过对其他性质的量化来定义的。例如，想象一下，P_1，P_2，…，P_n 都是性质，我们用量词"某个"定义一个新的性质 R：我们会说，性质 R 是具有某个性质 P 的性质。换句话说，某物具有 R，当且仅当它具有 P_1 或 P_2 或 P_3 或……或 P_n。因此，R 是通过对 P 性质的量化来定义的。在这种情况下，R 是一个高阶性质，它的定义就是对 P 性质的量化。

性质所属的阶取决于它是通过对哪种性质的量化来定义的。一阶性质的定义没有对任何性质进行量化；二阶性质的定义对一阶性质进行了量化；三阶性质的定义对二阶性质进行了量化，四阶性质的定义对三阶性质进行了量化，依此类推。因此，如果 P_1，P_2，…，P_n 都是一阶性质，那么 R 就是二阶性质。三阶性质就是其定义对二阶性质进行了量化的性质。例如，想象一下，R 和 R′ 都是二阶性质，我们定义 R* 为具有某个二阶性质 R 或 R′ 的性质。在这种情况下，R* 是一个三阶性质。

重要的是，高阶性质的定义通常都不像这些例子那么简单，因为这些定义通常规定了它们量化的低阶性质的条件。例如，想象一下，我们不仅把 R 定义为具有某个 P 性质的性质，还把它定义为具有某个通常由噪声引起的 P 性质的性质。R 的定义在使某物成为 R 的 P 性质前加了一个条件。同样，我们可以将门挡定义为阻止门关闭的某种东西，其中量词"某种东西"范围涵盖了木头、金属和橡胶。根据这个定义，一块木头、金属或橡胶恰好满足以下条件才有资格成为门挡：它能阻止门关闭。

普特南认为，心理性质就属于这种规定条件的高阶性质：处于一种心理状态相当于具有一组一阶内部状态，这些状态之间相互关联的方式满足一种功能描述。例如，处于疼痛中可以被定义为处于某种具体的一阶状态中，这种一阶状态与针刺、灼烧、擦伤、皱眉、呻吟以及诸如恼怒或气愤等内部状态相关联。于是，说亚历山大的大脑目前实现了疼痛的状态就是说他的大脑目前处于一种具体的一阶状态，这种状态与其他一阶状态相关联，并满足与疼痛有关的条件。

如果心理性质是高阶性质，它规定了低阶性质必须满足的条件，那么自然会产生两个问题。首先，是什么决定了何种低阶性质存在？其次，是什么决定了低阶性质有资格成为心理性质必须满足何种条件？大多数功能主义者都认为第一个问题是经验问题。他们说确定哪些低阶性质存在是科学的工作。一些功能主义者认为第二个问题也是经验问题：他们说科学有责任最终说明定义心理状态的条件是什么。其他功能主义者则持反对意见。他们主张，那些条件隐含在我们对人类行为的前科学描述中。我们不需要科学来告诉我们，疼痛通常与针刺、灼烧和擦伤有关，只要会说英语，没有科学研究我们也能知道这一点。

6.5 功能主义与同一论的对比

像心灵哲学中的许多术语一样，"功能主义"有好几种不同的用法。它可以指上文中描述的理论，也可以指大卫·刘易斯和大卫·阿姆斯特朗支持的那种同一论（见5.4节和5.6节）。这个术语的不同用法经常让人感到混乱，因此花点时间澄清一下是很重要的。

刘易斯—阿姆斯特朗阐释同一论的方法与功能主义有以下几点相似之处：二者都主张心理状态可以根据输入输出的关联性来定义。在同一论中，这些关联性被认为是因果关系：心理状态由其通常的原因和结果定义。相比之下，功能主义并没有规定关联性的本质是干什么。因果关系是一个本体论范畴，而功能主义对心理状态及其实现者的正式描述在本体论方面是中立的。它以纯粹抽象的、概率的术语来描述系统的输入、输出和内部状态之间的关系。它没有规定这些关联性的本质——例如，它们是因果关联性，还是其他类型的关联性。在给定神经刺激 B_4 的情况下，也许亚历山大的脑状态 B_5 导致脑状态 B_{67} 的概率为 0.73，但也许 B_5、B_{67} 和 B_4 之间的关系根本不是因果关系。功能主义允许这种可能性存在，也允许平行论者认可的非因果输入—输出关联性的可能性存在。

功能主义的本体论中立性也延伸到了心理状态、输入和输出的本质方面。功能主义认为，系统的心理状态是内部状态，它将输入与输出相关联，关联的方式对应着该系统的功能描述——特别是那种将人类行为与恒温器和袖珍计算

第六章 非还原物理主义

器的行为区别开来的功能描述。但功能主义没有进一步规定这些内部关联状态的本质是什么,也没有规定实现这些内部关联状态的具体状态必定是什么。功能描述可以通过诸如人类大脑或火星人伽玛器官的物理状态来实现,也可以通过诸如笛卡尔自我那样的非物理状态来实现。与同一论不同,功能主义并不承诺物理主义。它与物理主义是相容的,事实上,大多数功能主义者也是物理主义者,但功能主义本身并不蕴含物理主义。功能主义者可以是实体二元论者,性质二元论者,甚至是唯心论者。

功能主义的本体论中立性通常可以用一句口号来表达:物理不重要!根据功能主义者的观点,当一个系统具有心理状态时,最重要的是该系统以正确的方式将输入和输出关联起来,是什么实现了关联性并不重要(图6.4)。因此,

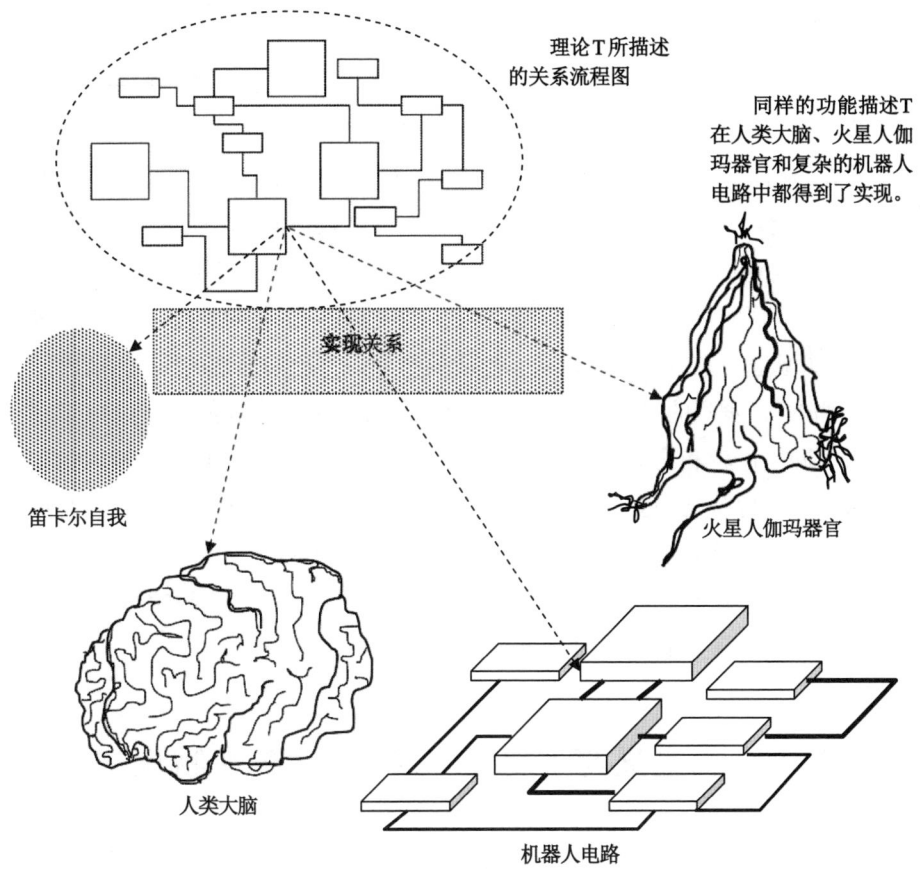

图 6.4 功能主义与 MRT

功能主义与 MRT 是相容的。对你我来说，感官输入可能通过人类大脑的活动与运动输出相关联，但对火星人、复杂机器人系统或笛卡尔自我来说，输入可能通过其他东西——火星人伽玛器官、复杂的硅电路或非物理的外质——的活动与输出相关联。这些系统中的每一个都可以根据相同的功能描述将输入和输出关联起来，正因为如此，它们都有资格成为一个心理存在。这些系统在本体论构成方面不尽相同，但那种不同对它们作为心理存在的地位没有影响，因为根据功能主义，物理不重要。就具有心理状态而言，一个系统由什么样的物理构成，甚至它是否由物理构成都无关紧要，重要的是这个系统以正确的方式将输入和输出关联起来。

功能主义与同一论对心理语言的解释也反映了两种理论在本体论承诺方面的差异。功能主义认为，心理状态是由抽象描述所假设的抽象状态。刘易斯—阿姆斯特朗同一论则认为，心理状态是用抽象词汇描述的具体物理状态。为了说明两者的区别，我们来对几何对象的柏拉图式理解和亚里士多德式理解做一个非常粗略的比较。柏拉图主义者主张，一个几何术语如"矩形"，指的是欧几里得几何学假设的抽象对象。与之相比，亚里士多德学派认为，"矩形"是指称具体对象的方式，比如一张具有一定尺寸的桌子。与此大致类似，功能主义者主张"疼痛"表达的是一种抽象状态，而刘易斯—阿姆斯特朗同一论者则主张"疼痛"表达的是一种具体的物理状态，如大脑状态 B。根据同一论者的观点，"疼痛"指的是一种物理状态，它诉诸的是该状态性质的窄样态，比如通常的原因和结果。因此，心理语言所罗列的并不是一系列抽象状态，而是指称具体物理状态的工具。

因为同一论者和功能主义者对什么是心理状态有不同的理解，所以他们对心理状态与物理状态的关系也有不同理解。根据同一论者的观点，二者是同一关系：心理状态就是物理状态。根据功能主义者的观点，二者不是同一关系而是实现关系：心理状态由物理状态实现，它们并不同一。由于这种差异，同一论和功能主义在涉及心物还原时也有不同的含义。

6.6 功能主义与非还原论共识：实现物理主义

功能主义与 MRT 是相容的。功能主义认为，具有心理状态就等于具有某种内部状态，它以正确的方式将输入和输出关联起来。功能主义没有具体规定

第六章 非还原物理主义

这些状态是什么，因此它与那些由各种不同事物——人类大脑、火星人伽玛器官，甚至非物理的笛卡尔自我——的状态所实现的状态都是相容的。功能主义与MRT相容对心灵哲学有三个重要的含义。首先，因为许多哲学家认可MRT，所以人们通常会认为功能主义与MRT的相容表明功能主义优于同一论。其次，因为许多哲学家都认为MRT排除了心物还原，所以他们中的不少人认为功能主义也排除了心物还原。最后，因为许多拒斥心物还原的哲学家仍然同情物理主义，所以他们中的不少人认为，功能主义提供了对物理主义进行全新的非还原论理解的基础。

因为功能主义在本体论上是中立的，它既不力图证实物理主义，也不力图否认它。功能主义并没有主张一切都是物理的，但也不否认一切都是物理的。因此，功能主义与"一切都是物理的"这一主张相容，并且心理状态事实上都是由物理状态实现的，即使它们也可能由其他类型的状态实现。换句话说，功能主义与物理主义为真相容，与MRT为真也相容。到20世纪70年代中期，功能主义与物理主义和MRT的相容性为逐渐形成"某种非还原物理主义必定是正确的"这一共识奠定了基础。

非还原物理主义理论承诺物理主义的基本理念，即一切都可以用基础物理学的词汇全面地描述和解释。然而，他们主张有许多不同的方法来描述物理世界。心理话语以及其他特殊科学用不同于基础心理物理学的范畴来描述世界。我们使用这样的范畴，因为它们能满足我们的描述和解释旨趣，这是基础物理学范畴做不到的。基础物理学概念使我们能够描述在本体论方面更为基本的一阶性质，但我们并不总是对用这种方式描述事物感兴趣。我们时常会有其他的描述意图，只有使用其他词汇才能满足。例如，想象一下，基础物理学将具有P_1的系统和具有P_2的系统区分开来，P_1和P_2是唯一满足疼痛相关条件的物理性质——唯一与针刺、灼烧和擦伤以及与之相伴随的疼痛和呻吟相关联的性质。因此，每个具有疼痛的系统或者具有P_1或者具有P_2。但我们可能对区分P_1和P_2根本不感兴趣。例如，如果我们只对区分有疼痛的系统和没有疼痛的系统感兴趣，那么具有疼痛的系统到底是具有P_1还是具有P_2就无关紧要了。我们感兴趣的不是区分具有P_1的疼痛个体和具有P_2的疼痛个体；我们对P_1和P_2之间的区别根本不感兴趣；我们只对区分有疼痛的个体和没有疼痛的个体感兴趣，在这方面，基础物理学词汇帮不上什么忙："疼痛"不在基本谓词和术语的清单中。把世界划分为有疼痛的个体和没有疼痛的个体需要不同的词汇——一种特殊科学的词汇。

因此，特殊科学描述世界的方式能够满足我们特殊的描述和解释旨趣。我们假设特殊的科学对象、性质和事件，以便满足仅用基础物理学的假设物所不能满足的描述和解释旨趣。然而，说基础物理学不能满足特殊科学所能满足的旨趣，就等于说基础物理学不能取代特殊科学所起的描述和解释作用。因此，这些特殊科学是自主的（autonomous）——每一门科学都不能还原为其他科学，并且所有的科学都不能还原为基础物理学。

对特殊科学的非还原论理解产生了一种多层级世界观（图6.5），该世界

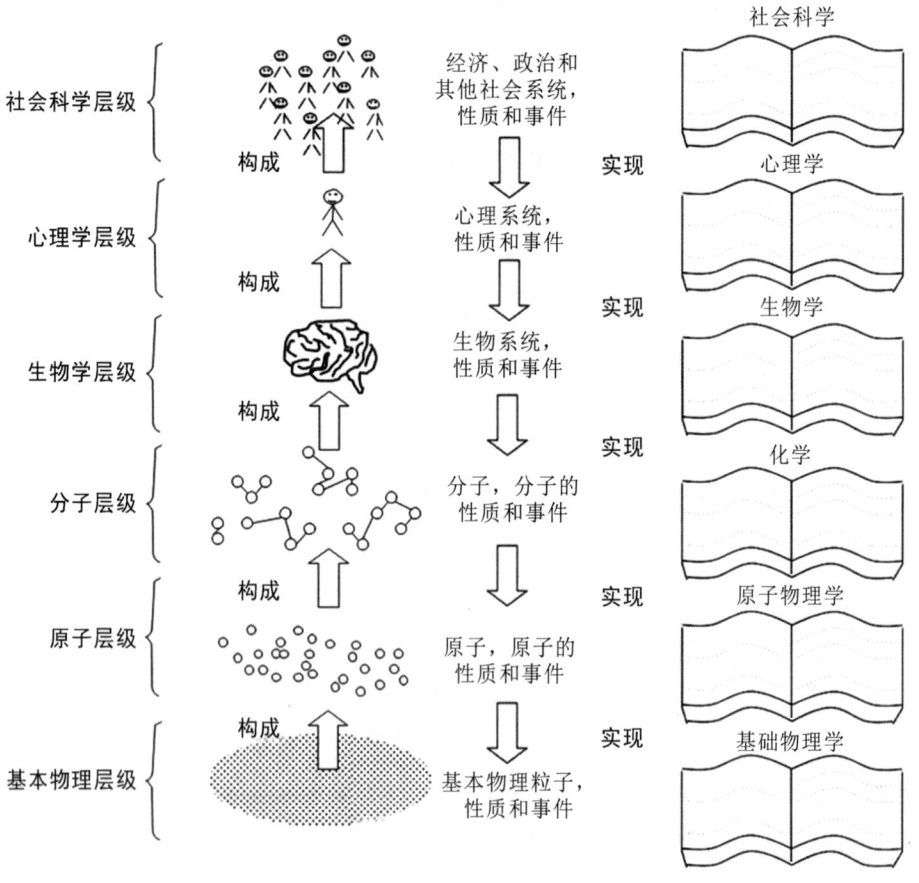

图6.5　非还原论的多层级世界观

观不同于前面提到的还原论世界观。我们仍然认为较低层级的实体构成了较高层级的实体，每一层级的构成物仍然对应于一种独特的科学或概念框架，它们具有自己独特的原则、谓词和术语，用于描述和解释该层级实体的行为。但根据非还原论多层级世界观，更高层级的概念框架不能还原为更低层级的概念框架。例如，社会科学原理不能还原为心理学原理。政治、经济和其他社会科学规律不能用较低层级的心理学术语表达，因此，心理话语不能取代社会科学所起的描述和解释作用。心理学原理及其与生物学原理的关系，生物学原理及其与化学原理的关系等都是如此。在非还原主义者看来，说一切都可以通过诉诸物理学来描述和解释，就等于说物理学的描述和解释范畴对应于最基本的实体、性质和定律。然而，这并不意味着每一门特殊科学的范畴都直接或间接地映射物理学范畴，也不意味着物理学甚至在原则上可以取代特殊科学所起的描述和解释作用。基础物理学范畴使我们能够描述和解释最基本的实体的行为，并形成最普遍的定律，但我们并不总是对描述和解释最基本的实体并形成最普遍的定律感兴趣。有时我们还有其他旨趣，按照非还原物理主义者的观点，特殊科学范畴能使我们的这些旨趣得到满足。

因为对特殊科学有不同的理解，非还原论者承担的理论重任与还原论者不同。还原论者的重任是证明特殊科学范畴直接对应于基础物理学范畴。相反，非还原论者的重任是解释，如果特殊科学范畴不相对应于物理学范畴，那它们是如何能够描述和解释物理实在的。如果世界本质上是物理的，并且我们用与物理范畴直接对应的范畴去描述它，那么很容易看出我们的描述如何与实在相对应。但是，如果这个世界本质上是物理的，而我们用与物理范畴不相对应的范畴去描述它，又有什么能保证我们的描述与实在相对应呢？非还原论者对这个问题的回答是，对特殊科学描述相对于基础物理学描述的改变程度加以限制。非还原论者提出，特殊科学描述可能不直接对应于基础物理描述，但它们确实以某种方式对应。如何对应？非还原论者通常采用两种方式回答这个问题。**实现物理主义者**认为，特殊科学现象是由较低层级的现象实现的。**随附物理主义者**主张，特殊科学现象随附于较低层级的现象。

实现物理主义认为，实现关系不仅适用于数学假设、计算程序和心理状态，也适用于除基础物理学之外的任何话语形式：经济学、生物学甚至化学等较低层级的特殊科学。实现物理主义提出，这其中的每个学科都包含一个抽象谓词和术语的词汇表，这些谓词和术语掩盖了较低层级学科的谓词和术语之间存在的细微差别；每个学科都假设了高阶性质，而高阶性质是对低阶性质的量化。例如，由经济术语构成的描述如"通货膨胀""利率"和"消费者信心"等，都可以被理解为描述个人心理状态的抽象方式——他们渴望什么或思考什么，他们愿意花费多少，等等。于是，由心理术语构成的描述就可以被理解为描述人类大脑状态的抽象方式。对大脑状态的描述又可以被当作描述各种化学反应的抽象方式，以此类推，直到我们到达基本物理描述的层级，这是一个不再抽象的层级。根据实现物理主义的观点，心理话语以及一般的特殊科学都是在抽象地描述基本物理过程。特殊科学范畴是从基本物理范畴之间存在的细微差别中抽象出来的。

根据这种观点，特殊科学范畴是抽象的，因此它们所假设的状态与物理主义并不矛盾。为了理解这一点，假设物理主义为真，并且 $P_1, P_2, \ldots, P_n$ 是所有存在的物理性质。此外，假设我们以下列方式定义一个高阶性质疼痛：

某物具有疼痛，当且仅当它具有一个物理性质，该物理性质满足以下条件：当系统受到针刺、灼烧或擦伤时，它将以概率 N 导致系统产生皱眉或呻吟。

我们这样定义疼痛不会增加基本的物理性质。我们不能通过纯粹的法令创造新的基本物理性质——比如说，我们可以想象，上帝就是用这样的方式在 $P_1, P_2, \ldots, P_n$ 之外又添加了许多新的基本物理性质。定义高阶性质并不会增加世界的基本物理特征，它只是引入了一种谈论特征的新方式：疼痛等同于具有满足上述条件的某种物理性质。因此，说某物具有疼痛，只是用另一种方式描述它具有的物理性质——这种方式从基本物理词汇的区分中抽象而来。

特殊科学的谓词和术语所涉及的区分并不是自然之书出版时书中所描绘的区分，而是我们在书的空白处所作的注释——我们用物理语言书写的文本评论。因此，当用特殊科学术语描述事物时，我们并不是在描述基本物理过程之外的事物，只是在用能够满足我们旨趣的范畴来描述基本物理过程，而这些旨趣用基本物理范畴是满足不了的。当我们对描述存在的基本一阶性质和支配它们的普遍定律感兴趣时，我们使用基本物理范畴。但我们并不总是对这样描述世界感兴趣。当我们有其他旨趣时我们就会使用特殊科学范畴。这些范畴与基本物理范畴不同，但也并非完全无关：高层性质是由低层性质，也就是基础物理学最终假定的性质实现的。因为高层性质以这种方式得到了物理实现，所以特殊科学才能成功描述物理实在。

到20世纪80年代，实现物理主义已经成为心灵哲学的新正统，并仍将被许多人视为身心问题的默认立场。尽管如此，它还是面临着一些严重的批判。因为实现物理主义是物理主义与功能主义的结合，所以至少有三种类型的批判：一些人针对一般的物理主义，一些人针对功能主义，还有一些人针对两者的结合。第4章已经讨论了对物理主义的批判。下面介绍对功能主义及其与物理主义的结合所做的批判。

6.7 功能主义的困难：自由主义与感质

哲学家布洛克在《功能主义的困难》(*Trouble with Functionalism*) 一文中列举了对功能主义的诸多批判。我们考虑其中的两个：功能主义在心理方面过于自由，以及功能主义不能容纳感质。

多重可实现性论证表明，同一论在将心理状态归属于事物方面过于保守。如果心理状态与人类大脑状态同一，那么非人类就不可能具有心理状态。因此，同一论排除了火星人或复杂机器人系统等非人类具有心理状态的可能性。例如，一个火星人跌入火炕，表现出与人类疼痛相关的所有行为——皱眉、尖叫、哭泣、恳求，但同一论者会说，火星人不会感到疼痛，因为它不具有人类的大脑。很多人觉得这十分荒谬。我们当然可以确信火星人在这种情况下会经验疼痛。批评者指出，同一论未能将心理状态归属于具有这种状态的系统。

功能主义相对于同一论的一个明显优势是，它允许我们将心理状态归属于更多的系统。根据功能主义者的观点，既然物理不重要，那么像火星人这样的系统也可能具有与人类一样的心理状态。只要火星人具有某种内部结构，能以正确的方式将输入和输出关联起来，那么火星人就具有心理状态。因此，功能主义能够支持非人类具有心理状态的可能性。它在分配心理状态方面比同一论更自由，因此也更优越。

然而，根据自由主义反驳，这种所谓的优势实际上是一种负担。如果说同一论在心理方面太保守，那么功能主义就是太自由了。同一论可能无法将心理状态归属于具有心理状态的系统，但功能主义走向了另一个极端：它将心理状态归属于不具有心理状态的系统。举个例子。设 T 对状态 S_1，S_2，…，S_n 之间的关系进行了功能描述——亚历山大的大脑状态实现了该描述。例如，根据 T，在给定输入 I_{15} 的情况下，状态 S_1 以 0.73 的概率导致状态 S_2；亚历山大大脑中的状态 B_5、B_{67} 和 B_4 给出了这些关系的模型：在给定神经刺激 B_4 的情况下，亚历山大的大脑状态 B_5 以 0.73 的概率导致大脑状态 B_{67}（图6.6）。T 所假设的所有状态都是如此；所有状态都由亚历山大的大脑状态实现。然而，想象一下，亚历山大被诊断出患有一种神经退行性疾病，这种疾病正在快速损伤他的大脑。医生说他大概还能活六个月。鉴于病情预后不良，亚历山大自愿接受一种激进的实验疗法：医生用硅假体代替他的神经元。硅假体的运作方式与亚历山大的神经元完全相同，与其他硅假体和其他物理组织相互作用也与亚历山大的神经元一样。结果，亚历山大的大脑被一个精密的硅电路系统取代。手术后实现 T 的不再是亚历山大的大脑状态，而是他的硅电路状态（图6.6B）。如果

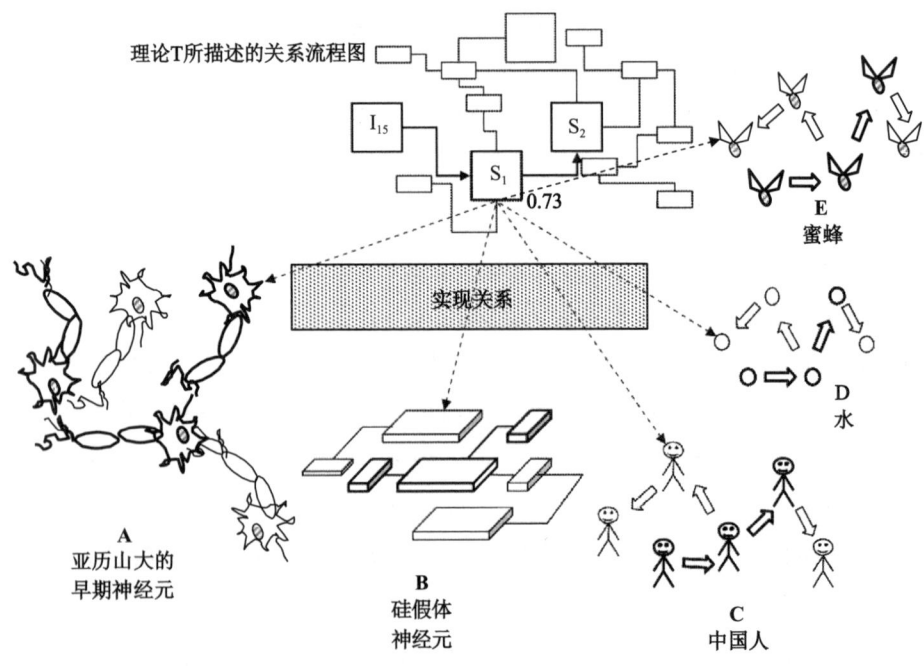

图 6.6 自由主义反驳

功能主义为真，那么这种情况是可能的：精密的硅电路实现了人脑所能实现的功能描述，这是可能的。由于亚历山大的硅电路在手术后实现了 T，就像他的大脑之前的工作一样，亚历山大在手术后保持了与之前相同的心理状态。

现在想象另一种情景。中国政府对亚历山大的治疗效果印象深刻，因此向他提出了一个建议。为了巩固国内团结，同时确保中国在功能主义研究领域的领先地位，政府官员想用其他事物——人，也就是中国公民——代替亚历山大的硅假体。在中国，每个物理健全的人都将配备一个无线电发射器和一个无线电接收器，以便他或她能够与其他中国人交流，就像亚历山大的硅假体目前相互交流的方式一样。正如亚历山大的硅电路实现了最初由他的大脑实现的功能结构一样，中国公民也将实现目前由亚历山大的硅电路实现的功能结构。当然，因为中国的公民比亚历山大的电路更大、更分散，系统不得不做出调整。我们在亚历山大的颅骨内安装一个无线电发射器。来自他物理的感觉脉冲将被传送至卫星，由卫星向中国公民传递信号。然后，这些公民就会像亚历山大的神经元最初那样相互作用，并将他们的输出信号传输到亚历山大颅骨中的无线电接收器上，进而触发相应的运动输出。

如果功能主义为真，并且由中国公民组成的新系统完全按照亚历山大的硅电路和亚历山大的大脑运作的方式运行（图6.6C），那么亚历山大根本不会经验心理上的变化，因为如果功能主义为真，物理并不重要：亚历山大的功能结构是由人类大脑、精密的硅电路还是由中国公民实现都不重要。重要的是，系统以功能描述 T 所规定的方式将输入与输出关联起来。然而，在赞成自由主义反驳的人看来，这极其荒谬。认为亚历山大的心理状态可以通过这种系统实现，这是极其荒谬的。其他系统也一样。例如，想象一下，一个阳光明媚的下午，池塘里水分子的运动突然符合了 T 所假设的关系（图6.6D）：太阳的热量引起了水分子的运动，而水分子运动的方式恰好对应于那些状态。由于池塘里水分子的运动对应于那些状态，看起来池塘必定实现了这种功能描述。所以，如果功能主义为真，池塘必定实现了心理状态。我们可以想象类似的例子，其中涉及各种不同系统——比如，蜂群中的蜜蜂以实现 T 的方式彼此暂时联系起来（图6.6E）。如果功能主义为真，那么看起来蜂群必定暂时实现了心理状态。但这都很荒谬。这些例子表明，功能主义在为系统归属心理状态方面太随意——太自由。它将心理状态归属于不具有心理状态的系统。从直觉上看，认为池塘、蜂群或中国公民能够实现心灵似乎是很荒谬的。因此，该论证的结论是，我们有很好的理由认为功能主义是错误的。

自由主义反驳基于以下前提：

（1）如果功能主义为真，那么像中国人、池塘和蜂群这样的系统可以具有心理状态。

（2）像中国人、池塘、蜂群这样的系统不可能具有心理状态。

功能主义者可以拒斥这两个前提。要反驳前提（1），他们可以主张，功能主义并未真正承诺像中国人、池塘或蜂群这样的系统具有心理状态。对此进行论证的一种方式是对能够实现心理状态的系统加以限制。功能主义者至少有两种方法可以做到这一点。

首先，功能主义者可以主张，像池塘或蜂群这样的系统不能实现心理状态，因为它们不能接收正确类型的输入或产生正确类型的输出。例如，它们不会受到针刺、灼烧或擦伤，也不会产生皱眉、呻吟、膝跳和其他躲避行为。我们可以称之为对自由主义反驳的膝跳回应。

膝跳回应的问题在于它忽视了 MRT 的范围。功能主义者认为，不仅心理状态是多重可实现的，而且输入和输出也是多重可实现的。我们可以很容易地想象出外星物种，它们不会像人类那样因针刺和灼烧而疼痛，或者它们对疼痛的反应不是皱眉和呻吟，而是其他类型的行为。此外，因为输入、输出和心理状态都是同一种抽象描述的假设物，所以根据功能主义的解释，在心理状态那里为真的东西在输入和输出那里也为真。无论哪种情况，物理都不重要；实现输入或输出的是什么并不重要，重要的是它实现了内部的关联状态。在功能主义者看来，最重要的应该是输入、输出和内部状态根据正确的功能描述以正确的方式相互关联。最后，让我们思考一下否认输入和输出的多重可实现性意味着什么。比如说，如果功能主义者主张，任何具有疼痛能力的系统都必须将针刺、灼烧和擦伤与皱眉、呻吟和躲避行为联系起来，那么功能主义最终意味着，唯一具有心理状态的系统是具有像人类一样的输入输出装置的系统。如果是这样，功能主义在心理方面并不比同一论更自由。它排除了智能外星人或具有与人类不同的感觉器官或行为体系的智能机器人系统存在的可能性。由于这些原因，看来输入和输出必须是多重可实现的，如果情况是这样，那么定义疼痛的输入和输出就不需要通过针刺、灼烧、皱眉和膝跳——这些人类实现输入和输出的状态——来实现。例如，在池塘中，定义疼痛的输入可以通过风中的细微扰动实现，而定义疼痛的输出则可以通过温度轻微上升产生的小对流来实现。

膝跳回应阐明了功能主义思想中的一个重要矛盾：如果功能描述是以高度抽象的方式定义的，那么功能主义就会面临自由过度的危险；允许池塘和蜂群这样的系统具有心理状态是很危险的。而如果功能描述的定义不那么抽象，则功能主义就会面临过于保守的危险；只因为系统的输入输出装置与人类的极为不同就否认系统具有心理状态也是很危险的。

目的论功能主义者（teleological functionalist）对自由主义反驳的大前提做出了更好的回应。他们不是以膝跳回应那样的方式对心理状态的实现进行限制，而是将心理状态的实现限定在有目的的组织系统范围内。"目的论"（teleology）一词来自希腊语 *telos*，意思是目的或目标。说某物是目的论的就是说某物服务于一个目的或从事目标导向的行为。人类的意向行动是一种目的性行为，是经深思熟虑和选择而产生的目标导向行为。加布里埃尔努力学习是为了在考试中取得好成绩，学习是他在深思熟虑后选择去做的一件事。但并非所有目标导向的行为都涉及深思熟虑和选择。例如，生物学中描述的目的性行为通常不涉及深思熟虑和选择。植物的向光性就是个例子。植物向光而生以获得光合作用所需的能量，光合作用是推动它们新陈代谢的生化过程。但是，说植物向光而生是为了获得能量，这是向光性的目的并不意味着植物会考虑各种获取能量的方式，并最终选择一种方式而不是另一种方式。

根据目的论功能主义者的观点，许多复杂系统的组分都是为了实现系统的目标或目的而运作的。考虑一个复杂的人造物如内燃机，它的各个组分的目的都是促成发动机的整体活动。例如，喷油器的目的是将燃料注入燃烧室以便燃烧。因此，喷油器的行为旨在实现燃烧的目的，促成内燃机的整体活动。根据目的论功能主义者的观点，自然系统如生物体也有类似的情况，它们的组分的目的就是促成整体的行为。例如，心脏的作用是泵血，它的活动旨在维持物理组织的健康。同样，眼睑的作用是保护眼睛，会厌软骨的作用是防止我们吞咽时窒息，肺的作用是使血液充满氧气，等等。自然系统和人造物之间唯一显著的区别是它们目的的来源不同。人造物的目的来自它的设计者——一个心中有目标的人，他想要构建一个系统来实现这个目标，他慎重地考虑了如何构建最好的系统，并最终选择了一个方案，这个方案中的各个组分都以各自的方式促成目标的实现。然而，像生物体这样的自然系统并不是这样设计的——至少从字面上看不是这样。它们的目的来自自然选择。自然选择在生物体发展过程中所起的作用类似于设计师在人造物的生产中所起的作用。就像汽车发动机喷油器具有目标导向性是由发动机的设计者造成的，生物体的心脏、眼睑、会厌和肺具有目标导向性是由自然选择造成的。

目的论功能主义者将心理状态的实现限定在有目的的组织系统范围内。他们提出，如果一个系统未经设计或自然选择——设计和自然选择使系统的各个组分以促成整体活动为目的——那么这个系统就不能实现心理状态。再回想一下池塘和蜂群，它们不是因设计或选择而进行有目的的活动。因此，目的论功能主义者提出，它们不是实现心理状态的候选者。因为目的论功能主义为能够实现心理状态的系统引入了这种限制，所以它能够排除许多有可能使功能主义者尴尬的情况。

然而，功能主义的批评者可能会回应说，诉诸目的论并不能给功能主义者提供他们所需要的帮助，原因至少有二。首先，自然系统的目的论在生物学家和生物哲学家中是一个有争议的话题。尽管许多人已经开始接受目的论是生物描述的独特和不可还原的特征，但也有人长期否认目的论描述和生物学解释的合法性。在某种程度上，对自然目的论的承诺仍然存在争议，因此目的论功能论也同样存在争议。

其次，批评者提出，即使功能主义者成功构建出自然目的论的充分的经验解释，帮助也不大。将实现限定在有目的的组织系统范围内有助于排除池塘或蜂群这样的情况，但它对中国人的情况没有帮助，因为中国人系统的设计就像亚历山大的硅假体一样能够促成他的整体活动。目的论功能主义者不能排除中国公民实现心理状态的可能性，就像他们不能排除硅电路实现心理状态的可能性一样。如果他们排除了其中一个，那也必须排除另一种，如果他们两个都排除，那么功能主义又会变得过于保守，因为那意味着能够具有心理状态的系统比多重可实现性论题所主张的要少得多。

功能主义者也可以通过否定前提（2）来回应自由主义反驳，前提（2）

主张，像池塘、蜂群或中国人这样的系统不具有心理状态。功能主义者至少可以用两种方式反驳（2）：他们可以主张，这些例子虽然反直觉，但并不构成真正的问题，或者这些例子并不像它们乍看起来那样反直觉。造成第一种回应的功能主义者可以主张，功能主义是种颠覆性的理论，颠覆性的理论往往具有反直觉的含义。例如，广义相对论和量子理论都有惊人的反直觉含义。这并不意味着它们是错误的，而只是说明我们的直觉缺乏训练，不足以理解物理宇宙的真相。功能主义者提出，同样地，如果功能主义的含义看起来反直觉，那并不表明功能主义是错误的；只能说明我们的直觉缺乏训练，不足以理解心理状态的真相。其次，功能主义者可以强调，诸如中国人系统这样的例子并不像乍看起来那样反直觉。例如，如果我们在路人环境中遇到亚历山大，并且能够与他交流，我们不会注意到他在手术前后的行为有什么不同。硅电路和中国公民将完全按照他大脑最初的方式协调他的行为。那么，主张他在一种情况下有心理状态而在另一种情况下没有，这有什么根据呢？看起来并没有。

不过，除了自由主义反驳之外还有一种反驳，它主张亚历山大在手术后变得有所不同。这是第4章中讨论的感质缺失/倒置论证的一个版本。该反驳认为，当亚历山大具有的是人类大脑时，我们可以确信他有质性维度的意识经验。而一旦他的大脑被硅电路或中国公民取代，我们就不那么肯定了。感质与定义心理状态的输入—输出关系有所不同，它不能从输入和输出的角度进行分析，因为感质是非关系的和不可分析的。因此，即使两个系统在功能方面相同，它们在心理方面仍可能不同：一个系统具有的意识经验可能与另一个系统不同，或者一个系统具有意识经验而另一个完全不具有。这种对可能存在感质缺失和感质倒置的担忧标志着功能主义与同一论之间的又一相似之处：两者都不能愉快地接纳心理现象的私人概念。

针对上述反驳，功能主义者最显然的回应路线就是否认感质是非关系的和不可分析的。正如4.9节中讨论的心理表征理论一样，功能主义者主张感质可以进行功能分析。例如，我们可以合理地假设疼痛的那种感性不适感（qualitative awfulness）在行为的描述和解释中起着重要作用，疼痛的质性维度在一定程度上解释了为什么针刺、灼烧和擦伤与皱眉、呻吟和类似行为有关联。如果是这样，我们可以合理地假设，疼痛的质性维度能够进行输入—输出分析。这条功能主义的回应路线，以及它试图消除的有关自由主义和感质的担忧仍然存在争议。功能主义的另一个反驳：塞尔的**中文屋论证**亦是如此。

6.8　中文屋

功能主义主张，心理状态等同于功能状态，功能状态是由输入、输出及与二者相关联的状态构成的抽象描述所假设的状态。如果功能主义为真，那么就不可能出现两个系统在功能方面完全相同（也就是说，以相同的方式将输入和输出关联起来），但在心理方面却截然不同。然而，根据塞尔的中文屋论证，我们有很好的理由认为，两个系统有可能在功能方面完全相同但在心理方面却截然不同。

想象一下下面的情景（图6.7）：泽维尔，一个不懂中文的人，被安置在一个配有输入槽、输出槽和一张精致图表的房间里。图表指导他如何将一串汉字与另一串汉字关联起来。房间外的人在卡片上写汉字，然后把卡片通过输入槽传递进去。泽维尔收到一张卡片，然后按照图表上的指令行事。指令告诉他如何将写在输入卡上的汉字与其他汉字关联起来。泽维尔把其他字符写在第二张卡也就是输出卡上，然后把那张卡塞进输出槽。因为泽维尔不懂中文，他不知道输入的字符串和输出的字符串实际上是中文语句。通过输入槽传给泽维尔的卡片可能会用中文说："你好，你今天好吗？"根据图表上的指令，泽维尔可能会通过输出槽传出一张卡片，上面写着："我今天很好，谢谢。"但他永远不会知道他所写的内容或输入卡上的字符是什么意思。然而，尽管泽维尔对此一无所知，但如果他能熟练使用这张图表，他的输入—输出关联可能与母语是中文的人没什么区别。他和母语者能以完全相同的方式将中文输入和中文输出关联起来——他们在功能方面是等同的。但塞尔提出，两者之间有差别——一种心理方面的差别，与母语是中文的人不同，泽维尔不懂中文！虽然泽维尔和母语者在功能方面等同，但他们在心理方面不同。如果功能主义为真，并且像"理解"这样的心理状态是功能状态，那么就不可能有两个人在功能方面完全等同，但却像泽维尔和母语是中文的人那样在心理方面截然不同。因此，中文屋论证主张功能主义一定是错误的。

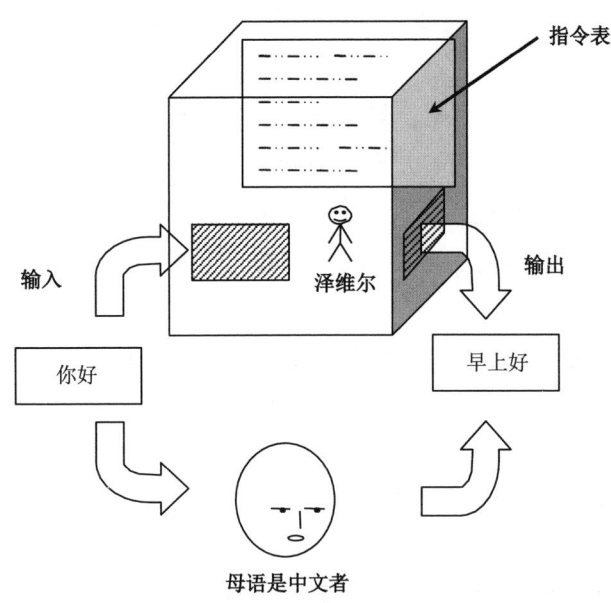

图 6.7 中文屋

中文屋论证基于以下前提：

（1）如果功能主义为真，那么两个系统不可能在功能方面完全等同，但在心理方面却截然不同。

（2）两个系统在功能方面完全相同，但在心理方面却截然不同，这是有可能的。

因此该论证得出结论，功能主义是错误的。功能主义者可以用几种方式回应该论证，但很显然前提（1）不是一个可行的攻击目标。如果功能主义为真，那么心理状态等同于功能状态。因此，如果两个系统具有完全相同的功能状态，那么它们必定具有完全相同的心理状态，因为一个系统的心理状态只是其功能状态的一个子集。有争议的是前提（2）。它得到了下列主张的支持：

（i）如果可以设想两个系统在功能方面等同但在心理方面不同，那么两个系统在功能方面等同但在心理方面不同是可能的。

（ii）两个系统在功能方面等同但在心理方面不同是可以设想的。

前提（i）是可设想性—可能性原则，与支持实体二元论的论证（见3.2节）和反对物理主义的知识论证（见4.7节）中所使用的原则一样。因此，该论证也承继了诉诸可设想性—可能性原则所产生的担忧和限制，而功能主义者可以用第3章所讨论的方式挑战这一前提。但大多数关于中文屋论证的讨论都集中在前提（ii）上。

前提（ii）得到了中文屋案例的支持。而功能主义者则在回应中主张，中文屋情景实际上是不可设想的。也许这条路线上最强烈的回应是塞尔所说的"机器人回应"。机器人回应基于两方面考虑。首先，它主张泽维尔不懂中文与论证无关。中文屋论证旨在表明，有可能存在两个在功能方面等同但心理方面不同的系统，但泽维尔并不是整个中文屋系统；他只是其中那个负责根据图表将输入和输出关联起来的部分。泽维尔类似于母语是中文者的神经系统。理解中文的不是母语是中文者的神经系统，而是母语是中文者自己——整个系统。因为泽维尔类似于母语是中文者的神经系统，我们不能指望泽维尔自己懂中文。中文屋论证若想有效就必须表明，尽管在功能方面与母语是中文者相同，但作为一个整体的中文屋不懂中文。但是，机器人回应提出，中文屋论证并没有表明这一点。原因是作为一个整体的中文屋在功能方面显然与母语是中文者不一样。

中文屋和母语是中文者显然不是以同样的方式将输入和输出关联起来。例如，母语是中文者的语言能力与知觉、动机和运动子系统密切相关，而中文屋的语言能力却并非如此。为了让中文屋在功能方面与母语是中文者完全相同，它必须与一个精密的机器人物理相连，必须接受来自知觉和动机子系统的输入，产生运动输出，等等。与原来的中文屋不同，这种精密的机器人系统将在功能方面与母语是中文者等同；它将能够以母语是中文者那样的复杂方式与环境和其他人进行互动。但在这种情况下，我们不清楚凭什么可以宣称这两个系统在心理方面不同。因为两个系统的行为方式完全相同，我们没有理由说一个懂中文而另一个不懂。至少，如果你否认机器人懂中文，那么你否认母语是中文者懂中文也是有道理的，因为两者从事的是完全相同的社会及环境交互作用。为了使中文屋论证成立，它必须提供一个案例，其中的系统满足两个条件：(a) 该系统必须在功能方面与母语是中文者相同，但 (b) 它必须在心理方面与母语是中文者不同。根据机器人回应，原来的中文屋不能满足条件（a），一旦我们找到了能够满足（a）的系统，我们就不再有任何理由认为它能够满足（b）。因此，机器人回应提出，中文屋论证无效。当然，中文屋和机器人回应仍然是颇具争议的。

6.9　功能主义的具身心智反驳

另一种反驳功能主义的观点认为，该理论歪曲了心理现象和心理话语的本质。它主张，心理话语并非功能主义者所说的抽象话语；信念、欲望和其他心理状态的定义离不开特定的物理结构，而这些物理结构是生物体的特征。我们可以称之为功能主义的**具身心智反驳**，因为它的现代版本源于认知科学中的具身心智运动。不过其背后的思想可以追溯到亚里士多德。

亚里士多德曾经批评过一位名叫小苏格拉底（Socrates the younger）的哲学家。小苏格拉底似乎主张，我们可以抽象地定义人类的活动，类似于我们定义圆形和矩形。它们的定义不涉及任何实现物。例如，当我们把圆定义为到定点的距离等于定长的点的集合时，这个定义没有提及金属、木头、塑料、空气或任何其他材料。因此，圆几乎可以由任何事物实现。在小苏格拉底看来，对人类活动和能力的定义就像圆的定义一样，它们没有提及人类具有的特定物理部位或物理结构。与这一观点相反，亚里士多德认为，人类的活动和能力本质上与特定的物理部位相联，这些物理部位是以特定的方式组织而成的，不涉及它们就不能定义人类的活动和能力。想想用拳击打一个沉重的沙袋。拳击不是传统的击打。用脚、头或肘部进行击打不算拳击，只有用手击打才是拳击。而且，不是任何用手做出的传统击打都算拳击，用张开的手或指尖击打都不算，只能用拳头，并且是以一种特殊的方式，即用指关节击打才是拳击。因此，像拳击这样的活动不能脱离以特定方式组织而成的特定物理结构进行定义，这似乎也适用于很多其他的人类活动。[1]亚里士多德于是总结道：

> 小苏格拉底总是将动物同圆和青铜作比较，这是错误的……他认为没有物理部分人也可以存在，就像没有青铜圆也可以存在一样。但事实上，这

两种情况是不同的，因为动物……的定义不能不涉及适当情境中的物理部分。[2]

亚里士多德对小苏格拉底的批评很有意义，因为功能主义者所认同的人类心理能力的观点与小苏格拉底类似。功能主义者提出，信念、欲望、疼痛和其他心理状态就像数学假设可以抽象地定义，不涉及任何具体的实现结构或实现物。回想一下，正是功能主义的这一特征使该理论能够容纳多重可实现性论题：如果心理状态是抽象描述的假设物，它们可以在人类大脑、火星人伽玛器官、硅电路等几乎任何东西上实现。与功能主义者相反，当代赞同具身心智反驳的人认为，人类的心理能力不能用功能主义者所设想的抽象方式描述或解释。对这些能力的描述和解释必须包含对人类所具有的物理系统及其子系统的描述和解释。换句话说，人的心理能力本质上是具身的。

认知科学中大多数支持具身心智反驳的成果技术性都很强。尽管我们没有足够的篇幅探讨它的技术细节，但至少举个例子还是很值得的。在认知科学中，大卫·马尔（David Marr, 1945—1980）的工作为视觉的标准解释提供了灵感。马尔试图用功能主义的方式，也就是用一组由某种物理材料实现的抽象计算过程描述和解释人类的视觉。然而，越来越多的研究表明，视觉不能用这种方式描述和解释，特别是它不能被抽象地定义；相反，它本质上是在特定物理结构中体现（embodied）的。例如，认知科学家达纳·巴拉德（Dana Ballard）认为，只有考虑具身性，并且不是用抽象操作和实现物，而是用描述和解释的独特具身层面来描述视觉，我们才能理解视觉：

> 功能主义者的观点很大程度上依赖于抽象层面……（人类智能）领域的早期工作一直被人工智能的原则所支配。其中最重要的一点是，智能可以不借助任何特定的具身性而用纯粹的计算术语来描述……人们一直认为人体的特殊特征及其在世界上的特殊交互方式对智能的基本问题来说是次要的……我们的中心论点是，智能一定关系着与物理世界的相互作用，这意味着人体的特殊形式是界定智能行为的一个重要约束条件……我们认为，具身性至关重要且具有启发性，最好通过设定一个独特的……具身层面来处理，该层面规定了物理系统的约束条件如何与认知相互作用。一个典型例子就是在解决问题的过程中眼睛如何运动以协调双手。[3]

根据巴拉德的观点，具身理论提供的手眼协调解释优于标准的功能主义导向理论提供的解释。他认为，具身解释更简单，也更符合生物学数据。

具身心智反驳指责功能主义缺乏经验证据。它主张，功能主义未能准确反映科学事实。因为具身心智反驳本身也具有经验特征，因此其论证的成败取决于科学在人类心理能力问题上的研究成果。具身心智反驳的支持者表示，初步的成果带给他们很大希望，但他们也承认，这些结果还不能说明一切。

6.10 金在权的三难困境

另一种反驳实现物理主义的论证目标不是功能主义本身，而是功能主义和物理主义的结合。大致来说，该论证主张实现物理主义剥夺了心理话语的因果或解释地位。功能主义认为，心理话语是抽象话语，它对一切因果性质和因果关系做出了抽象描述。然而，如果物理主义为真，那么所有的因果性质和因果关系，包括那些与人类行为有关的因果性质和因果关系都可以用物理学全面地描述。而如果物理学讲述的故事就是关于人类行为原因的真实因果故事，那么似乎心理话语本身并不具有因果或解释内容。

该论证的一个颇有影响力的版本最初由哲学家金在权（Jaegwon Kim）提出，所以我们称之为**金在权的三难困境**。金在权的三难困境给实现物理主义者提出了三个令人为难的选择。实现物理主义承诺以下三个主张：

物理主义：一切都是物理的；一切都可以用物理学全面地描述和解释。

反取消论：心理话语在一定程度上是准确的；某些心理谓词表达了真实的性质，某些个体具有那些谓词所表达的性质。

反还原论：心理谓词所表达的性质与物理谓词所表达的性质不同。

金在权认为，这三个主张是相互矛盾的，因此实现物理主义者面临一个令人为难的选择：或者（1）他们必须摈弃反还原论，或者（2）他们必须摈弃反取消论，或者（3）他们必须摈弃物理主义。在情形（1）中，有远见的实现物理主义者不得不接受还原论；在情形（2）中，他们不得不接受取消论，在情形（3）中，他们不得不接受二元论。因此，在任何情况下，他们都无法坚持他们希望坚持的非还原物理主义立场。

金在权的论证基于两个假设。首先，他假设真正的性质是能够对具有它们的个体产生因果影响的性质。哲学家们至少在两种不同的意义上使用"性质"一词。广义的性质只是谓词的本体论关联：任何谓词都表达了广义的性质。狭义的、因果意义上的性质是对具有这些性质的实体产生因果影响的广义性质。因此，重1千克和重2.2磅在广义上是不同的性质，因为它们对应不同的谓词，但在因果意义上它们没有区别，因为二者对具有它们的事物产生了相同的因果影响。金在权指出，事实上，只在因果意义上谈论性质可能是个好主意，（因果）性质只有一个，但它由不同的谓词表达——换句话说，（因果）性质只有一个，但表达它的是两个不同的谓词"重1千克"和"重2.2磅"。[4]

其次，金在权假设，如果物理主义为真，那么唯一真正的性质也就是唯一的因果性质就是物理性质。这似乎是物理主义的直接含义：如果物理学能够对一切事物提供全面的描述和解释，并且因果关系是可解释的关系，那么物理学就能够对所有的因果关系作全面的解释。金在权指出，否认这一点就等于否认物理主义，那就是接受非物理原因的存在——这些原因无法用物理语言表达。

根据以上假设，金在权提出非还原物理主义者面临以下难题。反还原论意味着心理性质不是物理性质。然而，物理主义意味着所有真正的性质——所有因果性质——都是物理性质。因此，如果像反还原论所说的心理性质不是物理性质，那么看起来心理性质就不可能是真正的性质，这与反取消论相悖。假设我们接受反取消论：我们坚持认为，心理性质是真正的性质。物理主义意味着所有真正的性质都是物理性质。因此，如果心理性质如反取消论所说是真正的性质，那么看起来心理性质就一定是物理性质，这与反还原论相悖。最后，假设我们接受反还原论和反取消论。心理话语所假设的性质与物理学所假设的性质不同，但它们仍然是真正的性质。在这种情况下，看起来并不是所有真正的性质都是物理性质，这与物理主义相悖。因此，像实现物理主义者所希望的那样同时赞成物理主义、反取消论和反还原论是不可能的。

实现物理主义者可能会做如下回应：

第六章　非还原物理主义

批评者没有把握实现物理主义的新颖之处。根据实现物理主义，具有心理性质等于具有满足某种条件的物理性质。例如，处于疼痛中相当于具有这样一种物理性质，其实例通常与输入（如针刺、灼烧及擦伤）和输出（如皱眉、呻吟及类似行为）相关。这种观点有个好处，它使我们能够在不放弃物理主义承诺的情况下支持反取消论和反还原论。由于心理性质是二阶性质，其定义不同于物理性质的定义。因此，我们可以说心理性质与物理性质不同。然而，假设存在这些性质不会增加基本的物理性质；它没有假定任何新的物理性质；它只是引入了一种不同的描述物理性质的方式——这种描述方式使用的是抽象的输入—输出词汇。在什么意义上我们可以说心理性质是真正的因果性质？在这个意义上：心理性质有资格作为真正的因果性质，因为实现它们的物理性质是真正的因果性质。例如，如果亚历山大的疼痛是由大脑状态 B 实现的，而玛德琳的疼痛是由大脑状态 C 实现的，那么当我们说亚历山大"疼痛"时，这个谓词表示的就是他的大脑状态 B，当我们说玛德琳"疼痛"时，这个谓词表示的就是她的大脑状态 C。因此，亚历山大的疼痛所具有的因果效力与他的大脑状态 B 完全相同，玛德琳的疼痛所具有的因果效力与她的大脑状态 C 完全相同。在这两种情况下，谓词"疼痛"都表示真正的性质。因此，我们的理论与反取消论、反还原论和物理主义都是相容的，这与金在权的主张相反。

金在权对上述实现物理主义论证再次进行了回应。这次回应基于他所谓的"因果继承原则"（Causal Inheritance Principle），其内容大致如下：

> 如果一个高阶性质 M 是由一个低阶性质 P 实现的，那么 M 的这个实例所具有的因果效力与 P 的因果效力相同。[5]

实现物理主义似乎蕴含着因果继承原则。如果"疼痛"在亚历山大身上表示大脑状态 B，在玛德琳身上表示大脑状态 C，并且在这个人或那个人身上总会有物理性质实现疼痛，那么疼痛的实例就是各种物理性质的实例。因此，如果亚历山大的疼痛由大脑状态 B 实现——如果在亚历山大这里谓词"处于疼痛中"所表达的就是这个意思——那么，在他这里，疼痛就是具有大脑状态 B 这个性质。在这种情况下，亚历山大的疼痛所具有的因果效力就是大脑状态 B 的因果效力，因此，实现物理主义似乎承诺了因果继承原则。为什么那对实现物理主义者来说是有问题的？因为因果继承原则看起来意味着不存在疼痛这种独特的性质。

如果因果继承原则为真，"疼痛"本身并不指称因果性质；相反，它表示各种不同的物理性质——任何恰好实现了定义疼痛的输入—输出关联性的物理性质。然而，在这种情况下，实现物理主义似乎意味着严格来说没有所谓的疼痛，因为谈论疼痛只是在谈论满足一定条件的各种物理性质。因此，金在权的论证表明，实现物理主义者是在努力否认"信念""欲望""希望"和其他心理谓词是真正的性质。

实现物理主义者是否可以主张，这些谓词所表达的性质能够产生因果影响——不同于实现它们的物理性质所产生的因果影响？他们不能，因为那样的主张意味着性质二元论，性质二元论要求他们放弃物理主义。实现物理主义者是否可以主张，心理谓词表达的是物理性质，但它们在不同的个体中表达的是不同的性质——例如，"疼痛"在亚历山大身上表达的是一种物理性质，而在玛德琳身上表达的是另一种物理性质？这是前面讨论过的窄心理类型策略的一种形式（见 6.2 节）。顺便说一句，这似乎是金在权支持的方案。在窄心理类型的支持者们看来，当前我们的心理词汇所假设的心理性质——比如疼痛——与当前我们的科学理论所假设的物理性质并不对应。不过他们提出，科学的进步最终将迫使我们修正心理词汇，使心理性质符合物理性质。窄心理类型的支持者提出，也许并没有普遍的疼痛，但却有诸如人的疼痛、火星人的疼痛和机器人的疼痛这样的性质。这般回应的问题在于它意味着对还原论的承诺。根据这种观点，唯一真正的心理性质是与物理性质一一对应的窄心理性质。那么无论如何，实现物理主义者似乎被迫放弃他们的立场；他们被迫或者放弃物理主义，或者放弃反取消论，或者放弃反还原论。

回想一下，非还原论者的重任是解释心理话语如何能够描述和解释物理实在，即使它的范畴并不对应于基本物理范畴。金在权的三难困境表明，实现物理主义者未能承担这一重任。当然，金在权的论证也仍然颇具争议。

6.11 随附物理主义

上文探讨的非还原物理主义是基于**实现**概念产生的。另一种非还原物理主义则是基于**随附**概念产生的。随附是一种依存关系：说一种特征随附于另一种特征，就是说在第二种特征方面没有差异的事物在第一种特征方面也不可能有差异。例如，一些美学性质随附于物理性质：两个事物在物理方面没有差异，它们在美学方面也不可能有差异。如果画作 A 和画作 B 在物理方面不可区分，即如果他们的物理特征完全相同，那么就不可能一幅画美而另一幅画丑，或者一幅画比例恰当而另一幅画比例欠佳。如果美学性质随附于物理性质，那么物理孪生体必定是美学孪生体：画作 A 和画作 B 之间的任何美学差异都可以追溯至它们的物理差异。

随附物理主义是一种非还原物理主义，主张心理性质随附于物理性质。它提出，两个系统在物理方面没有差异，在心理方面也不可能有差异。例如，如果我们要建造一个你的精确的物理复制品——一个甚至在原子和基本物理粒子层面上都与你没有差异的物理孪生子——那么你和你的孪生兄弟在心理方面也不可能有差异。如果你相信太阳系里正好有八颗行星，那你的孪生兄弟也会相信，如果你的孪生兄弟喜欢咖啡冰激凌，那你也会喜欢咖啡冰激凌。你和你的孪生兄弟之间的任何心理差异都必定反映在你们的某种物理差异上。如果你们中的一个喜欢咖啡冰激凌，而另一个不喜欢，这种心理方面的差异可以追溯至物理方面的差异，比如你们大脑的差异。但如果你和你的孪生兄弟之间没有差异，如果你们是完全相同的粒子，那么根据随附物理主义，你和你的孪生兄弟在心理方面也不可能有差异。因此，根据随附物理主义者的观点，心理话语及其他特殊科学能够描述物理实在是因为它们所假设的性质随附于物理性质。

心理性质随附于物理性质的观点并不为随附物理主义所独有。突现论、副现象论、形质论及其他理论都与随附性相容，而其他物理主义理论，如实现物理主义、取消论和同一论实际上也蕴含随附性。[6] 随附物理主义区别于其他理论之处在于，随附性足以提供一种非还原物理主义的解释来说明心理性质如何与物理性质相关联。

随附物理主义至少面临三个困难。首先是确立问题（formulation problem）。它涉及确立非还原物理主义者所需要的正确的随附关系。随附关系有很多种。它们在心理性质对物理性质的依赖性有多强这个问题上意见不一。我们的目标是找到一种足够强的随附关系以维护物理主义直觉，但这种随附关系又不会强到最终只能承认还原论。事实证明，找到这种关系很困难，因此确立一个可接受的随附物理主义版本也很困难。我们可以举几个例子。

心理性质弱随附（weakly supervene）于物理性质的主张认为，对于任何可能世界 w，以及 w 中的任何个体 x 和 y，如果 x 和 y 是物理孪生体，那么他们也是心理孪生体。自17世纪莱布尼茨开始，哲学家们经常用可能世界谈论可能性。可能世界是世界可能的样子。这个世界事实上就是某种特定的样子。例如，事实上你正在读这句话。但世界并不一定是这样。可能会是其他的样子。比如可能你决定永远不读这一章；事实上，可能你从来没有学过阅读，甚至你根本就没有出生过。世界虽没有朝着这些方向发展，但它本来是可能的。因此，事实上事物的存在方式只是它们众多可能存在方式中的一种——换句话说，现实世界只是众多可能世界中的一种。说你可能没有读过这本书，或者说你的父母可能从来不曾相遇，又或者说地球上可能从来未曾进化出人类，就等于说有一个可能世界，在那个世界你没有读过这本书，有一个可能的世界，在那个世界你的父母从来不曾相遇，有一个可能的世界，在那个世界地球上从来未曾进化出人类。同样地，说不可能有一个结了婚的单身汉，就等于说没有任何可能世界中存在一个结了婚的单身汉。说 $2+2=4$ 是必然的就是说在所有可能世界中 $2+2=4$。

弱随附性认为，一个特定世界的心理性质依赖于那个世界的物理性质。对于世界 w 中的任何个体 x 和 y，如果 x 和 y 在 w 中是物理孪生体，那么他们在 w 中也一定是心理孪生体。弱随附物理主义主张，心理性质弱随附于物理性质，要提出一种可行的非还原论，物理主义者需要的正是这种依赖关系。弱随附物理主义的问题在于，它只规定了某一个世界中的心理—物理依赖关系。在任何一个世界里，物理不可区分性确保了心理不可区分性。但是，知道心理和物理性质在这一个世界相关联并不能说明它们是否/或者如何在其他世界相关联。因此，弱随附物理主义与以下可能性也是相容的，即我的物理复制品可能具有完全不同的心理性质，或者根本没有心理性质。在另一个世界里，我的完完全全的复制品会在他的信念、欲望和其他心理性质方面与我有很大不同吗？如果心理性质只在这种弱的意义上随附于物理性质，那么他可以与我不同。然而，这个结果似乎与物理主义直觉不一致，特别是它似乎与物理性质确定或决定所有存在的性质这一观点不一致。物理主义需要更强的随附关系。

全局随附（global supervenience）是比弱随附更强的依赖关系。重要的不仅仅是一个世界中个体的心理和物理性质，还有心理和物理性质在那个世界中所有个体中的分布。说心理性质全局随附于物理性质，就是说所有在个体的物理性质分布方面没有区别的世界，其个体的心理性质分布也没有区别。全局随附物理主义主张，心理性质全局随附于物理性质，要提出一种可行的非还原论，物理主义者需要的正是这种依赖关系。

全局随附的问题与弱随附物理主义的问题相似。全局随附允许这样一种可能性存在，即一个世界可能在物理方面与现实世界只有微小的不同，但在心理方面却有很大的不同。例如，假设世界 w 与现实世界在物理方面没有区别，只有一个例外：外太空中一个氢原子的位置与它的实际位置略有不同。直觉上我们预计这对世界的心理影响很小或者根本没有影响：为什么外太空中单个原子的位置会影响地球人的心理性质呢？然而，全局随附物理主义可以接受，世界 w 与现实世界之间只有微小的物理差异，而地球人却具有完全不同的心理性质。这看起来再次与物理主义所要求的心物决定论不相容。

最后，**强随附性**（strong supervenience）指出，对于任何世界的任何个体——例如，世界 1 中的个体 x 和世界 2 中的个体 y——物理的不可区分性保证了心理的不可区分性。换句话说，物理孪生体即使处于不同的世界，他们也不可能不是心理孪生体。强随附物理主义主张，心理性质强随附于物理性质，这种依赖关系才是非还原物理主义者想要的。强随附物理主义的问题在于，它似乎蕴含了某种还原论，因为如果它为真，事物的心理性质最终会与它的物理性质一一对应。但如果情况是这样，那么强随附物理主义就不再是一种非还原物理主义形式。简言之，确立问题就是规定一种随附关系，它一方面足够强，可以满足物理主义者的直觉，另一方面又不会强到蕴含还原论。

随附物理主义者面临的第二个问题是非对称问题（asymmetry problem）。它关注的问题是，随附性是否足以把握物理主义者想要的那种依赖或决定关系。那种关系是非对称的：心理现象被认为依赖于物理现象，而物理现象并不依赖于心理现象。物理主义者想说，例如，疼痛或信念的存在依赖于较低层次物理状态的存在，但较低层次物理状态的存在反过来并不依赖于疼痛或信念的存在。问题是，随附不是一种非对称关系：即使 A 随附于 B，B 仍有可能也随附于 A。考虑同一性的情况。性质同一意味着随附性：例如，公制重量随附于英制重量：x 和 y 在重 2.2 磅方面没有差异①，则 x 和 y 在重 1 千克方面也不可能有差异。而英制重量也随附于公制重量：x 和 y 在重 1 千克方面没有差异，则 x 和 y 在重 2.2 磅方面也不可能有差异。因此，A 性质对 B 性质的随附并不排除 B 性质对 A 性质的随附。于是随附性本身不足以作为物理主义心灵理论的基础。要确保心物依赖关系的非对称性，我们还需要其他条件。

另外，随附看来不足以作为物理主义心灵理论的基础还有另一个原因。我们可以称之为解释问题（explanation problem）。随附关系必须得到解释。如果心理性质随附于物理性质，那么就需要解释为什么心理性质随附于物理性质。解释随附关系的需要来自前面提到的一项发现：随附性与诸多各不相同的身心理论都相容。我们来考虑这样两个理论：同一论和副现象论。正如我们所看到的，同一论主张心理性质与物理性质同一。例如，疼痛与大脑状态 B 同一。另一方面，副现象论否认心理性质与物理性质同一；它主张心理性质由物理性质导致或产生。同一论与副现象论在本质上是不同的：一个赞同心物同一，另一个否认心物同一。然而，尽管存在这种根本差异，两种理论却都与心物随附性相容。如果心理性质与物理性质同一，那么心理性质显然随附于物理性质：如果疼痛与大脑状态 B 同一，那么没有大脑状态 B 的事物就不可能处于疼痛状态。而如果心理性质正如副现象论者所说的那样是由物理性质导致的，那么心理性质也可以随附于物理性质。例如，假设每个心理性质都是由单一类型的物理性质导致的，而那种物理性质的例示总会产生该类型心理性质的实例。例如，假设疼痛只能由大脑状态 B 导致，而每当大脑状态 B 出现时，它总是会导致疼痛。在这种情况下，只有当 x 和 y 在物理方面不同时它们在心理方面才会不同。如果 x 和 y 在某些心理方面存在差异——比如说，x 在 t 时刻感到疼痛而 y 没有——那么这种差异必然对应于物理方面的差异。因为疼痛只能由大脑状态 B 导致，而且 x 正在经验疼痛，所以 x 一定有大脑状态 B。而因为大脑

---

① 即 x 和 y 在重量方面没有差异，都是重 2.2 磅。——译者注

状态 B 总是导致疼痛，而 y 没有处于疼痛中，所以 y 不可能具有大脑状态 B。每一种心理差异都需要物理差异。因此，物理孪生体也是心理孪生体。根据副现象论的这一观点，心理性质随附于物理性质。

同一论和这种副现象论是非常不同的身心理论，但两者都承诺心理性质随附于物理性质。如果随附关系在如此不同的理论中都能成立，那么每当我们听到有人说心理性质随附于物理性质时，我们总是不得不问一句为什么会这样。一个身心理论必须回答基本的本体论问题。例如，心理性质和物理性质同一吗？因为随附既与赞同心理—物理性质同一的理论相容，也与否定心理—物理性质同一的理论相容，所以仅仅知道心理特性随附于物理特性并不能回答这个最基本的问题。因此，如果有人告诉我们心理性质随附于物理性质，我们一定会问：怎样解释这种随附性？即使我们只讨论物理主义理论，情况也是如此。正如我们刚才在同一论的例子中所看到的，还原论承诺心理—物理的随附关系，并为它们提供了一个解释：心理性质随附于物理性质，因为它们都是物理性质。这种解释非还原论者无法接受，而且由于缺乏一些更基本的事实证明心理性质和物理性质的同一性，随附物理主义者看来必须假设心理和物理的随附关系是原始的、无法解释的事实。为什么 $2+2=4$ 的信念随附于额叶活动？由于缺乏关于心理现象的更基本的事实，答案似乎只能是：它就是那样，而这个答案必然会让物理主义者非常不适。原因在于，物理主义者有个共识，无论心物之间存在何种关联性，这些关联性都必须用物理术语解释。物理学不仅具有本体论的权威性，也具有解释的权威性。因此，随附关系的原始存在不足以把握物理主义直觉。随附性本身似乎也不足以作为物理主义心灵理论的基础。正如自称随附物理主义者的人必须提供某种条件来确保心理—物理随附关系的非对称性，同样地，他们也必须提供某种方式来解释心理—物理随附关系。

确立问题、非对称问题和解释问题并未表明心理性质不随附于物理性质。事实上，许多哲学家——物理主义者和非物理主义者——都认同某种类型的心理—物理随附性。相反，这些问题表明，试图将物理主义心灵理论仅仅建立在随附性的基础上可能是错误的；随附性本身无法胜任这项工作；一个可行的物理主义心灵理论还需要更多。随附性是否足够作为非还原物理主义的基础仍然是有争议的。

6.12 排他性论证

金在权的三难困境与另一个论证密切相关,那就是**排他性论证**(exclusion argumen),有时也被称为排他性问题(exclusion problem)或因果/解释排他性问题(problem of causal/explanatory exclusion,金在权有时称之为随附论证)。它是1.6节中探讨过的心理因果问题的一个版本。

想象你伸手去拿手边的一个东西。这个行动的发生离不开手臂肌肉的收缩,它们是由你神经系统中的事件即神经元的激活引起的。然而别忘了,要使你伸手的动作算得上是一个行动,它必须有一个心理原因——它必须是由你想要抓住一个物体的欲望引起的。非还原主义者现在必须回答一个问题:你的行动的心理原因和物理原因是如何关联的?可能的回答一只手都数得过来(图6.8)。

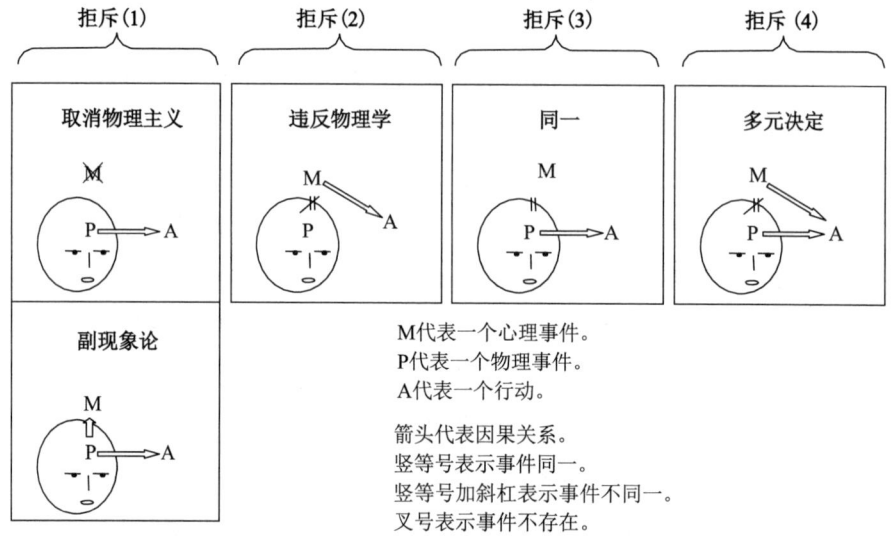

图 6.8 心理因果问题的部分解决方案

为了理解这些答案,让我们借助以下几个命题来说明问题,这几个命题放在一起会产生不一致:

(1) 行为有心理原因。
(2) 行为有物理原因。
(3) 心理原因和物理原因不同。
(4) 一个行为不能有一个以上的原因。

（1）和（2）意味着任何给定的行动都有心理原因和物理原因。根据（3），行动的心理原因和物理原因不同。因此，行为必定至少有两个原因，但（4）排除了这一点，它指出一个行为不能有一个以上的原因。因此，（1）—（4）是不一致的。（1）—（3）意味着行动有多个原因，而（4）意味着行动没有多个原因。非还原论物理主义者的任务是通过拒斥其中一种主张来消除矛盾。但是，排他性论证指出，他们没有令人满意的方法来做这件事，拒斥任何一项主张都会让他们陷入困境。我们来逐一考虑每个方案。

拒斥（1）的方法有两种。第一种方法是否认心理事件存在。这是取消论者赞成的方法。第二种方法是承认心理事件存在，但否认它们会对任何事情产生因果影响。这是副现象论者赞成的选择。第一种方法在非还原物理主义者那里不可行，因为他们承诺反取消论，而第二种方法会导致非常尴尬的结果（见8.8节）。例如，它意味着我们的心理状态对我们的行为没有因果影响，我们的思维和感觉无法影响或解释我们的行为。此外，如果行为是具有心理原因的物理事件，那么它也意味着行为不存在，因为心理原因不存在。这是非常违反直觉的结果。

同样地，让我们考虑命题（2）：拒斥它似乎与非还原主义者对物理主义的承诺不一致。拒斥（2）要求我们放弃物理因果完备性（causal completeness of the physics）原则（见5.6节），这个原则有时也被称为物理域的因果封闭（causal closure of the physical domain）。该原则主张，以物理学为代表的自然科学原则上能够为一切原因提供全面的解释。我们可以用下列方式陈述这一观点：

> 物理封闭：如果一个物理事件在 t 时刻具有一个原因，那么它在 t 时刻具有一个物理原因。

物理封闭意味着在寻找物理事件的原因时，我们永远不需要在物理领域之外寻找原因。任何有原因的物理事件都有一个物理原因。物理封闭是一项重要的物理主义承诺。拒斥它意味着一些物理事件有非物理原因，这与物理主义是不相容的。

而拒斥（3）似乎与非还原论者对反还原论的承诺不一致。它意味着行动的物理原因和它的心理原因是同一的，导致你伸手的神经事件与导致你伸手的欲望是同一的。这是同一论者赞成的方法。他们提出，"欲望"这个词只是指称你神经系统中的事件的另一种方式，就像"水"只是指称 H_2O 的另一种方式。这似乎不是非还原论者的选择。他们的反还原论立场使他们否认心理状态与物理状态同一。

现在还剩命题（4）。拒斥（4）意味着行动是多元决定的（overdetermined），行动有多个独立的完全充分原因。行动的多元决定也会产生诸多尴尬的结果，我们将在 8.11 节中详细讨论这个问题。但是金在权认为，非还原物理主义者在任何情况下都不会赞同行为的多元决定论。真正的多元决定情形包含两条独立的因果链。考虑图 6.9 中的两个激光器。它们同时触发一个光控开关。两个激光器的工作是相互独立的（其中一个可以在没有另一个的情况下

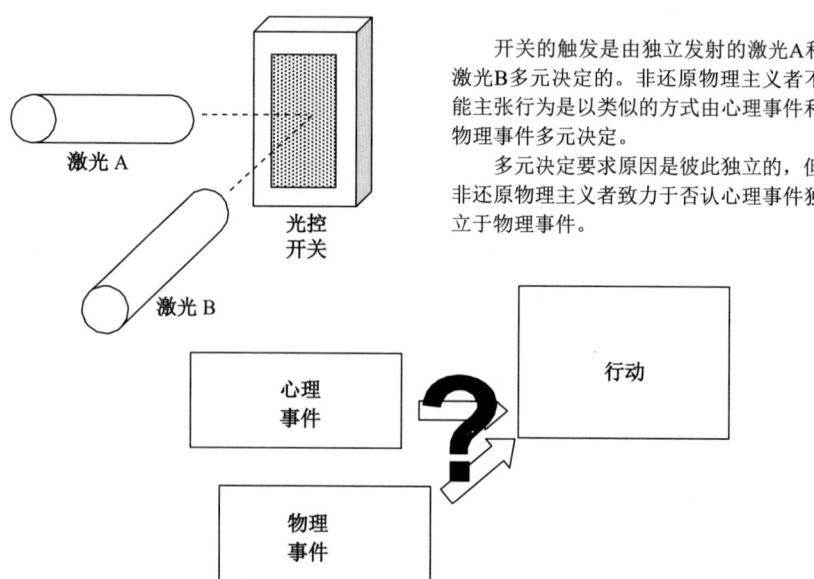

图 6.9　非还原物理主义与多元决定

被激活),任何一个激光器都可以独自触发开关:如果激光 A 在没有激光 B 的情况下发射,它本身就足以触发开关;同样地,如果激光 B 在没有激光 A 的情况下发射,它本身也足以触发开关。因为两束激光都可以独自触发开关,而实际上两者都触发了开关,所以开关的触发是多元决定的,它有多个独立的完全充分的原因。

非还原物理主义者能否以类似的方式主张行动是由心理原因和物理原因多元决定的?金在权认为不能,因为如果非还原物理主义为真,那么心理事件并不独立于物理事件。心理事件或者由物理事件实现,或者随附于物理事件,而无论哪种方式,心理事件的存在都依赖于物理事件。因此,心理事件和物理事件不能作为独立的完全充分的行动原因。行动不可能由心理事件和物理事件多元决定。

非还原物理主义者可以通过下列方式反对最后一点:

> 金在权认为,如果非还原物理主义为真,那么心理事件和物理事件就不可能是独立的行动原因。但非还原论者不需要通过主张心理事件和物理事件是独立的行为原因来拒斥 (4)。他们只需要主张一个行动有不止一个原因,而不必额外主张这些原因是独立的。他们会说,一个行动有不止一个原因,其中的一个原因即心理原因,依赖于另一个原因即物理原因。

我们称其为排他性问题的依赖原因回应(dependent cause response)。

金在权认为,依赖原因回应的问题在于,它可能会剥夺心理事件在行动产生过程中所起到的真正因果作用。毕竟非还原物理主义者承诺物理封闭。在他们看来,任何有原因的物理事件都必定有一个物理原因。如果你的行动具有一个心理原因,那么它必定有物理原因。根据非还原物理主义者的观点,心理原因和物理原因必定如 (3) 所言是不同的。然而,在依赖原因回应的支持者看来,心理事件并不是行动的独立原因。那么,心理原因在何种程度上有助于解释结果呢?看起来它完全没有什么贡献,因为如果它做出了贡献,那么它的因果贡献将超过物理原因的贡献,在那种情况下,依赖原因回应的支持者将放弃物理主义转而支持某种类型的性质二元论。因此,依赖原因回应的支持者似乎承诺心理事件对我们的行为没有任何因果影响。如果非还原物理主义为真，那么物理原因的发生就排除了心理原因的发生——所以得名"排他性论证"。

因此，非还原物理主义者似乎别无选择。他们不能既拒斥（1）或（4）又不放弃心理事件的因果效力；他们不能既拒斥（2）又不放弃物理主义承诺；他们也不能既拒斥（3）又不放弃反还原论承诺。

排他性论证有很大争议，非还原物理主义者以多种方式对其做出了回应。让我们考虑其中一个。一些非还原物理主义者认为，排他性论证未能在性质和事件之间做出重要区分。他们提出，命题（3）关注原因，原因是事件而不是性质。反还原论可能会让他们主张心理性质不同于物理性质，但不会让他们主张心理事件不同于物理事件。即使心理性质和物理性质不同，心理事件也可以与物理事件同一。因此，非还原论者提出，他们可以自由拒斥（3）。他们可以将心理事件等同于物理事件，而不必像同一论者那样进一步将心理性质等同于物理性质。我们称之为排他性问题的个例物理主义回应（token physicalist response）。

"个例物理主义"（token physicalism）是经常被用于形容非还原物理主义的一个名称。它源于美国哲学家查尔斯·桑德斯·皮尔士（Charles Sanders Peirce, 1839—1914）最初提出的**类型—个例区分**（type-token distinction）。类型是一个一般范畴，个例则是其单个成员或实例。例如，以下字符是单一类型的五个个例：

A, A, A, A, A

换句话说，个例是殊相存在物，正如字母 A 的殊相实例，而类型是个例所属的一般范畴。非还原物理主义通常被称为个例物理主义，因为根据非还原论者的观点，每一个个例都是物理个例，但是不是每一种类型都是物理类型。例如，特殊科学所假定的类型并不是物理类型；它们不是基本物理范畴那样的物理范畴，因为它们不对应于基本物理范畴。而还原物理主义通常被称为类型物理主义（type physicalism）。还原物理主义者主张，特殊科学范畴直接对应于物理范畴，因此，不仅每个个例都是物理个例，而且每种类型也都是物理类型。

个例物理主义者对排他性问题的回应能否成功取决于对个例和类型的解释。类型—个例区分可以广泛应用于各种本体论范畴，因此，除非我们知道类型和个例是什么，否则有关类型和个例的主张提供不了多少信息。当涉及排他性问题时，非还原论者认为类型是性质，而个例是事件。哲学中有不少著名的事件理论。一种理论建立在实体—性质本体论（substance-attribute ontology）基础上。本体论是所有存在的实体的清单，而实体—性质本体论主张，实体和性质——即个体和性质——在任何这样的清单中都是最基本的实体，任何其他实体的存在都依赖于个体和性质。例如，想想这张桌子的绿色这个性质实例，或那座建筑物的高度，或埃莉诺对寿司的喜爱，或威廉和塞西莉亚结婚。每个性质实例由一个或多个具有性质或关系的个体构成。这张桌子、那座建筑物、埃莉诺、威廉和塞西莉亚都是个体，绿色、高度和对寿司的喜爱都是性质，而结婚是一种关系。事件的性质例示（property instantiation）或性质例证（property exemplification）理论主张，事件是性质实例。每个事件都由一个或多个具有性质或在某一时间处于某种关系中的个体构成。例如，一场棒球比赛是一个事件，它由许多个体组成，这些个体在九局的比赛中与他人一起进行各种活动——换句话说，事件是由在特定时间内处于一种非常复杂的关系中的个体构成的。

金在权对排他性问题的最初阐述正是在这个意义上将事件作为性质例证。因为根据这种观点，事件由在某一时刻具有性质的个体构成，事件$_A$和事件$_B$等同，仅当它们由在同一时间具有相同性质的相同个体构成时：a 在 t 时刻具有性质 F 等同于 b 在 t'时刻具有性质 G，仅当 a 等同于 b，F 等同于 G，t 等同于 t'。因此，在事件的性质例证理论中，事件的同一性要求性质的同一性。除非心理性质等同于物理性质，否则心理事件不可能等同于物理事件。你在 t 时刻具有一个欲望等同于你在 t 时刻处于神经元激活状态，仅当具有一个欲望这个性质等同于处于神经元激活状态。因此，如果事件是性质例证，非还原物理主义者便不能拒斥命题（3），因为他们对拒斥心理—物理性质同一的承诺将使他们拒斥心理—物理事件的同一。想要拒斥命题（3）的非还原物理主义者必须支持与此不同的事件理论，一个不需要以性质同一来确保事件同一的理论。哲学家唐纳德·戴维森对事件的描述就是这样一种理论。

根据戴维森的解释，我们对事件进行区分不是根据构成它们的个体、性质和时间，而是根据它们的原因和结果（图 6.10）。事件$_1$和事件$_2$的区别在于，事件$_1$由事件$_0$引起，事件$_1$又引起了事件$_2$，而事件$_2$由事件$_1$引起，事件$_2$又引起了事件$_3$。根据戴维森的观点，如果一个事件可以用心理语言描述，那么它就是心理事件；如果一个事件可以用物理语言描述，那么它就是物理事件。此外，一个既定的事件也可以用这两种语言进行描述。因此，同一事件既可以是心理事件也可以是物理事件。然而，一些非还原物理主义者虽然赞同戴维森对事件的解释，但他们不像戴维森那样使用描述一词而是使用性质一词。在他们看来，如果一个事件具有心理性质，它就是心理事件；如果它具有物理性质，它就是物理事件。根据这些非还原论者的观点，同一事件可以同时具有心理性质和物理性质，所以同一事件可以既是心理事件又是物理事件。例如，在图 6.10 中，具有心理性质 M_1 的事件与具有物理性质 P_2 的事件等同。重要的是，根据这一观点，M_1 事件可以与 P_2 事件等同，即使性质 M_1 与性质 P_2 不同。因此，赞同这种事件理论的非还原论者可以自由地宣称，尽管心理与物理性质不同，但心理与物理事件等同。但是他们认为，在这种情况下他们可以自由地拒斥（3），而不放弃他们对反还原论的承诺。

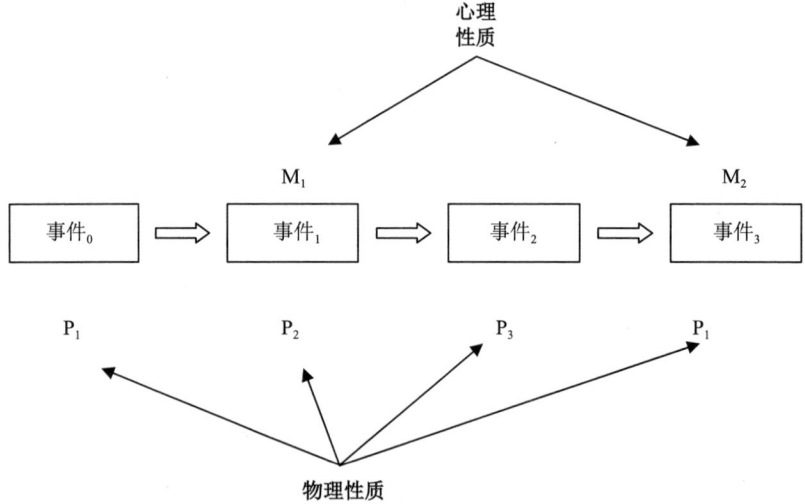

根据戴维森的解释，事件是由其原因和结果来确定的。这里的箭头代表因果关系。每个事件都有不同的原因和不同的结果，这就将因果链条中的事件区分开来。一些哲学家在此基础上还补充了对性质的解释：他们指出，事件具有性质，如果一个事件具有心理性质，那么它就是心理事件；如果它具有物理性质，那么它就是物理事件。因此，这里描述的所有事件都是物理事件，因为它们都具有物理性质。此外，事件$_1$和事件$_3$是心理事件，因为它们具有心理性质。所以，同一事件可以既具有心理性质又具有物理性质。即使心理性质与物理性质不同，二者也可以等同。

图 6.10　戴维森的事件 + 性质理论

第六章 非还原物理主义

对排他性问题的个例物理主义回应是有争议的。一些人担心它可能会剥夺心理事件在行动产生过程中所起到的真正因果作用。如果物理主义为真，那么一切都可以用物理学来解释，唯一能对发生的事情产生因果影响的性质就是物理性质。因此，如果像个例物理主义回应所主张的那样，心理性质不是物理性质，那么似乎心理性质就不能对世界上发生的事情产生任何因果影响。顺便说一句，戴维森自己的非还原论即**异常一元论**在心理因果方面也有类似的问题（见 7.7 节）。

回想一下，非还原物理主义者的重任是解释如果特殊科学范畴不对应于物理范畴，那么特殊科学的描述和解释如何得以对应于实在。金在权的排他性论证表明，非还原物理主义者未能承担起这个重任，他们没有很好地阐释心理学和其他特殊科学解释如何能够表明事物发生的真正原因。

6.13　正确理解非还原物理主义

近年来，"非还原物理主义"已成为一个流行的标签，任何将我们是物理存在的主张与心理话语不能还原为物理理论的主张相结合的观点都能贴上这个标签。但是，这个标签经常被误用。非还原物理主义并不是唯一与这些主张相容的身心理论，人们经常用这个标签来指称那些根本不属于物理主义的理论，比如突现论。另一个常见的错误认为，非还原论物理主义对反还原论的承诺意味着物理学不能对一切事物做出全面的描述和解释，例如，人类行为的某些方面无法用物理学描述。但非还原物理主义的含义恰恰相反：因为它是物理主义的一种形式，所以它意味着物理学可以全面地描述和解释一切——包括人类行为。与其他物理主义形式一样，它意味着如果一个像第 4 章中描述的超级物理学家那样的生物要对所有基本物理作用做出解释，那么他对宇宙的描述不会有所遗漏，而我们的感觉却是他的描述会遗漏的一些东西——比如，生物与非生物或者有心物与无心物之间的差别——这种感觉只是反映了我们有不同的描述和解释旨趣，而根据非还原物理主义者的观点，这些旨趣并不对应于任何深层次的实在。那么，那些被非还原物理主义吸引，但又想为自己的反还原论找到更深层次的形而上学基础的哲学家，应该考虑二元属性论（见第 8 章）或形质论（见第 10 章和第 11 章）。

另一方面，接受物理主义的哲学家们则面临着一系列更为复杂的选择。随附物理主义的问题表明，随附关系本身不足以作为物理主义心灵理论的基础。重要的是，实现物理主义者主张他们的理论也蕴含着对随附关系的承诺。此外，他们还认为，他们的理论能够为解释随附关系和确保心理—物理依赖的非对称性奠定基础。如果是这样，我们建议那些想要成为非还原物理主义者的人去研究一下某种实现物理主义。不过，如果他们被说服相信实现物理主义的问题是不可克服的，那么他们应该考虑异常一元论（见7.5—7.7节）。如果他们对异常一元论不满意，那建议他们重新考虑对反还原论的承诺，并寄希望于一种可以应对多重可实现性论证的还原论。这些理论包括假设窄心理类型的还原论、假设宽物理类型的还原论，以及赞成某种调节类型学策略的还原论。假设宽物理类型或坚持调节心理物理类型的共同缺点是都严重依赖于未来的科学研究，因此，它们需要还原论者大规模签发本票。① 也许正是由于这个原因，窄心理类型假设已逐渐成为还原论者的首选策略。

如果想成为物理主义者的人对此仍不满意，那他们应该考虑两种更激进的选择：工具主义和取消论。我们下一章的主题就是工具主义、取消论以及异常一元论。

扩展读物

本章遵照杰瑞·福多（1974）那些颇具有影响力的阐述对非还原物理主义和非还原世界观的特征进行了刻画，这些阐述作为福多（1975）的著作《思维语言》(*The Language of Thought*) 的第 1 章再次出版。福多的阐述在某些方面是有争议的。特别是，它不同于那些把非还原物理主义定性为某种性质二元论的方法。有关性质二元论方法的介绍性案例，见霍根（1994）。非还原

---

① 本票是出票人签发的，承诺自己在见票时无条件支付确定的金额给收款人或者持票人的票据。这里"大规模签发本票"的意思是还原论者的论证在很大程度上依赖于他们对未来科学的设想。——译者注

物理主义的性质二元论定义一直是心灵哲学的一大迷题。我们将在第 8 章详细讨论非还原物理主义与性质二元论的区别。

多重可实现性论证最初由普特南（1975f）提出。普特南诉诸进化生物学来为 MRT 进行后验辩护。布洛克和福多（1972）紧随其后，通过神经科学和人工智能研究来支持 MRT。参见布莱恩·科尔布（Brian Kolb）和伊恩·惠肖（Ian Whishaw，2003：621－641）对大脑可塑性及其相关研究的描述。金在权（1972）是第一个认识到还原论者可能会对 MRT 做出哪些回应的人。刘易斯（1980）的著作中阐明了他对多重可实现性论证的回应。此外，越来越多的哲学家试图基于科学研究批评 MRT，夏皮罗（Shapiro，2004）就是个例子。关于这些回应的介绍性讨论以及关于多重可实现性论证的文献资源，请参阅贾沃斯基的文章《心灵与多重可实现性》(Mind and Multiple Realizability)。

功能主义的灵感来自图灵（1950），但普特南（1975b；1975e；1975f）在 20 世纪 60 年代首次发表的一系列论文中首次阐明了这一观点。参见普特南（1970）关于高阶性质的讨论。普特南（1980）表达了对功能主义的疑虑，后来在 1988 年的著作中又提出了几个反驳它的论证。最近，普特南表达了对形质论的同情（努斯鲍姆和普特南，1992），我们将在第 10 章和第 11 章探讨这个理论。普特南的一个论证利用哥德尔定理反驳心理状态是计算状态的观点。物理学家罗杰·彭罗斯（Roger Penrose，1990；1994）也试图利用哥德尔定理驳斥心的计算理论。

安德鲁·梅利尼克（2003）提出了实现物理主义的一种最新形式。关于功能主义的自由主义反驳的更多内容，请参阅布洛克（1980）。威廉·利康（1987：第 4 章）为目的论功能主义进行了辩护，他把自己的观点称为"小人功能主义"（homuncular functionalism 或 homunctionalism）。对利康（1990）的介绍也有助于大家了解功能主义所面临的问题和试图解决这些问题的方案。塞尔（1980）提出了中文屋论证和包括机器人回应在内的一些反驳。雷蒙德·吉布斯（Raymond Gibbs，2006）对认知科学中的具身心智运动做了入门性介绍。在诺依和汤普森（Noë and Thompson，2002）的论文集中收集了一些为具身性辩护的重要文章。当代许多具身性的支持者都受到了法国现象学家莫里斯·梅洛-庞蒂（Maurice Merleau-Ponty，1962）思想的启发。亚里士多德对具身性的观点，包括他对小苏格拉底的批评，见努斯鲍姆和普特南（Nussbaum and Putnam，1992）。

金在权（1989；1992 b；1993b：第 4 章）是近年来对非还原物理主义最有力的批评者。他关于三难困境、排他性问题和担忧随附物理主义的论文收录在金在权（1993b）。他进一步发展了这些论证，讨论了一些反驳意见，并在《物理世界中的心灵：论身心问题与心理因果》（Mind in a Physical World：An Essay on the Mind-Body Problem and Mental Causation，1998）第 1 章和第 4 章以及《物理主义或其近似物》（Physicalism, or Something near Enough，2005）第 1 章和第 2 章做出了回应。

注释

1. 亚里士多德在论证这一点时最喜欢用塌鼻子来打比方。他说，塌不能简单地定义为凹陷；他说，那是鼻子上的凹陷。一个更好的例子是微笑。微笑不能简单地定义为弧度；这是嘴角的弧度。亚里士多德认为，对人类活动和能力的定义类似于对塌鼻子和微笑的定义。

2. 《形而上学》第 7 卷第 11 章 1037a22 – 31，另见《论灵魂》第 1 卷第 1 章 403a3 – b15 和《物理学》第 2 卷第 2 章 194a1 – 27。

3. 达纳·巴拉德（Dana Ballard）：《论视觉表征的功能》（On the Function of Visual Representation）。转载于《视觉与心灵：知觉哲学文选》（Vision and Mind：Selected Readings in the Philosophy of Perception），466 – 468。

4. 金在权，物理世界中的心灵：论身心问题与心理因果，麻省理工学院出版社，第 4 章，1998 年。

5. 例如，参见金在权的《多重可实现性与还原的形而上学》（Multiple Realizability and the Metaphysics of Reduction）第 326 页，转载于他的《随附性与心灵》（Supervenience and Mind），纽约：剑桥大学出版社。

6. 取消论蕴含随附性，这似乎令人惊讶。但取消论者否认心理性质存在，因此，他们否认两个事物在心理方面存在差异。如果 X 和 Y 是物理孪生体，他们也一定是心理孪生体，因为他们的心理性质肯定完全相同，即他们都没有心理性质。

第七章 取消唯物主义、工具主义与异常一元论

综述

取消物理主义主张，心理实体不存在。心理范畴并不是能够对人类行为做出准确科学解释的范畴，因此，人类行为的科学解释将使得心理话语最终被取消，而没能作为科学解释的一部分得以保留。取消论的支持论证所依据的前提与同一论者相同：心理话语类似一种科学理论。根据不断积累的证据，科学理论可以被修改，也可以被彻底抛弃。在取消论者看来，心理话语具备了一个失败理论所具备的所有特征：它的解释力不足又缺乏成果，并且它与我们的其他认知也不相符。那么，在对人类行为进行科学解释的过程中，心理话语很有可能会被彻底抛弃。取消论的批评者指出，或者心理话语并不像是一种科学理论，或者它并不像取消论所主张的那样缺点满满。此外，批评者认为，如果取消论为真，那么就无法解释心理话语何以能够成功地描述和解释人类行为——它看起来确实是成功了。

与取消论不同，工具主义和异常一元论都承诺心理实在论，承诺信念、欲望和其他心理状态存在这一主张。然而，他们对该主张的解释都比其他物理主义形式所提供的解释要弱。他们的解释建立在拒斥其他物理主义理论假设的基础上。工具主义拒斥的假设是心理话语旨在表达实在的性质。相反，心理话语只是预测人类行为的工具——它的使用并不承载任何重要的本体论含义。

工具主义的支持论证主张,理论化的目标不是真理而是经验充分性:具有一个符合事实的理论。此外,主张存在与理论中的假设物相对应的不可观察的实体既无必要也不可取。反对工具主义的理由与反对取消论的理由类似:如果心理话语的谓词不对应于实在的性质,我们似乎无法解释心理话语如何能够成为描述和解释人类行为的有用工具。

异常一元论拒斥个体和性质的本体论,它支持事件的本体论,并且将心理话语理解为对人的行为做出理性解释的框架,由此削弱了心理实在论的含义。异常一元论的支持论证基于三个前提:(1)心理事件是物理事件的原因;(2)因果关系需要能够将原因和结果联系起来的严格的定律;(3)不存在能够用心理语言阐述的严格的定律,换言之,心理话语是异常的。从这些前提出发,我们可以得出这样的结论:将心理原因与物理结果联系起来的定律不可能用心理语言阐述,只能用物理语言阐述。然而,如果是这样的话,心理原因就必须用物理语言来描述,由此得出,那些原因一定是物理事件。因此,心理事件就是物理事件——这就是异常一元论中的"一元论",所有的事件都是物理事件。异常一元论的批评者主张,前提(2)和前提(3)都没有充分的证据,并且该理论能不能符合前提(1)也是个问题。

7.1 取消论的支持论证

在许多人眼里,取消论似乎是一种极端甚至怪异的观点,但不少杰出的哲学家都对它抱有好感,其中包括奎因、理查德·罗蒂(1931—2007)和保罗·费耶阿本德(1924—1994)。此外,取消论者也对它进行了有力的论证。哲学家保罗·丘奇兰德为阐明和捍卫该理论做出了最大的贡献。其他的取消论者往往都追随他的脚步,所以我们将重点关注他的取消论及他对取消论的支持论证。

丘奇兰德对取消论的支持论证是这样的:任何有严重缺陷的科学理论都会被彻底抛弃并被更好的理论取代。日常心理话语——通常被称为"民间心理学"(folk psychology)——是一种有严重缺陷的科学理论。因此,民间心理学会被彻底抛弃并被更好的科学理论所取代。

第七章 取消唯物主义、工具主义与异常一元论

"民间心理学"是对日常心理话语的贬义称呼。它是仿照"民间物理学"创造的词语。在20世纪70和80年代，心理学家开始研究人们对物理世界如何运行有什么样的直觉观念。他们发现，许多人——甚至大多数人——对物理系统如何运行的认识都不准确。例如，他们向受试者展示图7.1所描述的场景。在这里，一个人S用拴绳沿着圆形路径挥舞一个重物。研究人员要求受试者描述如果S松开拴绳，重物会沿什么轨迹运动。正确答案是，重物将沿着一条与它最初所遵循的圆形路径相切的直线路径运动。但大多数受试者的回答都不正确。事实上，大多数受试者在回答大量这样的问题时都犯了错误。研究人员得出结论，即大多数人在试图描述和解释周围物理系统的行为时，使用的都是关于物理世界的一种直觉性的、很大程度上不准确的前科学理论——一种民间理论，该理论被称为"民间物理学"。取消论者主张，日常心理话语是一种类似于民间物理学的民间理论。它是关于人类行为的直觉性的、很大程度上不准确的前科学理论——这种理论如此不准确，以至于它最终将被彻底抛弃并被一种更优越的理论所取代。

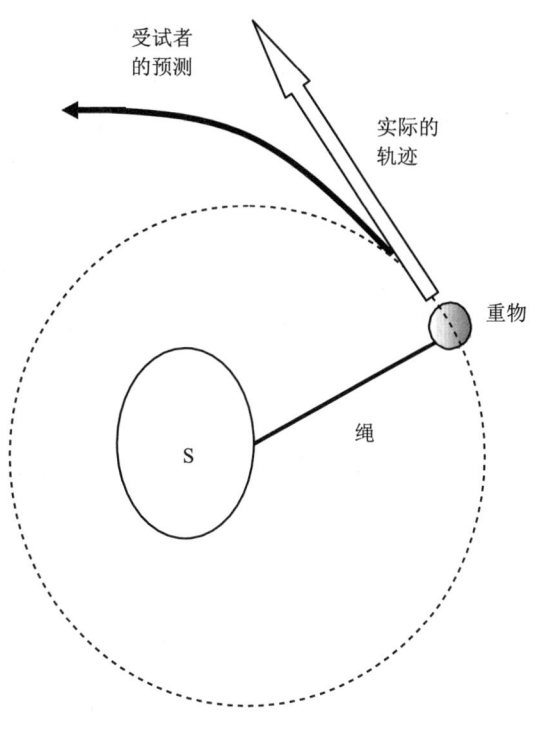

受试者被要求预测拴在绳子上的重物的轨迹，绳子由S沿着圆形路径挥舞。物理定律规定的实际的轨迹与圆形路径相切，但许多受试者错误地预测了曲线路径。一些研究人员得出结论，大多数人使用的都是关于物理世界的一种直觉性的、很大程度上不准确的前科学理论——一种民间理论。

图7.1 民间物理学

科学的理论化总是一场赌博。我们提出的任何理论都可能由于不断积累的证据而被证伪。当一个理论被证伪时，我们可以做以下两件事中的一件。如果它的缺陷相对较小，我们可以对该理论做相对较小的修改以使其与数据相符。例如，如果我们的引力理论假设引力常数为 6.673×10^{-11} m^3/kg（s^2），而实验证据表明这是错误的，引力常数为 6.674×10^{-11} m^3/kg（s^2），那么我们很可能会修正我们的理论，采用不同的引力常数值而不是放弃整个理论框架。有时一个理论太不准确了，以至于我们必须得彻底放弃它。正如我们在4.4节中看到的，这些都是激励了取消论者的科学史事件——在这些事件中，一个理论犯了如此根本性的错误，以至于任何微小的调整都不能使它与事实相符。在这种情况下，该理论不会被修正而是被抛弃，并被一个更好的理论所取代。

当一个理论被这样彻底抛弃时，它的本体论也就被抛弃了。一个理论的本体论是它认为存在的实体的清单。例如，原子论主张原子存在，原子因此包含在它的本体论中。同样，燃素也包含在关于燃烧的燃素说的本体论中。燃素说主张，所有可燃物体都被一种叫作"燃素"的不易察觉的液体渗透，当这些物体被点燃时便会释放出燃素。这个理论最终被抛弃了，取而代之的是一个更好的理论：燃烧的氧化说，该理论认为，物体燃烧是因为它们的原子与空气中的氧气结合。当燃素说被抛弃时，科学家们便不再相信燃素的存在。他们得出结论，相信这种实体存在就大错特错了：燃素不存在，燃烧实际上是因为有氧气。当燃素说被氧化说取代时，它的本体论也被新理论的本体论取代。

燃素遇到的情况在科学史上还发生过很多次。同样的事情在热的热质说和光的以太说那里也出现过。这两种理论都假设了流体状实体的存在来解释热现象和光现象，而它们也都被更好的理论所取代：前者被热的动力理论取代，后者被光的电磁理论取代。在这两种情况下，遭到抛弃的理论其本体论也被更优越的理论的本体论所取代：我们现在知道，热质这样的物质不存在；热现象是由分子的动能引起的。同样，我们知道光以太这样的物质不存在；光是电磁辐射的一种形式。根据取消论者的观点，关于人类行为的民间心理学理论也会发生类似的情况。

取消论者提出，我们大多数人在日常生活中用来描述和解释人类行为的民间心理学是个粗糙的理论。例如，假设我们解释恺撒为什么要跨过卢比孔河，

第七章 取消唯物主义、工具主义与异常一元论

我们会说他想要巩固政治权力,并且相信向罗马进军是巩固权力的最好方法。取消论者和其他支持心理话语理论模型(见5.3节)的人,比如同一论者和功能主义者都认为,我们这样说就是在诉诸一个理论,该理论的本体论中包含信念和欲望,并且根据这个理论,信念和欲望之间相互关联的方式可以解释恺撒为什么那样做。例如,信念和欲望相互关联的方式可以概括如下:

当 x 想要 y,并且相信做 z 是获得 y 的最好方法,那么如果没有什么阻止 x 追求 y,x 通常会做 z。

根据理论模型,信念和欲望是那个旨在解释人类行为的理论所假设的实体。该理论是否为真要由自然科学来决定。在大多数物理主义者看来,科学将证明该理论为真,信念、欲望和其他心理状态确实存在。但在取消论者看来,科学将证明该理论为假,信念、欲望或其他心理状态不存在。取消论者认为,对人类行为的真正解释用不着这些实体。一旦我们得到了人类行为的准确科学理论,我们将会发现,其本体论中的实体与民间心理学本体论中的实体没有任何对应关系;我们将会发现,可以对人类行为做出准确解释的物理范畴并不对应于信念、欲望或其他心理状态。总之,民间心理学不会随着对人类行为研究的积累而改变,它将被彻底抛弃,并被更优越的理论取代。

但我们为什么要假设科学会得出这样的结论呢?即使我们接受日常心理话语是一种理论,我们为什么会认为它存在根本性缺陷——缺陷如此严重,以至于对人类行为的完备科学解释不是导致对它做出修正而是彻底抛弃它?至少有三个论证可以证明这一点。

第一个论证是,有价值的科学理论,也就是有可能只是得到修正而不是被抛弃的理论都具有很强的解释力。一个有价值的科学理论至少能够解释其本体论中实体的行为。但是,该论证认为,民间心理学的解释力不足。民间心理学的本体论包括睡眠、做梦、视觉等现象,但民间心理学无法解释我们为什么睡觉,为什么做梦,或者我们如何能够用两个二维视网膜图像构建三维视觉经验。如果民间心理学是一个有价值的科学理论,那它应该能够解释这些现象,但它解释不了。

第二个论证是,有价值的科学理论是富于创新的:它们做出新的预测,为

进一步的研究提供路径，并随时间的推移而不断发展。例如，爱因斯坦的广义相对论就在引力对光的影响方面做出了新的预测。它预测，恒星这样的大质量天体会像透镜一样使时空发生弯曲。这为新的研究和实验提供了路径。1919年，天体物理学家阿瑟·爱丁顿（Arthur Eddington）证实了太阳的引力透镜效应：他在日食发生的过程中观察到恒星发出的光在经过太阳附近时产生了轻微的弯曲。同样，量子理论的本体论中刚开始只有少数几种粒子，但随着时间的推移，它开辟的研究路径导致了整个粒子家族的发现。与这些理论相比，民间心理学并没有做出新的预测，也没有随时间的推移而发展。今天的民间心理和古人的民间心理或多或少是一样的。

第三个论证是，有价值的科学理论与我们的其他知识相契合。我们关于人类的认识有一部分是这样的，我们是自然选择的产物，我们的成长由DNA、蛋白质合成和其他生理过程所掌控。但在描述这些过程时，我们越来越不清楚民间心理学如何能够融入关于人类本质的广阔科学图景中——这幅科学图景是我们在过去百年间发展起来的。民间心理学与科学对人类本质的描述不相符，这让我们有很好的理由认为，民间心理学是一个有根本性缺陷的理论，随着科学的进步，它不会得到修正而是终将被抛弃。

取消论的批评者对它的支持论证和理论本身都进行了抨击。对支持论证的抨击往往集中在第二个前提上，即民间心理学是一种有严重缺陷的理论。这个前提实际上是两个陈述的合取：（1）民间心理学是一种理论，（2）它有严重缺陷。陈述（1）的批评者基于多种理由认为，心理话语不是一种理论。他们的主张促使人们对心理话语做出其他解释，比如形质论者所倡导的解释（见11.7节）。根据形质论者，心理谓词和术语并不假设不可观察的假定实体；相反，它们指称或直接表达社会与环境交互作用的可见模式。如果形质论者是正确的，那么陈述（1）就是错误的。

不过大多数取消论的批评者都接受陈述（1）而抨击陈述（2）。他们提出，取消论对该陈述的论证有缺陷。首先考虑解释力不足的问题。取消论的论证有缺陷，因为人们通常在设计理论的时候只会让它发挥有限的解释作用，如果理论没有发挥某个作用，因为人们没有设计让它发挥那个作用，我们也不认为该理论有缺陷。让我们考虑一个例子。

葛氏定律是经济学中的一个原则，通常用"劣币驱逐良币"来表达。例

第七章　取消唯物主义、工具主义与异常一元论

如，想象一下，如果美国造币厂开始生产纯金的一分硬币。这些硬币作为货币的价值是 1 美分。然而，它们作为金条的价值（按目前的市场价值）大约是 200 美元。[1]根据葛氏定律，随着人们开始把它们作为金条转售，而不是作为 1 美分的硬币来使用，这些硬币最终将退出流通领域。结果，便宜的铜合金硬币——"劣"币——将成为流通领域中唯一的硬币，它们会驱逐"良"币（金币）：劣币驱逐良币。想象一下，现在有人提出了如下主张：

> 葛氏定律存在根本性缺陷。它不能解释自身领域内对象的行为。它说世界上有一种东西叫钱。硬币是钱，所以葛氏定律应该能够解释硬币的各种现象。但它不能。例如，它不能解释为什么铜币受侵蚀会变绿而金币不会！

我们应该很清楚该论证的错误之处：葛氏定律是经济学定律，而经济学不是要去解释所有的行为，它只解释经济行为。因此，葛氏定律不能解释金属生锈，这并不是对葛氏定律的否定——它本就不是经济学定律应该解释的行为；它本就不在经济学定律要解释的范围内。

类似的观点似乎也适用于反对民间心理学的论证。不同的科学有不同的工作领域。如果民间心理学不能解释我们为什么睡觉或为什么做梦，或者我们如何能够用一对二维的视网膜图像构建三维的视觉经验，也许原因不是民间心理学有缺陷，而是民间心理学从事的是其他工作。例如，也许它的任务只是解释人们的选择、感觉、个性和性格特征，而不是解释使这些事情成为可能的生理过程。

同样，考虑一下取消论者的第二个论证，即民间心理学理论缺乏创新性。批评者指出，该论证的问题在于，一个理论缺乏创新性可能至少出于两个不同的原因：它可能有严重的缺陷，或者它可能已经是完备的。例如，想象一下，有人提出以下论证：

> 基础算术是一种有根本缺陷的理论，它最终将被取消。成功的理论是富于创新的；它们会不断发展；做出新的预测；为进一步的研究提供路径。但是，纵观整个有记载的人类历史，基础算术并没有任何发展，也没

有做出新的预测，更没有为进一步的研究提供路径。

上述论证的问题在于，尽管算术没有发展，那并不是因为它有缺陷，而是因为它的基本公理或原理已经发展到极致了：它们是完备的。民间心理学可能也有类似的情况：也许它的基本原理没有发展只是因为它太完备了。

最后，批评者认为，我们对人类及其在自然界中的地位有一定的认识，而民间心理学是否与那些认识不相契合，这一点并不清楚。进化心理学领域在过去25年里不断发展，或许它能够将民间心理学定位于人类生活的更广阔的进化图景中。例如，让我们考虑一下通常所说的马基雅弗利智力假说（Machiavellian intelligence hypothesis）或社会脑假说（social brain hypothesis）。它主张心理话语主要是作为社会互动和操控的工具而得以发展。具备那种工具的动物个体比不具备那种工具的个体更具有选择优势：它们能够更有效地操控社会环境，从而在社会等级、配偶选择及其他与成功繁殖有关的社会生活方面为自己赢得竞争优势。如果我们证明某种马基雅弗利智力假说是正确的，那么民间心理学如何能够融入关于人类本质的广阔科学图景中就会很清楚了——掌握民间心理学对像我们这样的动物来说是一种选择优势。

除了针对陈述（2）的支持论证外，取消论的批评者还直接提出取消论为假。他们认为，心理话语并不是有严重缺陷的理论。相反，它是描述和解释人类行为的一个非常有效的框架，正是因为它非常有效，所以我们在日常生活中一直使用它。鉴于这个观点是反驳取消论的主要论证的基础，我们稍后还会谈到它。

7.2 取消论的反驳论证

上述思考针对的是取消论的支持论证，但批评者也反对取消论本身。反驳取消论的一个比较常见但却不太恰当的理由是，该理论是自我反驳斥的（self-refuting）。反驳者提出，取消论者主张信念不存在，但他们自己必须相信他们的理论。因此，他们的观点不自恰：它既意味着信念存在又意味信念不存在。这个论证有明显的缺陷，即它错误地假设取消论者必须相信他们自己的理论。

第七章 取消唯物主义、工具主义与异常一元论

取消论者可以做出如下回应:

> 我们对自己的理论既没有相信也没有不相信。事实上,不存在相信或不相信之类的,命题态度根本不存在。因此,如果像反驳者那样假定我们必须相信自己的理论,就等于暗中使用了乞题来反驳我们,因为它假定信念存在,而这恰恰是我们取消论者所否认的。

取消论的一个更强有力的反驳论证来自心理话语在描述和解释方面所取得的成功。我们在日常生活中使用民间心理学效果非常好。事实上,要理解人类行为——描述、预测或解释它,没有比使用心理谓词和术语更好的方法了。如果我想预测你在某些特定情况下会做什么,我能使用的最有效的方法就是了解你会相信什么或渴望什么,或者你对这件或那件事会有什么感觉。同样,如果我想解释你的行为,最好的办法就是利用我对你的信念、欲望、感觉和其他心理状态的了解。大多数情况下,在我们的日常生活中,这样做是非常有效的。

此外,当我们无法准确预测某人将会做什么,或者无法准确解释某人为什么那样做时,我们并不认为这表明整个心理谓词和术语体系有缺陷,或者我们已经达到了该体系有效范围的极限;相反,我们会认为它表明我们需要更多地了解那个人的信念、欲望和其他心理状态。如果你的行为使我感到惊讶,我的结论是,我还没有完全了解你是谁,你在想什么,你的感觉如何,并不会得出结论说你没有信念、欲望或感觉。

因此,心理话语在描述和解释人类行为方面非常有效。不过这种有效性需要某种解释,而最明显的解释就是,确实存在信念、欲望和其他心理状态。相反,如果信念、欲望或其他心理状态不存在,那么我们就不知道该如何解释心理话语的有效性了。于是,取消论面临的最大挑战,也是许多人认为的最大缺陷是,它看起来无法解释如果心理话语所假设的那些性质实际上不存在,它怎么会如此有效。

因为取消论非常反直觉,而且似乎也无法解释心理话语所取得的那些显而易见的成功,所以它一直是心灵哲学的边缘理论。在实际使用的过程中,它更多的是作为对理论化的约束而不是一个严肃的理论:如果一个心灵理论蕴含取

消论，人们通常会认为这是对该理论的抨击。因此，大多数物理主义者都是还原论者或非还原论者，而不是取消论者。

7.3 工具主义

工具主义不同于其他形式的物理主义，因为它拒绝对心理话语做实在论理解。截至目前，我们考察的所有物理主义理论，包括还原论、非还原论和取消论，都假设当我们使用心理话语时，我们至少是在试图表达实在的性质，心理话语的目的是描述事物所具有的实在性质。工具主义者拒斥这种假设。相反，他们主张心理话语只是我们用来预测人类行为的工具或手段。心灵哲学中的工具主义是对理论话语的更一般理解的一种应用。除了行为主义，我们目前考察过的物理主义理论都认为心理话语是理论话语，是我们描述人类行为的日常心理方法构成的一种理论。工具主义者认同心理话语是一种理论，但对理论话语的本质有异议。目前考察过的观点都主张，理论谓词和术语旨在描述实在的对象和性质。当我们使用"电子"这样的理论术语时，我们实际上旨在指称世界上的一种独立于心灵的物体。工具主义者不接受对理论话语的这种理解。他们认为，"电子"这样的理论术语只是我们用来预测周围事物行为的工具。例如，电子可以帮助我们预测一个电子设备如何工作，或者物理学家设置的一些实验装置如何运行。但是，在使用"电子"这个术语时，我们并没有承诺这些实体真实存在。打个比方，图 7.2A 描绘的是太阳系，图 7.2B 描绘的是一架飞机投放炸弹。

图 7.2A 中所画的表征构成了对太阳系的描绘。这些表征至少有两种不同的类型，它们以两种不同的方式运作。中心处代表太阳的圆形和更远处代表行星的圆形表征的都是实际物体，这些物体是处于适当位置的观察者能够看到的。相比之下，描绘行星绕日运行轨道的线条完全不是用来描绘真实物体的。它们只是在描述行星运行的方式，而不是处于适当位置的观察者能够看到的实体。图 7.2B 也是如此：飞机和炸弹的表征旨在描述实在的物体，相比之下，箭头并不是在描绘一个实在的物体，而是在描绘炸弹的轨迹。因此，图 7.2A 和 7.2B 中有两种不同的表征：一种表征的目的是描述世界中的实在对象，另

第七章 取消唯物主义、工具主义与异常一元论

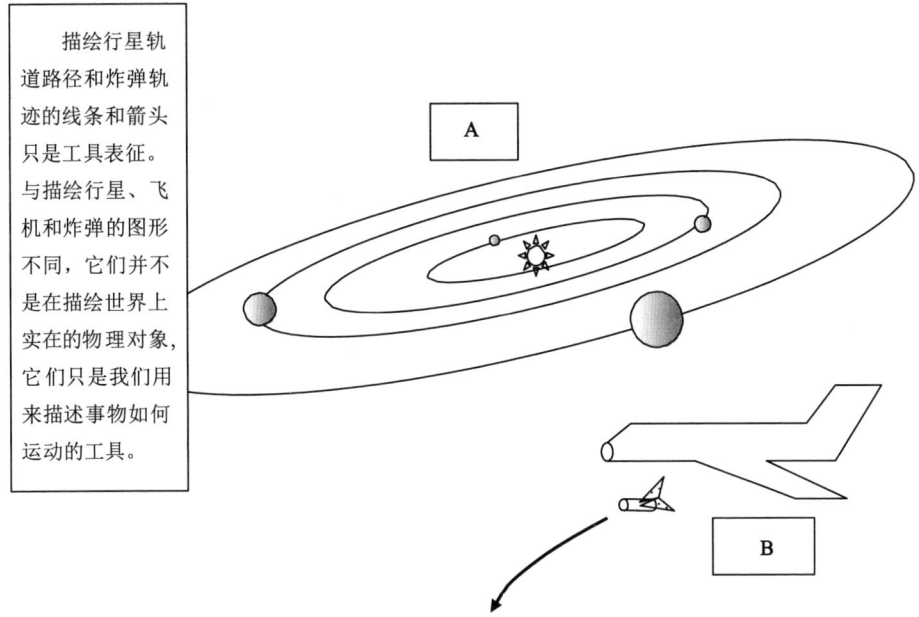

图 7.2 实在表征与工具表征

一种表征的目的不是描述世界中的实在对象,而是描述实在对象的运行方式,它们是我们用来描述实在对象如何运动的工具。

图 7.2A 和 7.2B 中两种表征类型之间的区别类似于工具主义者在描述世界的理论方式和非理论方式之间所做出的区别。非理论话语旨在描述实在的对象和性质,而理论话语则不是。理论描述只是我们用来实现某些预测目标的工具。我们在试图预测周围事物行为的过程中最终创造了理论谓词和术语。

7.4 工具主义的支持与反驳论证

工具主义的支持论证主张,理论话语的实在论解释背负着不必要的本体论包袱。工具主义者认为,理论是使我们能够做出预测的工具。如果一个理论是经验充分的(empirically adequate)——如果它符合事物的经验事实,并使我

们能够做出准确的预测——那么这个理论就完成了它的任务。除了经验充分性，我们不需要对理论抱有更大期望。实在论者认为，理论所假定的实体必须真实存在，就像人们所熟悉的那些真实存在的对象一样。换句话说，他们认为，在与世界相对应这个问题上理论必定为真。① 但是，工具主义者指出，这种认识建立在对理论话语的错误理解之上。理论话语的目标不是真理，而是经验充分性——准确控制和预测系统行为的能力。工具主义者认为，从理论的角度看，要求理论为真没有任何价值。例如，让我们思考一下，我们希望一个理论为真的原因是什么。那似乎正是我们希望一个理论具有经验充分性的原因：一个真的理论将使我们能够预测和控制我们所遇到的系统，就像一个经验充分的理论那样。那么，除了经验充分性之外，还能要求真理论提供什么呢？工具主义者认为，它真正能提供的也只是额外的负担：不仅要求理论能够进行精确的预测和控制，而且要求理论能够与实际存在的事物相对应。在工具主义者看来，这种要求的问题就是我们可能永远都无法满足它。理论为真的最佳证据是它的经验充分性。除了经验事实之外，还有什么能证明一个理论为真？工具主义者认为，实现真理的目标不仅给我们增加了额外的、不必要的负担，还可能给我们带来最终无法承受的重担。

工具主义的反驳论证与取消论的反驳论证相似。根据工具主义者的观点，心理话语是经验充分的。我们可以成功地用它来描述、解释、预测和操控人类行为。但批评者会问，如果心理话语有利于达到这些目的，那该如何解释这种有利性呢？最明显的答案是实在论的：心理话语有用因为它准确——因为它的谓词和术语对应于实在的对象和性质。工具主义者可能会回答说，要求解释心理话语的成功本身就是不恰当的，是在乞题——说它不恰当是因为理论化的目标是构建经验充分的理论，而不是解释为什么这些理论是经验充分的；说它乞题是因为要求我们解释为什么理论是经验充分的，这已经预设了理论化的任务不仅是实现经验充分性；换句话说，它已经预设了工具主义一定是假的。当然，工具主义仍然是心灵哲学的边缘观点。

---

① 这句话的意思是，理论确实与世界相对应。——译者注

7.5 异常一元论

"异常一元论"中的"一元论"指的是物理主义。和目前为止所考察的物理主义理论一样，异常一元论也承诺以下陈述，即一切都是物理的。但异常一元论在两方面不同于我们考察过的其他物理主义理论：它的本体论和它对心理话语的解释。

目前为止，我们对身心理论的讨论都建立在实体—属性本体论的基础上。本体论是存在的各种实体的清单。实体—属性本体论将实体和属性——个体和性质——作为基本实体，并以此理解其他实体。例如，实体—属性本体论的支持者通常认为，事件就是个体在某一时间具有一些性质，这通常被称为事件的*性质例示或性质例证理论*。例如，玛德琳今早下国际象棋，这一事件就是一个人，玛德琳，在某一时间，今早，具有一个性质，下国际象棋。异常一元论则是基于对事件的不同理解。根据事件的实体—属性理论，事件是根据它们所包含的个体、性质和时间来区分的。如果事件$_1$和事件$_2$涉及不同的个体或不同的性质，或者发生在不同的时间，那么它们就是不同的事件。埃莉诺在t时刻吹笛子和加布里埃尔在t时刻吹笛子的区别在于，两个事件涉及不同的个体：埃莉诺和加布里埃尔。同样，埃莉诺在t时刻吹笛子和埃莉诺在t时刻身高5英尺的区别在于，两个事件涉及不同的性质：吹笛子和身高5英尺。最后，昨天埃莉诺吹笛子和今天埃莉诺吹笛子的区别在于，两个事件发生在不同的时间。然而，在戴维森看来，事件不是由构成它们的个体、性质和时间来区分的，而是由它们的原因和结果来区分的。图7.3展示了这个观点。它描述了一系列事件。其中的每个事件都由一个先前的事件引起并引起一个后续事件。事件链中每个事件与其他事件的区别在于其原因和结果。例如，e_1和e_2的区别在于e_1由e_0引起并引起e_2，而e_2由e_1引起并引起e_3。

图中的"M"和"P"分别代表心理和物理描述。根据戴维森的观点，事件可以用不同的词汇描述。在图中，一个标有"M"的事件可以用心理词汇描述，而一个标有"P"的事件可以用物理词汇描述。在戴维森看来，如果一个事件可以用心理词汇描述，那么它就是心理事件；如果一个事件可以用物理词

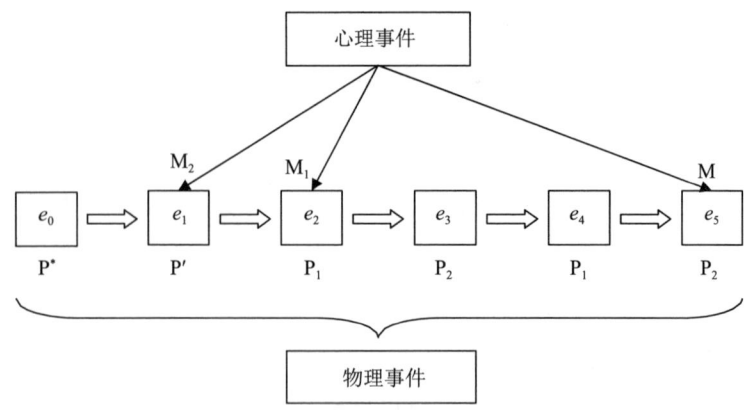

图 7.3 事件与异常一元论

汇描述,那么它就是物理事件。此外,一个既定事件可能用这两种词汇都可以描述。在这方面,异常一元论与前面讨论的心物同一论相似。同一论认为,相同的性质可以用两个不同的谓词表达,一个是心理谓词,一个是物理谓词。同样,异常一元论认为,同一个事件可以用两个不同的语句描述,一个语句由心理语言构成,如"泽维尔想去意大利度假";另一个语句用物理语言描述,如"泽维尔的大脑颞叶正在活动"。

根据异常一元论,所有的事件都是物理事件;所有的事件都可以用物理语言描述——因此图 7.3 中刻画的每个事件都标有一个"P"。该系列中的某些事件也可以用心理语言描述——因此,其中一些事件也标有"M"。因为所有的事件都是物理的,根据异常一元论,我们可以得出这样的结论:那些心理事件也是物理事件——它们是既可以用心理词汇也可以用物理词汇描述的事件。和所有物理主义的反取消论形式一样,异常一元论也主张心理事件就是物理事件。

异常一元论区别于目前所考察的其他物理主义理论的另一个特征是它对心理语言的解释。这一特征就是"异常一元论"中的"异常"所表达的内容。"异常"(anomalous)一词来源于希腊语 nomos,意思是定律。前缀"a-"类似于拉丁语前缀"non-":意思是"非"或"没有"。因此,称一个事件为异常的,就是说它不以类似定律的方式运行;它的运行没有规律,不遵循规律,它的运行方式不符合规律原则。

异常一元论认为，心理话语是异常的。不存在可以用心理词汇表述的严格的定律，即不允许例外存在的定律。这意味着两件事。首先，可以用纯心理术语表述的严格的定律不存在，例如：

（1）如果个体 S 感到恐惧，那么 S 会经验焦虑。

其次，将心理术语和物理术语相结合而表述的严格的定律也不存在，例如：

（2）如果个体 S 感到恐惧，那么 S 的杏仁核细胞就会激活。
（3）如果个体 S 的杏仁核细胞激活，那么 S 就会感到恐惧。

因为没有严格的定律将（2）和（3）中的心理描述和物理描述联系起来，所以一种特定类型的心理描述无需对应于一种单一类型的物理描述。例如，恐惧并不一定总是与杏仁核的激活相对应。可能在一种情况下，杏仁核细胞激活与恐惧相关，而在另一种情况下可能不相关。心理描述和物理描述并不必然相关的原因是它们满足不同的旨趣。当我们的旨趣是用解释事件之间因果关系的严格定律来描述事件时，我们就会使用物理描述。当我们的旨趣是描述事件与其他事件的合理关系，以及它们在更广泛的原因网络中的位置时，我们就会使用心理描述。异常一元论认为，心理话语是解释性的；我们用它来构建对某人行为的解释，以使该行为变得合理。由于心理描述和物理描述满足不同的旨趣，所以物理理论无法取代心理话语所起的描述和解释作用。因此，心理话语不能还原为物理理论。异常一元论是一种非还原物理主义形式。它主张一切都是物理的，但它否认物理学能够取代心理话语所起的描述和解释作用。

7.6 异常一元论的支持论证

戴维森关于异常一元论的论证如下：

（1）心理事件导致物理事件。

(2) 只有当存在严格的定律将心理事件与物理事件联系起来时，心理事件才会导致物理事件。

(3) 没有任何严格的定律可以用心理词汇表述。

根据这些前提，戴维森得出结论，心理事件必须与物理事件同一。为了弄清他是如何得出这个结论的，我们逐一考察这些前提。

我们总是诉诸心理事件来解释行为。例如，我们解释为什么恺撒会越过卢比孔河，因为他渴望政治权力，并且他认为向罗马进军是实现这一愿望的最佳途径。戴维森认为，除非心理事件可以导致物理事件，否则我们无法用这种方式解释人类行为。戴维森提出，当我们把一个事件描述为一个行为时，我们就将它置于一个更广泛的理由模式（pattern of reasons）中——那些理由是行动者选择他们行为的理由。然而，对于任何既定行为，都有很多理由可以解释为什么某人在那种情况下会选择那样的行为。例如，为什么某个和亚历山大处境相同的人会选择杀死他富有的叔叔，理由可能有很多：复仇，贪婪，愤怒，等等。在这些理由中，是什么将亚历山大的行为理由与和他处境相同的人的诸多其他行为理由区分开来？戴维森认为，答案是行动者的理由导致了行为。尽管有人可能会因为报复、贪婪或愤怒而杀死他那富有的叔叔，但导致亚历山大在叔叔的鸡尾酒里投放氰化物的正是他的贪婪——这就是亚历山大那样做的理由。心理解释就是要确定人们为什么会那样做的理由。因此，根据戴维森的观点，只有当理由可以成为原因时——只有当信念、欲望和其他心理事件能够导致人类行为时，我们才能对人类行为做出心理解释。这就是前提（1）背后的理由。

然而，根据戴维森的观点，因果关系需要严格的定律。宇宙是有序的。因果关系不是随机发生，而是以一种有序或可预测的方式发生。如果 A 事件导致 B 事件，之所以这样是因为它们遵循一定的规则。总有一个原理或一个定律，根据它，A 事件成为导致 B 事件的原因。正是因为有这种规则，科学家才受到启发去寻找原因。如果我们注意到，太平洋上某个遥远的地方发生风暴之后，有一种特定类型的碎屑总是出现在北加利弗尼亚州的海滩上，我们就可以确信，存在一系列事件将风暴和碎屑联系起来——在这个系列中，每个环节都受类似于定律的规则支配。许多似定律的规则也允许存在例外：

第七章 取消唯物主义、工具主义与异常一元论

经济规律、心理学规律、生物学规律，甚至化学规律都有例外。但基本物理定律与之不同。它们是严格的，不存在例外。根据戴维森的观点，正是这些定律最终将宇宙中的所有事件联系在一起。这就是前提（2）背后的原因。

在戴维森看来，因果关系总是由严格的定律保证。因此，既然心理事件导致物理事件，那么这些因果关系也必须由严格的定律保证。例如，必须有严格的定律将亚历山大的贪婪和他在叔叔的鸡尾酒里放氰化物的行为联系起来。然而戴维森指出，严格的心理学定律不存在；没有什么定律可以用心理词汇来表述。例如，（谢天谢地）没有定律规定，"每当某人 S 贪婪地想得到他叔叔的财产时就会谋杀他叔叔以获得这笔财产"。但是，如果不存在这种严格的定律，如果不存在一般的心理定律，那么将心理事件和物理事件联系起来的定律就不可能是心理定律。相反，它们必须是物理定律，因为物理学是表述严格定律的科学。但是，如果把心理事件和物理事件联系起来的定律是物理定律，那么似乎心理事件一定是物理事件——它们必须是能用物理词汇描述的事件。让我们根据图 7.3 来举个例子。

事件 e_2 导致事件 e_3——一个 M_1 事件导致一个 P_2 事件。根据前提（2），一定存在一个严格的定律将 e_2 和 e_3 联系起来，但根据前提（3），这个定律不能用心理语言表述。例如，不可能有定律说"每个 M_1 事件都导致一个 P_2 事件"。然而，在这种情况下，一定有一个物理定律可以解释 e_2 和 e_3 之间的联系。设想一下 P_1 事件总是导致 P_2 事件，P_1 是唯一导致 P_2 的事件。我们知道 e_3 由 e_2 导致，e_2 是一个心理事件，但由于 e_3 是一个 P_2 事件，我们知道它一定是由 P_1 事件导致的。由此我们得出结论：e_2 一定是一个 P_1 事件；换句话说，我们得出的结论是，心理事件 e_2 一定是物理事件。一定有严格的物理定律将亚历山大的贪婪和他的谋杀行为联系起来。这个定律不可能是心理定律；相反，它必须是一个物理定律。所以一定有方法可以用物理术语描述亚历山大的贪婪和他的行为——这个方法与联系物理事件的严格定律相对应。但如果亚历山大的贪婪和他的行为可以用物理方式描述，那么他的贪婪和行为一定是物理事件。因此，心理事件必定是物理事件。

上述论证的关键前提，也是我们尚未讨论的前提就是（3）。我们为什么要相信严格的心理定律不存在？戴维森认为，如果存在这样的定律，那么它们

或者是（a）用纯心理词汇表述的定律，或者是（b）将心理词汇和物理词汇相结合而表述的定律。然而根据戴维森的观点，这两种定律都不存在。戴维森对这些观点的论证是出了名的困难，对它们的任何解释都必然会引起争议，不过其要点如下。

为了支持（a），即用纯心理词汇表述的严格的定律不存在，戴维森提出，心理事件受到太多非心理因素的影响，因此不存在纯粹的心理定律。例如，想想我们的心情和情绪，这些东西时常会受到天气、药物和酒精等因素的影响。再比如，恐惧是否会导致焦虑取决于一系列物理因素。但如果是这样的话，便不可能存在仅用心理词汇就可以表达的严格的定律，因为任何心理概括是否为真总是在某种程度上取决于生理条件。

为了支持（b），即心理词汇和物理词汇相结合而表述的严格的定律不存在，戴维森诉诸两个前提：（i）心理话语和物理话语受不同原则支配，（ii）如果两种话语形式受不同原则支配，那么它们的谓词和术语不能在定律陈述中同时出现。从这些前提可以得出，心理谓词和术语与物理谓词和术语不能在定律陈述中同时出现；也就是说，不可能有任何定律是用心理词汇和物理词汇的结合体来表述的。对（b）的辩护是戴维森论证中最复杂的部分。

在戴维森看来，心理话语是一种理性话语。当我们从心理角度描述事件时，我们是根据理由来描述它们的。正如戴维森所说，心理谓词和术语受理性原则支配。相比之下，科学话语不受理性原则支配。戴维森认为，当我们从科学角度描述事件时，我们不是根据理由而是纯粹根据原因来描述它们。如果我们将修正心理描述的方式与修正物理描述的方式进行对比，心理话语和自然科学话语之间的差别就一目了然了。

心理描述和物理描述在遇到反面证据时都是可以修正的，但它们修正的方式却不一样，特别是物理描述不会根据理性原则进行修正。我们不会因为修正科学理论会使按其原理运行的系统的行为更加理性便对科学理论做出修正。对自然科学内容的修正与对理性的考量无关。但心理描述却不是这样的。假设我们从心理方面描述加布里埃尔，他想要点燃烤炉，并且相信使用点火液是最好的方法。如果我们看到他开始用水浇煤，我们就会修正自己的描述，说他错误地相信水瓶里装的是点火液。如果这一描述受到挑战，例如，如果他说"没错，我确实知道瓶里装的是水"，我们就会再次修正我们的描述以使他的行为变得合理：比如说，我们把他描述成觉得自己太尴尬了，不敢承认自己的错误，或者他其实不想点燃烤炉，只是想让别人觉得他在这么做。换句话说，我们修正了对他行为的描述，以便符合他是一个理性的人这个一般观念。现在让我们把修正心理描述与修正物理描述的情况作个对比。想象一下，我们观察到一些下落的物体，然后提出一个假设，表明陆地上的物体以 $7m/s^2$ 的加速度下落。如果重复的实验表明加速度是 $9.8m/s^2$，我们可以有几种方式修正我们对这种情况的描述：抛弃我们的假设，抛弃实验结果，因为它有缺陷，甚至抛弃宇宙引力常数。但无论我们做何选择，无论我们选择如何改变我们对情况的描述，我们的选择都不是基于理性的考量，我们不会为了使下落物体的行为更加合理而改变一整套科学假设。自然科学的任何分支都是如此。自然科学描述的修正与心理描述的修正不一样，理性并不是前者的考虑因素但却是后者的考虑因素。

戴维森指出，因为心理话语和科学话语在这方面有所不同，因为理性是它们其中的一个的考虑因素但却不是另一个的，所以不可能在一个定律陈述中将心理谓词和术语与物理谓词和术语放在一起。关于这一点，戴维森用所谓的"绿蓝色"谓词和术语进行了类比。考虑下面的陈述：

H1　所有的绿宝石都是绿蓝色的。

如果某物在 2017 年 12 月 31 日之前被观察到且为绿色，或者在该时间之前未被观察到且为蓝色，那么它就是绿蓝色的。虽然 H1 看起来像一个真正的定律陈述，但它不是。我们之所以能这样讲是因为它不像定律陈述那样得到了正面实例的证实。如果我们发现这块铜片导电，那就给了我们某种理由——不管这个理由多么微不足道——去假设所有的铜都导电。同样地，每一次对绿色绿宝石的观察无论多么微不足道都能使以下概括更加可信：

H2　所有的绿宝石都是绿色的。

但 H2 的每个正面实例也是 H1 的正面实例，每一块被观察到是绿色的绿宝石也被观察到是绿蓝色的。因此，如果我们对绿宝石的观察证实了 H2，它们也应该证实了 H1，但它们没有，因为 H1 错误地预测了未观察到的绿宝石是蓝色的！由于定律陈述由正面实例证实，而 H1 没有得到正面实例证实，因此 H1 不是一个真正的定律陈述。

戴维森用这个例子说明，有些谓词，正如他所说，根本就不是"为彼此而生"。再与另一个例子进行对比：

H3　所有的绿蓝宝石都是绿蓝色的。①

如果某物在 2017 年 12 月 31 日之前被观察到且它是绿宝石，或者在该时间之前未被观察到且它是蓝宝石，那么它就是绿蓝宝石。这个陈述不会产生未被观察到的绿宝石是蓝色这样的错误预测；它真正预测的是，未被观察到的蓝宝石是蓝色的。这表明，陈述 H1 的问题不是谓词"是绿蓝色的"自身所产生的，而是该谓词与谓词"是绿宝石"结合在一起所产生的。结合其他"绿蓝色"谓词，比如"是绿蓝宝石"，它就不会产生 H1 所产生的问题。根据戴维森的观点，谓词"是绿蓝色的"不是为"是绿宝石"这样的谓词，而是为"是绿蓝宝石"这样的谓词而生的。

戴维森认为，试图将心理谓词和物理谓词结合在一起，就好比试图将"是绿蓝色的"和"是绿宝石"结合在一起一样。心理谓词和物理谓词并不是为彼此而生，因此，试图将它们并置于一个心理物理定律陈述中会导致产生一个伪劣的、非定律的概括，就像"所有的绿宝石都是绿蓝色的"。此外，戴维森还提出，我们可以先验地知道谓词是否在这方面彼此适合。所有的绿宝石都是绿色的，这一陈述可能为假，但它至少有机会被证实：这是一个有经验价值的假说，它可以接受真正的检验。而所有的绿宝石都是绿蓝色的，这一陈述甚至连成为定律的候选资格都没有。戴维森指出，心理谓词和物理谓词也是如此：它们没有资格同时被纳入定律陈述中；构成它们各自话语形式的规则排除了这种可能性。

根据戴维森的观点，只用心理词汇表述的严格的定律不存在，用心理词汇

---

① 绿蓝宝石（emerire）是将绿宝石（emerald）与蓝宝石（sapphire）的名称结合在一起创造的一个词。——译者注

和物理词汇的结合体表述的严格的定律也不存在。但这意味着用心理词汇表述的严格的定律根本不可能存在。如果严格的心理定律不存在，而心理事件导致物理事件，那么支配心理—物理因果关系的严格的定律一定是物理定律。然而，如果那些定律是物理定律，而心理事件受其支配，那么心理事件就必须能用物理术语来描述，因此它们必须是物理事件。根据戴维森的观点，心理话语的异常性特征和因果性特征表明物理主义为真。

7.7 异常一元论的反驳论证

一些异常一元论的批评者认为，因果关系不需要严格的定律将原因和结果联系起来。另一些人则对可以用心理词汇表述的严格的定律不存在这一主张进行了反驳。不过异常一元论最著名的反驳论证主张，该理论剥夺了信念、欲望和其他心理状态在行为解释中的作用。持此观点的批评者已经错误地抨击了6.12节所描述的那种个例物理主义观点。戴维森本人的观点与个例物理主义观点相似，不过因为二者并不完全相同，所以反驳没有奏效。尽管如此，还是有人试图提出针对戴维森本人的理论而不是针对表面上类似的理论的反驳。

假设玛德琳因为口渴而喝了点水。我们通常会说，她口渴是导致她行为的原因。然而，根据戴维森的观点，只要存在因果关系，就必须有严格的定律确保这种因果关系。因此，必须有严格的定律将玛德琳的口渴与她喝水的行为联系起来。通常我们可能会用下面的方式来表达这一定律：

L1 如果某人口渴并且有水可用，那么在没有任何干扰的情况下这个人会喝水。

这样的概括似乎表达了我们通常认为的某人喝水的原因：当人们感到口渴，有水可用，并且没有什么紧要的情况阻止他们喝水时，他们就会喝水。L1的问题在于，它是用心理谓词表述的：谓词"口渴"表示一种心理状态，谓词"喝水"表示一个动作。而根据戴维森的观点，严格的定律——表述因果关系所需要的那种定律——不能用心理谓词表述。因此，L1不能表达解释玛德琳行为的因果关系。相反，我们需要一个用纯物理词汇表述的定律，例如：

L1* 如果某人处于物理状态 P1，并且有水可用，那么在没有任何干扰的情况下这个人将进入物理状态 P2。

正是这种严格的物理定律使我们能够解释玛德琳的行为。它表达了玛德琳行为的真正原因。玛德琳所有的行为都是如此，不仅是她的行为，每个人的行为都是如此。根据异常一元论，因果关系必须由严格的定律保证，而任何严格的定律都不能用心理词汇来表述。因此，如果想了解事情发生的真正原因，我们就必须用 L1* 这样的概括来代替 L1。请注意这意味着什么：为了找出人们行为的真正原因，我们需要清除由心理表达构成的解释。这样一来，人们行为的真正原因——他们行为背后的真正因果过程——从来不是心理原因，一直都是纯物理原因。心理话语不具有真正的因果或解释意义。异常一元论剥夺了我们通常认为心理话语所具有的因果或解释地位。当然，异常一元论的反驳论证仍然充满了争议。

扩展读物

奎因（1966）早先支持取消论，但他后来开始赞同异常一元论（1985）。不过与丘奇兰德（1981）的取消论观点不同，奎因并不承诺心理话语的理论模型。理查德·罗蒂（1965）和保罗·费耶阿本德（1963）都对取消论抱有好感。帕特里夏·丘奇兰德（Patricia S. Churchland，1986）和斯蒂芬·斯蒂奇（Stephen Stich，1983）也为取消论辩护。

关于民间理论研究的介绍性讨论，见麦克洛斯基（McCloskey，1983）。对取消论的批评和相关论证可以在克里斯蒂安森和特纳（1993）的文章中找到；另见福多（1987，第1章）。有关马基雅弗利式智力假说的更多信息，请参阅邓巴（Dunbar，1996）、拜恩与怀特（Byrne and Whiten，1988，1997）的文章。

第七章 取消唯物主义、工具主义与异常一元论

丹尼尔·丹尼特的意向系统理论（Intentional Systems Theory）是一种工具主义理论。丹尼特（1987）的文章是对其观点的通俗介绍。特别参阅《真正的信念者：意向策略及其为何有效》（*True Believers: The Intentional Strategy and Why It Works*, 1987：第2章）。最近，丹尼特（1991b）试图与早期对其观点的工具主义解释保持距离。他更成熟的立场最好被理解为一种带有实用主义色彩的非还原物理主义形式：我们使用心理话语，因为它能给我们提供基础物理学所不能提供的某些实际好处。特别是，它能够满足我们对便利和效率的渴望：使用心理话语可以比用基础物理学的概念更快更容易地对人类行为进行预测。德维特和斯蒂尔尼（Devitt and Sterelny, 1999：15.2节）对丹尼特思想中的不同部分所产生的紧张关系进行了简短而通俗的讨论。

戴维森在两篇论文中颇具新意地提出了异常一元论（2001c；2001d），不过遗憾的是两篇都很难。有几个人提出了异常一元论退化为副现象论的主张，包括金在权（1989）、欧内斯特·索萨（Ernest Sosa, 1984）和泰德·洪德里奇（Ted Honderich, 1982）。戴维森（1993）在一本期刊集中回应了这一指责，其中也包括金在权和索萨的反驳（Heil and Mele, 1993）。

洛克斯（Loux, 2002）对形而上学中的实体及相关概念进行了很好的介绍性讨论。事件是性质实例的观点得到了金在权（1993a）、阿尔文·高盛（1970）和乔纳森·本内特（Jonathan Bennett, 1988）的支持。戴维森（2001b；2001c；2001f）为另一种对事件的看法进行了辩护。

注释

1. 在我写这本书的时候，黄金的价格大约是每金衡盎司1000美元，我估计一枚纯金制成的1美分硬币大约重0.2金衡盎司。

---

① 此处原书有印刷错误，将Intentional印成了Intensional。——译者注

第八章 二元属性论

综述

二元属性论（DATs）在实体二元论和物理主义之间采取了一条中间路线。和实体二元论一样，二元属性论者主张存在两种截然不同的性质。他们提出，一些个体具有物理词汇无法表达的特性。但与实体二元论不同，二元属性论者否认人完全是非物理实体。与部分物理主义者一样，二元属性论主张，某些个体同时具有心理性质和物理性质。此外，二元属性论与非还原物理主义理论相似，因为这两种理论都否认特殊科学可以还原性为基础物理学。不过他们否认这一点的理由是不同的。二元属性论者的理由是某些事物具有非物理性质。非还原物理主义者的理由并不是存在非物理性质，而是基础物理不能满足我们所有的描述和解释旨趣。

二元属性论有几种不同的类型。它们在两个方面有所不同：（1）什么样的个体同时具有心理性质和物理性质；（2）这些心理性质和物理性质如何关联。关于（1），机体二元属性论主张，我们是机体。非机体二元属性论拒斥这种观点。他们的支持论证诉诸分体本质论（mereological essentialism），即一个复合物具有且只本质上具有它的所有组成部分。分体本质论的基础是对部分和整体的理解，其灵感来自集合论的公理，但这些理解是有争议的。批评者认为，这种关于组分关系的解释并不合理。

对于（2），最主流的二元属性论是副现象论和突现论。二者都主张心理现象由物理现象导致或从物理现象中突现，但就心理现象是否会反过来对物理现象产生因果影响，他们的看法有分歧：突现论者认为可以；副现象论者则主张他们不能。

副现象论的支持论证主张，人类行为可以用纯物理术语解释，但感质即经验的质性方面却不能。因此，感质是副现象；它们确实存在，但它们不属于解释人类行为的因果关系网的一部分；它们不会对人类行为产生因果作用。副现象论的批评者主张，该论证的前提是假的，而且这个理论十分荒谬，因为它意味着，举个例子，与疼痛或厌恶相关的不愉快的感觉对我们的行为没有影响。突现论没有这种含义。但它们却面临着另一种心理因果问题。此外，经典的突现论似乎已经被纯经验证据证伪了：它们将突现性质作为突现力，但科学研究表明，所有的力都是物理的。最后，副现象论和突现论都面临心物突现问题：它们都难以解释高阶性质如何从低阶性质中突现产生。为了解决这一问题，人们提出了泛心论（panpsychism）和泛原心论（panprotopsychism）等理论，但这些理论本身也面临严重的问题。

8.1 二元属性论与物理主义及实体二元论的对比

二元属性论在实体二元论和物理主义之间采取了一条中间路线。与实体二元论相同但与物理主义不同的地方在于，它们承诺性质二元论。它们主张，有些个体具有的性质无法用物理词汇表达。而与物理主义相同却与实体二元论不同的地方在于，二元属性论否认人完全是非物理实体。它支持我们之前所说的心物性质同存（psychophysical property coincidence），即某些个体同时具有心理性质和物理性质。

让我们再次考察下面两个在第 4 章中讨论过的陈述：

（1）每个个体都具有某些特征或实施了某些行为，这些特征和行为都可以用物理学全面地描述和解释。

（2）每个个体的每个特征和所做的每件事都可以用物理学全面地描

述和解释。

204　回想一下，物理主义赞同的是（2）。它不仅认为个体的某些特征可以被物理地描述，或者它的某些行为可以被物理地解释，而且认为每个个体的所有特征和所有行为都可以被物理地描述和解释。二元属性论拒斥这种观点。他们否认每个个体的每个特征都可以得到全面的物理描述和解释。根据二元属性论，有些个体具有的性质无法用物理词汇表达。物理学并不足以描述一切存在物，有些事物只能用其他概念框架来描述和解释，比如心理话语。

二元属性论与非还原物理主义有一个相似之处：它们都否认特殊科学可以还原为基础物理学。不过他们否认这一点的理由是不同的。还原涉及一个理论或概念框架取代另一个理论或概念框架所起的描述和解释作用。根据二元属性论者的观点，基础物理学不能取代特殊科学所起的描述和解释作用的原因是存在非物理性质——某些个体的性质无法用物理学词汇表达。相比之下，非还原物理主义者否认非物理性质存在。像所有的物理主义者一样，他们主张，唯一存在的性质是物理性质。所以非还原论者与二元属性论者不同，他们否认特殊科学可还原性的理由不是本体论理由。他们认为，物理学之所以不能取代特殊科学的描述和解释作用与我们独特的描述和解释旨趣有关。他们提出，有时我们只有使用与基础物理学不同的词汇才能满足我们的旨趣，但基础物理学不能满足我们所有的旨趣与本体论无关。再来考察一下第4章中提到的超级物理学家。它了解宇宙中所有的基本物理个体，它们的性质、关系，以及所有支配它们行为的定律。但是它不具有任何心理或生物学概念使它能够区分生物与非生物或心理存在与非心理存在。与其他物理主义者一样，非还原物理主义者承诺以下陈述，即超级物理学家对世界的描述不会遗漏任何东西。如果我们觉得超级物理学家的描述缺乏吸引力——我们觉得它好像遗漏了什么——那只能是因为它没有满足我们的某些特殊的描述旨趣。相比之下，二元属性论者主张，超级物理学家的描述确实遗漏了一些东西，即某些个体所具有的一切非物理性质。非还原物理主义者否认特殊科学的可还原性不是像二元属性论者那样出于本体论原因，而是出于描述和解释旨趣方面的原因。

通过考察实现物理主义，我们可以更清楚地刻画二元属性论与非还原物理主义之间的区别。回想一下，实现物理主义是一种非还原理论，它主张心理性质和其他特殊科学性质是高阶性质,是逻辑建构,其定义是对低阶物理性质的量化(见6.4节)。例如,根据实现物理主义,具有疼痛相当于具有某种低阶物理性质,这些物理性质满足一个条件,比如具有一个实例,该实例通常会将针刺、灼烧和擦伤与皱眉、呻吟及类似行为关联起来。因为实现物理主义假定除了一阶物理性质之外还存在高阶性质,所以它有时也被归为二元属性论的一种形式。但这个标签极具误导性。假定存在高阶和低阶性质与划分一元论和二元论时所说的性质二元论不一样。一元论和二元论的区分只涉及一阶性质。所有的二元理论——二元属性论和实体二元论等——都宣称存在一阶非物理性质。二元属性论否认心理性质是实现物理主义所说的高阶性质;他们否认心理性质是任何形式的逻辑构建。他们主张,心理性质是不同于一阶物理性质的另一种一阶性质。正是这种强有力的本体论论点将二元属性论与包括非还原论在内的各种物理主义理论区分开来。

二元属性论与实体二元论也有所不同。实体二元论坚决反对(1),即每个个体都有某些可以用物理学描述和解释的特征和行为。根据实体二元论,有些个体不具有可以用物理学描述和解释的特征。而二元属性论与(1)是相容的。它们主张,某些个体具有某些可以用物理词汇描述的特征,并且这些个体的某些行为可以用物理词汇解释。事实上,二元属性论者宣称所有的个体都有某些特征和行为是可以用物理词汇来描述和解释的。因此,二元属性论在实体二元论和物理主义之间做了折中。物理主义者接受(1)和(2)。实体二元论者拒斥(1)和(2)。二元属性论者能够接受(1),但他们拒斥(2)。

与实体二元论的名称相似,二元属性论有时被称为**性质二元论**。不过"性质二元论"的标签可能具有误导性,因为正如我们所看到的,实体二元论也承诺性质二元论。有人用"二元面向"(dual-aspect)的标签来代替"二元属性",但这也有误导性,因为"面向"表明,根据二元属性论,心物区分仅仅是事物在我们看来如此——我们可以依据描述事物的不同概念框架看到同一个事物的不同方面。而"属性"这一术语更清晰地抓住了心物区分的本体论本质。

最后,不应将二元属性论与中立一元论相混淆(见第9章)。与二元属性论者一样,中立一元论者也认为,有些个体同时具有心理性质和物理性质,而且这些心理性质和物理性质是不同的（至少它们的定义不同）。然而，中立一元论者另外还主张，这些个体和所有个体都可以用一个中立的概念框架全面地描述和解释，这个框架既不是心理的，也不是物理的。二元属性论者不接受这个额外的主张。他们否认存在可以刻画一切事物特征的中性性质，否认心理和物理的概念框架只是描述事物的不同框架，而它们本身既不是心理的也不是物理的。

8.2 非机体二元属性论

二元属性论有几种不同的形式。它们在两个问题上有所不同：（1）什么样的个体同时具有心理性质和物理性质，（2）这些心理性质和物理性质是如何相互关联的。让我们依次考虑这两个问题。

机体二元属性论主张，我们是生物机体。该主张与**动物主义**（animalism）密切相关，动物主义主张，我们是动物。然而"机体"一词比"动物"要宽泛得多。一个复杂的机器人系统不是动物，但它可以算作一种机体——特别是一种人工构造的机体。机体二元属性论主张，我们就是这种复杂的存在物，或者是动物或者是类似的东西。**非机体二元属性论**则否认这一点。

非机体二元属性论在许多方面与实体二元论相似。例如，考虑这样一种观点：我们每个人都是寄居在人体中的幽灵或灵魂。这是一种类型的非机体二元属性论。它主张我们既有心理性质也有物理性质，如空间位置和广延（幽灵在身体内部，并在全身内延伸）。因此，根据这种观点，我们既具有心理性质又具有物理性质，但我们不是生物机体。我们可能与机体有密切关系，例如，我们可能由机体构成，或者由机体产生，但我们本身肯定不是机体。此外，尽管我们可能具有诸如空间位置等物理性质，但我们并不具有机体所具有的全部物理性质，因为我们没有机体部分——没有内部器官或其他物理组件。而且由于非机体二元属性论否认我们是生物机体，所以它们与实体二元论还有另一个相似之处：它们意味着下列陈述中的一个为假：

（1）我具有信念、欲望、希望、愉悦、恐惧、爱和其他心理性质。

（2）我是一个生物机体，比如一个人。

由于与实体二元论相似，非机体二元属性论常被称为非笛卡尔二元论（non-Cartesian dualism），而它的许多支持者实际上都是心有不满的实体二元论者：他们确实想成为实体二元论者，但又深信实体二元论的问题是无法克服的，于是退而求其次——选择非机体二元属性论。因为非机体二元属性论的观点和含义都与实体二元论相似，它可以为心有不满的实体二元论者提供他们所追寻的理论——一个不接受我们等同于生物机体的理论。因为它赋予了我们一些物理性质（即使只有少数几个），所以避免了实体二元论所面临的许多问题。例如，考虑交互作用问题（见3.5节）。如果你和我都是物理存在——比如说寄居在身体里的幽灵般的存在，或者像电子这样的微粒子，而且还具有心理性质——那么心物因果交互作用就不那么成问题了。因为你和我都是物理存在，我们可以和与我们有交互作用的身体同属一个物理因果关系网。于是交互作用问题便得到了解决。

但我们为什么要假设非机体二元属性论为真呢？它的支持论证必须既能确立性质二元论为真，又能证明我们是生物机体这一陈述为假。我们接下来将要讨论性质二元论的支持论证。此外，我们之前考虑过一个关于我们不是生物机体的论证，即实体二元论的支持论证（见3.2节）。现在让我们来看看由哲学家罗德里克·齐硕姆提出的该主张的另一种支持论证。

齐硕姆主张，如果我等同于一个生物机体，那么我一定与生物机体具有相同的性质。这是由莱布尼茨定律直接得出的：如果 x 等同于 y，那么 x 和 y 一定具有完全相同的性质，因为 x 和 y 就是同一个事物。但是，齐硕姆的论证指出，我与生物机体的性质不同。特别是你和我存在的时间比任何生物机体都要长得多。

生物机体是复合物，即具有适当组分的实体。[1]比如说，坐在这个房间里的生物机体有手、胳膊、躯干、腿、头、眼睛以及其他部分。然而，根据齐硕姆的观点，每一种复合物都是在本质上具有它所具有的组分：没有那些组分它就不可能存在。例如，如果 S 由 A、B 和 C 组成，那么没有 A、B 和 C，S 就不可能存在。如果 S 失去了其中一个部分，S 就不复存在。此外，如果 S 获得任何额外的部分，它也将不复存在。复合物具有且只本质上具有它的所有组成部分，这个主张就是所谓的**分体本质论**。

分体论是一种关于部分和整体的理论，源于希腊词语 *meros*，意为"部分"。分体本质论反映了一种以集合论为模型的分体论。它根据集合与其元素之间关系的模型来理解整体与部分之间的关系。集合由其元素定义。例如，集合 {A, B, C} 由元素 A、B、C 组成，它与集合 {A, B} 和集合 {A, B, C, D} 不同，因为这些集合不具有与 {A, B, C} 完全相同的元素。集合 {A, B, C} 有一个集合 {A, B} 缺少的元素，同时又缺少一个集合 {A, B, C, D} 具有的元素。分体本质论者认为，复合实体类似集合。他们提出，复合物由它的组分定义，就像集合由它的元素定义一样。如果 S 由 A、B、C 组成，那么它就不同于由 A、B 组成的对象 S′，也不同于由 A、B、C、D 组成的对象 S″。

如果整体与其部分之间的关系类似于集合与其元素之间的关系，那么一个复合实体如果缺少了它所具有的那些部分就不可能存在。如果 S 由 A、B、C 组成，而它失去了一个部分——比如 C 部分——那么它将不复存在。取而代之的是由 A 和 B 定义的复合物 S′。反过来，如果 S 获得了一个部分——比如 D 部分——它也将不复存在，取而代之的是由 A、B、C、D 定义的复合物 S″。

分体本质论对理解生物机体有重要的意义。一个生物机体，比如我的身体，由许多基本的物理组分构成。根据分体本质论，我的身体正是在本质上具有这些基本的物理组分。然而，生物机体在不断地获得和失去基本的物理组分。与环境不断进行物质交换是生物机体的决定性特征之一。例如，生物机体每次吸气都会从环境中获取一些物质——氧原子——然后氧原子就会成为它的一部分。同样，生物机体每次呼气都会向环境中释放一些物质——二氧化碳分子——这些物质曾经是生物机体的一部分。如果分体本质论为真，那么只要生物机体每次吸气或呼气，它就不复存在，因为每吸气或呼气一次，它就会获得或失去一些组分。根据分体本质论，一个生物机体本质上具有它所有的组分；缺少它所具有的组分，它就不可能存在。当我的身体得到或失去某一部分的时候，它将不复存在。它将被另一个身体所取代——这个身体很可能与它非常相似，因为它具有我的身体现在具有的许多组分——就像 S′将具有 S 现在具有的大部分组分一样。那么实际上，我习惯称之为"我的身体"的实体根本不是单个实体，而是按顺序出现和消失的多个实体。在 t_1 时刻，我称之为"我的身体"的生物机体由粒子 a_1，a_2，a_3，…，a_n 组成，但在 t_2 时刻，那个生物机体已经不复存在，并被另一个生物机体所取代——尽管如此，我仍然称它为"我的身体"。在 t_3 时刻，这个生物机体将被由另一组不同的粒子组成的另一个生物机体所取代——我将再次称这个生物机体为"我的身体"。如果分体本质论为真，那么这些生物机体彼此都是不同的。所以实际上，"我的身体"这个术语指的是一系列生物机体，而不是单个生物机体。此外，如果分体本质论为真，那么序列中的每一个生物机体都只存在于转瞬之间。因此，分体本质论者的结论是，生物机体存在的时间非常短暂。

现在考虑一下你是否可能是这些生物机体中的一员。除非你的身体处于假死状态，否则在你读完这句话的时候，构成你身体的生物机体序列中的任何一个都将不复存在。但想想你自己，当你读完那句话时，你是不是已经不复存在了？你很可能确信自己仍然存在，而且有很好的理由：你理解了那句话，并且可以合理地假设，除非你读过并理解了它的开头和结尾，否则你不可能理解那句话。然而，看起来除非你在那句话开头和结尾时都存在，否则你不可能既理解开头也理解结尾，因此，如果你理解了那句话，就有很好的理由认为你在阅读和理解那句话所花费的时间之内是一直存在的。而齐硕姆的论证认为，没有生物机体能够存在那么久。在你读那句话的时间里，构成你身体的生物机体，以及宇宙中几乎所有的其他生物机体都不复存在了，取而代之的是具有不同组分的其他生物机体。于是，像你我这样的人存在的时间比任何生物机体都要长得多。但如果你我存在的时间比生物机体长，那么你我就不可能是生物机体。因此，齐硕姆论证的结论是，我们不是生物机体。

齐硕姆的论证基于以下前提：

(1) t_1 时刻存在的任何生物机体在 t_2 时刻通过与环境进行物质交换而获得或失去物理组分。

(2) 如果 t_1 时刻存在的某一生物机体在 t_2 时刻通过与环境进行物质交换而获得或失去物理组分，那么该生物机体在 t_2 时刻不复存在。

(3) 你和我存在的时间比 t_1 到 t_2 的时间长。

前提（1）和（2）意味着没有任何生物机体存在的时间比 t_1 到 t_2 的时间长。

从这个结论和前提（3），根据莱布尼茨定律可以得出，你和我都不是生物机体。t_1到t_2之间的持续时间是多少？该论证的支持者指出，这是一个经验问题。确切的细节要由生物学家来填补，但我们对生物知识的了解足以让我们认识到，生物机体与环境交换物质所需的时间远比你读一个句子所需的时间要短得多。

上述论证的批评者几乎不会针对前提（1）。他们也不太可能针对前提（3）。所以最有可能的目标是前提（2），即当生物机体与环境进行物质交换时，它就不复存在。这是基于分体基质论所提出的前提。如果分体本质论为真，那么复合物就是本质上具有它们的组分。既然生物机体是复合物，那么生物机体必定是本质上具有它们的组分。因此，如果一个生物机体在t_2时刻失去了一部分，那么它在t_2时刻就不复存在了。批评者不太可能否认生物机体是复合物。真正有争议的前提是分体本质论。批评者可以提出另一种不以集合论为基础的分体论来对它进行反驳。

例如，形质论者赞同另一种分体论（见10.3节）。它主张，生物机体不只是其基本物理组分的总和。除了构成它的基本物理组分之外，还有这些组分的组织或构成方式。组织结构关系着生物体是否能够存续一段时间。如果生物机体保持相同的组织或结构，那么尽管它与环境不断地进行物质交换，但它仍然能够继续存在。例如，当它呼吸时，吸入的氧原子以一种特殊的方式组织起来——它们融入机体的代谢活动，从而成为机体的一部分。相反，它呼出的碳原子不再是它的一部分；它们不再参与机体的代谢活动，因此不再融入机体的整体结构。我们对待无生命物体的方式也反映出这种结构性的构成概念。我们认为桌椅可以继续存在，只要组成它们的木块保持它们的结构。如果这张桌子只是由于被刮坏而失去了一些基本的物理组分，那么我们不能得出这张桌子已经不复存在的结论，而是说它虽然失去了一些基本的物理组分，但它仍然存在。如果像形质论者所说的，事物的构成包括结构或组织，那么齐硕姆的论证是失败的。我们将在第10章更详细地讨论组织的概念。

此外在第12章中，我们将考察动物主义的支持论证。如果动物主义为真，那么我们就是生物机体，而非机体二元属性论一定为假。非机体二元属性论还面临其他问题。尽管非机体二元属性论者比实体二元论者更容易处理交互作用问题，但我们并不清楚他们是否能够避免他心问题或解释力不足的问题（见

3.4 和 3.7 节）。这两个问题都可以重新表述以便对非机体二元属性论进行反驳。此外，与所有二元属性论一样，非机体二元属性论也面临心理因果问题。我们将在 8.11 节谈到突现论的时候再讨论这个问题。

8.3　副现象论

　　机体二元属性论是一种典型的二元属性论。机体二元属性论者主张，我们是生物机体，但却具有两种截然不同且不可还原的性质。在许多人看来，机体二元属性论似乎是对人类本性最显而易见的理解，在机体二元属性论者看来，我们显然是生物机体，我们行为的某些方面可以用物理术语描述和解释，但其他方面却不能。如果我去蹦极，你可以用纯粹的物理术语来描述和解释我蹦极的轨迹以及我为什么会蹦出那样的轨迹。可是如果你想知道我蹦极的理由，物理学就无能为力了。我的理由只能用心理词汇来表达，所以对我行为的完整描述和解释需要同时使用心理和物理概念框架。

　　由于对如何理解心理性质和物理性质之间的关系有不同看法，不同的机体二元属性论彼此也是有差异的。最主流的机体二元属性论是副现象论和突现论。副现象论和突现论都认为，生物机体的物理性质是产生其心理性质的原因。物理学所描述的那种基本物理作用导致或产生了非物理性质——包括诸如信念、欲望和疼痛等心理性质。副现象论和突现论的分歧在于，心理性质是否能对它们由以突现的物理作用产生因果影响。副现象论者主张，突现心理现象是因果无效的，它们本身没有因果效力，也无法影响物理宇宙中发生的任何事情。心理现象存在，并且因为它们存在，对宇宙的完备解释必须包括用适合描述它们的词汇——心理词汇——对它们进行描述。但根据副现象论者的观点，突现心理性质只是某些物理过程的因果副产品，它们本身不产生或者说不引起任何事。在突现心理性质的因果地位问题上，突现论者与副现象论者意见相左。他们否认突现性质是因果无效的。突现心理性质具有不同于基础物理学所描述的因果效力，并且它们会对物理事件流产生因果影响。

　　突现论和副现象论近年来都有所复兴。副现象论的复兴主要是由于人们对心理现象私人概念的同情日益增加（见 2.4 节）。副现象论者普遍对物理主义世界观——尤其是对人类行为的物理主义立场表示认可。不过他们确信，心理状态不能通过输入输出或通常的环境原因和行为结果进行分析。因此，他们往往将心理现象视为大脑运行的因果副产品。环境因素触发大脑状态，大脑状态接下来又触发行为结果，但在这个过程中，大脑状态也会产生心理状态作为一种现象残留物——一种没有因果效力的残留物。打个比方：汽车发动机负责产生汽车的行为，也就是汽车的运动。然而，在产生运动的过程中，它也会产生热量，这是产生运动的运行过程所形成的副产品。让我们想象一下，发动机产生的热量消散在周围环境中，没有对汽车产生任何影响，这个情境正是对心理现象的副现象论观点的一个粗略类比。根据副现象论者的看法，突现心理状态与大脑状态的关系类似于上面的例子中热量与发动机内部操作的关系。突现心理状态由大脑状态产生，产生的方式符合原始心物定律，比如大脑状态 B 总是产生疼痛的定律。但是疼痛和其他突现心理状态并不影响大脑状态，也不影响任何其他物理状态。

　　副现象论有多种类型。第一种类型的范围不受限，主张所有的心理性质都是副现象的。这种副现象论支持者不多。第二种副现象论更为温和，主张只有某些心理性质是副现象的。这种副现象论近些年越来越流行。20 世纪 80 年代的弗兰克·杰克逊和 90 年代的大卫·查尔默斯是它的主要倡导者，而该理论关注的重点是感质。我们接下来将主要讨论这种副现象论。要理解它，我们可以先回顾一下大卫·刘易斯和大卫·阿姆斯特朗（见 5.4 节和 5.6 节）所倡导的同一论，因为副现象论者关于人类行为的看法与同一论者相似。

　　回想一下，根据刘易斯和阿姆斯特朗的同一论，心理状态由其通常的环境原因和行为结果定义。例如，我们用术语"疼痛"指称一种通常由针刺、灼烧、擦伤和其他刺激引起，并引起皱眉、呻吟和类似行为的现象。之后，该类型的现象就成为科学研究的目标，目的是发现疼痛到底是什么——什么样的内部物理状态具有那些通常的环境原因和行为结果。因此，疼痛被定义为具有某种通常的原因和结果的现象类型，然后这种类型的现象被科学研究确定为某种类型的物理状态 P。像查尔默斯这样的副现象论者认为，刘易斯和阿姆斯特朗对信念、欲望和其他心理状态做出了正确的解释，他们的解释符合心理现象的公众概念（见 2.5—2.6 节）。他们认为，这些心理状态可以通过诉诸其通常的原因和结果来定义，因此可以与物理状态相同一。重要的是，正是这些心理状态产生了行为。我们通过诉诸人们的信念、欲望和其他意向状态来解释人们的行为。既然这些状态在副现象论者看来与物理状态相同一，那么人类行为——人们将环境原因与行为结果关联起来的方式——就可以做出全面的物理描述和解释。因此，副现象论者赞成同一论者关于心理状态允许因果分析的观点。但他们不赞同所有的心理状态都是如此。他们指出，感质不允许进行因果分析。感质是非关系的、不可分析的、副现象的。感质不属于产生人类行为的因果关系网络。副现象论者指出，由于感质真实存在，所以对人类本质的完备解释必须包括它们，但感质在行为的产生中不起任何作用，它们不以任何方式产生我们的言语和行动。

8.4 副现象论的支持论证

副现象论的支持论证分为两个部分。第一部分试图表明，公众的信念、欲望和其他心理状态与物理状态同一。这个论证在 5.6 节讨论过。第二部分试图表明，这种解释不适用于感质，私人的心理状态不在导致或解释行为的状态之中。这个论证有两个前提：

(1) 感质存在。
(2) 感质不能被物理地描述或解释。

如果感质不能被物理地描述或解释，那么它们就不属于产生人类行为的物理因果关系网络。而如果感质不属于产生人类行为的物理因果关系网络，那么它们对人类行为就没有因果贡献，它们是副现象。

在最近的文献中，副现象论论证的前提（2）比前提（1）引发了更多的争议。对前提（2）的讨论更多是在被称为**解释鸿沟**（explanatory gap）的问题中进行的。"解释鸿沟"表达了这样一种观点，即在物理学的描述和解释资源与心理话语的描述和解释资源之间存在不可逾越的鸿沟——至少在描述和解释感质时是如此。有学者提出了若干论证支持解释鸿沟的存在。有些我们已经讨论过了。回想一下我们在 1.4 节中讨论的心物突现问题。它主张，无论多少无意识的基本物理作用相结合都不可能产生有意识的经验。如果这是真的,那么无论我们对基本物理作用的知识有多丰富,这些知识都不能对意识经验做出任何说明。我们对物理对象的认识和我们对意识的认识之间存在一道鸿沟。

同样地,让我们再来回想一下 4.8 节和 6.7 节中讨论的感质缺失/倒置论证:如果感质的缺失或倒置是可能的——例如,如果有可能存在某物,其行为在各个方面都好像它确实有意识经验一样,即使它实际上没有,那么 A 和 B 这两个系统就有可能在物理方面不可区分,但在现象方面却截然不同。然而,如果这是可能的,那么在物理描述和解释与现象描述和解释之间似乎就存在一道鸿沟。例如,假设 A 和 B 在物理方面是不可区分的,并且 A 具有现象意识状态而 B 没有。在这种情况下,对 A 的物理描述和对 B 的物理描述没有差别,对 A 行为的物理解释和对 B 行为的物理解释也一般无二。那么我们如何基于这些描述认识到 A 有现象意识而 B 没有?感质缺失/倒置论证认为,我们不可能认识到。因为这两种情况下的物理描述是一样的,所以在这个描述中没有任何东西能让我们知道 A 是有意识的而 B 是无意识的。因此,在我们的物理描述和解释与我们的现象描述和解释之间存在着不可逾越的鸿沟。

另一个由哲学家托马斯·内格尔提出的论证是建立在主观/客观区分的基础上的。内格尔指出,对意识状态的描述总是从一个特定的角度、一个特定的第一人称视角出发。然而,物理描述与特定的视角无关。相反,内格尔认为,因为物理描述由科学词汇构成,所以排除了意识经验的主观性特征。科学不是从主观角度而是从客观角度描述和解释世界上发生的事——也就是说,科学描述撇开了任何特殊视角。正如内格尔所说,它努力实现从无处看世界(a view from nowhere)。[①] 因此,我们永远无法对意识进行物理描述或解释,因为科学试图消除使现象经验得以存在的主观视角。

前提(2)面临不少挑战,其中一些我们之前讨论过。赞成意识的表征理论、意识的高阶理论和意识的感觉运动理论的物理主义者都认为,对感质做出物理解释是可能的(见 4.9 节)。例如,根据表征理论,关于现象经验的事实并不是关于不可分析的、非关系的、主观的事实;相反,它们是关于熟悉的物理对象、性质和事件,以及我的感官表征它们的方式的事实。根据物理主义

[①] "从无处看世界"是内格尔 1989 年出版的著作的名称。——译者注

者，这些事实都是物理事实，它们都可以用物理学全面地描述和解释。但是，如果关于感质的事实确实是关于心理表征的事实，而关于心理表征的事实确实是关于物理对象、性质和关系的事实，那么关于感质的事实也确实是关于物理对象、性质和关系的事实。赞成意识的高阶理论和意识的感觉运动理论的物理主义者对前提（2）提出质疑的理由与此类似。如果他们都是正确的，那么感质就可以被物理地描述和解释。

前提（2）的第二个挑战来自科林·麦金（Colin McGinn）等身心悲观论者（见9.6节）。身心悲观论者同意前提（2）的其他批评者的观点，即可以直接对感质进行物理描述和解释。但是他们提出，我们永远无法说清楚那些描述和解释。原因是人类的认知能力存在内在限制，这将使我们永远无法理解物理状态和现象状态是如何关联的。意识经验实际上由大脑活动引起，这个过程一点也不神秘——它可以用物理的方式描述和解释，那些不像我们一样受自身认知局限性阻碍的存在物就可以用物理的方式描述和解释它。因此，前提（2）为假：感质可以被物理地描述和解释。然而对我们来说，这些描述和解释无法通过认知获取，就像盲人无法通过认知理解颜色一样。因此，在我们看来，物理描述和解释与现象描述和解释之间总是有一道不可逾越的鸿沟。而这道鸿沟并不能反映出现实中存在两种性质，而是反映出我们认识现实的方式存在局限性。支持和反驳前提（2）的论证都是很有争议的。

8.5　感质存在吗？

现在让我们来思考一下副现象论论证的前提（1），即感质存在的主张。该主张在我们讨论过的许多论证中都发挥了核心作用，不仅是副现象论的论证，还有知识论证（见4.7节），以及感质缺失/倒置论证（见4.8节和6.7节）。令人惊讶的是，哲学家们提出的支持感质存在的论证却少之又少。那些相信感质的人都认为感质的存在是显而易见的，无需论证。由前提做出的论证比其结论更为我们所熟知，但有什么比意识现象状态的存在更为我们所熟知的呢？因为感质的支持者认为感质的存在是理所当然的，所以他们把举证责任推给了他们的对手。例如，大卫·查尔默斯对他所谓的A型唯物主义（type-A materialism，这是他对否认感质存在的观点的称呼）是这样评说的：

> A 型唯物主义的一个明显问题是，它看起来否认了那个显然存在的东西……我们具有访问、控制、报告等各种功能能力……但除此之外……我们还是有意识的，这一现象似乎提出了一个需要进一步解释的对象。正是这个待解释的对象引发了关于意识的各种有趣的问题。不加论证地……断然否认（意识）的存在……将使我们做出一种极其违反直觉的主张，它回避了重要的问题。这并不是说极其违反直觉的主张总是错误的，但它们需要得到非常强有力的论据支持。因此，关键问题是：有没有非常有说服力的论证支持他们的主张？[2]

在查尔默斯看来，关于人类行为的自然科学能够解释我们与他人和环境相互作用的方式，但却无法解释现象意识的存在。他提出，否认现象意识存在是极其违反直觉的，必须有强有力的论证来支持。很多哲学家对此都表示赞同。没有什么比否认我们有意识更违反直觉的了！不过感质的存在是否像感质的支持者所设想的那样明显还不十分清楚。

人们常常对感质怀疑论者所否认的东西有误解。例如，感质怀疑论者并不否认第一人称权威（见2.3节）。他们并不否认，我们每个人对自身心理状态的认识通常在某种意义上是特权性的——例如，你对我的疼痛和感觉的认识可能是错误的，而你对自己的疼痛和感觉的认识却不可能是错误的。感质怀疑论者也不否认关于思维、感觉和行动的世俗真理：我们通常具有公开行为中没有表达出来的思维和感觉，我们无法感受到彼此的疼痛、瘙痒和其他感觉，我们经常误解他人的行为、意图等。感质怀疑者也可以支持所有这些主张。而他们否认的则是，第一人称权威和诸如此类的世俗观察为以下观点提供了支持，即构成我们心理生活的私人的、主观的、不可访问的事件存在。他们提出，我们可以接受所有这些关于人类经验的自明之理，但却不能接受感质存在的主张。

对感质存在的怀疑有几个不同的来源。第一个来源是历史来源。在17世纪之前，人们并不认同心理现象的私人概念。大多数哲学家主张，心理话语表达了像我们这样的动物与他人和环境相互作用的方式。这一观点在当时的哲学文化中根深蒂固，以至于笛卡尔感到必须主张一种不同的心理现象的私人概念。笛卡尔的读者不相信感质的存在是显而易见的，是无需论证的，笛卡尔也不相信。他支持心理现象的私人概念不是因为它所谓的显而易见性，而是因为它在他的更广泛的研究工作中发挥了核心作用。他关心的是为自然科学建立一个不容置疑的基础。作为第一步，笛卡尔试图表明，心灵的内容比其他任何东西都更为人所知，他也为这一主张进行了论证。这样的历史考察引出了以下问题：感质的存在是否真的是显而易见的，所以无需任何论证。

感质怀疑论的第二个来源是对感质所谓的显而易见性的另一种解释。该解释主张，感质存在只是在感质的支持者看来是显而易见的，因为他们被灌输了后笛卡尔的思维方式——他们接受了训练，戴着后笛卡尔理论的眼镜来看待心理现象。按照这种怀疑的观点，我们的直觉是理论负载（theory-laden）的：在我们看来显而易见的东西某种程度上是由我们认可的理论塑造的。如果直觉是理论负载的，这就表明，感质并不是心灵理论必须要解释的前理论数据；相反，它们代表了一种特殊的理论承诺，是由心理现象的私人概念所假设的实体。但是，即使感质的存在对那些认可心理现象的私人概念的人来说是显而易见的，也并不必然意味着心理现象的私人概念为真。它在认可它的人看来为真，但在不认可它的人看来就不为真了——例如，对17世纪以前的哲学家或者对笛卡尔同时代的人来说，它看来就不是真的。那么在这种情况下，感质的支持者们就不能主张他们的观点是显而易见的，因此不需要论证。如果感质代表了一种特殊的理论承诺，那么感质的支持者就必须对他们的理论做出论证，那意味着他们必须证明感质存在。

感质怀疑论的第三个来源是我们对心理语言的运用。如感质的支持者所主张的那样，如果"疼痛"这类词汇指的是私人的、主观的经验，那么我们会认为心理语言具有某些实际上它所缺乏的特征。以语言学习为例。如果"疼痛"指的是一种主观状态，那么我们就会认为孩子们只有通过内省过程——只有通过教导他们关注内在的、私人的状态，并为这些状态命名——才能学会如何使用"疼痛"一词。事实上，这看来并不是孩子们学习使用"疼痛"这类词汇的方式。哲学家哈克和神经科学家本内特这样描述学习过程：

> 孩子学会用疼痛的话语代替自然的呻吟和哭泣。他学会了尖叫"哎哟"……然后先说"疼"再说"好疼！"……最后才会说："我感觉很

痛。"最原始或最基本的疼痛话语作为自然行为表达的延伸而习得……类似的情况也适用于"想要"……孩子表现出意欲行为——他试图得到东西，伸手去拿婴儿床外面的玩具，或伸手去拿他够不到的美食，他在沮丧中哭泣或尖叫。他知道这是让父母给他拿东西的一种有效的方法。父母拿起玩具说："汤米想要泰迪熊吗？在这儿。"过不了多久孩子就学会了说"想要"，然后是"我想要泰迪熊"，等等。孩子对"我想要"的最原始或最基本的使用就是将其作为自然意欲行为的延伸……孩子正在学习一种新式的意欲行为——学习用语言表达自己想要什么。[3]

根据本内特和哈克的观点，孩子们不是通过反思私人经验而学会使用"疼痛"这样的词，而是通过学习如何用语言行为（比如说"好疼"）来代替非语言行为（比如尖叫或哭泣）。语言学习的过程没有什么私人的或主观的东西。通过观察我们如何学习和使用语言，人们有了进一步的理由怀疑感质的显而易见性。

感质怀疑论的第四个来源是心理现象的私人概念未能与人类心理生活的自然主义图景相一致。这个论证完全推翻了副现象论的论证：感质怀疑者称，如果副现象论论证的前提（2）为真，如果感质不能用物理术语解释是真的，那么感质这个概念一定有问题。物理主义者不是唯一赞成如此论证的人。突现论者、形质论者及其他任何要求对人类心理能力进行自然主义或有科学价值的解释的人可能会出于同样的原因对感质表示怀疑：感质与物理解释之间存在脱节。

感质怀疑论的第五个来源是感质所产生的哲学问题，特别是他心问题（见1.5节）。这个问题不仅影响实体二元论，也影响所有承诺心理现象私人概念的理论。如果心理状态真像感质的支持者所说的那样是主观的，那么我们就无法知道其他人是否真的像我们一样经验着这个世界。我们看到的周围的人类生物体可能是感质僵尸——它们的行为可能使它们看起来好像具有但其实并不具有我们认为它们所具有的感质经验。感质怀疑者称，认为我们周围的人可能都是感质僵尸是十分荒谬的。比如说，一个坠入火海、扭动着身体并发出尖叫的人正在经验疼痛，有人会对此产生严肃的怀疑吗？感质怀疑论者认为，持肯定回答的哲学家应该在宣传他们的观点时保持慎重。在客观冷静的哲学思考中，我们也许可以质疑这些事情，但在现实生活的激流中这是不可能的，我们在现实生活中思考、感觉和行动的方式向我们提供了重要的信息——关于人类心理能力的真正本质的重要信息。

最后，至少有四个论证对感质的存在进行了直接反驳。第一个是7.2节中讨论过的取消论的支持论证：该论证主张，感质是一个有缺陷的科学理论——一个民间理论的假设物，一旦我们对人类行为实现了完备的物理解释，该理论就会被取消。

另一个类似的论证主张，我们有很好的理由认为感质不存在，因为诉诸感质在科学上是无用的。这一论证诉诸本体论的自然主义，即科学在决定何物存在方面起主要作用。自然主义者提出，科学是我们了解存在物的最佳指南。它可能不是唯一的指南，但肯定是最可靠的，在决定何物存在何物不存在时，科学结果应该享有特权地位。特别是，如果我们的最佳科学解释假设了K类实体，那么我们就有很好的理由认为K存在。然而，如果我们的最佳科学解释没有假设K类实体，我们几乎没有理由认为K存在。现在想想我们对人类行为的最佳解释，副现象论者主张感质在那些解释中不起作用。他们公开宣称，感质对我们的行为没有任何贡献，我们的一切行为无需诉诸现象状态就可以得到全面地解释。而在这种情况下，我们几乎没有理由认为感质真的存在。我们对人类行为的最佳科学解释中并不包括感质，而科学是我们了解存在物的最佳指南。

哲学家丹尼尔·丹尼特和路德维希·维特根斯坦分别提出了另外两个反对感质的论证。二人都认为感质这个概念本身是不一致的。维特根斯坦认为，如果心理现象如感质的支持者所宣称的那样是主观的，那么我们就不可能以我们实际使用心理谓词和术语的方式使用它们。这通常被称为**私人语言论证**（private language argument），因为它旨在表明，我们语言中的表达不可能指称感质的支持者所认可的那种私人的、主观的现象。而丹尼特认为感质的概念是有问题的，因为某物不可能具有感质通常所具有的一切特征。我们将在接下来的章节中考察这两个论证。

8.6 丹尼特对感质的反驳论证

感质的支持者通常将感质定义为既非关系又直接可知的性质。感质是非关系的，因为我们无法对它们进行因果分析，从而使我们能够将它们等同于物理性质，感质又是直接可知的，因为人们可以直接把握他们所经验的感质，不需要在身体行为的基础上推断感质存在。而丹尼特主张，感质不可能既是非关系的又是直接可知的。我们可以这样解释他的论证：（1）感质的支持者必须或者主张感质与我们的信念、欲望和其他命题态度共同影响行为，或者主张感质直接影响行为，与我们的命题态度无关。然而，（2）如果感质对行为的影响与我们的命题态度无关，那么感质就不可能是非关系的。（3）如果感质与我们的命题态度共同影响行为，那么感质就不可能是直接可知的。因此，感质不可能既是非关系的又是直接可知的。但是由于感质被认定为是非关系的和直接可知的——因为这些特征定义了感质本质上是什么——丹尼特的结论便是，感质必定不存在。

丹尼特的论证假设感质的存在一定会以某种方式反映在人们的行为中——具有一类质性经验与具有另一类质性经验相比一定会对人的行为产生不一样的影响。例如，如果颜色感质存在，那么具有颜色感质必定与我们匹配颜色的能力或描述经验的能力有关——比如我倾向于说"我看到一个红球"，而不是说"我看到一个蓝球"。如果"我看到一个红球"这样的口头报告与私人的质性经验有关联，那么那些经验一定有助于解释为什么我说"我看到一个红球"，而不是"我看到一个蓝球"。但如果感质对行为有影响，那么这种影响看来必定或者是直接的，或者涉及其他心理状态，如信念和欲望。如果我的红色的感质对我的言语行为有任何影响，那么它或者直接导致我说"我看到一个红球"而不是"我看到一个蓝球"，或者通过我对那个感质的信念和欲望间接致使我说"我看到一个红球"而不是"我看到一个蓝球"——我说这句话不是由于红色的感质本身，而是由于我的信念，即我有红色的感质。

现在，根据丹尼特的观点，如果我的红色的感质直接导致了我的话语，那么具有红色的感质就不是非关系性质。相反，它将由一种特殊的因果关系来定义:它就是致使我说出"我看到一个红球"而不是"我看到一个蓝球"的那个状态。而丹尼特指出,如果我的红色的感质间接影响了我的行为——因为我对它抱有某种信念——那么我的红色的感质就不能被我直接认识。因为如果我的行为不仅来自我的感质,而且来自我的感质与信念的结合,那么我就必须对感质和信念都有所认识。但如果是这样的话,感质就不是直接可知的,因为人们,包括我自己在内,必须对周围环境非常了解,这样才能认识感质。为什么?丹尼特在这里要求我们思考几个思想实验。首先思考这么一个实验,一个疯狂的神经科学家在我熟睡时操控了我的大脑。一觉醒来我就宣布,我的感觉经验和从前有了质性的不同——颜色感质对我来说不一样了。有人可能会说,疯狂的神经科学家成功地改变了我的感质,但事实未必如此。疯狂的神经科学家也可以通过改变我对事物过去呈现方式的记忆得到同样的结果——我宣称我的感觉经验有了质性的不同。既然我大脑的任何一种改变都会导致我报告自己的经验发生了变化,那我怎么知道实际情况是什么呢?在丹尼特看来,我们没有办法直接知道。我必须对我的情况有更多了解,例如,我必须知道神经科学家操控了我大脑的哪一部分。而在这种情况下,对我的感质的认识——它们保持不变还是随时间的推移而变化——就不会是直接的,我们还需要其他方面的知识。例如,在疯狂的神经科学家的情形中,我们还需要有关我的记忆和大脑状态的知识。

丹尼特指出,另一个案例也是如此:蔡斯和桑伯恩是 A 品牌咖啡的咖啡师,工作了几年之后,他们说自己对咖啡的味觉经验发生了变化:他们都主张自己不再喜欢 A 咖啡的味道。然而他们却用不同的方式来描述这种变化。蔡斯说他的感质一如既往,但他对这些感质的态度发生了变化——他不再喜欢那种味道,不再喜欢 A 咖啡的那种感质。桑伯恩说他对 A 咖啡味道的态度没有改变,但他的感质变了——他仍然认为 A 咖啡的味道无与伦比,只是他在喝咖啡时不再有那种感质。

蔡斯和桑伯恩的言语行为可以用三种方式来解释:或者(i)蔡斯的想法是正确的,与 A 咖啡相关的感质没有变化,但对那些感质的态度发生了变化;或者(ii)桑伯恩的想法是正确的,对 A 咖啡感质的态度没有变化,但感质本身发生了变化;或者(iii)态度和感质都发生了变化。人们怎么能知道(i)(ii)(iii)哪个是正确的呢?在丹尼特看来,我们没有直接的方法,我们必须了解更多蔡斯和桑伯恩的情况。例如，如果蔡斯能够像往常一样有效地区分A咖啡和其他咖啡的味道，那么我们就有理由假设（i）是正确的。如果他不能像以前那样把A咖啡和其他咖啡的味道区分开来，那么我们就有很好的理由认为（i）是错误的。就像疯狂的神经科学家的例子一样，了解人们的感质需要了解他们的环境，这表明感质并不像其支持者所宣称的那样是直接可知的。

因此，如果感质不借助信念、欲望和其他命题态度就可以直接影响行为，那么感质就不是非关系性质；相反，它们是由因果关系定义的。如果感质只能与信念、欲望和其他命题态度相结合才能影响行为，那么感质就不是直接可知的，因为了解某人甚至是我自己的质性状态需要了解那个人的环境。因此，感质不能既是非关系的又是直接可知的。既然非关系性和直接可知性被认为是感质的本质和决定性特征，那么感质必然不存在。

丹尼特还认为，心理现象的公众概念可以容纳所有促使人们假设感质存在的事实。例如，许多最初看起来是非关系的性质实际上并非如此。他引用了哲学家乔纳森·本内特的一个例子：对大多数人来说，苯硫脲尝起来非常苦，但对有些人来说，它就像水一样无味。苯硫脲的苦味看似是一种固有性质，但它显然是关系性质：它取决于品尝者的味蕾。当我们谈论经验的质性维度时，我们实际上是在谈论环境对感官状态的影响——感官的工作是侦测事物的性质。当我们谈论事物的味道、外观或气味时，我们谈论的是具有某种物理上可描述的性质的事物与我们的感官状态之间的复杂关系。在前面讨论意识的表征理论时我们曾谈到过这种观点（见4.9节）。丹尼特指出，我们可以得出这样的结论，心理现象的公众概念可以容纳所有关于所谓私人经验的事实。

对于丹尼特的论证，一种批评认为它基于这样一个假设，即感质必须以某种方式反映在行为中——感质或者直接或者与命题态度一起对行为产生影响。他的论证假设，感质的支持者不是彻底的副现象论者，而是承诺人们的感质以这样或那样的方式反映在他们的行为中。副现象论者不接受这种假设。而该假设的辩护者可以回应说，如果我们否认感质对行为有影响，那么副现象论就是一个极不合理的理论——我们会在探讨反对副现象论的论证时再细谈这个回应。

8.7 维特根斯坦的私人语言论证

维特根斯坦的私人语言论证给予了感质的反对者不少启发。维特根斯坦用"私人语言"一词指称这样一种语言——语言中的谓词和术语被认为指称或表达了私人的、主观的经验。因为感质的支持者主张，我们的某些心理词汇指称或表达的是主观现象状态，所以他们承诺心理话语是维特根斯坦所说的私人语言。而维特根斯坦认为，私人语言的观念是不一致的，如果一种语言中的语词指称主观经验，那么它们就不可能用于人际交流。既然心理话语实际上可以用于人际交流，那么心理话语必定不是私人语言，它的谓词和术语必定不是指称或表达主观经验。

维特根斯坦的私人语言论证是出了名的晦涩难懂。对它的任何解释都注定会引起争议。而根据其中一种解释，该论证基于以下前提：

（1）一个语词在一种语言中具有意义，仅当说这种语言的人能够决定这个语词是按照既定的用法被使用。

（2）如果一种语言中的语词指称主观现象，那么说这种语言的人就不可能确定这个语词是按照既定的用法被使用。

因此，如果一种语言中的语词指称主观现象，那么它们就不可能有意义，我们不能用它们进行人际交流。不可能存在一种语言，其中的语词指称主观现象——用维特根斯坦的术语来说，私人语言不可能存在。现在：

（3）在我们的语言中，如"疼痛""瘙痒""挠痒"这样的语词是有意义的。

这些语词被用于人际交流。因此它们必定不属于私人语言，必定不指称主观现象。现在让我们来详细地考察一下这个论证。

语言中的符号必须被赋予意义。这是因为符号和其意义之间的关系是偶然的。符号并不必然具有它们实际上所具有的意义。例如，在英语中，"dog"这个表达指称一种哺乳动物而不是软体动物，但它本来也可以指称别的事物。事情也可能是这样发展的：说英语的人用"dog"这个符号来指称我们实际上称之为乌贼的动物，或者它本来可以一种完全非指称的方式来使用——就像"Hello"这个表达的用法一样。因为符号只是偶然具有了它所具有的意义，所以一定存在一个赋予语言中的符号以意义的过程，即语言的使用者学习或建立符号使用规则的过程。在学习一门语言时，我们看到了符号是如何被赋予意义的。我们学习一门语言通常是通过练习母语者发出什么声音，我们就在相同的环境下发出相同的声音，母语者产生什么符号，我们就在相同的环境下产生相同的符号。我们很多人在学习外语时都经历过这个过程，而我们所有人在学习母语时也都经历过这个过程。而在维特根斯坦看来，如果语言中的语词如感质的支持者所说的那样指称主观现象，那么这种语言学习过程就不可能实现。任何人都不可能学会一个语词的意义，因为根本不可能给那个语词赋予一个意义。因此，如果感质的支持者是对的，那么像"疼痛"这样的语词就是无意义的，我们不能用它们进行交流。既然我们确实在用"疼痛"这样的语词来交流，那么这些语词一定不是指称私人现象。感质的支持者肯定是错的。

如果那些符号指称主观经验——换句话说，如果那些符号属于私人语言，为什么不可能赋予它们意义呢？这里我们以维特根斯坦提出的几个论证中的一个为例。要为一个符号赋予意义至少需要满足两个条件。首先，符号的使用方式必须是一致的。其次，该语言的使用者必须能够检查语言的使用方式是否一致。让我们逐一考察这些条件。

想象一下，我想引入一个术语"gzink"指称我刚刚发现的一种植物。为了让这个意义被采用，为了把这个意义赋予"gzink"这个语词，其他言语者和我使用该语词的方式必须与上述用法一致。我们也能用其他方式使用这个术语——例如，用它指红色的马车，或者表达惊讶的情绪——但无论我们决定如何使用这个术语，它的用法必须保持一致。我们用游戏打个比方。没有一致的规则就没有游戏。为了说明这一点，让我们试着想象一个游戏，在这个游戏中，任何玩家都可以在没有预警的情况下随意改变规则。例如，一场纸牌游戏，每个玩家都可以当场决定什么是大牌，并可以随时改变。或者试着想象一个像国际象棋这样的游戏，棋手 A 突然同时移动了几个他的棋子和棋手 B 的棋子——将死棋手 B 的国王，然后宣布根据新制定的规则这是合规的移动。如果任何玩家都能以这种方式随意改变游戏规则，那就不会有纸牌游戏，也不会有象棋游戏，甚至根本就不会有游戏了。根据维特根斯坦的观点，语言也是如此。在语言中使用语词就像在游戏中移动棋子。语词的用法必须保持一致，就像游戏必须有规则。正如游戏规则为正确和不正确的行为制定了标准一样，术语的既定用法也是如此。言语者不能随心所欲地使用一个术语还妄图使其有意义。意义取决于一致的用法。"gzink"这个符号能够指称我发现的植物，前提是我和其他言语者一直以这种方式使用该符号。因此，当我说"这是一个 gzink"时，我的意思是为"gzink"这个词建立一个一致的用法。该用法确立了正确使用它的标准。如果有人指着猫说"那是一只 gzink"，那他就没有正确地使用这个术语——没有按照既定的用法使用它。

但意义需要的不仅仅是一致的用法，它还要求言语者能够检查某人的用法是否一致。还是让我们想想学习一门语言的过程。这一过程之所以可能实现部分原因正是语言中存在正确使用语词的标准，并且语言的使用者能够检查一个语词是否被正确使用。在我们的日常生活中，这种检查发生地如此自然，以至于我们几乎注意不到它。例如，如果有人指着一只猫说"那是一只 gzink"，而我们知道得更多，那么我们只会说"不，那不是一只 gzink。gzink 是植物"。这样一来，其他言语者便纠正了该言语者对术语的用法。如此这般的纠正不一定总是明确地发生，也可能很含蓄地发生：一个言语者在商店里点了一个 gzink 却失望地发现售货员拿出来的是一种植物而不是动物，这时他便因误用了语词而受到了含蓄的斥责。一切有意义的表达都有可能通过这种方式得到某种类型的纠正。这种类型的纠正是可能的，不仅因为术语的使用有正确和不正确之分，还因为该语言的使用者能够确定术语的使用是正确的还是不正确的。如果言语者无法知晓一个表达是否被正确使用，其结果就和根本不存在正确用法没什么区别。让我们再次用游戏作个类比：游戏的存在不仅需要规则，而且玩家也必须能够知道那些规则是什么。如果没有办法检查玩家 A 的行动是否合规，就没有办法判定 A 的行动不合规，因此也就没有办法阻止 A 的行动。这就好像没有任何规则禁止 A 的行动一样。如果我们无法了解规则是什么或确定规则是否被遵守，那么最终的结果就相当于完全没有规则。同样，除非有办法能让言语者知道一种语言的语词是如何使用的，或者有办法能确定某人是否按照既定的用法使用这些语词，否则最终的结果就相当于那些语词根本没有确立既定的用法。除非言语者能确定某人是否按照既定的用法使用语词，否则意义就不存在，语言也不存在。

那么，根据私人语言论证的第一个前提，只有当该语言的使用者能够确定一个语词正在按照既定的用法使用时，该语词才能在语言中具有意义。"gzink"之类的例子展现了一些最常见的情况——言语者运用其能力确定一个语词是否按照既定的用法被使用，但这些例子涉及公共语言中的语词——在公共语言中，正确使用语词的标准可以由言语者以外的人来评估。维特根斯坦认为，在私人语言中检查语词的用法是否一致是不可能的。如果"疼痛"这样的语词被用于指称一种主观经验，那么任何人都不可能检查这个语词的使用是否是一致的。维特根斯坦对这一主张的论证分为两步。首先，他主张，如果"疼痛"指称一种主观经验，那么言语者就不可能确定这个语词的使用是否是一致的。其次，他认为，如果"疼痛"指称一种主观经验，那么其他人就不可能确定这个语词的使用是否是一致的。因此，他得出结论，如果"疼痛"指称一种主观经验，那么没有人——无论是言语者还是其他人——能够确定这个语词的使用是否是一致的。现在让我们反向思考这个论证的前提。

想象一下，"疼痛"确实指称一种主观经验。假设我在t_1时刻经历了一种主观经验，并引入术语"疼痛"来指称这种经验。我将注意力集中在该经验上并说出"这是疼痛。"我希望以此来建立对"疼痛"一词的一致用法。正如我引入术语"gzink"来指称一种特定类型的植物，我现在引入术语"疼痛"来指称一种特定类型的主观经验，即我在t_1时刻所具有的那类主观经验。然而，为了使"疼痛"指称这类经验，该词之后的用法必须与我现在引入的用法一致。我必须用这个术语来指称我在t_1时刻所具有的那类经验。此外，我必须能够确定自己实际上也是在以这种方式使用该术语。想象一下，我在t_2时刻说"我很疼痛"，如果我称之为"疼痛"的经验是主观的，那么只有我自己才能访问它。只有我自己才能通达我的内部主观状态。因此，除了我自己，谁都不能确定我在t_2时刻使用术语"疼痛"的方式是否与我在t_1时刻引入的用法一致。要检查我的用法是否一致就需要有人不仅能听到我说"疼痛"，还能访问我的话语所指称的对象。在私人语言的情况下，我的话语指称一种主观状态，一种只有我才能访问的状态。因此，如果疼痛是一种主观状态，那么除了我，

没有人能确定我在 t_2 时刻使用"疼痛"一词所指称的状态是否与我在 t_1 时刻称之为"疼痛"状态是同一种主观状态。于是我成为唯一一个有机会确定我对"疼痛"一词的使用是否一致的人。但是，维特根斯坦认为，即使是我自己也无法确定我对"疼痛"一词的使用是否一致。

判断言语者是否按照既定的用法正确地使用了一个术语需要某种类型的确证。想想在"gzink"的例子中这种确证是怎样起作用的。因为我在 gzink 的问题上是世界权威，人们希望我纠正他们对"gzink"的用法。于是他们得依靠我才能一致地使用这个术语。为了避免错误，我采取了一系列措施来确保该术语的用法是一致的。我在 t_1 时刻给我最初称为 gzink 的植物拍照。这样一来，如果我在 t_2 时刻偶遇另一株植物并说"这是一株 gzink"，我可以参考照片来进行确认。将照片中的植物与我眼前看到的植物进行比较，这确证了我的信念，即这就是我之前称为 gzink 的植物类型。照片提供了一个独立的信息来源，确证了我对"gzink"一词的使用是正确的。

现在思考一下"疼痛"的情况。人们往往会认为它的操作方式应该和"gzink"完全一样。我在 t_1 时刻为我的经验拍下一张心理照片，然后在 t_2 时刻参考这张照片以确保我一致地使用了"疼痛"一词。然而，根据维特根斯坦的观点，情况并非如此。心理照片不是真实的照片。说我在参考心理影像只是在说，我在回忆早些时候看到的东西。但是，维特根斯坦指出，照片能确证我正确使用了"gzink"一词，而记忆却不能像照片那样确证我的信念，即我正确使用了"疼痛"一词。原因是确证的证据必须独立于它所确证的东西。例如，如果我是一名谋杀案的嫌疑人，我就不能说："我之前的陈述，即谋杀案发生时我在墨西哥确证了我的主张，即谋杀案发生时我在墨西哥。"用维特根斯坦的比喻来说，这就像同一份报纸买了好几张来检查报纸上的报道是否准确。确证证据的来源必须与提出主张的人无关。因此，我不能提供确证证据来证明自己的陈述是准确的，同样，维特根斯坦认为，我也不能提供确证证据来证明自己的心理状态是准确的。我不能通过诉诸我在 t_1 时刻的记忆来确证我的信念，即我正在使用"疼痛"一词指称与我在 t_1 时刻所具有的经验完全相同的经验。说"我记得在 t_1 时刻我将这种类型的经验称为'疼痛'"，就相当于说"我相信我现在正在使用'疼痛'一词指称与我在 t_1 时刻所具有的经验同类型的经验"。诉诸我的记忆来确证我的信念（我正在使用"疼痛"一词指称与我在 t_1

时刻所具有的经验同类型的经验），这相当于诉诸我的信念来确证我的信念。换句话说，这相当于诉诸信念来确证它自身。既然确证必须有独立的来源，那么我们在这里根本不是在谈确证。但是，如果不能确证我正依照我在 t_1 中引入的用法使用"疼痛"一词，那么我就无法确定我对"疼痛"一词的使用是否真的是一致的。这样一来，我其实根本不知道"疼痛"指称什么。

而如果我不知道"疼痛"指称什么，那就没有人知道"疼痛"指称什么。如果"疼痛"指称一种主观经验，那么不仅我无法确定自己是否一致地使用"疼痛"一词，其他人也无法确定我是否一致地使用"疼痛"一词。但是，如果说某种语言的人不能确定一个语词是否被一致地使用，那么该语词在这种语言中就不可能具有意义，因为意义要求言语者能够确定一个语词是否按照既定的用法被使用。在私人语言中判断我是否一致地使用某语词，就好比尝试玩一款所有玩家都没有制定游戏规则的游戏。在这种情况下，我们无法知晓每个人是否遵守了规则。如果私人语言存在，那我们就无法知晓这种语言中的语词是否被一致地使用，无法知晓语言中语词的意义。因此，如果"疼痛"指称一种主观经验，那它就不可能具有意义。

以上阐述意味着：如果心理表达指称感质的支持者所说的主观经验，那么我们便无法知晓那些表达的意义，因为无法检查那些表达是否被一致地使用。既然意义不仅要求表达的使用一致，而且要求有可能检查它的使用是否一致，那么私人语言中的语词就不可能有意义，它们不可能被赋予真正的语言所特有的那种意义。因此，如果"疼痛"指称一种主观经验，那它就不可能具有意义。

而私人语言论证指出，"疼痛"当然是有意义的，我们显然一直在用疼痛和类似的词，如"瘙痒"和"挠痒"进行人际交流。不过在那种情况下，这些语词不可能指称主观经验。它们不可能是私人语言中的语词。它们只能是公共语言中的语词。因此，如果心理现象的私人概念为真，那么诸如"疼痛"这样的心理表达就是没有意义的，我们不能用它们进行人际交流。但心理表达并不是没有意义的，我们可以也确实在用它们进行人际交流。所以心理现象的私人概念一定为假。

对副现象论论证以及任何其他诉诸感质的论证，如知识论证而言，维特根斯坦私人语言论证的要点是这样的：感质事实上可能存在，但就算感质存在，我们的心理表达也不会指称它们。像"疼痛""瘙痒""挠痒"这样的语词，以及我们用来描述我们所经历之事的质性方面的术语都不指称主观经验，它们不指称感质。因此，我们无法列举感质的例子，在那种情况下，我们甚至不能说它们存在。而在那些支持副现象论论证、知识论证和其他诉诸感质的论证的人看来，感质的存在可以得到以下例子的支持：他们主张，a 存在且 a 是一个感质，因此，感质存在。但是感质有哪些例子呢？私人语言论证表明，感质的例子不可能存在——至少感质的支持者通常所引用的例子都不作数。诸如"疼痛""瘙痒""挠痒"等术语不可能指称主观经验——我们的语言中没有一个语词可以指称主观经验。既然情况就是这样，那么很难看出人们通过什么方式能够支持感质存在的主张，也很难看出人们认为感质存在的真正理由是什么。

在感质的支持者看来，感质怀疑论者在否认一个显而易见的事实，即感质存在。但之前的探讨——取消论论证、本体论的自然主义论证、丹尼特的论证、私人语言论证，还有前面讨论过的历史考察和其他考察都表明，感质的存在根本不是显而易见的，感质的支持者必须努力为他们那有争议的主张做出论证。

8.8　副现象论的反驳论证

副现象论至少有四种反驳论证。第一种反驳认为，副现象论的含义极其违反直觉。特别是，它意味着我们的意识状态对我们的行为没有因果影响。在副现象论者看来，愤怒、疼痛或悲伤的感觉既不会以任何方式影响我们的行为，也不能解释我们的行为。人类行为可以得到全面的物理解释，因为与行为有关的心理状态实际上是物理状态。感质对人类行为没有因果影响的观点在许多人看来是非常奇怪的。此外，不受限的副现象论不仅主张感质是副现象的，而且所有的心理状态都是副现象的，这种副现象论还面临另一个问题：它意味着行为不存在。如果行为是有心理原因的物理事件，而心理原因不存在，那么结果就是行为也不存在。这个观点在许多人看来也是极其违反直觉的。

第二种反驳主张，副现象论和实体二元论一样在他心问题上表现出了弹性张力。如果物理状态和心理状态之间存在解释鸿沟——例如，如果确实有可能存在感质僵尸，它们的行为方式表现得就好像它们具有意识一样，尽管它们实际上并没有——那么，人类生物体和其他物体的行为几乎无法提供给我们有关他人心理状态的信息。与实体二元论不同的是，我们至少知道他人存在，因为大多数副现象论者都主张人是生物体。此外，根据受限的副现象论，人们的行为可以告诉我们他们的信念、欲望和其他意向心理状态，因为在受限的副现象论中，这些都只是物理状态。但是，我们对人类物理状态的认识仍然不能告诉我们，这些人是否像我们一样具有有意识的现象状态，或者他们是否真的只是僵尸。因此，如果副现象论为真，我们对他人的了解就比我们通常认为的要少。

第三种反驳主张，副现象论者没有很好地回应心物突现问题。意识如何可能从基本物理过程中突然出现呢？如果我们的物理描述和解释与我们的现象描述和解释之间存在鸿沟，那么物理过程无论多么复杂，又如何可能产生意识状态？在批评者看来，副现象论者对此没有给出好的答案。

第四种反驳指出，副现象论与建立在自然科学基础上的自然主义世界观格格不入。这个反驳有效地推翻了副现象论者的论证。副现象论者诉诸物理描述和心理描述之间存在解释鸿沟来支持他们的立场，但是批评者指出，解释鸿沟的存在是负债而非资产。因为很难看出低层物理过程如何产生感质，副现象论似乎是一种不公正的理论，它把我们自身的两种截然不同的图像粘贴在一起：一种是在产生人类行为的心理状态那里也适用的物理主义图像，另一种是适用于感质的实体二元论图像。结果，副现象论看起来不像是对身心问题的解决，而更像是对它的重申。

8.9 解释突现：泛心论、泛原心论、心理物理定律与结构

副现象论者以多种方式对后两种反驳做出了回应。

一些人主张，心理物理定律存在，它们和支配纯物理交互作用的定律一样是最基本的定律。正如特定的物理事件必然由之前的物理事件引起，特定的心

理事件也必然由物理事件引起。然而，如果情况如此，那么与第四种反驳相反，副现象论确实符合自然主义的世界图景：世界是一个场所，物理事件在这里遵照基本的心理物理定律产生心理事件，而该定律则可以通过科学研究发现。

此外，副现象论者称，假设存在原始心理物理定律某种程度上有助于解决心物突现问题。如果我们的物理描述和解释与我们的现象描述和解释之间存在鸿沟，物理过程如何可能产生意识状态？根据一些副现象论者的观点，答案是存在可以消除这一鸿沟的心理物理定律。只知道亚历山大具有大脑状态 B 可能无法让我了解他的现象状态。但如果知道亚历山大具有大脑状态 B，并且大脑状态 B 确实会引起疼痛，那我就能了解他的现象状态。将大脑状态 B 与疼痛联系起来的心理物理定律将以某种方式解释心理状态如何从物理状态中产生。

不过对该回应持批评态度的人认为，心理物理定律并不能真正解决这个问题。知道有一种心理物理定律将疼痛和大脑状态 B 联系起来，这也许可以解释为什么这个或那个疼痛与这个或那个状态 B 相关，但不能解释为什么最初疼痛和 B 之间有关联。心理物理定律的支持者将这些关联的存在看作原始的、无法解释的事实：他们说，宇宙只是包含心理物理定律的场所——仅此而已。一些批评者坚持认为必须对此做进一步的解释，心理物理定律的存在需要某种类型的解释。

还有另一个担忧也与此有关：心理物理定律的存在并没有解决心物突现问题，而只是给它贴上了一个标签。说心理物理定律存在并不能解释无数微小物理粒子的快速振动如何产生看到一个粉色冰块的稳定且均匀的经验。它只是简单地说，产生这样的经验是一种有规律的、类似定律的事实。至于为什么会有这样的定律，如何解释物理事件和现象意识之间的关联，这些问题没有答案。因此，心理物理定律就像它们所要解释的心物关联一样神秘莫测，批评者指出，正因为如此，副现象论者并没有解决心物突现问题。

最后，一些批评者对心理物理定律是否存在表示了怀疑。副现象论者主张，心理物理定律可以通过经验发现，这就是为什么他们的观点可以算作一种自然主义观点：科学能够发现存在什么样的心理物理定律。但是科学真的发现了这样的定律吗？目前还不清楚。尽管这并不意味着心理物理定律不存在，但它也没有为心理物理定律存在提供支持。这也说明，副现象论者正在进行一场经验赌博，而结果不一定会对他们有利。

副现象论者解决心物突现问题的另一种方法是否认基本物理粒子缺乏意识状态。心物突现问题基于这样一个假设：意识状态必须从无意识过程中产生。副现象论者认为，意识似乎不可能从基本物理过程中产生，其原因是基本物理粒子的性质似乎与意识经验的质性性质截然不同。比如说，无数微小粒子的快速振动与我们看到粉色冰块时产生的稳定均匀的颜色之间存在着巨大的差异。因为粒子的性质和我们经验的性质如此不同，我们会觉得似乎前者不可能产生后者。然而，假设我们对基本物理粒子所具有性质的认识是错误的，假设基本物理粒子和我们一样有意识状态，在这种情况下，解释基本物理粒子的复合物如何具有意识状态就不再是问题了。我们不需要解释意识如何从无意识过程中产生，因为按照这种观点，不存在无意识的过程。意识存在于现实的每一个层面，即使是最基本的物理层面也不例外。这就是**泛心论**的主张。根据泛心论者的观点，世间的一切都有心理状态。

在许多人看来，泛心论极其违反直觉。夸克、电子和其他基本物理粒子本就像我们一样具有意识状态，这看起来是非常违反直觉的。我们真的能相信电子像你我一样具有丰富的关于世界的质性经验吗？一些副现象论者主张，基本物理粒子的意识经验在质性方面不像我们那样丰富，他们希望借此淡化泛心论的反直觉含义。这便是**泛原心论**的主张。根据泛原心论者的观点，基本物理粒子并不具有我们所经验的那种意识状态；相反，它们具有**原意识**（protoconscious）状态。这些状态是我们丰富的质性意识状态的更简单的前体，可能类似于原子是分子的更简单前体。当基本物理粒子发生相互作用时，它们会产生更为复杂的原意识状态。例如，原子和分子的原意识状态要比基本物理粒子的原意识状态复杂得多。同样，当原子和分子发生相互作用时，比如当它们构成神经组织或大脑的各个部分时，那些组织和大脑组分最终便具有了比构成它们的原子和分子更复杂的原意识状态。最后，当我们大脑的各个部分发生相互作用时，它们便构成了我们在日常生活中熟悉的、丰富的质性意识状态。

对于泛原心论的回应，批评者认为，它并没有真正解决心物突现问题，而是用另一个问题取代了它。首先，我们并不清楚原意识或原心理状态是什么。我们知道信念或欲望是什么，但原信念和原欲望是什么？举个例子，我相信 $2+2=4$，但 $2+2=4$ 的原信念意味着什么？还是说原信念不具有命题内容——可以用"2+2=4"这样的语句来表达的内容？如果是这样，那么在什么意义上它们可以算作原信念？其次，即使能认清原心理状态的本质，我们仍然不清楚原心理状态如何共同形成正常的心理状态。泛原心论假设原心理性质是生物哲学家威廉·文萨特（William Wimsatt）所说的集合性质，就像是质量。如果 x 的质量是 1 千克，y 的质量也是 1 千克，那么 x 和 y 的总质量是 2 千克。[4] 但目前还不清楚心理性质——或前心理性质——如何以这种方式聚集在一起。因此，我们仍然不清楚泛原心论是否真的解决了心物突现问题。

对心物突现问题的第三种回应诉诸结构或组织的概念。这种回应的支持者赞同意识看似不可能从基本物理过程中产生的原因，也就是基本物理粒子的性质与意识经验的质性性质截然不同。我们无法解释为什么无数微小粒子的快速振动本身就会产生冰块那稳定且均匀的粉色。心物突现不只靠粒子本身，还靠它们的结构或组织方式。不是任何基本物理粒子的排列都能产生意识状态。例如，树干和人脑是由相同种类的基本物理粒子组成的。那么，为什么大脑会产生意识状态而树干却不会呢？结构理论的支持者提出，因为大脑以正确的方式——一种能够产生意识的方式组织了这些粒子，而树干没有。

结构理论的支持者认为，他们的方法避免了泛心论和泛原心论的反直觉含义。此外，他们称自己的观点比假定心理物理定律的观点更有优势，也就是说，它可以解释任何现有的心理物理定律。例如，为什么疼痛与大脑状态 B 相关而不是与其他类型的物理状态相关，是因为大脑状态 B 具有正确的结构或组织，一种适合产生疼痛经验的结构或组织。于是结构理论的支持者既可以认同心理物理定律的存在，也可以解释为什么会产生这些定律，他们主张，这使得他们的观点比那些假设心理物理定律而不假设结构的观点更有优势。

不过批评者可能还是会认为，诉诸结构无法解决心物突现问题。同时假定心理物理定律和结构的观点并不比只假定心理物理定律的观点好多少。结构的存在或许能解释定律的存在，但结构如何解释意识状态的突现呢？目前还不清楚他们能否做出解释。假设一定数量的基本物理粒子不产生任何意识状态（图 8.1A）。然后，我们通过强加某种组织或结构来重新排列这些粒子（图 8.1B）。这样的重新定位如何解释意识状态的突现？如果图 8.1A 中的粒子不产生意识，那么改变它们的空间关系又有什么影响呢？看来好像没什么影响。在批评者看来，一个诉诸心理物理定律与结构的回应并不比只诉诸心理物理定律的回应更好。两种回应都在给谜团贴标签，却没有采取任何行动去解决它。大量基本的物理相互作用如何产生意识，这确实是个谜，但批评者说，它们如何以一种定律的方式产生意识，以及如何重组它们会产生不同的效果，这同样是个谜。

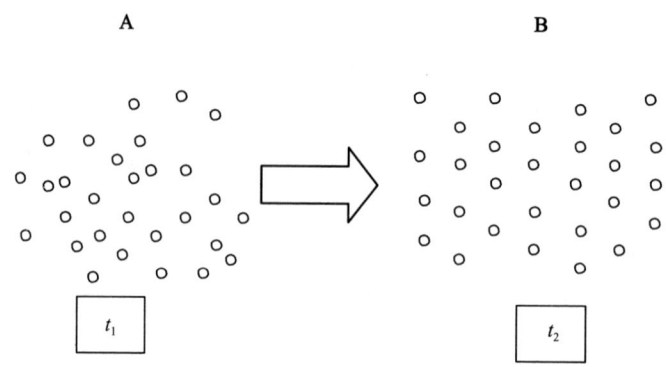

图 8.1　结构与突现

8.10　突现论

突现论与副现象论类似：两者都是二元属性论，都主张物理事件产生或引起心理事件。但两者之间至少有三个不同之处。首先，突现论者往往比副现象论者更强调结构或组织的作用。也许最常见的突现论对心物突现的解释是将心理物理定律与结构结合在一起，如 8.9 节所述：突现论者称，当低层状态达到正确的组织形式时，高层性质便以类似定律的方式可靠地出现。其次，突现论者往往不像副现象论者那样将突现的范围仅限于感质，而且很多突现论者根本不赞同心理现象的私人概念。因此，感质在突现论中并不像它们在流行的副现象论中那样占据特权地位。最后，也是最重要的一点，突现论者主张，突现性质会对具有它们的个体产生因果影响。

突现论者赞成一种多层级世界观，它类似于非还原物理主义世界观（图8.2）。不过根据突现论者的观点，层级之间的关系不是实现而是突现，较高层级并不对应于描述较低层级过程的抽象方式，而是对应于由较低层级的成分组织在一起所产生的独特性质类别。

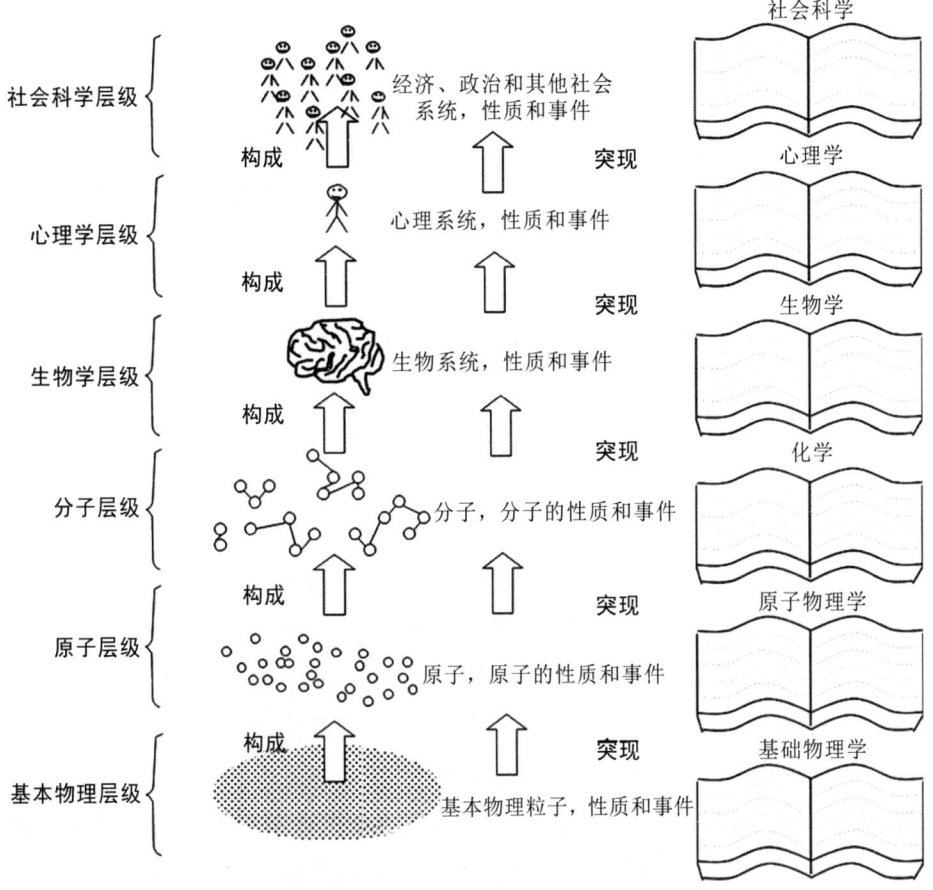

图 8.2 突现论的多层级世界观

突现论者可能在突现性质究竟具有哪些特征方面存在分歧，但大多数人都同意它们具有以下四个特征：

（1）一个系统因其成分的组织而具有突现性质。

（2）突现性质不被系统的任何成分单独具有，因为使得它们突现的组织不是任何一个单独成分的特征，而是所有成分的特征。

（3）突现性质不是副现象的。它们并非不具有因果或解释效力，而是对系统行为起到了独特的因果或解释作用。至少系统行为中的某一部分要归因于系统的突现性质。

（4）突现性质不是低层性质的逻辑建构，它们并不表征描述低层事件或过程的抽象方式。

特征（1）将突现论与泛原心论区分开来。它意味着突现性质不是生物哲学家威廉·文萨特所说的集合性质，就像是质量。系统的质量等于其各部分质量之和，与那些部分如何组织在一起无关。埃莉诺重 50 千克和岩石重 50 千克的理由是一样的：它们的基本物理成分的质量加起来等于 50 千克。特征（1）意味着突现性质不是泛原心论者所认为的那种集合性质。

特征（2）将突现论与泛心论区分开来。根据泛心论，低层实体与它们所构成的高层系统具有相同的性质。特征（2）意味着突现性质不是这类性质。

特征（3）将突现论与副现象论区分开来，特征（4）将突现论与非还原物理主义区分开来。回想一下，根据一些非还原物理主义者（实现物理主义者），处于疼痛中相当于处于某种低层状态中，这种低层状态满足某个条件，比如具有某些通常的原因和结果（见 6.4 节）。这种观点的一个含义是，高层性质不具有超出其低层实现者之外的因果效力（见 6.10 节）。根据突现论者的观点，高层性质并不是低层性质的逻辑建构。当我们描述信念、欲望和疼痛对某人行为的影响时，我们不是在用抽象的词汇描述基本的物理过程，我们描述的是一类独特的一阶性质和关系，它们作为低层成分的复杂组织而突现产生。这些高层突现性质对具有它们的个体产生的因果影响已经超出了其组成部分的低层性质所产生的影响。此外，根据突现论，高层性质还能对低层成分施加因果影响，这种影响与低层因果因素的影响不同——该观点通常被称为"向下因果关系"（downward causation）。

经典突现论，如布罗德（C. D. Broad, 1887—1971）的理论，根据物理学的力学模型理解突现性质的向下因果关系和因果效力。突现论者提出，突现性质是力发生性质（force-generating properties），它类似于物理学所假设的性质。唯一的区别在于突现性质与更高层的组织息息相关。[5] 另一位经典突现论的支持者、神经科学家罗杰·斯佩里（Roger Sperry, 1913—1994）这样描述突现论观点：

高等生物的分子主要由它们所属的特定物种的生命力驱动。它们在空中飞舞，在平原上疾驰，在丛林中摇摆，在水中游弋，不是由量子力学的分子力驱动，而是由生物体所具有的……特定的整个生命体及其心理性质驱动。[6]

作为经典突现论思想的代表，斯佩里认为，物理、化学等低层科学所假定的性质和生物学、心理学、经济学等高层科学所假定的性质都是力学性质，它们与物理学假设的因果因素一样都是对世界产生因果影响的因素。与基本物理力一样，突现力也能够影响低层物质，因此它们能够覆盖或抵消低层力的影响。如果没有那些力，构成我的分子在我身上的表现和在尸体上的表现不会有什么不同。之所以会存在不同是由于生命力和心理力的出现。正是那些力产生了由分子参与其中的新陈代谢和其他生物过程，也正是那些力形成了将我的行为与尸体区分开来的思维、感觉和行动。

8.11 突现论的支持论证与反驳论证

突现论的典型支持论证是最佳解释推理。根据突现论者的观点，他们的理论为科学事实——特别是关于复合物与其组成部分之间差异的事实——提供了最佳解释。例如，想想食盐和组成食盐的钠原子与氯原子之间的差异。单独服用钠和氯对人体是有毒的。然而它们的化合物却是人类生活的必需品。相同的原子在形成化合物前和形成化合物后所具有的性质是不同的。为什么？如何解释这种差异？根据突现论者的观点，最佳解释是当钠和氯结合在一起时，新的性质出现了，这些突现性质覆盖或抵消了钠和氯单独作用时的效果。打个比方，一个没人踢的足球会保持静止不动。作用在球上面的力不会让球发生运动，而足球运动员踢球时的活动则会让球产生运动。他们对球施加的力超过了让足球保持静止的力。根据突现论者的观点，突现力作用于低层实体的方式类似于足球运动员控制足球的方式。突现力能够覆盖或抵消低层力自身可能产生的行为。突现论者主张，人与组成人体的器官之间的差异与此类似。哪个器官单独来看都不能思考、感觉或行动。然而它们结合在一起就构成了一个能够思考、感觉和行动的人。如何解释人与构成人的各部分之间的差异？在突现论者看来，最好的解释是这些部分结合在一起产生了新性质，这些突现性质覆盖或抵消了各个部分单独存在时不能思考、感觉和行动的特性。

突现论论证的批评者认为，突现论对复合物及其组成部分之间差异的解释事实上并不是最佳的。在20世纪的前25年，突现论非常流行，那时候化学和生物学还没有取得颠覆性的突破。于是许多突现论者将他们的主张作为一种经验猜想，结果那些猜想都是错误的。例如，科学家现在知道，一方面食盐无毒，另一方面钠和氯有毒，两者之间的差异可以用原子本身的特征以及它们与人体组织相互作用的方式来解释。真正的解释并不诉诸突现力。批评者指出，生物参与的新陈代谢和其他生物过程也是如此。这些过程都可以用各种原子和分子的相互作用来解释，而不需要诉诸超出物理学假设之外的力。因此，实际的经验数据所支持的解释与突现论解释不一样。

此外，一些批评者还将这种经验观点进一步发扬光大。他们不仅用它来反驳突现论的论证，还用它反驳突现论本身。根据突现论者的观点，突现力存在，但批评者提出，我们有很好的经验理由认为突现力不存在。事实上，所有存在的力都可以用物理学来描述和解释。哲学家布莱恩·麦克劳克林（Brian McLaughlin）曾说：

> 英国突现论……由于深层次的经验原因而出现错误……有证据表明，存在（构型）力是极不合理的。把生物分子聚集在一起的点阵力从根源上看是电磁力。生命力或心理力不存在。因构型的生命、心理或社会力而产生突现决定，这样的学说……只能是假的。真正值得注意的是，影响加速度的基本力（弱电磁力和强电磁力）都是在亚原子水平上施加的力，这看来是关于我们世界的一个事实。[7]

"构型"（configurational）是麦克劳克林为突现力创造的术语。他认为，经典突现论（他称之为"英国突现论"）的失败不是由于严格的哲学原因而是由于经验原因：科学已经表明，经典突现论所假设的突现力实际上并不存在。

突现论者可以这样回应，科学事实可能使他们不得不修改关于自然的化学和生物层面的看法，但经验数据并不要求他们全盘否定其观点。突现论者可以主张，即使突现力不是解释化学和生物现象的必要条件，它们仍然是解释心理和社会现象的必要条件。经验数据尚未表明这些现象可以不诉诸突现力就能得到解释。因此，根据这种改良的突现论观点，即使化学和生物层面没有出现新的力，心理和社会层面也会出现。

这种回应可能会使突现理论免受经验驳斥，但批评者仍可以再次进行反驳——上述回应挽救不了突现论论证。该论证主张，突现论为经验数据提供了最佳解释，但这个主张主要是基于化学和生物层面的现象。突现论者主张，我们有很好的理由认为，自然界中各个层面之间的差异都可以诉诸突现力来做出最佳解释。他们为什么这么说？因为他们提出，我们有很好的理由认为生物和化学现象与物理现象之间的差异可以诉诸突现力来做出最佳解释。但是批评者指出，如果这些层次上的差异不能诉诸突现力来解释，那么我们就没有任何理由认为其他层次之间的差异可以用这种方式来解释。因此，批评者提出，即使经验数据没能成功驳倒突现理论，它们至少成功地驳倒了突现论论证。

除了担忧突现论缺乏经验数据之外，人们还对其提出了另外两种反驳。首先，与副现象论一样，突现论也主张心理性质是从低层物理交互作用中产生的。因此，突现论者与副现象论者面临同样的心物突现问题（见8.9节）。其次，尽管突现论者避免了副现象论者所面临的那种心理因果问题，但他们面临另一种心理因果问题。正如我们已经看到的，第一个问题是经验问题：突现论者倾向于根据物理学中的力学模型理解高层性质的因果影响。但如果以这种方式进行理解，则突现特性的存在就意味着突现力的存在。而在批评者看来，我们有很好的经验理由认为突现力不存在。

心理因果的第二个问题是第1章中讨论过的心理因果问题的一个亚型。它的论证方式如下：

（i）如果突现论为真，那么或者行动由心理和物理原因多元决定，或者物理定律被定期违反。

（ii）行动并非由心理和物理原因多元决定，并且物理定律也没有被定期违反。

因此，该论证得出结论，突现论为假。为什么我们要假设该论证的前提为真？

回想一下1.6节中关于心理因果的讨论。假设你伸手去拿手边的一个物体。这个动作的发生离不开手臂肌肉的收缩。这些收缩由你神经系统中的事件——神经元放电——引起。这些神经元放电又是由其他神经元放电引起的，而其他神经元放电又是由另外的物理事件，如光线、声音、压力、空气中的化学物和其他环境因素对神经系统的影响所引起的。我们应该还记得，为了使你的伸手算作一个行为，它必须有一个心理原因——它必须是因为，比如说，你想要抓住一个物体的欲望引起的。但是现在，突现论者必须回答一个问题：你行为的心理原因和物理原因是如何关联的？可能的答案屈指可数（图8.3）。

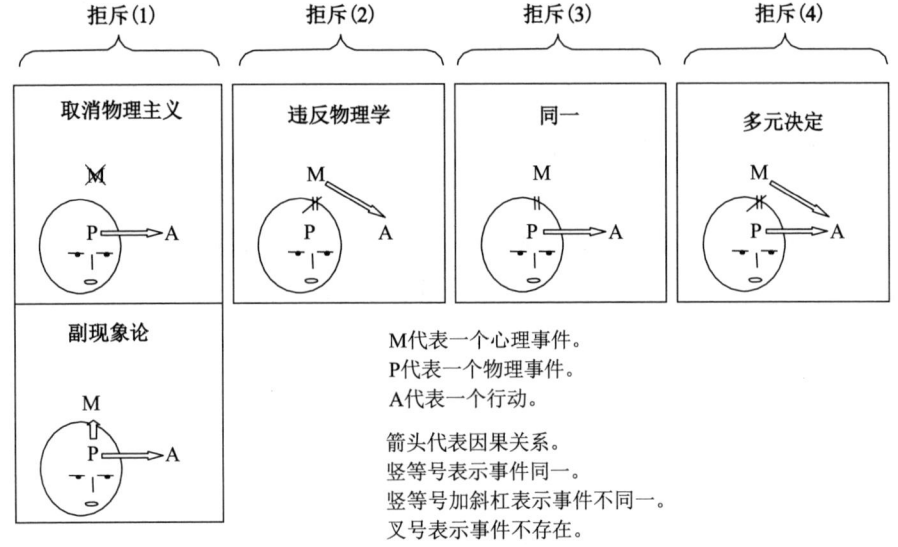

图8.3 心理因果问题的部分解决方案

为了理解这几个答案，让我们用以下几个并存不一致的陈述来说明：

(1) 行动具有心理原因。

(2) 行动具有物理原因。

(3) 心理原因与物理原因不同。

(4) 一个行动不能具有一个以上的原因。

陈述（1）和（2）意味着任何既定行动既具有心理原因也具有物理原因。根据陈述（3），行动的心理原因和物理原因不同。因此，行动必须至少有两个原因，但（4）排除了这一点。它主张一个行动不能具有一个以上的原因。因此，陈述（1）—（4）是不一致的。陈述（1）—（3）意味着行动有多重原因，而陈述（4）意味着它们没有多重原因。突现论者面临的问题就是要如何解决这个明显的不一致。

取消论者拒斥陈述（1）：他们提出，既然心理事件不存在，那么就不存在导致行为的心理事件。副现象论者也拒斥陈述（1），但他们的理由不同：副现象论者认为，心理事件存在，但这些事件并没有因果导致任何事件。但拒斥（1）并不是突现论者的选择，因为与取消论者不同的是，突现论者主张心理事件存在，而与副现象论者不同的是，他们主张心理事件可以对物理事件产生因果影响。同一论者拒斥陈述（3）：他们提出，你之所以伸手只有一个原因，即神经元放电与你的欲望同一。换句话说，"欲望"这个词只是指称你神经系统中事件的另一种方式，就像"水"这个词只是指称 H_2O 的另一种方式。但拒斥陈述（3）也不是突现论者的选择。突现论者是性质二元论者，他们致力于否认"欲望"与"大脑状态 B"指称同一个性质。因此，他们致力于否认你的欲望能与你神经系统中的事件同一。[8] 留给突现论者的选择只有两个：拒斥（2）或拒斥（4）。但批评者指出，这两种选择都不合理。让我们从后往前进行考察。

拒斥（4）会使突现论者承诺行动的**多元决定**。说某事是多元决定的就是说它有两个或两个以上相互独立、完全充分的原因。举个多元决定的例子：图 8.4 所示的光控开关由激光 A 和激光 B 发出的两束独立光束同时触发，任何一束光都能够独立于另一束光而触发开关。如果在没有激光 B 的情况下发射激光 A，它本身就足以触发开关，同样，如果在没有激光 A 的情况下发射激光 B，它本身也足以触发开关。因为任何一束激光本身都足以触发开关，但实际上两者都触发了开关，所以开关的触发是多元决定的，它有不止一个完全的充分原因。

在批评者看来，拒斥（4）的突现论者就是要对你的行动表达一些类似的看法：你的行动是多元决定的。在第 1 章中，我们看到神经系统中的事件本身就完全足以引起肢体的运动如使你的手臂伸展、使你跺脚等。但突现论者却还承诺心理状态也完全足以引起你的行动。于是在这种情况下，你的神经系统和

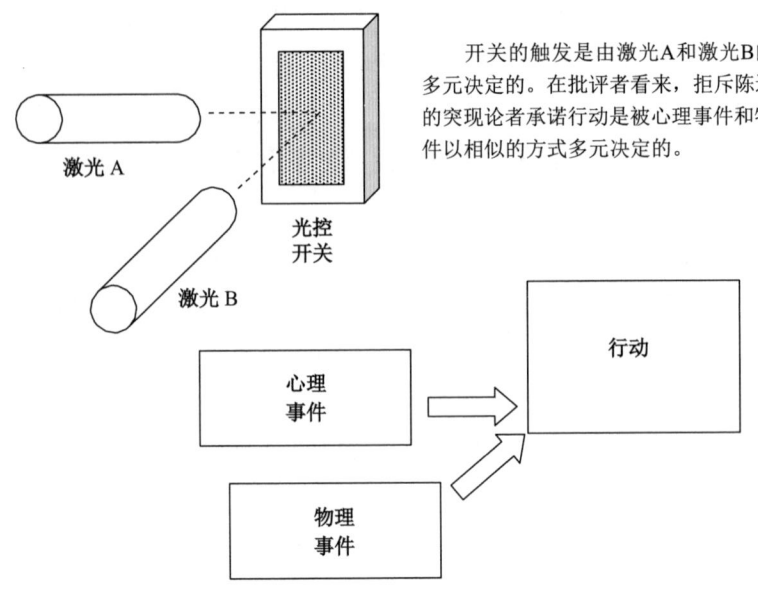

图8.4 多元决定

你的心理事件都完全足以引起你的行动。但是，由于你的神经系统中的事件和你的心理事件截然不同，所以你的行动是多元决定的：它有不止一个完全的充分原因。

为什么行动的多元决定会是个问题？批评者称，它是个问题，因为它会产生荒谬的后果。想想多元决定意味着什么：如果开关的触发是由激光A和激光B多元决定的，那意味着在没有B的情况下开关也能由A单独触发，或者在没有A的情况下也能由B单独触发，同样地，如果你的行动是由你的心理状态和神经系统中的事件多元决定的，那意味着在没有心理状态的情况下你的行动也能由你神经系统中的事件单独引起，或者在没有神经系统中的事件的情况下也能由你的心理状态单独引起。但这两种结果似乎都很荒谬。认为你的行为在没有你的信念或欲望的情况下就可以发生，这似乎是非常荒谬的：一个事件要算作一个行动需要的只是一个心理原因。反过来，认为你的行为在没有你神经系统中的事件——负责触发你四肢肌肉收缩的事件——的情况下也可以发生，这也是非常荒谬的。两种结果都是行动的多元决定所蕴含的情况，但两种结果都很荒谬。

第八章 二元属性论

对突现论者来说，剩下唯一的选择就是拒斥（2）。但批评者称，做出这种选择的问题是，它不是真的科学事实。当你伸手时，除非有什么东西触发了适当的肌肉收缩，否则你的肢体无法移动。通常触发那些收缩的是你神经系统中的事件——它们都是物理事件，如果使用恰当的设备，我们实际上可以看到这些物理事件。神经科学家具有可以测量单个神经元活动的设备。使用这些设备，我们可以通过神经系统中的事件来观察肢体肌肉收缩的触发。突现论者主张，心理性质对具有心理性质的个体产生的因果影响不同于低层物理性质产生的因果影响。此外，如果突现论者想要避免行动的多元决定，他们唯一能说的似乎就是，当我们做出行动时，心理性质的因果影响在某种程度上成功地覆盖或抵消了物理事件，比如神经系统中的事件的因果影响。而在这种情况下，似乎每次人们做出行动都会违反物理定律。至少这种观点意味着对我们先前所说的物理因果完备性或物理解释的完备性（有时也被称为物理域的因果封闭）进行了否定。

物理因果完备性是说，以物理学为典范的自然科学原则上能够对一切原因给出全面地解释。该论断主要的支撑证据来自对以往科学成就进行的归纳概括，类似于4.5节中我们讨论过的物理主义的支持论证：科学家在过去成功地为他们试图解释的现象找到了原因，而这种成功给了我们很好的理由假定他们的成功会一直延续下去。我们有充分的理由认为，自然科学能够发现所有可以被发现的原因。此外，有人可能会主张，假设存在非物理原因终将违反物理守恒定律（见3.5节）。最后，还有人可能会说，物理因果完备性是科学研究的基本方法论假设：如果科学家不相信他们能用科学技术——研究物理宇宙的技术——发现事物的原因，那么他们就不会花时间或精力去做这件事了。这么做只是因为他们相信这些技术能够发现他们想要发现的原因。这意味着科学家默认他们试图发现的原因是物理原因。于是科学实践本身似乎假定了一个类似物理因果完备性那样的原则。而拒斥（2）的突现论者则致力于拒斥一个得到经验充分支持的假设。另外，批评者提出，突现论者还面临一项尴尬的任务，即必须解释如果不是所有的原因事件都是物理事件——如果行为实际上没有物理原因的话，那么自然科学是如何得以发现诸多现象的原因的。

在批评者看来，上述探讨应该足以说服我们拒斥（2）对突现论者而言不是一个可行的选择。但如果拒斥（2）和拒斥（4）都不可行，那么突现论必定是假的，因为这是突现论者可以自由支持的唯二选择。

8.12　正确理解二元属性论

突现论和副现象论都面临严重的心理因果问题——突现论是因为它主张心理性质对物理领域有因果影响，而副现象论是因为它否认这一点。物理主义者和形质论者把这些问题看作为他们自己的理论辩护的机会。

同一论者认为他们的理论避免了困扰这两种二元属性论的问题。他们提出拒斥陈述（3）才是解决心理因果问题最好的方案。与副现象论不同，同一论能够容纳心理因果，而与突现论不同，同一论能够在不支持多元决定或不放弃物理因果完备性的情况下做到这一点。

形质论的主张与此类似。然而他们解决心理因果问题的策略不是拒斥陈述（1）—（4）中的一个，而是认为这种明显的不一致是由模棱两可的谬误所致。形质论者提出，一旦我们澄清了这些陈述的意义，我们就会看到（1）—（4）并不是真正不一致的。我们将在11.11节中讨论心理因果问题的形质论进路。

许多哲学家都钟情于二元属性论，因为他们想为自己的反还原论寻找一个深刻的形而上学支撑，而非还原物理主义无法提供这个支撑。不过鉴于二元属性论所面临的问题，这些哲学家有三种选择：（1）他们可以为二元属性论辩护，或者（2）他们可以放弃追求基于形而上学基础的反还原论形式，而接受某种非还原物理主义形式（见第6章），或者（3）他们可以考虑一种非标准身心理论，比如为反还原论提供另一种形而上学基础的形质论（见第10—11章）。

扩展读物

罗德里克·齐硕姆（1989）认为我们不是机体，他还主张我们是微小的存在，就像寄居在人类机体大脑中的点状微粒一样。埃里克·奥尔森（Eric Olson, 1996）为动物主义辩护。彼得·范·英瓦根（Peter van Inwagen,

1990）为一种类似于形质论进路的分体论进路辩护。斯特劳森（P. F. Strawson，1959）为机体二元属性论辩护。

赫胥黎（T. H. Huxley，1874）是19世纪副现象论的支持者；大卫·查尔默斯（1996；2002）提出了副现象论的论证。约瑟夫·列文（Joseph Levine，1983）引入了"解释鸿沟"一词。威廉·利康（1996）提出了一种弥补解释鸿沟的方法。

安东尼·肯尼（Anthony Kenny，1968）讨论了在笛卡尔之前占主导地位的心理现象的公众概念。阿瓦·诺依和凯文·奥里根（2002）认为直觉是理论负载的。丹尼特（1991a；1993）批判感受性。维特根斯坦的私人语言论证出现在《哲学研究》（2001 [1953]）的第1部分，从243节开始到300节中部结束。本内特和哈克（2003：3.9节）与肯尼（1973：第10章）的研究中可以找到关于该论证的很好的介绍性讨论。麦克金（1997：第4章）为该论证的另一个版本辩护，与这里概述的版本不同。本内特和哈克（2003）在他们著作的第三部分使用维特根斯坦的技术对神经科学家和哲学家诉诸心理现象的私人概念进行了批判。其他受维特根斯坦启发的感质批评者包括肯尼（1989）、马尔科姆（1956）以及最近的希拉里·普特南（1999：第2部分）。吉尔伯特·赖尔（1949）和斯特劳森（1959）也是反对心理现象私人概念的代表。

多年来，副现象论在心灵哲学中的地位类似于取消论：如果你的理论暗示心理状态是副现象，人们就会认为你的理论一定有问题。然而，最近副现象论赢得了一些令人惊讶的支持者，包括之前物理主义的捍卫者金在权（2005）。

经典突现论最初由约翰·斯图亚特·米尔（John Stuart Mill，1965 [1843]：第3卷，第6章）提出，随后得到了塞缪尔·亚历山大（Samuel Alexander，1966）和劳埃德·摩根（C. Lloyd Morgan，1923）的认可，但该理论的成熟要归功于布罗德（C. D. Broad，1925）。经典突现论最近得到了神经科学家罗杰·斯佩里（1975）和蒂莫西·奥康纳（Timothy O'Connor，2000：第6章）的支持。哲学家约翰·塞尔（1992）有时被归为突现论者，但是根据对其理论的考察，他的观点其实是由突现论者和非还原物理主义者的思想混合而成的。例如，他主张心理状态既由大脑引起又在大脑中实现。由大脑引起表明了一种突现论或副现象论的观点，在大脑中实现则表明了一种非还原物理主义的立场。布莱恩·麦克劳克林（1992）追溯了经典突现论的历史。在那篇文章中，麦克劳克林还讨论了经典突现论的经验不足问题。金在权（1993 c；1999；2006）对突现论的心理因果问题进行了最为详尽的阐述。

注释

1. 在部分与整体的形式理论中，每个对象都是其自身的一部分——正如每个集合都是其自身的子集一样。集合 S 是集合 S′的一个固有子集，如果 S 是 S′的一个子集，并且 S≠S′。同样，x 是 y 的固有组分，如果 x 是 y 的组分，且 $x≠y$。在日常英语中，我们通常用组分来表示固有组分。

2. Chalmers, 2002, "Consciousness and Its Place in Nature." In *Philosophy of Mind: Classical and Contemporary Readings*, edited by David John Chalmers, 247 – 272, New York: Oxford University Press, 251 – 252.

3. M. R. Bennett and P. M. S. Hacker, 2003, *Philosophical Foundations of Neuroscience*, Malden: Blackwell Publishers, pp. 101 – 102.

4. William C. Wimsatt, 1985, "Forms of Aggregativity." In *Human Nature and Natural Knowledge*, edited by Marjorie Grene, Alan Donagan, Anthony N. Perovich, and Michael V. Wedin. Dordrecht: Reidel.

5. 在《英国突现论的兴衰》（The Rise and Fall of British Emergentism）（*Emergence or Reduction?: Essays on the Prospects of Nonreductive Physicalism*, 1992, edited by Ansgar Beckermann, H. Flohr, and Jaegwon Kim, 49 – 93, Berlin: W. de Gruyter）中，布莱恩·麦克劳克林这样解释突现论的立场："整体可以具有其任何组分都不具有的产生力的性质……这种性质赋予整体施加基本力的能力，而这种基本力是整体的组成部分所无法施加的。"（79）

6. *The Omni Interviews*, 1984, edited by Pamela Weintraub, New York: Ticknor & Fields, 201.，这段话被金在权引用在《突现论和非还原物理主义中的"向下因果"》("Downward Causation" in Emergentism and Nonreductive Physicalist)（*Emergence or Reduction?: Essays on the Prospects of Nonreductive Physicalism*, 1992, edited by Ansgar Beckermann, H. Flohr, and Jaegwon Kim, 119 – 138, Berlin: W. de Gruyter, 120）中。

7. 麦克劳克林，《英国突现论的兴衰》，91。

8. 这个推论基于以下假设，即事件同一需要性质同一，例如，事件在 t 时刻我渴望 x 与事件在 t 时刻我的神经元放电同一，仅当渴望 x 与神经元放电同一。想了解更多这类事件观，可参见 Jaegwon Kim, "Events as Property Exemplifications," in his *Supervenience and Mind*, 1993, 33 – 52, New York: Cambridge University Press; Alvin Goldman, *A Theory of Human Action*, 1970, Englewood Cliffs: Prentice-Hall; 或 Jonathan Bennett, *Events and Their Names*, 1988, Indianapolis: Hackett Publishing Co.

第九章 唯心论、中立一元论与身心悲观论

综述

"唯心论"一词有许多不同的用法。区分本体论唯心论（ontological idealism）和概念唯心论（conceptual idealism）很重要。本体论唯心论主张一切都是心理的，而概念唯心论则主张，我们对世界的经验部分取决于心灵所提供的概念或结构。贝克莱的唯心论是本体论唯心论的一个典型代表；而康德的先验唯心论则是概念唯心论的一个典型代表。我们在这里只讨论本体论唯心论。本体论唯心论就像物理主义的反面形象。它意味着原则上一切都可以用心理术语做出全面地描述和解释。本体论唯心论最常见的理论形式主张，我们通常认为独立于心灵的对象（桌子、椅子、人、树）实际上只是经验的集合。例如，这把椅子实际上只是颜色、质地和硬度等经验的集合。本体论唯心论的一种支持论证依赖于两个前提：（1）椅子、桌子、人、树等日常对象完全由我们感官所知觉到的性质或特征构成；但是（2）我们感官所知觉到的唯一事物就是我们自己的观念或经验。因此，日常对象只是由我们自己的观念或经验构成的，它们只是观念或经验的集合。这两个前提都面临严峻的挑战，但后者的麻烦更大。它所依赖的假设在17世纪和18世纪有很高的接受度，但现在大多数哲学家都不再认可这些假设。此外，唯心论是极其反直觉的：它拒绝接受我们生活的世界存在独立于心灵的对象这一常识性假设，而且难以容纳现实与表象

之间的常识性区分。鉴于唯心论具有反直觉的含义，批评者认为，唯心论者必须承担举证责任——他们必须证明常识是错误的。但是，批评者称，唯心论者没有做到这一点。

中立一元论主张一切都是中立的，一切都可以用一个既非心理也非物理而是中立的概念框架进行全面的描述和解释。物理事件是满足一类条件的中立事件，而心理事件是满足另一类条件的中立事件。中立一元论的论证分两步进行。第一步是诉诸本体论的简约性或奥卡姆剃刀论证一元论优于二元论。第二步论证在一元论中，中立一元论优于物理主义和唯心论，因为它比其他两种理论更有效地解决了身心问题。可能对中立一元论最强烈的批评就是认为中立一元论没有对中立实体是什么做出翔实的说明。因此，中立一元论仍然只是一种抽象的可能性，而不是一种可以将其置于我们已经考察过的那些理论中以便对其优点和缺点加以评价的理论。

身心悲观论主张我们不可能解决身心问题，因为我们的认知能力存在内在局限性。就像小孩子存在认知局限性，这阻碍了他们理解量子物理学一样，我们也存在认知局限性，它阻碍我们理解比如说意识状态如何从大脑状态中突现。身心悲观论的批评者对此做出了几种反驳。一些人认为，我们有很好的理由相信我们最终能够解决身心问题。另一些人则认为，对于身心问题的存在而言，我们有比悲观论更合理的解释。

9.1 唯心论的类型

本章涉及当代心灵哲学中处于边缘地位的三种理论。它们被边缘化也许是合理的，也许不是，但无论如何它们都值得我们深入思考，因为它们提出了有趣的议题并对主流观点构成了很大的挑战。我们要考察的前两种理论是两种一元论形式。我们先从唯心论开始。

在哲学中，"唯心论"这个标签有许多不同的用法。将概念唯心论与本体论唯心论区分开来对我们大有益处。概念唯心论主张，我们关于世界的经验不可避免地受到概念的影响。18世纪的哲学家伊曼努尔·康德（1724—1804）所推崇的先验唯心论就是这种理论的代表。根据康德的观点，我们的心灵提供概念或范畴——例如空间、时间和因果关系——这些范畴为原始的、非结构化的感官数据提供了结构。[1]作为对独立于心灵的对象所构成的时空领域的经验而呈现给我们的东西——我们通常认为自己的经验所关于的那个东西——是原始感官数据与心灵提供的范畴和概念的混合体。在康德看来，除了经验，我们无法知晓还有哪些独立于心灵的对象，这些对象本身又是什么样子，因为我们对世界的认识仅限于我们的经验，而我们的经验并不能揭示事物的本来面貌，它只能揭示事物在经由心灵提供的范畴过滤之后所呈现给我们的样貌。德国的唯心论形式，如费希特（1762—1814）和黑格尔（1770—1831）的哲学理论代表了对康德唯心论的回应和发展，他们将唯心论引向了本体论的方向。19世纪末的英国哲学家如布拉德利（F. H. Bradley，1846—1924）和麦克塔加特（J. M. E. McTaggart，1866—1925）所推崇的唯心论形式代表了德国唯心论后续的发展。不过我们主要关注的不是康德的概念唯心论，也不是受康德启发而产生的唯心论形式，而是另一种——本体论唯心论。

让我们感兴趣的本体论唯心论是物理主义的反面形象。它主张一切都是心理的，这有点像物理主义者主张一切都是物理的。"一切都是心理的"，这一主张可能会让一些读者想起泛心论（见8.9节）。但唯心论和泛心论是非常不同的理论。唯心论是一元论的一种形式，泛心论是一种二元属性论。换句话说，泛心论承诺性质二元论，主张除了心理性质还有不同于心理性质的物理性质。根据泛心论者的观点，一切事物都具有心理性质，但他们否认所有存在的性质都是心理性质。相比之下，唯心论者则确切地主张所有的性质都是心理性质；与泛心论者不同，唯心论者否认独特的物理性质存在。

由于唯心论者主张所有的性质都是心理性质，所以他们对物理性质的看法类似于物理主义者对心理性质的看法。走取消论路线的唯心论者主张，物理性质不存在——比如说，关于独立于心灵的对象的质量或硬度的陈述都是假的，有点类似于关于希腊诸神的特征或现任法国国王的陈述都是假的。但取消论并没有在唯心论中占据主导地位。最著名的本体论唯心论者乔治·贝克莱（1685—1753）对物理现象采取了还原论立场，而后来的唯心论者往往也都追随他的脚步。

在贝克莱这样的还原唯心论者看来，我们通常所认为的独立于心灵的物理对象和性质实际上只是经验的集合，这就是贝克莱用那句拉丁语名言"*esse est* percipi"——存在就是被感知——所表达的观点。根据还原唯心论者，谈论物理对象其实只是在谈论经验。例如，当我说这张桌子很结实或很重时，我是在说，当我具有试图推动它或抬起它的经验时，这种经验伴随着另一种经验：遇到阻力。换句话说，在还原唯心论者看来，物理性质如硬度和质量等同于特定的经验或经验的集合。

还原唯心论有时被称为**现象主义**（phenomenalism）。此外，现象主义的各种形式之间存在差别，类似于第5章讨论过的两种还原物理主义形式即行为主义和同一论之间的差别。分析现象主义（analytic phenomenalism）主张，那些显然是关于独立于心灵的物理对象的陈述可以被分析或转译为关于某人实际或潜在经验的陈述，类似于分析行为主义主张，关于信念、欲望和其他心理状态的陈述可以被分析或转译为关于某人实际或潜在行为的陈述。而非分析现象主义（nonanalytic phenomenalism）并不赞同我们可以做出这样的分析，它支持一种类似于同一论的还原唯心论，这种还原唯心论不是通过语言分析而是通过其他方式将物理性质等同于心理性质。在逻辑实证主义盛行的时代，分析现象主义比较流行，当时它得到了艾耶尔（A. J. Ayer, 1910—1989）等哲学家的辩护。尽管如此，它还是遭到了强有力的批判，后来的唯心论者往往倾向于支持非分析现象主义。

9.2 本体论唯心论的动机与支持论证

本体论唯心论在哲学史上一直处于边缘地位。主要原因是它背离了我们的常识观念，即我们所经验的对象具有独立于心灵的地位——例如，我面前的桌子是一个实体，即使没有人在经验它，它也会存在并具有大小、位置、质量、硬度和其他物理性质。既然本体论唯心论具有如此反直觉的含义，为什么有人会支持本体论唯心论呢？

主张本体论唯心论的动机与主张实体二元论的动机颇为相似。两种理论的支持者往往都认为科学对我们关于事物的前科学理解构成了威胁，不过唯心论者将这种威胁看得更严重。实体二元论者至少愿意承认物理学所描述的那种独立于心灵的对象和性质存在，而唯心论者甚至连这一点都不愿意承认。他们认为，任何独立于心灵的对象和性质的存在都与他们所持有的关于我们自身和宇宙的某种核心的、前科学的信念不相容。特别是贝克莱，他将这些信念与我们对世界的认识和对上帝存在的洞悉联系在一起。

贝克莱推断，如果我们对世界的认识仅限于我们的经验，且世界是由独立于那些经验而存在的对象构成的，那么怀疑者就有理由主张，我们根本不具有关于世界的知识（关于什么对象和性质真正存在的知识），而只有关于我们经验的知识——经验不会给我们提供任何关于事物如何存在的信息。同样，贝克莱还认为，如果世界由能够独立于任何人的经验而存在的对象构成，那么无神论者就有理由主张，世界可以独立于上帝而存在，这是贝克莱极力想要避免的结论。尽管许多哲学家像贝克莱一样反感怀疑论和无神论，但大多数人认为，他的唯心论是对这两种哲学观点的一种相当极端的回应，他们也相信，我们有更好的方式来回应这两种观点。

不过贝克莱仍然支持唯心论。他最初的论证基于两个前提：

(1) 椅子、桌子、人和树这样的日常对象完全是由我们通过感官感知到的性质或特征构成的。

(2) 我们通过感官感知到的唯一事物是我们自己的观念或经验。

因此，贝克莱得出结论，日常对象必定仅由我们自己的观念或经验构成，没有独立于经验或观念的椅子、桌子、人或树木，它们都只是经验的集合。我看到我面前的那张桌子只是颜色、形状、质地及其他经验的集合，我感觉自己坐着的那把椅子，以及我看到窗外的人和树木也是如此。每个对象都只是感官或其他经验的集合。

贝克莱论证的两个前提都极具争议性。在为前提(1)所做的辩护中贝克莱主张，存在无法感知的对象，这种观念本身就是不融贯的：

读者可以在思想中试试自己能否把可感知事物的存在和其被感知一事分离开……不过您又说，我们很容易想象，例如，公园中有树，壁橱里有书，并且不必有人来感知它们……不过……您这不是只在心中构成所谓树和书的观念么？……您自己一向是在感知或想象它们的……您必须想象它

第九章 唯心论、中立一元论与身心悲观论

们是不被设想而能存在的，那就分明是一个矛盾了。[2][①]

这就是通常所说的贝克莱的"主论证"。它主张，我们不可能对一个不能设想的对象形成概念，其理由是，设想一个不能设想的对象蕴含着矛盾。根据贝克莱的论证，如果我试图设想一个不能设想的对象，那我就是在设想某物，它既能被某人（也就是我）所设想，又不能被任何人所设想。但是，没有任何事物既可以被某人设想又不被任何人设想，这是一个明显的矛盾。因此，有独立于心灵的对象，即可以不被任何人构想而存在的对象，这个观念是不融贯的，这样的对象不存在。存在的一切事物都依赖于心灵——桌子、椅子、人和树——所有这些都只是感官和其他经验的集合。

关于主论证有一个担忧：它似乎混淆了设想行为和所设想物之间的区别。为了说明这一点，让我们想象一个相似的论证：

> 我是不朽的：我不可能不存在。原因是不可能形成我不存在的概念。这样的概念蕴含着一种矛盾，因为我要形成对我自己的概念，我就必须存在。因此，对我来说，要形成我不存在的概念，我就必须存在，这意味着我必须存在，也必须不存在。但这是一个明显的矛盾，没有事物可以既存在又不存在。于是，我不存在是不可设想的。所以我是不朽的。

这个论证混淆了我的设想行为和我能设想的情境之间的区别。的确，除非我存在，否则我不能从事设想行为，但这并不能得出，我所能设想的唯一情境就是我存在的情境。我可以很容易地设想各种我不存在的情境——例如，我出生前发生的情境，或者，如果我根本没出生会发生什么情况。因此，这个论证是有缺陷的，因为它从关于我的设想行为的前提（只有我存在我才能设想某事）出发不正当地得到了关于我能设想什么的结论（我只能设想我存在的情境）。贝克莱的主论证看来犯了类似的错误。虽然的确只有我正在设想这本书我才能设想这本书，但并非我只能设想有人正在设想这本书的情境。我可以很容易地设想各种情境，在这些情境中，没有任何人在设想这本书——例如，书

---

① 本段译文引自《人类知识原理》（商务印书馆2010年出版），第6节和第23节。——译者注

藏在壁橱里，没人感知到它。于是我们有很好的理由认为，贝克莱没能证明前提（1）。

现在来看前提（2）。这是贝克莱的心灵哲学以及许多早期现代心灵哲学的核心概念。对贝克莱和许多早期现代哲学家来说，观念正如他们有时所说的那样，是可以"在心灵中呈现"的东西。换句话说，观念大致就是我们所意识到的，或能意识到的，或能经验的任何东西。尽管贝克莱这样的哲学家常用"感知"或"概念"，而不是"意识"或"经验"。根据前提（2），观念是我们唯一能意识或经验的东西。虽然在日常交谈中我们会说，我感知到有一本书在我面前，但根据前提（2），严格地说，我们感知到的不是一本书，而是书的观念。

在与贝克莱同时代的哲学家当中，前提（2）是被普遍接受的假设。像笛卡尔和洛克这样的哲学家都认为，我们的经验构成了一个主观印象的内部剧场，而这些主观印象无法反映外部世界的事物。既然这些哲学家是贝克莱的主要思想来源，那他很可能也接受了对心灵的此种理解，并将其作为一个基本的起点——这是他参与辩论的入场券。但前提（2）受这些哲学家欢迎并不能使之为真，也不能使其免受批评。前提（2）的反对者很可能认为，我们感知的并不只是观念，而是独立于心灵的、真实存在的事物。反对者会说，我感知的不是书的观念，而是书本身——一个独立于心灵的对象。同样，当我吃冰激凌时，我感知的不是甜味的观念，而是冰激凌的甜味本身——一个独立于心灵的性质。

我们感知的是实际的对象和性质而不只是观念，要阐释这个主张，我们至少有两种方法。第一种方法是主张外部对象在我们这里产生了它们自身的表征，并且我们因此以这些内部表征为中介间接感知到了桌子和甜味。这就是表征主义的观点。第二种方法是否认存在表征的内部领域，它主张我们是直接感知桌子和甜味，不需要以任何内部心理表征为中介。这是直接实在论（direct realist）的观点。

贝克莱看来并不了解感知的直接实在论观点。直接实在论对贝克莱的论证提出了严峻的挑战，但我们不清楚他对此会做何回应。不过他很了解表征主义的观点，并至少提出了两个反驳表征主义的论证。第一个论证有三个前提：(i) 如果存在独立于心灵的对象的内部表征，那么这些表征必须是观念，因为它们要呈现给正在感知的心灵。但（ii）表征关系涉及相似，即内部表征必须与它们所表征之物相似。因此，如果我确实有书的内部表征，那个表征必须与世界上真实的书相似。同样，如果我确实有冰激凌甜味的内部表征，那么它必须与冰激凌实际的甜味相似。但（iii）观念只能与其他观念相似。因此，如果我确实有内部表征，那些表征只能表征其他观念，因为与观念相似的只能是观念。然而，由于表征主义者坚信内部表征是独立于心灵的事物的表征，并且前提（i）—（iii）表明，独立于心灵的事物不可能存在表征，由此可知，表征主义必定为假。

表征主义者反驳上述论证最简单的方法或许就是抨击前提（ii），即表征需要相似性。让我们以符号系统比如语言为例，语言提供了大量对（ii）构成挑战的例子。例如，英语单词"red"代表红色，但我们不知道字母"red"在什么意义上与红色相似。同样，"dog"代表狗，但我们不知道在什么意义上这个词与一种毛茸茸的有齿动物相似。所以表征主义者有余地主张贝克莱的反驳他们的第一个论证不成功。

贝克莱反驳表征主义的第二个论证让人想起实体二元论所面临的交互作用问题（见3.5节）。贝克莱认为，表征主义者没有说明独立于心灵的实体如何可能产生观念——或者说，非心理实体如何可能对心理实体产生因果影响——这给了我们很好的理由认为表征主义为假。

表征主义者可以做出以下回应，即对因果关系的解释或者是不必要的，或者不仅他们解释不了，唯心论者也解释不了。表征主义者会说，每种理论都不得不将某种假设作为原始的、无法解释的事实。唯心论者责怪表征主义者没有解释非心理实体如何能够因果地影响心理实体，然而唯心论者自己也没有解释心理实体如何能够因果地影响其他心理实体；他们不是努力去解释一个观念如何能因果地引起另一个观念。唯心论者选择将观念之间的因果关系看作无法解释的既定事实，而表征主义者则选择将观念与外部事物之间的因果关系看作无法解释的既定事实。唯心论者断言他们的基本假设优于表征主义者的基本假设，但是他们没有提出任何理由，既然如此，他们对表征主义的反驳便是无效的，因为如果一个理论所遭受的抨击是它没有解释某类因果关系如何可能，那么不仅表征主义面临这种抨击，唯心论也面临这种抨击。

综上所述，贝克莱为支持（1）和（2）而提出的论证再怎么看都是有问题的。(1) 的支持论证似乎有缺陷，而根据表征主义和直接实在论的感知理论，我们也有理由拒斥（2）。

9.3　唯心论的反驳论证

除了对唯心论的支持论证进行批判之外，还有一些论证旨在表明唯心论本身为假。对唯心论的一种反驳是，唯心论为假，因为它产生了极其荒谬的后果。如果桌子、树、山和其他对象只是经验的集合，那么唯心论便意味着，如果没有人在经验这些对象，它们便不复存在。例如，如果我独自一人在一个房间，周围没有人看到房间里的这张桌子，那么如果我离开房间，这张桌子将不复存在，因为在那种情况下，周围将不再有人经验那张桌子。但唯心论的反对者称，这太荒谬了，即使我离开房间进入走廊，那张桌子肯定也会继续存在。

唯心论者至少可以用两种方式进行回应，这两种方式在贝克莱的著作中都有所提及。首先，唯心论者不仅可以诉诸实际的经验，而且可以诉诸潜在的经验——不只是人们实际看到或听到的，还有他们在某些条件下能看到或听到的——来支持对象的存在。唯心论者可以说，虽然当我离开房间的时候，我可能看不到桌子了，但如果我重新进入房间，我就能看到桌子了，仅仅是桌子被看见的潜在性就足以使它存在。换句话说，桌子的存在不仅在于被实际地经验，而且在于被潜在地经验。

但此回应的一个问题是，它使唯心论者很难在实在与表象之间做出区分。想想我们通常归为幻觉的各种经验。正如贝克莱或许会说，我有可能可以具有看到一只粉色大象的经验——我能感知到粉色大象的观念。因此，粉色大象的观念有被我经验到的潜在性。但如果某物的存在不仅在于被实际地经验到，而且在于被潜在地经验到，那么，唯心论者就是在承诺，粉色大象真实存在。之前的反驳主张，唯心论在本体论上太排外了——它意味着看似存在的事物其实不存在。而对这个回应的担忧则是，它使唯心论在本体论上太包容了，意味着看似不存在的事物其实存在。

或许正是类似这样的思考导致贝克莱采用第二种策略来回应对他的反驳。第二种策略假定上帝或其他存在是永恒的、无所不在的感知者。上帝总是具有对一切事物的经验。例如，上帝总能感知到桌子，即使他人都没有感知到。因此，当我离开房间时，桌子仍然被他人，即上帝感知到，所以它仍然存在。

上述回应似乎使唯心论者能够认可我们自身无法感知的对象存在，但它仍然没有解决唯心论不能区分表象与实在的问题。唯心论者看似无法将我们通常认为的幻觉与真正的感知区分开来。如果我有一个经验，即有一只粉色的大象在我面前——如果我正在感知这个观念——那么，似乎唯心论者就是在承诺粉色大象真实存在。贝克莱对这种担忧很熟悉。为了解决这个问题，他利用了自然定律存在这一观点。

大多数哲学家都相信自然定律存在，相信事物不是随机发生的，而是按照恒定的规则以可预测的模式发生的：运动的物体遵循 $F = ma$（力等于质量乘以加速度）定律；一杯热咖啡如果放在凉爽的房间里几分钟就会变凉；糖溶于水；油不溶于水；等等。有些哲学家把自然定律视为基本实体；另一些人则认为自然定律建立在个体事物的效力和能力上——例如，糖在水中溶解的能力，或者硅晶体在暴露于特定波长的光线中时产生电的能力。贝克莱把自然定律建立在上帝的能力之上，以便有规律地产生观念。他说，上帝是宇宙中一切规律的来源。正因为上帝决定以规律性的方式在我们心中产生观念，所以我们的经验，比如说，对运动的物体的经验才会遵循 $F = ma$ 定律，一杯热咖啡放在凉爽的房间里才会变凉而非变热。

自然定律建立在上帝意志的基础上，这一观点为贝克莱等唯心论者提供了区分表象与实在的基础——例如，区分我们认为是幻觉的经验和我们认为是真实的经验，如真正的感知。他们可以主张，实在物的行为遵循自然定律，而幻觉和其他非实在的经验则不然。因此，如果我具有不符合自然定律的经验，那么我就有很好的理由相信那经验是幻觉。例如，如果粉色大象是实在的，那我不仅能看到它，还能感觉到、嗅到和听到它。因此，如果我伸手触摸粉色大象并发现它是无形的——比如说，我的手可以穿过它——那么我就有理由断定，我正在经历某种视觉幻觉。同样，因为上帝以规律性的方式在我们所有人心中产生了观念，所以他人的经验也可以提供证据来支持或反驳粉色大象的实在性。如果房间里只有我一个人，我具有粉色大象的视觉经验，如果其他人否认他们能看到一只粉色大象，那么我也会有很好的理由相信，我的经验是幻觉。

于是，通过诉诸自然定律，唯心论者能够使他们的观点更接近常识。然而，他们的努力却为另一个更普遍的唯心论的反驳理论打下了基础。如果这些唯心论策略（诉诸潜在的经验，诉诸上帝的全知，诉诸自然定律）的目标是使其能够容纳事物的常识观点，那么我们为什么要支持唯心论呢？为什么不直接支持一个常识观点并去论证它呢？如果有令人信服的理由去拒斥一个常识观点——例如，如果常识观点产生了贝克莱所说的各种矛盾，那么我们就有理由放弃它，转而支持唯心论等其他理论。但正如我们所见，贝克莱的论证未能证明常识观点的非融贯性，而且在我们没有做出这种论证的时候，事物的常识观点一直都是我们对现实的默认观点。

这里还有另一种阐述上述思想的方式：我们的前哲学直觉让我们有理由相信常识世界观是真的——世界由独立于心灵的实体构成。如果我们的前哲学直觉可以作为有价值的证据，那么责任就落到了唯心论者身上，他们需要证明常识观点是假的。不过唯心论者看来未能承担起这个责任。常识可能不是决定性的或绝对可靠的信息来源，但如果有人要求我们放弃常识，我们可以要求他们给出充分的理由，这很合理。因此，如果唯心论者要求我们放弃承诺独立于心灵的物理实体存在，那我们就可以合理地要求他们给出有说服力的反驳论证，而唯心论者至今都未能提出这样的论证。

9.4 中立一元论

中立一元论主张，一切都是中立的。存在的基本实体本身既非心理的也非物理的；只要满足某些外在条件，它们既可以被准确描述为心理的，也可以被准确描述为物理的，但它们不必用这些方式描述，因为它们可以用中立的概念框架全面地描述和解释，这个框架既非心理的也非物理的。换句话说，根据中立一元论，我们所说的"心理事件"实际上是满足一类条件的中立事件，而我们所谓的"物理事件"实际上是满足另一类条件的中立事件。这些条件造成了心理和物理概念框架之间的差异，但我们最终用这些概念框架所描述的现象本身既非心理的也非物理的；它们只有当满足某种外在条件时才可以算作是心理的或物理的。理解中立一元论最简单的方法或许就是与功能主义作个类比（见6.3—6.4节）。

回想一下，根据功能主义者的观点，处于一种心理状态相当于处于某种状态，该状态满足特定的条件。例如，处于疼痛中就相当于处于某种状态，该状态将针刺、灼烧、擦伤与皱眉、呻吟、躲避行为关联起来。此外，在既是功能主义者也是物理主义者（我们在第6章中称他们为"实现物理主义者"）的那些人看来，将针刺、灼烧、擦伤与皱眉、呻吟、躲避行为关联起来的都是物理状态。于是在实现物理主义者看来，处于疼痛中相当于处于某种物理状态，该状态将针刺、灼烧、擦伤与皱眉、呻吟、躲避行为关联起来。中立一元论者的说法与此类似，只是对他们来说，将系统的输入与输出关联起来的基本状态不是物理状态而是中立状态。例如，处于疼痛中相当于处于某种中立状态，该状态将针刺、灼烧、擦伤与皱眉、呻吟、躲避行为关联起来。此外，根据中立一元论者，不仅心理现象是这样定义的，物理现象也是这样定义的。处于一种物理状态，比如具有一定的质量，相当于处于某种中立状态，该状态遵循物理定律——比如说，满足公式 $F = ma$ 中的变量"m"。

那么，根据中立一元论，存在某些条件使中立事件成为心理事件，存在另一些条件使中立事件成为物理事件。此外，同一个中立事件有可能同时满足这两种条件——就像一个人可以同时满足作为兄弟和作为父亲的条件一样。同时满足这两种条件的中立事件既是心理事件也是物理事件。因此，一种特定的中立状态可以既是疼痛也是大脑状态，因为它（1）将针刺、灼烧、擦伤与皱眉、呻吟、躲避行为关联起来，（2）处于遵循物理定律的因果关系中。所以中立一元论允许同一个事件既是心理的也是物理的，而不必解释心理事件为何只是物理事件，或者物理事件为何只是心理事件。中立一元论誓要在不做出还原论解释（还原物理主义者和还原唯心论者所赞同的一元论）的情况下捍卫一元论。这样的解释承诺在一定程度上激励了中立一元论者。

9.5 中立一元论的支持与反驳论证

中立一元论者将心理现象和物理现象归属为更一般的类型，他们时常希望通过这样的方式来解决身心问题。让我们用几位假想的数学家来打个比方。我们可以设想，这些假想的数学家关心的是，如何对三角形和矩形是什么做出一个统一的解释。其中一组数学家试图把矩形定义为一种三角形。另一组数学家试图将三角形定义为一种矩形。尽管两组数学家都付出了努力，但他们都失败了，他们努力提出的定义总是陷入矛盾：三边形似乎不可能被定义为四边形，四边形似乎也不可能被定义为三边形。鉴于两组数学家都面临这样的问题，第三组数学家建议我们采取另一种策略：既不把矩形定义为一种三角形，也不把三角形定义为一种矩形，而是把三角形和矩形都定义为多边形——一种更一般类型的数学实体。根据他们的观点，由于三角形和矩形都是多边形，所以多边形的优势是能够解释矩形和三角形的共同特征。而由于一般类型中的这个种类与那个种类总是有一些不同特征，所以它也能够解释矩形和三角形的不同特征。另外，第三种策略的支持者还认为，他们的阐述可以解释为什么前两组数学家未能提供一个统一的解释：矩形和三角形不能相互定义，因为两者都不是对方的一个种类；相反，两者都是第三种更一般实体类型的种类。

很多中立一元论者认为，身心问题的探讨类似于假想数学家的情况。哲学家们试图构建一个统一的、关于心理现象和物理现象的一元论解释。一部分人即物理主义者试图用物理现象解释心理现象。另一部分人即唯心论者试图用心理现象解释物理现象。然而尽管他们都尽了最大努力，但都没有成功。两者都遇到了身心问题。鉴于他们所面临的问题，中立一元论者提出了另一种构建一元心灵理论的策略。心理现象不应被理解为一种物理现象，物理现象也不应理解为一种心理现象；相反，两种现象都应被理解为某种更一般的现象类型：两者都应被理解为某种中立现象。这样的阐释将使我们能够解释心理现象和物理现象的共同点——例如，它们共同建立因果关系的能力——如果所有的事件都属于同一种一般类型，那么解释这些事件如何发生因果交互作用就不存在什么问题了。另一方面，这样的阐释也使我们能够理解心理现象与物理现象为何不同：在一个一般类别中，不同的种类总是与不同的条件相关联，因此，存在不同的条件分别与成为心理现象和成为物理现象相关联。最后，这样的阐释还使我们能够解释，为什么哲学家长久以来一直锲而不舍地解决身心问题。物理主义者和唯心论者都未能构建一个可行的心灵理论，其原因就像前两组假想数学家没能构建矩形和三角形的统一解释一样：心理实体不是物理实体的种类，物理实体也不是心理实体的种类；相反，两者都是中立实体的种类。正是因为哲学家们没有认识到这一点，所以他们才会在身心问题上纠缠不清。

第九章 唯心论、中立一元论与身心悲观论

　　上述内容考察了中立一元论提出的一个动机。但它实际的支持论证是什么？认为中立一元论为真的理由又是什么？令人失望的是，中立一元论者并没有为支持他们的理论做出多少论证。即使是中立一元论最著名的支持者伯特兰·罗素也说过，这个理论虽然"简单而统一"，但却"无法论证"。[3] 不过上述思考还是提出了一种论证策略。它分两步进行：首先论证一元论优于二元论；其次论证中立一元论优于物理主义和唯心论。

　　中立一元论者可以像斯马特等物理主义者那样，诉诸本体论的简约性或奥卡姆剃刀（见5.5节）论证一元论优于二元论。中立一元论者可以主张，在一切事物都平等的情况下，融贯的一元论比融贯的二元论更可取。原因是一元论比二元论假设的实体种类更少，而且简约的本体论比繁琐的本体论更可取。一般而言，如无必要，勿增理论实体，所以，用较少的实体完成解释工作的理论比用较多的实体完成同一解释工作的理论要好。一元论承诺要用较少的基本实体完成与二元论相同的解释工作。毕竟二元论者假设的基本实体数量是一元论者的两倍。二元论者称，本质上存在两种不同类型的性质，而一元论则承诺，本质上只存在一种性质。既然一元论和二元论可以完成同样的解释工作，那么一元论更可取。当涉及相互竞争的一元论时，中立一元论者可以主张，他们的理论更优越，因为它能更好地解决身心问题：（1）中立一元论者可以强调，物理主义和唯心论对身心问题的解决不能令人满意，而（2）中立一元论可以解决这些问题，并且（3）中立一元论不会面临物理主义和唯心论所面临的严重甚至更为严重的问题。一个理论能够解决其竞争理论不能解决的问题，这对该理论来说是尤为重要的支持依据。所以，如果中立一元论能解决物理主义和唯心论不能解决的问题，并且不会面临削弱其优势的问题，那么我们就有很好的理由认为中立一元论优于其他一元论。

　　中立一元论的批评者从几个方面对此论证做出了回应。二元论者对诉诸本体论的简约性提出了质疑。如果两个理论 TA 和 TB 在其他方面都不相上下——如果两者都是融贯的，两者都与现有的科学数据一致，两者都能解释同样的现象——那么当在 TA 和 TB 之间进行选择时，本体论的简约性就是需要考虑的因素。但如果一个理论不融贯，或者被科学证伪了，或者不能解释另一个理论所能解释的现象，那么这些因素就比本体论的简约性更重要。二元论者还可以主张，一元理论或者在融贯性方面存在问题，或者在解释科学数据方面存在问题，

或者不具有足够的解释力。其本体论的简约性不足以使我们放弃二元论。

此外，许多一元论者也对前提（1）—（3）提出了挑战。例如，物理主义者和唯心论者对前提（1）进行了反驳，他们认为自己的理论能够提出令人满意的身心问题解决方案。他们还认为，中立一元论者对其观点的阐释不够清晰，不足以支持前提（2）和（3）。特别是，他们强调中立一元论至少有两个特征需要进一步澄清：首先，中立一元论者需要清晰而准确地陈述中立实体或事件是什么，其次，他们需要确切说明什么样的条件才能使中立实体或事件成为心理的，又是什么样的条件使中立实体或事件成为物理的。让我们从后往前来考察这些问题。

中立一元论者对中立事件成为心理事件或物理事件的条件有不同的看法。一种看法来自罗素，它从定律的角度描述这些条件。根据这种观点，中立事件是心理事件，如果它以心理定律所描述的方式与其他中立事件相关联。而中立事件是物理事件，如果它以物理定律所描述的方式与其他中立事件相关联。举个例子，假设下面的陈述表达了一个心理定律：

L1　如果某人 S 想要 x，并且相信做 A 会确保 x，那么 S 的信念和愿望通常会导致 S 做 A。

根据这一陈述，中立事件 N_1、N_2 和 N_3 可以分别作为想要、相信和做 A 的实例，如果它们以 L1 所描述的方式相互关联。同样，下面的陈述表达了一个物理定律：

L2　大脑状态 B 总是由感官刺激 S 引起，并且总是引起运动反应 M。

根据这一陈述，中立事件 N_1、N_2 和 N_3 可能分别作为大脑状态 B，感觉刺激 S 和运动反应 M 的实例，如果它们以 L2 描述的方式相互关联。此外，如果最终同一个中立事件以两种定律所描述的方式与其他中立事件相关联，那么这个中立事件既是心理事件也是物理事件。例如，N_1 既可以作为想要的实例，也可以作为大脑状态 B 的实例。因此，诉诸心理和物理定律为中立的一元论者提供了一个基础，使他们能够更全面地解释什么样的条件可以使中立事件成为心

第九章 唯心论、中立一元论与身心悲观论

理事件或物理事件。物理定律和心理定律究竟是什么,这是个经验问题,中立一元论者将其留给相关学科的科学研究去决定。因此,中立一元论者似乎可以说明中立实体成为心理实体或物理实体需要什么条件。

然而,也许中立一元论者面临的最大挑战是清楚地说明中立实体是什么。对于物理实体是什么,我们有十分清晰的概念:它们是物理学描述和解释的实体。同样,对于心理实体是什么,我们也有相当清晰的例子:它们包括信念、欲望、感觉、疼痛等。但是,中立实体是什么?

根据中立一元论,中立实体本身既非心理的也非物理的,但当满足特定的条件时,它们有资格成为心理的或物理的。一些中立的一元论者还想多说几句。他们用所谓的与心理和物理实体的关系来定义中立实体。例如,他们提出,中立实体是既可以纳入物理定律又可以纳入心理定律的实体,或者说,中立实体是既能够满足成为心理的条件,又能够满足成为物理的条件的实体。这些定义的问题在于,它们未能提供足够的方法来确定世界上哪些实体是中立实体,或者确定中立实体是否存在。打个比方。

想象一下,我们一起去参加一个组织举办的会议,你想从我这里了解房间里哪个人是这个组织的主席。我回答:"很明显,主席是设置会议议程,组织年度筹款活动的人,是去年一月由会员选举产生的人,是……",我继续描述定义组织中主席一职所需要的各种关系——与会议、筹款人、有选举权的会员之间的关系。你肯定会对我的回答感到失望。原因是我提供了这么多信息,却没有提供足以使你能够找出房间里哪个人是主席的信息。而能告诉你哪个人是主席的信息才是你想要的。试图只根据中立实体与心理和物理实体的关系来定义什么是中立实体,这就类似于我的回答,而且它也有一个类似的缺点:它们描述中立实体在中立一元论中所扮演的角色——作为中立实体的事物与心理实体和物理实体的关系。但是,它们并没有提供任何信息,使我们能够找出世界上哪些实体(如果有的话)实际上扮演了这一角色。如果中立一元论者不能给出一个定义,以使我们能够找到中立实体,那么中立一元论就只是逻辑空间中一个抽象的可能性——只是一个建议,而不是一个真正的理论,一个其优点和缺点可以与我们考察过的其他理论一起进行评估的理论。

并非所有的中立一元论者都对上述的纯粹关系定义表示满意,他们也试图给出信息性更强的定义,不过却遇到了其他问题。例如,中立实体的信息性定义往往具有心理学色彩,这就让人不免怀疑,中立一元论的所谓中立实体并不是真正中立的而是心理的,而自称中立一元论的人实际上是隐秘的唯心论者。例如,威廉·詹姆斯(William James)主张,中立现象是纯粹的经验——这个范畴听起来很像是个心理范畴。罗素对詹姆斯提出的心理主义特征进行了批判,可是有一次,罗素本人在他的本体论中也用类似的方式描述了基本实体的特征。他说,基本的实体是可被感知的事物(sensibilia),这是他通过扩展感官数据的心理概念而引入的一类实体。在罗素看来,感官数据是经验的基本单位——这里有一小片彩色斑点,那里有一种味道,等等。我们对现实的整体经验都是由这些感官数据的单位构建而成的,而可被感知的事物是更一般的范畴,那些感官数据都属于该范畴。换句话说,除了感官数据之外,还存在任何人未曾经验过的同样类型的其他实体,这些未被经验的实体与感官数据一起构成了所有的可被感知的事物。罗素当时提出,可被感知的事物是存在的基本实体。

不过罗素在其他时候都是用其他术语来刻画基本实体的。例如,在学术生涯晚期,他把基本实在刻画为一种基础的物质或材料,其本身既不是心理的也不是物理的。尽管这样的刻画避免了对中立一元论实际上是一种唯心论的担忧,但却引发了相反的担忧,即中立一元论实际上是一种物理主义,因为物质和材料这样的范畴表明某物是物理的。罗素后来也放弃了这些概念。最后,他似乎赞成将中立实体简单地描述为事件。

事件这一范畴看起来足够中立:事件的概念中没有任何内在的东西暗示事件是心理的,也没有任何东西暗示事件是物理的。于是,像罗素这样的中立一元论者希望通过诉诸事件这一本体来规避对他们的指责,即他们的理论是乔装改扮的唯心论或物理主义。这样刻画中立实体的问题在于,它基本上不包含什么有价值的信息,就像刚才讨论的中立实体的关系性定义一样。在这个描述中,究竟是什么使一个事件成为中立的呢?诚然,事件的概念中确实没有任何内在的东西暗示事件必定是心理的或物理的,但同样,事件的概念中也没有任何内在的东西暗示事件必定是中立的——换句话说,没有任何东西意味着事件本身必定既不是心理的也不是物理的,而是别的什么东西。把基本实体简单地刻画为事件,这并不能具体说明是什么使存在的事件成为中立实体。

中立一元论者可能会回应说,存在的事件是中立的,因为它们既可以纳入心理定律也可以纳入物理定律。然而，在那种情况下，中立一元论者会满足于前面讨论过的中立实体的关系定义——该定义描述了中立实体在中立一元论中所扮演的角色，但却未能提供任何信息，以使我们能够从世界中找出那些实体（如果确实有实体扮演那个角色）。鉴于中立一元论者满足于这样的定义，那么他们所认可的仅仅是一种抽象的可能性——一种建议，而不是一个真正的理论，一个可以与其竞争对手一起进行评估的理论。

上述思考给中立一元论者造成了麻烦，因为该理论的反对者可以将这些思考变为一个主张该理论为假的论证。反对者可以指出，中立一元论者虽然认可中立实体的存在，但他们无法用中立的术语描述这些实体：他们的描述最终或者是心理主义的，或者是物理主义的，或者根本没有信息价值。中立一元论者多次尝试为中立实体提供信息性强的描述而始终未果，这让我们有理由怀疑，中立实体是否真的存在。我们有很好的理由相信心理实体和物理实体存在，毕竟存在着心理和物理的概念框架，而这些框架看来可以为实在性负责，因为我们总是能够使用这些框架做出成功的描述和解释。相比之下，似乎没有一个中立的概念框架能够与这些框架并肩而立。为什么没有呢？中立一元论的反对者强调，最好的解释就是中立实体不存在。存在的基本实体或者是心理的，或者是物理的，总之不是中立一元论者所宣称的中立的。

中立现象需要信息性描述，这对中立一元论的支持论证和对其理论本身而言都是巨大的挑战。我们尚不清楚中立一元论是否能够对此做出充分回应。

9.6　身心悲观论

到目前为止，我们考察过的身心理论都有一个共同的假设，即身心问题可以得到满意的解决。身心悲观论则放弃了这一假设。与其他身心理论者不同，身心悲观论者主张，身心问题无法解决。他们提出，个中原因是人类认知能力有限，这导致我们永远也不可能找到身心问题的解决方案。

哲学问题的产生并非源于现实事物的存在方式，而是源于我们认知能力的内在局限性，这种观点并不新奇。康德曾提出，之所以会出现涉及上帝存在或决定论世界中的人类自由等话题的哲学问题，都是由于人们试图超越自身认知能力的极限。这些问题反映的不是核心现实中的某种深层矛盾，而是我们理解现实能力的局限性。

身心悲观论者对身心问题有类似的看法。他们认为，身心问题无法解决，不是因为心理现象和物理现象的关系存在什么矛盾之处，而只是因为我们理解世界的能力有限，这些有限性使我们不可能完全理解心理现象与物理现象之间的关系。打个比方，小孩子理解物理世界的能力有局限性——这些局限性阻碍了孩子们理解量子力学或广义相对论。因此，如果物理世界的某些方面在孩子看来是令人困惑的、矛盾的或神奇的，那并不意味着物理世界真的是令人困惑的、矛盾的或神奇的，而只是孩子们理解物理世界的能力有限。困惑和矛盾反映的是他/她认知能力的局限性，而不是现实事物本身的问题。身心悲观论者坚信，人类的认知能力一般来说也有类似的情况：我们的认知能力是有内在局限性的——这些局限性阻碍了我们理解心理现象与物理现象的关系。因此，心物关系在我们看来可能是令人困惑的、矛盾的，甚至是神奇的。这并不意味着现实中的心物关系真的是令人困惑的、矛盾的或神奇的，而只是我们理解世界的能力有限，认知局限使我们无法完全理解心理现象如何从物理现象中产生，或者心理事件如何导致物理事件，或者我们如何能够了解他人的心理状态。

近年来最重要的身心悲观论者是科林·麦金。麦金认为，我们的认知局限性将一直阻止我们解决心物突现问题——也就是解释大脑状态如何产生意识的问题（见1.4节，8.8—8.9节）。麦金提出，尽管大脑直接产生意识，我们却永远无法理解大脑如何产生意识。打个比方，盲人可能永远无法确切理解红色是什么：对我们来说，大脑状态和意识状态之间的因果联系无法通过认知获知，正如对盲人而言，颜色无法通过认知获知一样。因此，心物突现在我们看来永远都是神秘的，尽管在现实中，意识经验确实是由大脑活动产生，而大脑的活动方式并无任何神秘之处——比如，那些不像我们一样受认知局限阻碍的生物就可以用科学的方式对其进行描述。

为了支持身心悲观论，麦金提出了以下论证：（1）意识的突现可以直接用大脑性质进行解释；尽管如此，（2）我们无法通过认知获知该性质；我们永远不知道它是什么。因此，意识和大脑之间的因果关联总是看起来问题很大而且神秘莫测，尽管它实际上并不是这样。

为了支持前提（1），麦金用生命的出现作了个类比。我们知道，生命是

第九章　唯心论、中立一元论与身心悲观论

从无生命的物质中产生的，这里没有任何超自然力的干预。因此，我们可以推断，一定存在某种自然机制为生命的出现负责，即使我们并不知道这种机制是什么。意识也是如此，它也是一种生物现象。因此我们推断，一定存在某种自然机制为意识的产生负责，只是我们不知道该机制是什么。根据麦金的观点，生命的出现与意识的出现之间唯一的显著区别是，我们找到因果机制的可能性不同。我们可以乐观地认为，总有一天我们会发现生命产生的机制，但我们永远不会发现意识产生的机制。对我们来说，该机制是无法通过认知获知的。

但我们为什么要假设意识产生的因果机制是无法通过认知获知的？为了支持前提（2），麦金至少又提出了两个论证。首先，他认为，意识产生的机制不是我们能发现的东西。他主张，只有依靠内省或脑科学才能发现这种机制。然而，二者都不能提供我们所需要的信息。为了揭示大脑产生意识的机制，这些方法必须对心脑关系中的心和脑两方面都有所揭示。问题是内省和脑科学都只揭示了心脑关系中的一方。内省只揭示了心理的一面，没有揭示心理状态如何与大脑状态相关联。只反思我当下的意识状态并不能向我揭示该状态由何种大脑状态以何种方式产生，或者是否由大脑状态产生。脑科学只揭示了心脑关系中的物理方面，没有揭示大脑状态如何与意识状态相关联。当我们研究某个意识主体的大脑时，我们无法访问那个主体的任何意识状态。我可能会看到，你视觉皮层的某些细胞是激活的，但我并没有因此而获得你的视觉经验，我并没有看到你所看到的东西。此外，麦金还提出，我们很难想象，大脑的一个被观察到的性质能透露出某物的意识状态——就像试图想象一块石头的性质会向我们揭示它是有意识的。既然内省和脑科学是我们发现意识和大脑之间因果机制的唯二方法，而这两种方法却都无法揭示该机制，那么我们将永远无法获知心脑关联的确切本质。

其次，麦金认为，我们永远不可能构建一个解释意识状态如何与大脑状态相关联的理论。要明白这一点，我们可以想象有一个理论 T，它陈述了物理状态如何产生意识状态。例如，理论 T 会提出，蝙蝠的大脑性质 B 负责产生蝙蝠的某种意识状态 C。要想理解 T 的观点，我们就必须能够理解 B 是什么，C 又是什么。然而，大多数赞同意识的人都认为，我们不可能理解其他生物的经验是什么样子。比如，我们不可能理解成为一只蝙蝠是什么样子。那需要我们具有蝙蝠所具有的意识经验，但大多数赞同意识的人都认为，我们不可能具有

这样的经验，我们不可能知道成为一只蝙蝠是什么样子。如果我们永远不知道成为一只蝙蝠是什么样子，那么我们就永远无法理解 T 在说什么，因为我们永远无法理解它的一个术语，即"C"指的是什么。那么，我们就不可能构建一个解释物理状态如何产生意识状态的理论，如果没有这样的理论，我们便注定无法获知意识和大脑之间的关系。

在麦金看来，确实有自然而直接的解释能够说明意识如何从大脑中突现，但我们根本不可能知道这种解释是什么。因此，真正的意识问题并不存在——大脑如何产生意识不是什么神秘的事情；它的神秘只是个表象——由于我们的认知局限性而产生的表象。

对于麦金的论证我们有几种回应方式。例如，批判前提（1），主张麦金提出的论证并不支持他的结论，即我们有内在的认知局限，它阻碍我们发现意识产生的机制；相反，麦金的论证支持的结论是意识根本不是由大脑产生的。批评者指出，如果我们不可能发现意识产生的因果机制，比较合理的结论是这样的机制不存在。至少，得出这个结论比得出下面的结论——我们的认知能力有局限性，它使我们无法辨别世界的某些特征——更合理。

第二类回答对前提（2）提出了质疑。前提（2）的批评者主张，麦金在意识的出现和生命的出现之间所做的类比不支持麦金自己的结论。就像我们有很好的理由相信，在理解生命如何从无机过程中产生时所面临的理解鸿沟，我们最终能够将其弥合起来。批评者认为，我们也有很好的理由相信，在理解意识如何从大脑中产生时所面临的理解鸿沟，我们最终也能弥合起来。正如我们乐观地认为，人类最终会发现将无机过程与生命的出现联系起来的因果定律，我们也可以乐观地认为，人类最终会发现将大脑状态与意识的出现联系起来的因果定律。

除此之外，批评者还可以主张，即使在最好的情况下，麦金对前提（2）的第二个支持论证也排除了意识的全局理论（该理论中包含某些定律，能够将有意识的生物的物理状态与意识状态联系起来）。不过批评者可以强调，该论证并没有排除局部的、物种特异性（species-specific）意识理论（该理论中包含某些定律，能够将只限于人的物理状态与意识状态联系起来）的可能性。麦金看来默认以下假设，即为一种有意识的生物提出意识的解释也包括了对每一种意识的生物提出意识的解释。就自然物质而言，这样的假设是合理的。例

如，一个理论使你能够解释这个铜块的本质特征，就等于一个理论能够使你解释任何铜块的本质特征。原因是，铜无论在哪里都是同一种物质——如果你能解释一个铜样本，你就能解释所有的铜样本。如果意识在任何地方都是同一种事物，如果它是像铜一样的自然物质，那么麦金的假设就是合理的。但我们为什么要假设意识是自然物质呢？麦金没有做出任何论证。看来他把这当作基本假设，而批评者可能会说，这种假设再怎么看都很可疑。

对麦金论证的另一个反驳试图表明，麦金眼中的意识——大致是主观印象的私人领域——不存在。例如，那些从维特根斯坦或丹尼特的论证中得到启发的人，很可能会否认麦金关于蝙蝠意识状态的不可知性的言论，同样，那些支持意识的表征理论或高阶理论（见4.9节）的人也是如此。

最后，身心悲观论的批评者一般可能会主张，或者身心问题可以得到满意的解决，或者那些问题无法解决，但这不是我们内在的认知局限而是其他原因造成的。例如，有人可能会与前提（2）的批评者一样，主张对现在的我们来说，意识的出现似乎很神秘，那是因为我们对意识的科学研究只开展了几十年。随着科学的进步，我们可以预期，未来一定会有重大突破能够弥合解释鸿沟。

或者，有人可能同意身心问题无法解决，但是认为这些问题无法解决的原因与悲观论者假设的内在认知局限无关。例如，回想一下感质的怀疑论者在8.5—8.7节中所描述的那种历史解释：怀疑论者认为，身心问题无法解决的原因是，那些问题的前提原本就是对心灵本质的错误假设——这些假设随着科学革命的发生而得到采纳，同时，由于它产生的问题无法解决，其本身的错误也被揭示了出来。如果身心问题无法解决，那么，其原因可能与内在认知局限的深层形而上学或认识论内容无关；它可能只与世俗的历史事实有关，即西方哲学家在其历史的某一特定时刻采用了错误的假设。尽管麦金反驳了身心问题无法解决的几种解释方案，为自己的观点做了辩护，但他并没有完全处理好这个问题。

扩展读物

贝克莱（1998a［1710］；1998b［1713］）在《人类知识原理》（*A Treatise Concerning of the Principles of Human Knowledge*）的开篇部分，以及通过《海拉

斯与斐洛诺斯对话三篇》中斐洛诺斯的性格，为他的本体论唯心论进行了论证。约翰·福斯特（John Foster，1982；1991）可能是当代唯一的本体论唯心论的捍卫者，他提出的唯心论论证与贝克莱不同，他的《唯心论的简明案例》（*The Succinct Case for Idealism*，1993）是其观点的有益介绍。与艾耶尔（1952）为分析现象主义辩护不同，福斯特为非分析现象主义辩护。分析现象主义遭到了罗德里克·齐硕姆（1948）的批评。

康德（1998 [1781]）的《纯粹理性批判》（*Criticism of Pure Reason*）是其超验唯心论的经典之作。书中也包含了他对无法解决的哲学问题的讨论。尼古拉斯·雷舍尔（Nicholas Rescher，1998）为当代的概念唯心论辩护。

贝克莱同时代的表征主义者有约翰·洛克，他是贝克莱许多论证的抨击目标。福多（1987）最近对表征主义进行了辩护。17世纪以前，直接实在论是知觉哲学的默认立场。例如，亚里士多德似乎就是一个直接实在论者。此外，18世纪，苏格兰哲学家托马斯·里德（Thomas Reid，2002 [1785]）也对直接实在论进行了辩护。最近为直接实在论辩护的有哲学家约翰·麦克道尔（John McDowell，1994）和希拉里·普特南（1999），以及心理学家吉布森（1986）。

中立一元论思想最早在19世纪由哲学家和物理学家恩斯特·马赫（Ernst Mach，1959）提出。该理论得到了威廉·詹姆斯（1984a [1904]；1984b [1904]）的认可，他称之为"激进的经验主义"。20世纪前25年，有几位美国哲学家追随詹姆斯的脚步，其中包括佩里（R. B. Perry，1968）和霍尔特（E. B. Holt，1973）。而对这一理论做出最为清晰阐释的是英国哲学家伯特兰·罗素，他创造了"中立一元论"一词。罗素对前辈们的中立一元论持批评态度，他后来开始捍卫自己的理论版本（1956；2005 [1921]）。作为数学的一个分支，信息论可能为中立一元论提供了迄今为止最好的机会，使中立一元论者能够对中立现象做出令人满意的刻画。肯尼斯·塞瑞（Kenneth Sayre，1976）为基于信息论的中立一元论进行了辩护。

科林·麦金（1989）主张身心悲观论。他所诉诸的意识的私人概念最初由托马斯·内格尔（1974）阐明。麦金认为，意识的出现在我们看来注定是神秘的，这一观点使他有时会被贴上"神秘主义"（mysterianism）的标签。

注释

1. 康德本人并没有使用术语"概念"和"范畴"来指称空间和时间。他反而称之为"直观形式"。康德是在技术意义上使用"概念"和"范畴"的。

2. Berkeley, *A Treatise Concerning the Principles of Human Knowledge*, sections 7[①] and 23.

3. Russell, 1956, "Mind and Matter," in *Portraits from Memory and Other Essays*, New York: Simon and Schuster, 158.

---

① 此处引文出处有误,应为 section 6。——译者注

第十章　形质论世界观

综述

形质论主张，个体由以不同方式构成或组织起来的质料组成。你和我不只是物理粒子的集合，我们是具有特定组织或结构的物理粒子的集合。结构是基本的本体论和解释原则。正因为如此，你和我才是人而不是狗或石头，也正因为如此，人类才具有特殊的发育、代谢、繁殖、感知和认知能力。

形质论对组织的看法与对构成的解释密切相关；大致来说，如果 x 对 y 的活动做出了贡献，x 就是 y 的组分。例如，如果电子对我的活动做出了贡献，比如它使我的细胞膜去极化，那么它就是我的组分。这种构成概念与生物学、生物哲学和神经科学哲学的研究是相一致的。

形质论也意味着突现性质存在。DNA 链具有某些与周围环境无关的物理性质，比如质量，但当它成为细胞的组分时，它便获得了新的性质：它对细胞的代谢和生殖活动做出了贡献。因此，DNA 链有两类性质，一类性质来自它作为一个有结构的个体的组分，另一类性质则是它独立具有的。有机体的组分是这样，有机体本身也是这样。埃莉诺的质量是 50 千克，因为她的基本物理成分的质量总和是 50 千克，质量与物理成分的组织结构无关。相比之下，她的语言、记忆或知觉能力则很大程度上取决于她的基本物理组分的组织方式。举例来说，如果改变其神经系统的结构，她就会失去那些能力。

形质论不同于物理主义，因为它假定结构或组织是不同于基本物理原则的本体论和解释原则。形质论也在诸多方面不同于突现论的传统形式。其一，它否认突现的性质是突现力。相反，它支持因果多元论，即存在许多不同种类的原因和不同种类的因果关系。形质论将原因作为解释因素，并认为因果关系反映了解释关系。形质论者认为，既然存在多种不同的解释因素和解释关系，那么就存在多种不同的原因和因果关系。有两种解释需要着重区分开来，一种是理性解释，它诉诸理性来解释人的行为；另一种是机械解释，它通过将生物体和其他复杂系统的活动分析为子系统执行的子活动来解释它们的行为——这种研究策略被称为"功能分析"。

不同种类的生物体从事不同种类的活动。因为每种生物体都有自己独特的活动，所以每种生物体都包含独特的层级结构、子活动、子系统或组分。根据形质论，自然界的层级不能以全局性的、种类通用的方式来理解，只能以局域性的、种类特定的方式，用跨越类属边界的最低层级来理解。

形质论的一个支持论证是最佳解释推理。它分两步进行。首先，形质论者称，承诺将组织作为基本的本体论和解释原则是对生物科学中的本体论和解释原则的独特特征的最佳体现。其次，在所有承认结构是基本的本体论和解释原则的理论中，形质论是最好的选择，因为它避免了其他竞争理论所面临的哲学和经验问题。

10.1 什么是形质论

"形质论"（hylomorphism）由希腊语词 *hyle* 和 *morphe* 两词合成，它们通常分别被翻译为"质料"和"形式"。根据形质论，特定生物体由质料和形式构成，或者说由结构和被结构化质料构成。让我们再来回忆一下第 4 章中提到的超级物理学家。当形质论者观察世界时，他们也看到了超级物理学所描述的物质与能量之海。但他们还看到了更多的东西：物质和能量的结构或组织方式。在形质论者看来，结构或组织是世界基本的本体论和解释特征。结构或组织的形质论概念在生物学领域有着最为广泛的应用。生物体不仅是物质和能量块，更是以多种方式构造或组织而成的物质和能量块。结构或组织是生物体具有独特能力（如生长和发育、繁殖、感知、运动和认知的能力）的原因。正是因为生物体具有这些能力，它们才有资格成为生物而不是非生物；正是因为具有不同类型的生长、繁殖和其他能力，它们才有资格成为这样或那样的生物，如哺乳动物、鱼类、鸟类、灵长类。将我们人类归类为生物的能力包括从事心理学谓词和术语所描述和解释的活动——思维、感觉、意向行动、人格、性格等——的能力。

形质论在17世纪之前是最主流的自然哲学理论。它与经典突现论和非还原物理主义有许多相似之处，但又在很多重要的方面与之有所不同。此外，它代表了一种对自然世界的普遍看法，不同于迄今为止所考察过的所有后笛卡尔理论。因此，我们将用两章的篇幅来讨论它。本章主要展现普遍形质论世界观。下一章提出身心问题的形质论进路——心的形质理论。

10.2　形质论世界观

要理解形质论世界观，最简单的方法大概就是参考一本流行的生物教科书中的一段话：

> 生命被高度组织成层级结构，每一层级都建立在更低的层级上……所有的层级都存在生物秩序……原子……排列成……分子……分子被编入称为细胞器的微小结构，细胞器又是细胞的组成部分。细胞是器官的亚单位……动物或植物不是单个细胞的随机组合，而是多细胞的合作体……相似的细胞组合在一起成为组织……不同组织排列成器官，器官又组合成器官系统……此外，单个生物体之外还有层次。种群是属于同一物种的局部生物群；生活在同一地区的不同物种组成了一个生物群落；群落的相互作用，包括环境的非生命特征，如土壤和水，形成了一个生态系统……在多种层次上识别生物组织是生命研究的基础……随着生物序列的层级逐步上升，在更简单的组织层次上不存在的新性质出现了……像蛋白质这样的分子具有它的任何组成原子都不曾表现出来的性质，一个细胞当然也不只是一堆分子。如果人类大脑的复杂组织因头部受伤而被破坏，它便不能正常工作，即使它的所有组分可能都在。生物体是有生命的整体，它远大于其

各部分的总和……我们不能通过将高层秩序分解为各个组分来解释它。被解剖的动物不再有功能，一个被分解为化学成分的细胞不再是一个细胞。破坏生命系统会阻碍我们对生命过程做出有意义的解释。[1]

这段文字强调了生物系统和生物科学的一些重要特征——这些特征也是形质论世界观的核心内容。

首先，人类这样的生物可以彻底分解为基本物理粒子或物理学所描述的那种物质，也就是在非生物中同样可以发现的那些基本物理物质。在基本物理层级，构成人和构成狗或石头的物质没有区别。因此，形质论与那些试图根据某种基本物理层级中的事物来区分生物与非生物或精神生物与非精神生物的观点是有冲突的。例如，古希腊原子论者，如德谟克利特，主张生物与非生物之间的差异可以用具有更多的球形原子来解释。他们推断，由于原子是球形，它们可以更容易地从其他原子旁边滑过，从而能够产生与生命有关的运动——心脏的跳动，四肢的运动，等等。最近，物理学家罗杰·彭罗斯关于心理现象提出了一个类似的观点：有意识的生物与无意识的生物之间的区别可以用基本物理层级中的量子现象来解释。而形质论与德谟克利特和彭罗斯的观点相反。根据形质论，区分生物与非生物、精神生物与非精神生物的不是构成它们的基本物理质料，而是那些质料的结构或组织方式。

形质论以结构或组织（或秩序或排列）为基本的本体论和解释原则。个体的结构是将个体进行归类的依据，在这个意义上，结构是基本的本体论原则。一定数量的基本物理质料以某种方式进行排列便构成了一个人，同样数量的基本物理质料以另一种方式进行排列便构成了一条狗、一棵树或一块石头。将某物归类为人而不是狗或石头的东西不是其构成材料，而是那些材料的结构或排列方式。结构之所以是基本的解释原则还在于，它解释了为什么某类事物中的个体能够实施它们所实施的行为。例如，因为人类是以如此这般的方式组织而成，所以他们能够说话、学习和从事各种活动，这使他们有别于其他生物和非生物。破坏事物的结构会损害它的能力——就像上述引文中提到的头部受伤的例子一样。

其次，因为生物体既包含结构，也包含被结构化的质料，所以形质论意味着对生物体行为的完备解释必须同时借助这两个方面。只了解其中一方面不足以对生物体的行为做出完备解释。打个比方，假设你在商店里买钢琴，为了能够对各种钢琴进行评估，你既需要了解它们的构成材料，也需要了解它们的工艺——这些材料是如何组合或排列而成的。仅仅知道制造商使用了高质量的材料并不足以了解钢琴的优劣，因为好的材料也可以用低劣的方式进行组装。同样，仅仅知道最好的工匠用了最好的设计来加工现有的材料，也不足以了解这架钢琴的优劣，因为即使是好的设计和工艺也不能弥补劣质材料的缺陷。一架好的钢琴既要做工好，又要用料好。形质论者认为，与此类似，理解生物的行为既需要了解其结构也需要认识其构成材料。如果你坐过山车，那我们可以单纯用物理学原理，比如牛顿运动定律，来解释你所经历的一些事情。然而，你行为的其他方面则要求我们对特定的生物结构和能力进行描述，比如你的前庭系统如何使你保持平衡并适应环境；还有一些方面需要我们对特定的心理结构进行描述，比如你为什么喜欢寻求刺激。

说某物的结构及其质料都有助于解释其行为，就等于说某物具有两类性质——因其质料而具有的性质，以及因其结构而具有的性质，或者说因为被整合到具有结构的个体中而具有的性质。举个例子。电子具有某些与周围环境无关的物理性质，如质量和电荷。然而，在适当的条件下，电子对生物的活动做出了贡献。例如，在活细胞中，电子可以作为膜去极化剂促进细胞的生物过程。亚原子粒子、原子、分子和其他实体都能够通过这种方式促进个体的活动。核酸、激素和神经递质就是例子；它们是基因、生长因子、代谢因子和行为调节因子，等等。每种物质都可以用两种类型的描述来表达两种类型的性质。每种物质都可以根据其对结构化系统的贡献进行生物性描述，每种物质也都可以用非生物性的、非贡献导向的术语进行非生物性描述。前者，即生物性描述，表达的性质是生物体及其组分的特性。后者，即非生物性描述，表达的是物质所具有的与有机整体无关的性质。例如，无论所处的环境如何，DNA链总是具有各种原子或基本的物理性质，但当它融入细胞时，它就会获得新的性质，因为它对细胞的活动做出了有目的的贡献。它变成了基因，它是细胞的一部分，它在蛋白质合成方面发挥着作用。

所以形质论意味着存在两种截然不同的性质：因为事物的结构而产生的性质以及事物所具有的与其宽泛结构无关的性质。根据形质论，这两种性质都会对具有它们的事物产生因果影响。从这个意义上说，形质论的性质观类似于 8.10 节讨论的突现论的性质观。让我们回忆一下当时讨论的突现性质的特征：

（1）一个系统因其成分的组织而具有突现性质。

（2）突现性质不被系统的任何成分单独具有，因为使得它们突现的组织不是任何一个单独成分的特征，而是所有成分的特征。

（3）突现性质不是副现象的。它们并非不具有因果或解释效力，而是对系统行为起到了独特的因果或解释作用。至少系统行为中的某一部分要归因于系统的突现性质。

（4）突现性质不是低层性质的逻辑建构，它们并不表征描述低层事件或过程的抽象方式。

特征（1）意味着突现性质不是质量那样的集合性质。埃莉诺重 50 千克和岩石重 50 千克的理由是一样的：它们的基本物理成分的质量加起来等于 50 千克。特征（1）意味着突现性质不是这样的集合性质。此外，特征（4）将性质的形质论观点与非还原性物理主义者所认可的观点区分开来。非还原物理主义者主张，处于疼痛中相当于处于某种低层状态中，该状态满足某个条件，例如具有一系列典型的原因和结果。特征（4）意味着这类逻辑建构不属于突现属性。当我们描述 DNA 对细胞整体活动的贡献时，我们不是在用抽象词汇描述基本的物理过程，而是在描述生物组织特有的性质和关系。

形质论观点的第三个特征是，尽管具有不可还原的突现性质，但组织系统的行为不会违反任何低层物理定律。因为那些系统由基本物理材料构成，所以它们仍然遵循支配这些材料的定律，如万有引力定律和电磁学定律。事实上，组织系统的高层行为恰恰依赖于那些定律。正是因为低层实体总是以稳定的、特有的方式行动，它们才可以在生物体中扮演它们所扮演的高层角色。例如，正是因为电子具有特定的质量和电荷，它们才能够在特定结构中作为膜去极化剂而发挥作用。因此，高层行为依赖于低层规则。为了解释组织系统的行为，我们必须同时诉诸低层原则和高层原则。

10.3　生物构成与功能分析

形质论对组织的阐述与对构成或组分关系的描述密切相关。组分关系的概念在8.2节中有简短的讨论。它主张生物体不只是其组成部分的总和，除了构成它们的基本物理粒子之外，还有这些粒子的组织或结构方式。根据形质论，低层实体，如原子和电子，通过对高层实体如生物体的活动有所贡献而成为高层实体的组分。例如，电子是我的组分，如果它确实对我的整体功能有所贡献——比如说，如果它有助于我的细胞膜去极化，或者在我细胞的代谢过程中发挥了作用。再思考一下前面提过的 DNA 链。当它融入细胞时，它对细胞整体的活动做出了有目的的贡献。因此，它获得了机体组分的地位。它和像它这样的组分确实在生物体中得到了组织：它们成为器官。于是，根据形质论对构成的看法，组分对它们所构成整体的活动有贡献，并且整体的不同组分做出贡献的方式也有所不同。基因和信使分子都是细胞的组分，它们都有助于细胞的活动，而二者的区别就在于它们在蛋白质合成中扮演的角色不同：在细胞中从事不同工作使它们成为细胞的不同组分。

最近，哲学家英瓦根为类似的构成理论进行了辩护。根据英瓦根的看法，某物有资格作为组分，当且仅当某物"牵涉生命"（caught up in a life）。他解释道：

> 说 x 牵涉生命，意思是说存在对象，我们称之为"y"，它们的活动构成了一个生命，x 是 y 中之一……于是，x 是某物的（恰当）组分，当且仅当 x 牵涉生命……爱丽丝喝了一杯茶，茶中溶解了一块糖。爱丽丝的消化系统携带一个特定的碳原子和其余的糖一起进入肠道。碳原子通过肠壁进入血液，然后被运至爱丽丝左臂的二头肌中。碳原子在那里通过几个间接阶段被氧化（过程中产生能量……用于肌肉收缩），最后由爱丽丝的循环系统携带进入她的肺部，并作为二氧化碳分子的一部分被呼出……这里的例子表明，一个事物，碳原子，牵涉一个生物体即爱丽丝的生命。在这个例子中，一个事物无论多么短暂，都成为了更大事物的一个组分，而在

此之前或之后,它不曾是任何事物的组分。[2]

我们可以将形质论对生物构成的阐述当作阐明英瓦根基本思想的一种方式:牵涉某物的生命就是对其代谢活动做出了有目的的贡献。电子使我的一个细胞膜去极化,或者在我的一个细胞中参与了ATP[①]的生成,它对我的整体活动有很小的贡献。这一贡献使它成为我的组分。没有做出这种贡献的电子不是我的组分,即使它位于我的"内部"或以某种方式"附着"在我身上。

还有几位生物哲学家也就构成关系提出过类似的阐述,这其中就包括神经科学哲学家威廉·贝克特尔:

> 机制的组成部分是实体,它们共同完成操作以实现关乎自身利益的现象。机制内部的结构可能被很好地描绘出来(它有边界,能够存续一段时间,与周围的事物有区别,等等)。然而,如果它不执行有助于现象实现的操作,它就不是该机制的工作组分。例如,虽然大脑的脑回和脑沟可以被很好地描绘出来,但它们并不是大脑的工作组分,而是大脑折叠以保存轴突长度的副产物。[3]

根据贝克特尔的理论,某物只有在执行了有助于整个机制活动的操作时,才有资格成为机制的组成部分。

生物哲学家和神经科学哲学家一直被这样的构成观所吸引,因为这是实际的生物学和神经科学研究工作——包括这些科学的方法和它们所采用的解释——所主张的观点。最重要的科学研究方法被哲学家称为**功能分析**。生物学家、认知科学家、工程师以及其他研究人员经常通过将复杂系统的活动分析为子系统执行的子活动来研究该复杂系统。考虑一个复杂的人工制品,如内燃机。我们可以通过将发动机的活动分析为若干子系统所执行的子活动来理解发动机是如何工作的:线圈产生电荷,分配器将电荷分配到火花塞,燃料喷射器将燃料喷射到燃烧室,火花塞点燃燃料,膨胀的气体推动活塞运动,等等。一旦我们将发动机的活动分析为子系统执行的子活动,我们就可以迭代流程,并

---

① ATP即三磷酸腺苷,是生物体内最直接的能量来源。——译者注

将每个子活动分析为更小的子系统执行的更小的子活动。例如，火花塞点燃燃料可以分析为静电电荷克服空气阻力聚集至火花塞头部。我们可以继续迭代分析过程，直到达到不可进行进一步功能分析的层次——在这个层次上，询问系统如何得以如它那般行动便不再有任何意义。

生物系统的活动可以用与内燃机相同的方法来研究。以人跑步为例。功能分析表明，跑步涉及许多子系统，其中循环子系统负责向肌肉供应含氧血液。对该子系统的功能分析表明，它有一个负责泵血的组件——心脏。对心脏泵血活动的功能分析表明，心脏由频繁收缩和舒张的肌肉组织构成。对肌肉组织活动的功能分析表明，它由细胞构成。对细胞活动的功能分析表明，它们由细胞器，如细胞膜、线粒体和细胞核构成。对细胞器的功能分析表明，它们由复杂分子构成。例如，细胞膜由双层磷脂构成。对磷脂的分析表明，每一种磷脂都有一个斥水的疏水端和一个吸水的亲水端，正是因为它们有斥水和吸水的两端，磷脂才能形成一个两层膜，将细胞内外的环境隔开。对磷脂分子亲水端的功能分析进一步表明，它由磷酸基团构成，磷酸基团是一种原子排列，具有能够吸引水分子的电子分布。电子之所以能起这个作用，是因为它们带负电。功能分析很可能到这里就结束了：如果电子带电荷不是由于某些低层子系统的活动，而仅仅是因为它们是负电荷粒子，那么我们就不可能再进行功能分析了。

关于功能分析方法，有五点说明。第一，关于"功能分析"这个标签的注释。虽然哲学家经常使用这个标签，但生物学家通常将功能分析方法称为"还原"。让我们来看前面引用的同一本生物教科书中的一段话：

> 将复杂的系统还原为更简单、更易于研究的组成部分……是生物学一种强有力的策略。生物学平衡了还原论的策略和更长远的目标，即理解细胞、机体和高层秩序（如生态系统）的各个部分如何在功能上相互结合。[4]

我们应当清楚，这段话所提及的还原概念不同于我们在身心理论（见5.7节）中所讨论的还原概念。到目前为止，我们所讨论的哲学意义上的还原涉及一个概念框架取代另一个概念框架的描述和解释作用的能力。在这个意义上说，心理学可以还原为物理理论，也就是说，目前由心理学话语所起的所有描述和解释作用原则上都可以被物理理论取代——物理理论的概念体系足以描述和解释我们目前用心理学话语描述和解释的一切。但这通常不是生物学家在谈到还原时所想到的意义。他们谈到还原时通常不是指一个概念框架取代了另一个概念框架的描述和解释作用，而是指一种研究复杂系统行为的方法——我们一直称为"功能分析"的方法。认同这种方法并不意味着承诺哲学意义上的还原：说我们可以通过将某些活动分析为子活动来研究它们，并不意味着对低层子系统的描述可以取代高层话语形式所起的描述和解释作用。为避免混淆，我们继续将前面提到的研究复杂系统的方法称为"功能分析"，同时将"还原"一词保留给一个概念框架能够取代另一个概念框架的描述和解释作用的情况。

第二，功能分析这一名称中的功能概念不同于前面讨论的功能主义中的功能概念（见6.3节）。在功能分析的语境中，功能概念具有目的论维度：子系统对其所属整体的活动有所贡献。例如，心脏通过向肌肉输送含氧血液而对跑步有所贡献。目的论功能主义者也以这样的方式诉诸目的论的功能概念（见6.7节）。不过与所有的功能主义者一样，目的论功能主义者主张，高层性质是高阶性质，它们本身并不是一阶性质，而是对低阶性质进行量化的逻辑建构。形质论者与突现论者一样拒斥这种对高阶性质的理解（见8.10节）。因此，尽管形质论和目的论功能主义都承认，系统的组成部分对系统的整体运行做出了有目的的贡献，但他们在如何理解"贡献"这一概念上存在分歧。根据目的论功能主义者的观点，高层概念框架代表了描述低层事件的不同方式。相比之下，形质论者则认为，高层描述对应于独特的本体论结构。

第三，根据形质论者的观点，功能分析方法为理解部分对整体活动的贡献，或者说部分如何牵涉整体的生命奠定了基础。从这个观点看，说一个部分x对整体y的活动有贡献，就是说：

(1) y从事活动A；
(2) A可以进行功能分析，分解为各种子活动；并且
(3) x执行其中一个子活动。

例如，加布里埃尔的循环系统是加布里埃尔的组分，因为加布里埃尔的跑步活动可以进行功能分析，分解为各种子活动，而加布里埃尔的循环系统执行了其

中一个子活动。

第四，根据形质论，并不是任何一种贡献的事物都有资格成为组分。正如英瓦根所言，要使某物有资格成为生物体的组分，它必须牵涉生物体的生命。大致来说，它必须是生物体生命组织中的一部分。这种情况至少可以通过两种方式发生。某物可以由有生命的物质构成。例如，想象一个名叫加布里埃尔的人正在跑步。对他跑步的功能分析显示，他具有一个循环系统，而这个循环系统的组成部分中包括一个泵血的器官——人的心脏。对心脏泵血活动的功能分析表明，它由肌肉组织构成，而肌肉组织又由细胞构成。细胞是有生命的东西——是最简单的、能够表现出生物学家认为属于生命特征行为的东西：它从环境中获取营养物质并加以利用，排泄废物，繁殖，对环境刺激做出反应，等等。由细胞构成的事物就是由有生命的物质构成的事物。因为加布里埃尔的心脏是由有生命的物质构成的，所以根据形质论，他的心脏是他的组分。

但在某种程度上，由细胞构成并不是某物牵涉生物体生命的唯一方式。单细胞生物（如变形虫）的细胞器是那些生物的组分；它们牵涉那些生物体的生命，但它们并不是由细胞构成的。它们之所以是那些生物体的组分，并不是因为它们在某种程度上由细胞构成，而是因为它们以某种方式对细胞的活动有贡献。例如，细胞膜牵涉细胞的生命，因为它对细胞的稳态活动有贡献：它维护了细胞的内部环境。构成细胞膜的磷脂也是细胞的组分，因为它们对细胞膜的活动有贡献。同样，磷脂分子亲水端的电子也是细胞的组分，因为它们对分子的吸水活动有贡献。总之，要牵涉生物体的生命，或者构成细胞，或者由细胞构成。我的心脏之所以是我的组分，因为它由细胞构成，而我心脏中的电子之所以是我的组分，因为它们构成了细胞。

第五，构成的形质论观点表明，所谓的"人造器官"——人造心脏、起搏器、假肢、人工耳蜗、神经刺激装置等——并不是它们所植入的生物体的组分。我们还以加布里埃尔跑步为例。不过这一次，让我们假设加布里埃尔循环系统的泵血成分不是人的心脏，而是另一个装置。对其活动的功能分析表明，它在任何层级上都不是由细胞构成的。它不是由有生命的材料构成，而是由钛和塑料构成。既然这个装置既不由细胞构成，也不构成细胞，所以它没有牵涉加布里埃尔的生命。因此，从形质论的观点来看，它不是加布里埃尔的组

第十章 形质论世界观

分。它只是一个像正常的心脏一样对加布里埃尔的活动有贡献的人造装置。这类人造装置对我们的活动有重要贡献——它们与它们所替代的器官一样重要。但这种重要性并不能使它们成为组分。它们只是人造装置，尽管是与人的器官非常相似的人造装置，尽管它们像正常的器官组分一样对我们的活动有贡献。

于是，根据构成的形质论观点，我们作为生物的地位表现在许多层面上。生物体是多结构复合体，它们的结构或组织复杂性包含多个层次。这种组织复杂性在我们迄今为止所考察的生物结构中都有明显的体现：亚细胞物质构成细胞，细胞构成组织，组织构成器官，等等。但从形质论的观点看，生物组织还包括社会互动模式以及环境交互作用的模式，正如我们所见，我们将这些模式描述为思维、感觉、知觉和行动。为了理解这一观点，我们需要对形质论思想的核心，即结构或组织的概念做进一步探讨。

10.4　组织的概念

形质论有两个核心概念：一是结构或组织，二是得到结构或组织的质料。人们一般认为，亚里士多德是第一位以精确的哲学方式发展这些概念的人。他使用 hyle 一词——我们通常译为"质料"——来指代可以具有结构的事物。让我们以一堆木材、钉子和其他质料为例，在 t_1 时刻，它们杂乱地散落在木材场中，而在 t_2 时刻，同样的木材、钉子和质料在用它们建造的房子中呈现出了结构。同样，我们还可以想想杂乱分布在土壤中的各种化合物，现在，它们在树的细胞中呈现出了结构。我们还可以想想各种活动。当我们下棋时，静静躺在盒子里的木块开始在我们的行为中发挥作用。就像砖块和木材一样，它们以某种方式具有了结构。我们动用它们在游戏中扮演角色（女王、骑士、车），就像我们动用砖块和木材在房屋中扮演角色（天花板、过梁、墙壁）一样。玩游戏的活动就像房屋一样构成了一个结构，一根根木材都被整合在结构中。此外，下棋的能力还可以整合到另一种更广泛的结构化活动中。它可以用于实现某些更高的教育目标，比如提高分析能力，而且那些能力还可以整合到进一步的社会结构计划中——比如说，培养具有卓越智慧的公民。木材、钉子和其

281

他建筑材料是建造房屋的质料，它们能够被组织成房屋。同样，构成树干的组织是木材的质料，土壤中的化学物质是树干组织的质料。与此相似，生理成分及其状态以及特定的环境条件都是我们的活动，或者说与环境发生结构化交互作用的质料，我们称这些交互作用为"看""听"和"尝"。接下来，这些交互作用又是更复杂的行为，比如下棋时的视觉规划和模式识别，或者听音乐时的听觉模式识别的质料。同样，我们对愤怒、欲望、恐惧和其他情绪状态的反应是性格特征——温柔或暴躁，节制或放纵，勇敢或懦弱——的质料，这些性格特征都代表了我们面对各种欲望和情绪刺激时的选择模式。

在形质论哲学中，质料不是自组织的——尤其当质料成为我们在生物体和人造物中发现的复杂排列时。一堆放任不管的材料——比如说一堆木材——不会自发地组织成一座房屋。数目各异的基本物理质料也不会自发地聚合成生物体及其组分。使这些事物得以成形的组织——它们的形式或结构——必须被强置于这些事物之中。亚里士多德经常将高度结构化的自然实体——生物体、它们的活动和能力——与人造物进行类比。高度结构化的人造物由人类从相对无组织的非生物原材料中创造而成，亚里士多德称，与此类似，生物体也是由相对无组织的生物材料、过程或状态通过自然过程的加工而形成的。此外，人造物的生产和自然事物的生产通常都涉及逐步的构建（或者说训练，主要是技能或性格特征的训练）过程，在这个过程中，相关的结构被强置入。无论是自然物的情况还是人造物的情况，一旦相关的结构被强置入，便会产生或属于自然或属于人造物类型的独立个体，比如房屋或人，或者稳定的能力或性格特征，或者某类的活动的个例，比如阅读或下棋。

在亚里士多德看来，生物是典型的自然实体。他和许多古希腊学者一样，用"灵魂"（psyche）来指代区分生物与非生物的东西。某些古希腊学者，比如德谟克利特，认为灵魂可以在基本物理层面进行描述，比如将其描述为一大堆球形原子。另一些古希腊学者，如柏拉图的追随者，则支持一种实体二元论的生物学版本：他们认为灵魂是一种非物理成分，被添加到构成生物体的基本物理质料中。与这两种观点相比，亚里士多德主张，灵魂是生物的组织或结构。"灵魂"一词通常被翻译为"灵魂"（soul），但此翻译有误导性。从17世纪或者更早之前开始，有关灵魂的讨论一直与实体二元论或类似的观点密切相关。因此，这个翻译表明，在亚里士多德看来，灵魂是能够独立于肉体而存在的东西。但事实并非如此。根据亚里士多德的观点,灵魂是区分生物与非生物的组织或结构。英瓦根最近用"生命"(life)一词来表达同样的观点。[5]

根据亚里士多德的观点,在最基本的层面上,生物与非生物的区别在于生长和繁殖的能力:大致就是通过被强置入的结构而从环境中吸收质料的能力,以及在其他质料中复制其结构的能力。但有些生物行为的结构方式更为复杂,我们用"知觉""记忆""学习"和"想象"等术语来描述它们。一个小孩子和藏在橱柜里的糖果之间的交互作用起初几乎是完全无结构的——或者更准确地说,我们仅诉诸物理学的概念资源就可以对它们的结构方式进行描述和解释:例如,孩子和糖果相互施加引力影响。而一旦柜门打开,孩子和糖果之间交互作用的结构方式就会变得更加复杂。我们这样描述这些方式:孩子想要糖果,试图拿到它,他记得妈妈重新关上柜门时糖果就在那里。孩子与妈妈和其他人的交互作用也是如此:妈妈拒绝给孩子糖果,孩子会感到失望和沮丧,但他知道父亲更开明。同样,父亲的开明和母亲的谨慎也是具有复杂结构的行为。它们表征了在很长的岁月中,个人的选择、决定、思维、感觉和行动的宽泛模式,以及对未来行为的长期影响。

因此,根据形质论者的观点,生物体是多重结构的复合体,每种生物体都包含复杂的结构和亚结构层级。特别是涉及人类的行为时,各种生物活动和能力都被纳入了2.6节所描述的那种理性行为模式中:理性行为模式就是可以从理性、道德、审美及类似的范畴来评价的独特行为模式。各种生物组分的状态(比如使人类能够在社会和物理环境中开展活动,并对环境做出反应的组分的状态)以这些理性的方式获得了结构。其中一些活动和反应,以及我们用于评估它们的标准是由心理谓词和术语表达的。所以,根据形质论观点,心理话语表达的是具有高层结构的行为,这些行为以各种生物状态作为其子结构或质料(见11.7节)。

并不是只有形质论者沿着这条思路使用组织或结构的概念。许多哲学家和科学家谈论组织或结构的方式都类似于形质论,即使他们与亚里士多德哲学没有什么关联。贝克特尔就是最近的典型代表:

> 成分的……组织通常是将成分整合到一个具有自身特性的实体中……组织本身并不是组分所固有的东西……因此,研究者即使已经详细了解了

组分的行为，却还是常常会对它们以特定方式组织起来之后所发生的情况感到惊讶……由于机制是有组织的系统，所以其行为超越了其组成部分的行为……人们不仅可以在不了解组成部分及其运行的情况下研究机制的行为，还可以研究机制作为一个整体的行为与其组分的行为通常存在哪些不同……作为一个整体的机制实际上可能是一个更大机制的组成部分，而这个更大的机制所做的事情仍然有所不同……机制执行的活动与它们的组分不同，这一事实表明，通常描述整个机制活动所使用的词汇［原文如此］与描述组成部分活动的词汇不同。[6]

美国哲学家杜威也赞同类似的观点：

有生命的植物和无生命的铁分子之间的区别不在于前者除了物理—化学能之外还有别的东西，而在于物理—化学能相互联系和运作的**方式**……铁作为组织化躯体的真正成分，其作用是维持它所属生物体的活动。如果我们把……这样的物质等同于无生命物，那么我们就需要另一个词来表示生物体本身的活动。心理—物理是个合适的术语……在这个复合词中，"心理"这个前缀表示物理活动获得了额外的性质……心理—物理并不表示取消了物理—化学，也不表示某种物质和精神的特殊混合物……它表示具有某种非生命所不具有的品质和功效。这样看来，物理和精神的关系就不存在问题了。存在特定的经验事件，它们以独特的品质和功效为标志。首先是组织……生物体的每个"组分"本身都是有组织的，组分的"组分"也是如此……因此，"心灵"是有感觉的生物与其他生物进行有组织的互动也就是语言交流时所具有的额外性质。[7]

再来看看 17 世纪哲学家洛克怎么说：

想想一棵橡树不同于一团物质的地方……一个无论如何结合都只是物质粒子的聚集，而另一个则是它们的排列，从而构成一棵橡树的组成部分。那些组成部分这样组织在一起，以便有利于吸收和分配营养，从而继续生长并构成橡树的树枝、树皮和树叶等，这就是植物的生命所在……因为这个组织……就是那个生命……野兽的情况与此相差无几……机器也是类似的……例如，手表是什么？……不过是出于某个目的而建立的适当的组织或构造……如果我们假设这台机器是一个能够延续的躯体，具有普通的生命，它所有的组织化成分都可以通过持续增加或分离无感觉的部分而得到修复、提高或降低，那么我们就有了非常类似动物躯体的东西……动物是有组织的活躯体；因此，同一个动物……就是随着不同的物质微粒相继结合到那个有组织的生命体中，从而被传递给那些微粒的同一个能够延续的生命……这也说明了同一个人的同一性在于什么；即，只在于转瞬而逝的物质粒子持续不断又充满生机地结合到同一个有组织的身体中，参与同一个持续的生命。[8]

不少科学家也沿这个思路使用组织的概念。例如，格尔德·佐默霍夫（Gerd Sommerhoff）写道：

> 生物活体的物理化学图景只对了一半。缺失的那一半与组织关系的本质有关，正是这种关系使显然有生命的系统的行为与显然无生命的系统的行为截然不同……从很多方面来看，这是更重要的那一半。因为这里有生与死的差异，有高层生命形式与低层生命形式的差异，这对我们影响巨大……即使我们已经深入了解了生物活体内分子的细节，我们仍然要面对这样一个事实：一个生命系统是一个有组织的整体，由于其组织的独特性质，该系统表现出独特的行为方式，我们必须在它们自身的层面上对其进行研究和理解。[9]

此外，还有神经生理学家乔纳森·米勒（Jonathan Miller）写道：

> 物理世界趋向于一种均匀无序的状态……在这样的世界中，形式的存在取决于……构成物体的材料的内在稳定性，或者说能量的补充以及对物体中不断流过的物质的重组……喷泉的结构……本质上是不稳定的，只有不断更新它的构成材料，它才能保持其形状；也就是说，它需要对自身不间断的物质流进行组织并为其强置入结构……生命活体的延续与喷泉一

样，都是对同一种秩序的实现……它能够维持其结构，唯一的途径就是流经一个系统，一个能够随时间的流逝重新组织和更新结构的系统。但是，使喷泉保持空中形态的是引擎，它的存在并不依赖于它所形成的喷泉形状，而支撑和维持生物活体形式的引擎却是其特征结构中的固有组分。[10]

一些科学家极力向我们表明组织概念在描述和解释生物方面的价值，这其中包括，前面引文提到过的尼尔·坎贝尔（Neil A. Campbell）、辛普森（G. G. Simpson）、扬（J. Z. Young）以及恩斯特·迈尔（Ernst Mayr）：

要理解生物体，你必须解释它们的组织……你必须知道组织的是什么以及它是如何组织的，但这并不能解释组织本身的事实或本质。要想做出解释，我们还需要了解生物体如何被组织，以及这个组织具有什么功能……生物学的目的就是理解生物体的结构、功能和历史。[11]

生物的本质是它由原子构成，而且原子牵涉生命系统，并在一段时间内成为生物的一部分。生命活动以特有的方式吸收和组织原子。一个人的生命本质上就是他强置于原子材料之上的活动。[12]

所有的生物学家都是彻底的"唯物主义者"，因为他们不承认超自然或非物质力，而只承认那些物理化学力……现代生物学家在任何意义上都拒绝这样一种观念，即生物活体中存在不服从物理和化学定律的"生命力"。生物体的所有过程，从分子的相互作用到大脑及其他整个器官的复杂功能，都严格遵守这些物理定律……但是生物学家不接受17世纪的朴素机械论解释，也不同意动物"只是"机器的说法……生物体与无生命物的区别在于它们系统的组织。机体生物学家强调，生物体具有许多在无生命物世界中无法比拟的特征。自然科学的解释手段不足以解释复杂的生命系统。[13]

这些引文代表了过去25年在生物学和生物哲学中愈发流行的一种观点。上述哲学家和科学家都承诺，以经验为基础的组织或结构概念是基本的本体论和解释原则。尽管我们所引用的大多数学者自己可能不知道这一点，但这种承诺标志着他们回归了亚里士多德自然哲学的核心宗旨。亚氏自然哲学在科学革命期间基本上被抛弃了。17世纪的自然哲学家，如弗朗西斯·培根、罗伯特·波义耳和托马斯·霍布斯等人都对亚里士多德的形式概念嗤之以鼻。现在，科学已经成熟，并将注意力转向了生命和心灵现象，组织或结构概念正在逐步复兴。生物学家越来越相信，解释生物行为需要物理学之外的概念资源。生物科学不仅仅是描述基本物理过程的抽象方式，更对应于一种独特的自然组织和行为。因此，我们最好这样理解形质论：它将一个经验上有用的概念置于一个更广泛的哲学框架中，这个框架提供了对自然世界的系统理解。

10.5 形质论与多层级世界观

形质论者承诺的多层级世界观与物理主义者和突现论者所支持的观点类似。它像那些多层级观点一样，主张低层实体构成高层实体。如果实体 x_1，x_2，…，x_n 构成 y，那么 x_1，x_2，…，x_n 属于比 y 更低的层级。不过形质论观点定义层级的方式有所不同。到目前为止，我们讨论的多层级观点都对层级做出了全局定义：层级的定义与科学分支有关，这些分支的范畴跨越了区分一种生物与另一种生物的特征。因此，不管存在的生物体属于哪个具体种类，整个自然界都是一套单一的等级。例如，我们在狗身上发现的生物、化学和物理层级与我们在人类、蜘蛛或猫身上发现的生物、化学和物理层级相同。形质论并不否认某些层级跨越了具体种类的界限。例如，基础物理学描述了各种实体中易于进一步结构化的基本物质。然而，在形质论者看来，并不是所有的层级都是如此：并不是所有层级都可以做全局定义。它认为，有些层级只能局部定义，因此不同种类的生物包含不同的层级结构。例如，我们在狗身上发现的层级可能与在猫身上发现的层级非常不同。形质论者认为，其原因在于层级主要是由组分关系或构成关系来定义，而根据形质论的观点，构成就是组分对其所属整体的活动所做的贡献。因此，如果狗和猫从事不同的活动，或者它们的组分以不同的方式对各自的活动做出贡献，那么狗和猫包含不同种类的组分，这意味着它们将包含不同的层级结构。此外，不同种类的生物从事不同的活动，它们各自的组分以不同的方式对各自的活动做出贡献，这似乎是个经验事实。

举个例子，人类和蜘蛛从事不同类型的活动。例如，蜘蛛结网，人类则不会；相反，人类会说话唱歌，但蜘蛛不会。人类和蜘蛛活动的这些差异反映在人类和蜘蛛组成部分的差异上。蜘蛛有吐丝器，人类没有；人类有声带，蜘蛛没有。在描述和解释人类和蜘蛛的行为时，我们使用不同的谓词和术语来指称或表达它们的不同活动，以及这些活动所涉及的不同组分。此外，即使我们使用相同的谓词和术语来描述两者的活动，这些谓词和术语所指称或表达的内容仍然存在显著差异。以"进食"活动为例。我们既可以将"进食"用于人类从事的活动，也可以用于蜘蛛从事的活动。虽然人类的进食和蜘蛛的进食有一些共同特征，但如果考察每个物种的个体如何进食，我们就会发现二者的差异相当显著。人类用门牙咬下一小块食物，用臼齿咀嚼。人的唾液含有酶，可以部分消化食物，这些食物最终被吞咽，并通过食管的蠕动运动进入胃部，在那里它们被酸和酶进一步消化。而蜘蛛的进食是先将胃液注入猎物身上，同时用螯肢（它们的上颚）碾碎猎物。螯肢的咀嚼再加上胃液中的酶会将猎物组织分解成汤汁状的混合物，蜘蛛利用胃的抽吸作用将混合物吸进嘴里，而嘴周围的毛则将未液化的碎片全部过滤掉。尽管都被称为"进食"，人类进食和蜘蛛进食是非常不同的活动，它们包括截然不同的子活动和子系统。人类没有螯肢，蜘蛛也没有臼齿。人类的胃不像蜘蛛的胃那样能进行抽吸，蜘蛛也不能像人一样利用食道蠕动将食物送到胃里。因此，人类和蜘蛛是由不同组分构成的，不同的组分适合不同的活动。

但是，如果层级由构成来定义，而人类和蜘蛛是由不同种类的组分构成的，那么人类和蜘蛛将包含不同的层级结构。每种动物都包含为其物种中的个体所独有的层级结构。于是，形质论以一种局域性的、种类特定的方式定义层级。除了基础物理学及其他一些低层学科的层级，一种生物体所包含的层级可能在其他生物体中不存在。因此，形质论多层级世界观支持多重层级结构，每个层级都与一种独特的生物相关联。呈现在我们面前的是一幅由各种各样的生物体构成的图景，生物体都是多结构的复合体，每种生物体都包含一个种类特定的结构层级的等级体系（图10.1）。

第十章 形质论世界观

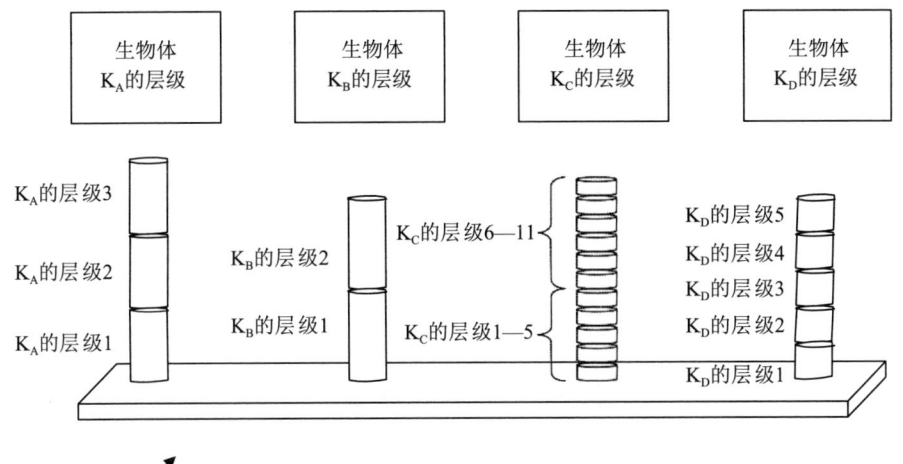

形质论根据构成定义层级。如果 $x_1, \ldots, x_n$ 构成 y,那么 $x_1, \ldots, x_n$ 处于比 y 更低的层级。K_A、K_B、K_C、K_D 是四种不同的生物体。因为每种生物体都从事不同种类的活动,所以每种生物体都由不同种类的组分构成。由于层级是由构成定义的,K_A—K_D 由不同的组分构成,所以 K_A—K_D 包含不同的层级。因此,层级不是跨物种、全局性定义的;相反,它们是以局域性的、种类特定的方式定义的。

图 10.1　形质论多层级世界观:局域性定义的层级

形质论对层级的局域定义与科学哲学近期的一些工作相吻合。神经科学哲学家如贝克特尔和卡尔·克拉芙尔(Carl Craver)已经得出结论,层级的局域定义是理解神经科学解释的最自然的方式。例如,克拉芙尔说道:

> 生物机制的层级并不是对世界结构的统一划分……比起统一的图景,它们更具有局域性特征。它们只在特定的构成性层级结构中才能得到定义。空间记忆系统、循环系统、渗透调节系统和视觉系统中存在生物机制的不同层级。存在多少层级,哪些层级被涵盖其中,这些都需要具体问题具体分析,只有发现在哪个尺度上,哪些成分与既定的现象具有解释的相关性,我们才能回答这些问题。我们不可能提前从层级列表中读到答案。[14]

于是我们再次重申,形质论的主张与自然科学的工作相吻合。

10.6 形质论与物理主义及经典突现论的对比

在我们目前所考察的理论中,形质论与非还原物理主义和突现论最为接近。因此,思考形质论与这些理论的相似和不同之处将是十分有益的。我们首先考察形质论与非还原物理主义的异同。

形质论主张,生物和非生物最终都由相同的基本物理质料构成,所以一切事物都不会违反基本物理定律。于是根据形质论者的观点,物理主义者在以下方面是完全正确的:物理学是最普遍、最基本的自然科学。但是,说一切事物都服从物理定律,与说一切都由物理定律决定,或者一切都可以通过诉诸物理学描述和解释有天壤之别。两名棋手都会遵守所有的国际象棋规则,但那些规则并不能决定游戏过程的方方面面,也不是游戏的每一个方面都是只通过诉诸规则就能描述和解释。例如,对各种战术和战略的描述和解释需要使用独特的词汇。用哲学家赖尔的话来说:即使一切都受规则支配,也并不意味着一切都由规则注定。[15]

物理主义世界观——无论是还原论的、非还原论的或者其他——的一个重要特征是,自然界中特殊科学的研究内容与基础物理学的研究内容的差异与我们的旨趣息息相关。自然界中可以发现的任何差异,或者是可以用物理术语全面描述的差异,或者是我们为满足自身的特殊旨趣而假定的差异。当我们用物理词汇描述和解释事物时,我们着眼于表达基本定律。当我们用化学、生物学、心理学、经济学或其他特殊科学的词汇描述和解释事物时,我们着眼于满足其他方面的旨趣。因此,如果人与狗或岩石之间的差异不能在基本物理层级上进行描述,那么人与狗或人与岩石之间的差异就只是为了满足我们特殊的描述和解释旨趣而设定的。所以,虽然正电荷和负电荷之间很可能存在真正的差异——也就是说,一种可以用物理学语言解释的差异——但在物理主义者看来,生物和非生物之间,或者被赋予心理能力的生物和物理世界的其他部分之间,很可能并不存在真正的、自然的或与旨趣无关的差异,因为构成生物和非生物,或者构成有心物和无心物的基本物理材料之间不可能存在任何差异。

于是,根据物理主义者的世界观,很重要的一点是,并不存在结构或组织可以作为基本的本体论和解释原则,以便区分不同种类的个体和科学的不同研究内容。这并不是说物理主义者不能谈论事物的独特结构或组织,只是说他们不会承认这样的谈论就等同于认可存在不同于物理学原则的其他本体论或解释原则。如果自然界中存在结构原则,那么这些原则必须能够被物理学全面地描述和解释。因此,物理主义者致力于否认前文引用的科学家佐默霍夫的观点:

> 生物活体的物理化学图景只对了一半。缺失的那一半与组织关系的本质有关,正是这种关系使显然有生命的系统的行为与显然无生命的系统的行为截然不同……从很多方面来看,这是更重要的那一半。因为这里有生与死的差异,有高层生命形式与低层生命形式的差异,这对我们影响巨大……即使我们已经深入了解了生物活体内分子的细节,我们仍然要面对这样一个事实:一个生命系统是一个有组织的整体,由于其组织的独特性质,该系统表现出独特的行为方式,我们必须在它们自身的层面上对其进行研究和理解。[16]

在这里,物理主义者拒绝接受的观点是,存在独特的、不可还原的行为形式,它产生于某物的组织,并解释了生物和非生物、心理和非心理之间的差异。不只物理主义者,任何赞同类似人类行为观点的人都不接受这种观点。例如,副现象论者、非机体二元属性论者甚至实体二元论者都认为,人类生物体的行为可以用纯粹的物理术语进行全面的描述和解释。他们否认组织或结构是基本的本体论和解释性原则。他们与物理主义者都认为,人体只是基本物理质料的集合——这是科学革命之后引入的人体观。与此观点相反,形质论否认人体只是基本物理质料的集合;相反,它们是以独特的人类方式得到组织或结构的基本物理质料的集合。结构方式将人类与物质世界的其他部分区分开来,包括他们是什么,以及他们的行为方式。

现在我们再来考察形质论与之前讨论过的突现论(见 8.10 节)的异同。形质论者和经典突现论者都否认物理学能够全面地描述一切事物。两者都认为超级物理学家对宇宙的描述遗漏了一些重要的东西。此外,与形质论者一样,许多经典突现论者也会利用组织或结构的概念。他们主张,低层实体的组织产生了突现属性。这是形质论与经典突现论之间的重要相似点,但它们之间至少有三个显著的差别。

首先，形质论者拒斥一个经典的突现论观点，即突现性质是力或类力性质。其次，与经典突现论不同，形质论者并不认为高层性质是由低层系统根据其组织而产生或生成的。相反，他们主张，高层现象表征了低层现象的组织方式。例如，心理现象不是由大脑的状态产生；它们是大脑状态可以被构建或整合到高层行为模式中的方式。这对他们研究心理因果有重要意义（见 11.11 节）。最后，当涉及心理现象时，形质论者拒绝心—物二分（见 11.10 节）。他们否认只用心理和物理两种术语就可以描述和解释人类行为。他们认为，我们真正用来描述和解释人类行为的词汇既不是心理的，也不是物理的，也不是心理和物理的混合。相反，它是一种适合描述和解释人类独特行为模式的特殊词汇——一种跨越心物区分的词汇。让我们来进一步考察这些差异点，首先我们讨论形质论的因果多元论，然后在第 11 章继续讨论第二点和第三点。

10.7　因果多元论

回想一下，经典突现论者将突现性质看作是力发生性质，就像物理学所假设的那些性质一样。在经典突现论者看来，突现性质与物理性质之间唯一的区别是突现性质与高层组织紧密相关。但是，这种突现性质观是突现理论的一个严重负债，因为科学数据表明不存在非物理的或突现的力。经典突现理论所假设的突现力作为经验事实来看实际上并不存在（见 8.11 节）。而根据形质论者的观点，他们的理论相较于经典突现论的优越之处在于，它不容易受到这种经验主义反驳。经典突现论者默认高层性质能够对世界产生因果影响，仅当高层性质影响世界的方式与物理学假设的力影响世界的方式一致时。而形质论者则支持**因果多元论**。他们主张，存在不符合物理模式的因果性质和因果关系。由于形质论者在不同类型的因果关系之间进行了区分，所以他们的观点与在基本物理层面上起作用的所有力都是相容的，因此不会受到突现论所受到的那种经验反驳。

形质论者的因果多元论承诺两个主张：一是存在多种不同的因果因素；二是存在多种不同的因果关系。而了解形质论者如何理解因果关系和解释关系之

第十章 形质论世界观

间的关联将有助于我们更好地理解这些主张。根据形质论者的观点，原因是解释因素。对于下列问题："是什么导致了齐达内被驱逐出 2006 年世界杯决赛？"① 或者 "是什么导致了 1973 年的阿以战争？" 我们总是会试图通过对事件做出解释来回答。这就是为什么（1）这样的解释语句可以很容易地重新表述为（2）这样的因果语句，而意义不会有明显的损失：

（1）苏格拉底因为喝了毒芹汁而死。
（2）苏格拉底的死亡原因是他喝了毒芹汁。

不少哲学家对"原因"一词的使用局限于比较小的解释语境中。例如，经典突现论者对"原因"的使用仅限于力的作用。相比之下，形质论者并不试图将"原因"的使用局限于这样或那样的解释语境中。相反，他们主张不同的解释语境揭示了不同类型的因果因素以及不同类型的因果关系。

因为原因是解释因素，所以形质论者主张，谈论事物的那个原因，在许多时候，甚至通常情况下是没什么用的。任何既定的解释语境中总是存在多种促成因素。例如，想象一下，我们想要解释一场车祸。仔细研究车祸的情形，我们可以发现以下几个促成因素：

（i）刹车设计不良。
（ii）不足以应付道路急转弯的坡度。
（iii）警告司机注意弯道的标志不足。
（iv）司机血液中的酒精含量过高。

在既定语境中，人们可以采用其中的任何一个因素作为车祸的原因。此外，每个因素都以不同的方式解释了此次车祸。例如，道路急转弯的坡度与司机血液中的酒精含量对车祸的影响程度有很大的不同。在前一种情况下，我们

---

① 齐达内，法国前男子足球运动员，在 2006 年德国足球世界杯决赛法国对阵意大利的比赛中，与意大利队后卫马尔科·马特拉齐发生口角后用头撞倒对方，随即被当值主裁判红牌罚下。——译者注

可以纯粹通过物理因素，如汽车的速度和轮胎的摩擦系数来描述影响程度。而在后一种情况下，我们需要引入其他因素——生物因素，如酒精对知觉和反应时间的影响。所以，不仅有不同的解释因素，还有不同的解释关系——不同的事物有助于解释某个结果的方式是不同的。

因为因果关系和解释关系密切相关，所以形质论者认为，我们可以通过理解解释关系来理解因果关系。解释是对某类问题的回答——问题通常是"为什么"和"如何"。"为什么"和"如何"的问题也有很多不同类型。只要想到一句话可以表达许多不同的问题，这一点还是很明显的。我们借用科学哲学家巴斯·范·弗拉森（Bas van Fraassen）的一个例子："亚当为什么吃苹果？"这句话可以表达以下任何一个问题：

Q1　亚当为什么吃了苹果（而不是吃了别的东西）？
Q2　亚当为什么吃了苹果（而不是用它做了别的事情）？
Q3　亚当为什么吃了苹果（而不是其他人吃了苹果）？

在范·弗拉森看来，这个例子表明解释是对比性的：一个"为什么"的问题往往预设了对比类别（a contrast class）的命题。在 Q1 中，对比类别由命题"亚当吃了苹果""亚当吃了梨""亚当吃了杧果""亚当吃了香蕉""亚当吃了草莓"等组成。这其中的一个陈述即"亚当吃了苹果"是范·弗拉森所说的问题的主旨。当我们问一个"为什么"的问题时，我们假设这个主旨为真，对比类别中的其他陈述为假。

除了对比类别，每个"为什么"问题还假设了与主旨和对比类别的相关关系（relevance relation）。并不是任何关于它们的真陈述都可以算作答案。举个例子：你和我是室友。有一天你回到家，在客厅——我们经常用来招待客人，包括你稳重可敬的朋友和同事的地方——的咖啡桌上发现了一个丑陋且令人感到不适的色情雕塑。你长期以来对我审美感的怀疑现在跳了出来："为什么，"你问道，"那个东西在我们的咖啡桌上（而不是在其他地方）？"我回答说："它在我们的咖啡桌上（而不是在其他地方），因为它的原子在我们的咖啡桌上（而不是在其他地方）。"很明显，这个回答其实并没有回答你的问题。虽然它解答了问题的主旨和对比类别，但它与你的兴趣并不相关。你感兴趣的因果因素是我选择把雕塑放在咖啡桌上而不是其他地方的原因。不过我们可以想象另一个情境,在其中我的回答将是相关的:你和我正在辩论各种物质构成理论的优点和缺点。你想知道在我的理论中是什么解释了复合物体,比如我们咖啡桌上的物体的位置。你会问:"为什么那个东西在我们的咖啡桌上(而不是在其他地方)?""因为它的原子在那里。"我回答道。在这种情况下,我的回答与你的问题就是完全相关的。

前面的例子说明"为什么"问题有三个组成部分:主旨、对比类别和相关关系。不同的"为什么"问题就是根据这些组成部分来区分的。

当然也还有很多不同类型的"如何"问题。举个例子来说明一下:

> 特警队长:总部,这里有一枚高当量炸弹将在四分钟内爆炸!我们如何拆除它?
> 总部:非常小心地拆除它!

这个回答让我们觉得很荒谬,因为我们认为队长是在询问一个拆除炸弹的方法——一系列步骤,而不是指示一个态度。同样:

> 朱迪思是如何杀死荷罗孚尼的?
> 答案 A 以厌恶而又绝决的心情。
> 答案 B 用胆汁和蛇毒的混合物。
> 答案 C 通过诱惑和狡诈的方法。

第一个答案说的是朱迪思杀死荷罗孚尼的态度;第二个答案说的是朱迪思杀死荷罗孚尼的方法,第三个答案说的是朱迪思能够将致命混合物给予荷罗孚尼的途径。

"如何"问题至少有三种类型。首先,态度型"如何"问题要求对完成某事的态度进行更明确的描述。其次,认知解决型"如何"问题。当语境中包含一组看起来不可能同时存在,比如并存不一致的主张,而且需要消除这种不可能性时就会出现这种情况。我们熟知的表达哲学困惑的"如何"问题就是例子,比如说:

我们具有自由，并且我们生活在决定论世界里，这如何可能？

上帝存在，并且邪恶也存在，这如何可能？

最后，分析型"如何"问题。这类问题需要对有助于完成某些活动或程序的步骤进行描述。其中包括询问途径、方法和机制的问题。例如，要回答"我们如何跳摇摆舞？""首先，找个好老师；然后练习，练习，再练习"这个回答认为问题问的是途径。"后退，一二三，一二三"并附带示范，这个回答认为问题问的是方法。对机制的解释很难想象，不过假如在神经科学课上一个学生抱怨说："看吧，我们整个学期都在讨论单个神经元如何执行简单的小任务。而我想知道的是人类如何完成大型复杂任务。比如说，我们如何跳摇摆舞？""我们通常很尴尬地跳""首先，找个好老师""后退，一二三，一二三"——这三个回答认为问题问的分别是态度、途径和方法——而这些回答在这里显然是不合适的。学生脑子里想的是这样的答案："初级运动皮层有一组产生动作电位的细胞，这些细胞会使邻近的细胞产生动作电位，而那些邻近的细胞接下来……"这样的回答就是在描述跳摇摆舞的机制。

机制型"如何"问题通常是科学研究的起点，也就是有时被称为机械论解释（mechanistic explanation）的那类解释的起点。机械论解释是由功能分析方法产生的解释类型。功能分析的目的是通过描述系统的子系统或组分对某项活动的贡献来解释系统如何能够完成活动。这就是对系统行为的机械论解释。我们通过描述人类心脏或内燃机的组成部分如何对其活动做出贡献来对心脏或内燃机如何运作提出机械论解释。

机械论解释不同于对生命行为的其他解释。这一观点是柏拉图在《斐多篇》一个著名的片段中提出的，在这个片段中，苏格拉底描述了他阅读前苏格拉底哲学家阿那克萨戈拉著作的经历：

可是，朋友，我这个辉煌的希望很快就在我心里破灭了。我进行阅读的时候，看到这个人（阿那克萨戈拉）并不用"心灵"，并不用任何真正的原因来安排事物，只是提出气、清气、水以及其他莫名其妙的东西当作原因。我觉得这好像是先说苏格拉底用心灵做他的一切事情，然后在试着给我的某件事情说出原因的时候却说，我现在坐在这里是由于我的身体由骨头和筋腱组成，骨头是分成一节一节的，筋腱可以收缩伸张，由肌肉和皮肤把它包裹着放在骨头上，骨头由韧带连着，筋腱伸缩使我能够把肢体弯着，这就是我弯着腿坐在这里的原因……可是把那类东西称为原因是很荒唐的。如果有人说我要是没有骨头筋腱之类就不能做出我认为恰当的事情，那是对的。可是说这些东西是我行动的原因，说我凭"心灵"行事却不根据对最佳者的选择，那就是完全没有根据的无稽之谈了。[17]①

苏格拉底认为，阿那克萨戈拉对人类行为的解释是有问题的，但问题不在于他误解了人类行为的生理机制，而在于他假设那些机制与回答苏格拉底感兴趣的有关人类行为的问题密切相关。苏格拉底认为，人类行为只能诉诸理性来做出心理学解释，理性即基于最佳信念的思维和选择。举个例子。

塞西莉亚正在门口焦急地等待玛德琳下楼，这样她们就可以及时离开去赴约。当她得知玛德琳正在看书时，她问道："为什么玛德琳在看书（而不是赶快下楼）？"并得到了下面的回答：

A1　玛德琳正在看书（而不是赶快下楼），因为书页上反射的光正照射着玛德琳的视网膜，她眼睛里的肌肉在以这样那样的方式运动，她的大脑皮层里有这样那样的神经元在放电。

上述回答显然与塞西莉亚的问题无关。塞西莉亚想要的是一个能够将玛德琳的行为置于更宽泛的理性模式中的回答，就像下面的回答那样：

A2　玛德琳正在看书（而不是赶快下楼），因为她认为看完这一章比守时更重要。

将这个例子和另一个例子作个对比。药物治疗对玛德琳的癫痫不起作用，剩下唯一的办法就是脑叶切除术：医生必须切除她的部分大脑。为了准备手

---

① 本段译文引自《裴洞篇》（柏拉图著，王太庆译，商务印书馆2017年版，第60—61页）。——译者注

术,他们必须首先确定受损的脑组织。他们使用了一种新的微创技术:玛德琳在日常活动中戴着一个类似帽子的装置,它会收集玛德琳大脑状态的数据供日后检查,同时还会对她的活动做影像记录。当医生检查数据时,他们发现了一个异常现象:大多数人在进行随意的腿部运动(比如匆忙下楼)时活跃的大脑区域是玛德琳在看书时活跃的区域。"为什么玛德琳在看书(而不是赶快下楼)?"医生问。在这种情况下,他们可能在寻找这样的解释:

  A3 玛德琳正在看书(而不是赶快下楼),因为在她的发育过程中,某些神经结构必须"重新连接"以避开受伤的脑部组织。

无论细节如何,医生肯定不是在寻求能够揭示马德琳为什么看书的回答;他们关心的不是玛德琳行为的理性结构而是其他东西:使玛德琳能够从事各种活动的不同生理子结构的状态。

  根据形质论者的观点,有多少种不同的解释关系就有多少种不同的因果关系,有多少种不同的解释因素就有多少种不同的原因。由于解释关系和解释因素多种多样,所以因果关系和原因也多种多样。要完备地解释任何特定的现象可能就需要对它们进行广泛的描述。特别是,因为生物既有结构又有得到结构的质料,所以对生物行为的完备解释必须包括对两者的描述。然而,事物的质料和结构却以不同的方式对其行为有所贡献——这些方式反映在不同类型的因果或解释关系中。

  亚里士多德沿此思路为因果关系和解释关系进行了辩护。这便是人们常说的四因说。根据亚里士多德的观点,确定存在什么生物,那些生物如何行动,以及它们为什么那样行动,这些都是经验问题。虽然实际的经验研究会带来各种各样复杂的问题和答案,但主要的问题涉及四个因素:(1)事物的结构或形式,(2)以那些方式得到结构或形式的质料——它们的"物质",(3)是什么导致那些物质得到了结构,以及(4)得到那种结构是为了什么,它对更广泛的组织体系有什么贡献。(1)——(4)突出了独特的解释因素或 aitia(希腊术语,通常翻译为"原因")。把这些解释因素结合起来就可以提供对某物行为的完备解释。因为生物既有结构又有得到结构的质料,所以对其行为的完备解释要包括两方面的贡献。因此,虽然生命行为的某些方面可以通过支配基本物理质料的原则来解释，但其他方面只能用生长、繁衍、知觉、欲望和思维等范畴来描述和解释。

这种因果多元论体现了形质论与经典突现论的之间的最大区别。它还为形质论者提供了思想源泉，使他们能够以独特的方式解决心理因果问题（见11.11节）。但是，在考虑形质论对心灵哲学的意义之前，我们最好先考察一下一般形质论世界观的支持论证。

10.8　形质论的支持论证

形质论最主要的支持论证是归纳的。它分两步进行。首先，捍卫结构是实在的、不可还原的本体论和解释原则。其次，主张在承认结构的实在性和不可还原性的理论中，形质论比其主要竞争对手经典突现论优越。

结构是实在的、不可还原的本体论和解释原则，对这一点的论证借助了最佳解释推理。它主张，结构的实在性和不可还原性是最佳解释——它解释了为什么在生物学和生物学分支学科（如神经科学）中借助结构就能够成功地描述和解释生物的行为。生物学家、神经学家和其他自由使用组织、秩序、排列和结构等概念的人，比如形质论者，他们都明确表示，某物的组织或结构独特地决定了该物是什么以及它会做什么。形质论者对此信以为真，他们以科学家们关于生物结构或组织的说法为依据，将结构当作生物的实在特征。形质论者称，我们之所以通过诉诸生物的结构就能成功解释它们的行为，是因为生物确实具结构，而结构影响着它们的行为。这是最简单、最直接的解释，它解释了为什么在生物学、神经科学和其他生物学分支中，诉诸结构能获得成功。形质论者称，如果有更好的解释，那么举证的责任就落在了反对结构的人身上。于是在形质论者看来，如果没有令人信服的理由——这些理由应当由结构的反对者提出——相信其他解释，我们就应该对科学中谈及的结构信以为真。

不过并非只有形质论者主张结构是基本的本体论和解释原则。一部分突现论者也这么认为。回想一下第8章，经典突现论者有时诉诸结构来解决心物突现问题。他们提出，正是由于物理系统的结构方式，心理性质才能从物理系统中突现。10.6节已经谈到，结构的形质论进路不同于结构的突现论进路，形质论者认为，他们的进路在哲学和经验基础方面都更加优越。他们提出，经典突现论存在严重的哲学和经验问题——而他们的理论却没有这些问题。既然他们的理论没有这些问题，也没有任何其他类似或更严重的问题，因此我们有很好的理由认为，形质论是一种更优越的理论，它提出了更好的方法来容纳结构的实在性和不可还原性。但如果形质论是容纳结构的最佳方式，并且有很好的经验理由认为结构确实存在，那么就有很好的经验理由认为形质论为真。让我们从结构是实在的本体论和解释原则这一主张开始，对上述论证进行更为详尽的探讨。

形质论者认为，结构的实在性是解释科学事实的最显而易见的方式——在没有令人信服的理由相信其他解释时，我们应该对科学中谈及的结构信以为真。令人信服的理由是什么？要回答这个问题，让我们首先考虑结构的反对者是谁，他们的主张又是什么。

结构的反对者认为，原则上一切事物都可以不诉诸结构就能得到描述和解释。结构的反对者分为三个阵营：结构取消论者（structural eliminativists）、结构还原论者（structural reductivists）以及结构非还原论者（structural nonreductivists）。结构取消论者主张，生物学家、神经科学家及其他学者所假设的结构实际上并不存在，那些诉诸结构的描述和解释都是假的。他们提出，对于某些实际目的来说，诉诸结构也许有用，但它们并不比诉诸希腊诸神的描述和解释更真实。结构还原论者主张，某些诉诸结构的描述和解释为真，但使它们为真的是一些不诉诸结构也能被描述和解释的东西。换句话说，关于结构的谈论可以还原为关于非结构性东西的谈论。结构非还原论者同意结构还原论者的观点，即一些诉诸结构的描述和解释为真，而且使这些描述和解释为真的东西是一些不诉诸结构也能被描述和解释的东西，但他们不同意谈论结构可以还原为谈论非结构性的东西。还原要求还原框架取代被还原框架的描述和解释工作（见5.7节），但非还原论者指出，非结构话语不太可能取代生物学家、神经科学家和其他学者用结构来完成的描述和解释工作。关于结构的谈论满足了非结构性话语所不能满足的独特的描述和解释旨趣，这意味着关于结构的谈论不会被还原为关于非结构性东西的谈论，即便使关于结构的谈论为真的东西实际上总是一些非结构性的东西。

结构的反对者之间的分歧对应于物理主义理论之间的分歧，并且物理主义者也在结构的反对者之中。但物理主义者并不是结构唯一的反对者。例如，不少实体二元论者和副现象论者往往也不承认结构的存在。他们否认物理学可以全面地描述和解释一切事物的行为，但他们却主张物理学可以全面地描述和解释一切物体的行为。他们提出，物理学不能描述和解释的是非物理性质或非物理个体的行为，但实体二元论者和副现象论者不必否认物理学可以全面地描述和解释所有物理性质和物理个体的行为。因此，他们可以否认结构是形质论者所认为的实在的、不可还原的本体论和解释原则。

现在我们来考察一下，形质论者如何回应那些否认结构实在性的结构的反对者。这里有两个挑战。结构取消论者宣称，所有诉诸结构的解释都是假的。而结构非还原论者宣称，尽管有些诉诸结构的解释为真，但结构并不对应任何深层的实在物；我们使用结构的概念，只是因为它满足我们某些特殊的描述和解释旨趣。形质论者反对取消论者的方式与大多数反对取消论者的方式相同。例如，让我们回想一下 7.2 节中讨论的反对心理取消论的论证。心理取消论的反对者认为，心理性质的真实存在能够最好地解释心理话语为何成功地描述和解释了人类行为。形质论者也以类似的方式提出，结构的真实存在能够最好地解释为什么在科学中诉诸结构成功地描述和解释了生物和其他现象。我们在科学研究中诉诸结构是非常有效的做法，而这种有效性需要某种类型的解释。而最显而易见的解释就是结构确实存在。如果结构不存在，那么我们便无法说明在科学中诉诸结构为什么如此有效。出于这个原因，形质论者提出，举证责任落在了取消论者身上：他们必须或者为结构性描述和解释的成功提供另一种解释，或者证明那些描述和解释根本不是真的成功。

形质论者至少有两种方式可以反驳结构非还原论者。首先，他们认为结构非还原论具有类似于非还原论物理主义的问题。回想一下，非还原物理主义者的责任是解释，如果一切都是物理的，并且特殊科学范畴不对应于物理范畴，那么特殊科学的描述和解释如何能够对应于实在。形质论者称，结构非还原论者也面临类似的挑战。他们必须解释，如果现实中不存在生物学家、心理学家和其他学者所诉诸的那种结构，那么诉诸结构的描述和解释如何能够对应于实在。

根据结构非还原论者的观点，除了我们在基本物理层面发现的东西，自然界中并不存在结构或组织。我们有许多不同的描述和解释旨趣，正因为如此，我们倾向于用许多不同的方式描述和解释事物，包括使用"结构"和"有组织的"等谓词和术语。使用这些谓词和术语满足了我们仅用基本物理谓词和术语不能满足的描述和解释旨趣，但我们并不是用它们描述物理学未能描述的世界的特征。当生物学家使用"结构"或"组织"这样的术语时，他们并不是在描述非结构化过程之外的东西，只是在用不同的方式描述非结构化过程。结构并不是自然之书出版时写在书里的东西；它代表的是我们在空白处草草写下的注释——我们对一篇完全用非结构术语写成的文章的评论。而如果是这样的话，如果从根本上说，一切事物都不是结构化的，如果特殊科学所假定的结构并不对应于基本层面存在的事物，那么诉诸结构如何能够对应于实在？诉诸结构满足了我们的某些旨趣，这一简单的事实并不能保证诉诸结构能成功地描述或解释任何事情。要说明结构话语在描述和解释方面的成功，除了表明它能够满足我们的旨趣之外，还需要其他的理由。在第6章中，我们看到非还原物理主义者试图通过诉诸实现和随附概念来提供这个理由。然而我们也看到，他们的努力面临着严峻的挑战。形质论者提出，因为结构话语的非还原论解释类似于非还原论物理主义，所以它必然面临类似的挑战，除非那些挑战得到令人满意的解决，否则我们就有很好的理由拒斥结构非还原论而支持更直接的形质论方案，即结构独立于我们的描述和解释旨趣而存在。

其次，形质论者称，结构非还原论者还面临另外一项解释挑战。非还原论者主张，我们使用结构谓词和术语是因为它们能满足我们的特殊描述和解释旨趣。但是，如何解释我们具有这些旨趣呢？形质论者称，最佳解释当然是我们对描述和解释事物的真实行为感兴趣，而那种行为涉及各种各样的结构。因此，形质论者提出，对我们具有描述和解释旨趣——非还原论者所诉诸的旨趣——的最佳解释就是结构确实与某些深层实在物相对应。

现在让我们考察以下主张，即结构是不可还原的本体论和解释原则，以及形质论者如何回应结构还原论者。形质论者指出，科学有各种各样的学科。生物学家、心理学家、经济学家和其他特殊科学领域的从业人员用基础物理学以外的范畴来描述和解释人类行为，这是一个经验事实。这些描述和解释的成功并不是因为它们可以还原为基本的物理描述和解释。形质论者提出，鉴于特殊科学描述和解释具有自主地位，它们承担着举证责任：如果仅用基础物理学范畴就可以全面地描述和解释人类行为，如果我们像还原论者所说的那样不需要特殊科学的概念资源,那么他们肯定有责任证明这一点。他们必须证明非结构话语可以取代结构话语的描述和解释作用。而形质论者指出,他们还没有证明这一点。

结构还原论者可能会主张,尽管他们还没有证明这一点,但有很好的理由相信他们最终会证明这一点。所有生物学或生物学分支学科(如神经科学)的教科书都广泛描述了支撑高层行为的低层机制。还原论者可能会说,这是个很有希望的征兆,我们最终有可能用纯非结构术语对所有生物的行为进行全面的描述和解释。

不过形质论者可以这样回应,低层机制的发现并不支持还原论立场,原因至少有二。首先,这些机制的发现与结构的不可还原性是完全相容的。事实上,如果结构不可还原,而生物又包括许多层次的结构复杂性,那么这些机制正是人们期望发现的。其次,低层机制的行为本身往往是通过诉诸结构来描述和解释的。例如,鸦片能够影响神经系统,因为它们的结构与人体产生的内啡肽相似。因此,药物的化学结构在解释药物对人类行为的影响方面起着至关重要的作用。所以,形质论者指出,功能分析只是一种研究方法,该方法的有效性以及低层机制的发现本身并不支持结构可以被还原为非结构物的观点。结构是不可还原的描述和解释原则,这一主张与科学数据是完全相容的,形质论者提出,事实上,许多例子表明,结构的不可还原性比结构还原论更符合数据。

总之,形质论者认为,我们有很好的经验理由对特殊科学中所谈到的结构的自主性信以为真。因此,他们把举证的重任推到了还原论者的肩上:他们提出,如果真有可能把对结构的谈论还原为对非结构性事物的谈论,那么举证的重任就在还原论者身上。

最后,我们来考察结构的反对者可能会提出的一个一般性论证。它诉诸奥卡姆剃刀,与斯玛特论证同一论(见5.5节)的方式类似。该论证主张,总体来说,如无必要我们不应该增加实体。在其他条件相同的情况下,我们应该尽可能选择最简单的理论。因此,如果物体的行为可以用非结构术语全面地描述和解释,我们就不应该试图诉诸结构来解释。因此,我们的默认立场应该是拒斥结构。

形质论者至少可以用两种方式来回应这一论证。首先,如果其他条件相同,我们应当倾向于更简单的理论,这没错,但其他条件可能不相同。还记得

5.5节谈到，只有当相互竞争的理论都是融贯的，都与科学数据一致，并且解释力都相同时，本体论的简单性才会成为理论选择的决定因素。如果拒斥结构的理论不融贯，如果它们存在无法解决的哲学问题，如果它们与科学数据不一致，或者与支持结构的理论相比缺乏解释力，那么无论它们的本体论有多简单都无关紧要，其他因素的重要性远胜简单性。此外，我们刚才还看到，根据形质论者的观点，结构的反对者还必须证明他们的理论与科学数据相一致，并且具有与支持结构的理论相匹敌的解释力；然而他们未能证明，我们不诉诸结构就可以描述和解释生物的行为，或者我们可以将诉诸结构还原为一些非结构的事物。

其次，形质论者可以抨击以下主张，即竞争理论确实比他们自己的理论更简单或更经济。他们可以主张，测算一个理论的简单性有不同的方法。在一种意义上，结构的反对者提出的理论确实比形质论简单；也就是说，除了结构化的质料，它们并不假定结构是基本的本体论和解释原则。但在另一种意义上，也就是在解释特殊科学中关于结构的讨论如何取得成功的问题上，他们的理论并不简单。举个例子：

对于诉诸结构的描述和解释为什么会成功，形质论者给出了最简单、最直接的解释：那些描述和解释之所以成功，是因为结构确实存在。结构的反对者必须提供不同的解释，而那些解释可能会使他们的理论至少和形质论一样复杂——如果不是在本体论方面，那就是在其他方面。例如，结构非还原论者主张，谈论结构之所以成功，是因为它满足了我们独特的描述和解释旨趣。换句话说，他们诉诸旨趣来解释谈论结构为什么成功。于是，旨趣在非还原论中所起的作用类似于结构在形质论中所起的作用：结构和旨趣的引入都是用来解释诉诸结构为什么成功。在这个意义上，非还原论者的理论并不比形质论者的理论简单。此外，从另一种意义上讲，它看起来并不那么简单。对于诉诸结构为什么成功，形质论者给出了最直接的解释。而结构非还原论者关于结构话语为何成功的任何阐述都必定更为复杂，因为它需要更复杂的语义学来谈论结构，也就是对谈论结构指的是什么或表达了什么做出更复杂的说明。所以测算一个理论是否比另一个理论简单有很多种方法，在评估相互竞争的理论各自的优缺点时，这些不同的测算方法必须相互权衡。形质论者因此提出，我们并不清楚诉诸奥卡姆剃刀是否真能为结构的反对者提供支持。

形质论支持论证的第一部分就告一段落，这部分旨在表明结构是实在的、不可还原的本体论和解释原则。第二部分主张，形质论是容纳结构的最佳理论。将结构视为实在的、不可还原的本体论和解释性原则的并非只有形质论者。许多经典的突现论者也这么认为。形质论者认为，他们的理论在经验基础和哲学基础两方面都优于经典突现论。

回想一下，经典突现理论是根据力的模型理解突现特性的。他们默认性质能够对具有它的个体产生因果影响的唯一方式是，那种性质作用于世界的方式与力作用于世界的方式相同。因为突现论者默认这一点，所以他们不仅假设突现性质，而且假设突现力。然而，我们在 8.11 节中看到，这种说法的一个问题是，它似乎是假的：作为经验事实，突现力似乎不存在。自然界中存在的所有力都可以用物理术语全面地描述。因此，经典突现论作为经验事实似乎是假的。

与经典突现论相比，形质论否认因果性质必须以力的方式影响事物。存在多种不同的原因和不同的因果关系。因此，形质论者可以自由地主张，物理学为我们提供了所有力的全面描述和解释。他们所否认的是，对所有力的全面描述就等于对所有行为的全面描述。根据形质论者的观点，存在一些性质，它们能够对具有它们的个体产生因果影响，但它们影响个体行为的方式与力不同。形态论者因此主张，他们的理论在经验基础方面优于经典突现论。

此外，形质论者还宣称他们的理论在哲学基础方面也更优越，因为与经典突现论不同，他们认为自己的理论既能解决心理因果问题，也能解决心物突现问题。经典突现论所面临的这些问题在 8.11 节中已经讨论过。形质论并不会面临这些问题，关于这一点我们将在第 11 章与心的形质理论结合起来讨论。简言之，形质论者和经典突现论者都认为结构是基本的本体论和解释原则。然而，形质论者认为，他们容纳结构的方式在经验基础和哲学基础两方面都优于经典突现论。因此，如果结构被认为是不可还原的描述和解释原则，那么形质论者认为，他们的理论是容纳结构的最佳理论。

经典突现论者至少可以从两个方面对此论证做出回应。首先，他们可以挑战经典突现论面临经验不足、心物突现和心理因果等问题的观点。其次，他们可以主张，形质论同样也面临各种问题——或者是与经典突现论一样的问题，或者是其他至少和这些问题一样严重的问题。这两个策略都可以削弱形质论优于经典突现论的观点。我们将在后面结合心的形质理论来讨论这些问题。

刚才我们已考察了形质论的一般性支持论证,反对者可能会对形质论提出的一些挑战,以及形质论者可能的回应。接下来,我们将考察形质论对心灵哲学的影响。因为心的形质理论主张你和我都是生物体,所以它是一般形质论原则的一种具体应用。它有效地将本章所讨论的生物学结构概念扩展到心理领域。它主张,心理现象代表一种行为组织的层次,这个行为组织高于我们迄今为止所关注的组织类型。思维、感觉和意向行动表征我们与他人及环境之间的不同交互方式。

扩展读物

生物学和生物哲学的文献中可以找到许多对形质论非常重要的观点。形质论者对文献中的一些看法都很认同。例如,他们支持弗朗西斯科·阿亚拉(Francisco Ayala, 1968)、辛普森(1964)和恩斯特·迈尔(1982;1988)所捍卫的生物科学的自主性。这种生物学观点也反映在坎贝尔(1996)和坎贝尔与里斯(Campbell and Reece, 2009)等的生物学教科书中。生物学家对"还原"一词的使用往往与哲学家不同。他们所说的生物学上的还原方法,我们一直称之为功能分析法,他们所说的"还原解释",我们一直称之为"机械解释"。

更多关于德谟克利特的分析,见巴恩斯(Barnes, 2001:第21章)。彭罗斯关于意识的观点参见彭罗斯(1990;1994;1997)。

亚里士多德最初对结构或形式概念的阐述出现在《物理学》第一卷的7—9章。在《物理学》第二卷的第1和第2章中,他用这个概念来阐明他的自然哲学,在第3章中,他阐述了其因果多元论。亚里士多德的因果多元论通常被称为四因说,但称它们为"原因"往往是一种误导,因为现代哲学家倾向于在非常狭义的意义上使用"原因",它只对应于中世纪亚里士多德学派所说的"动力因"——负责带来变化的原因。亚里士多德明确提出,原因(希腊语为 *aitia*)回答了 *dia ti* 问题,也就是"为什么"或者"根据什么?"亚里士多德在《论灵魂》和通常被称为《自然诸短篇》(*Parva Naturalia*)的生物学著作中，将形质论框架应用于动物的生命。他在《形而上学》的第7和第8卷中论述了更多技术方面的问题，但这些书是出了名的难懂。在《尼各马可伦理学》(*Nicomachean Ethics*)，特别是第1和第2卷中，可以发现他将形质论框架应用于性格特征。在第1卷第7章中亚里士多德提出了所谓的功能论证（ergon argument），即当涉及对我们行为的评价时，我们和其他生物没有什么不同。他将对人造物的评价和对生物的评价作了类比，他说，我们可以评价一个人是好还是坏，正如我们可以评价一件工具是好还是坏：它是否很好地完成了它的独特的活动——亚里士多德称之为 *ergon*，通常我们将其翻译成"功能"。亚里士多德在第2卷第1—5章讨论了性格特征的习得。

南茜·卡特莱特（Nancy Cartwright, 1999）为因果多元论的当代形式进行了辩护。参见范·弗拉森（1980；第5章）对"为什么"问题的解释和逻辑的说明。关于"如何"问题的逻辑，请参见贾沃斯基（Jaworski, 2009）。关于机械解释和功能分析，见罗伯特·康明斯（Robert Cummins, 1975）、利康（1987；第4章）和贝克特尔（2007）。

注释

1. Neil A. Campbell, 1996, *Biology*, 4th edn., Benjamin/Cummings Publishing Company, Inc, 2–4.

2. Peter van Inwagen, 1990, *Material Beings*, Ithaca: Cornell University Press, 94–95.

3. William Bechtel, 2007, "Reducing Psychology While Maintaining Its Autonomy Via Mechanistic Explanation," in *The Matter of the Mind: Philosophical Essays on Psychology, Neuroscience, and Reduction*, edited by Maurice Kenneth Davy Schouten and Huibert Looren de Jong, 172–198, Malden: Blackwell Publishers, 180.

4. Campbell, *Biology*, 4.

5. Van Inwagen, *Material Beings*, 81–97.

6. Bechtel, "Reducing Psychology While Maintaining Its Autonomy Via Mechanistic Explanations," 185–186.

7. John Dewey, 1958, *Experience and Nature*, New York: Dover Publications, 253–258.

8. John Locke, 1959 [1690], *An Essay Concerning Human Understanding*. 2 vols. New York:

Dover Publications, Inc., Book II, Chapter 27, Sections 5–9.

9. Gerd Sommerhoff, 1969, "The Abstract Characteristics of Living Systems," in *Systems Thinking: Selected Readings*, edited by F. E. Emery, 147–202. Harmondsworth: Penguin, 147–148.

10. Jonathan Miller, 1982, The Body in Question, New York: Vintage Books, 140–141. Miller is quoted by Peter van Inwagen in *Material Beings*, 92–93.

11. George Gaylord Simpson, 1964, *This View of Life: The World of an Evolutionist*, New York: Harcourt, 113.

12. J. Z. Young, 1971, *An Introduction to the Study of Man*, Oxford: Clarendon Press, 86–87. Young has been quoted by both Peter van Inwagen, *Material Beings*, 92, and David Wiggins, *Sameness and Substance*, vii. 英瓦根和大卫·维金斯（David Wiggins）都赞同类似于这里概述的观点。

13. Ernst Mayr, 1982, *The Growth of Biological Thought: Diversity, Evolution, and Inheritance*, Cambridge: Belknap Press, 2, 52；还可参见 Ernst Mayr, 1988, *Toward a New Philosophy of Biology: Observations of an Evolutionist*, Cambridge: Belknap Press。

14. Carl Craver, 2007, *Explaining the Brain: Mechanisms and the Mosaic Unity of Neuroscience*, New York: Oxford University Press, 190–191.

15. Gilbert Ryle, 1949, *The Concept of Mind*, New York: Barnes & Noble, 76.

16. Sommerhoff, "The Abstract Characteristics of Living Systems," 147–148.

17. *Phaedo* 98c–99b.

第十一章　心的形质理论

综述

　　心的形质理论将第 10 章中讨论的生物学中的结构概念扩展到了心理领域。第 10 章中对结构的讨论主要集中于机械结构，即事物组分的空间排列，那些排列使组分能够以新颖的方式相互作用。而根据形质论者的观点，机械结构并不是唯一存在的结构。生物彼此之间以及它们与环境之间相互作用的特有方式也是结构化现象。植物、动物和其他生物并不只是其组分的组织化聚集物，也是包括社会交互作用和环境交互作用的模式在内的各种结构化活动的区域。根据心的形质理论，信念、欲望、希望、欢愉、恐惧和疼痛实际上只是我们这样的动物与彼此和环境交互作用的方式。在某些层面上，这些交互作用的形式包含我们用知觉或感官术语描述的模式：看、听、尝、感觉、痒。在其他层面上，交互作用的形式包含这些低层活动整合而成的模式，如相信、渴望和记忆；高层模式本身往往也会整合到更复杂的行为模式中，如智力习惯、个性或性格特征。

　　心的形质理论不同于大多数其他的身心理论，因为它不接受心理现象的内在心灵图像。内在心灵图像是观念的松散集合，那些观念将信念、欲望和其他心理状态描绘成某种内部状态。形质论者否认心理状态是某个隐藏的内部空间中发生的事件；相反，它们是社会交互作用和环境交互作用的模式。那些模式可能包括内部状态，比如神经系统的状态，但它们并不等同于那些内部状态，因为它们还涉及社会和环境因素。

除了不接受我们的经验是内部状态，形质论者还否认准确的经验和不准确的经验具有共同的内在经验因素。相反，他们支持析取论（disjunctivism），即认为不需要存在一个准确和不准确的经验所共有的内在经验因素。形质论者也反对我们只能通过身体行为来推断他人的心理状态。他们提出，我们可以通过直接感知他人的心理状态来了解他人的心理状态，就像我们直接感知棋盘上棋子的模式一样。与此相一致，形质论者否认心理话语就像一种科学理论：科学理论假设了假想的内在实体（心理状态），内在实体之间的关系被用于解释可观察的人类行为。相反，他们提出，心理话语是社会行为的一种形式，它使用符号直接表达人们参与的社会及环境交互作用的可观察模式。形质论者还否认心理状态也可以独立于社会、身体和环境条件而被抽象地定义。相反，他们提出，心理状态本质上是具身的；它们不能独立于人类所具有的特定身体成分以及人类所居住的环境和社群来定义。

具身的形质论观点对形质论者如何理解多重可实现性意义重大。形质论者提出，我们可以将心理谓词和术语应用于非人事物上，不是因为心理能力被抽象地定义了，而是因为我们能够在非人事物的行为和我们自己的行为之间进行类比。具身的形质论观点也影响着形质论者如何理解心物二分。形质论者认为，因为思维、感情、知觉和行动本质上是具身的，所以它们不能作为非物理现象。相反，因为发生在人类有机体中的基本物理过程对高层人类行为（思维、感觉和行动）有所贡献，所以那些过程不能作为非心理现象。高层人类活动以及它们所包含的子结构和子活动，都可以算作社会、心理、生物和物理现象。人类是心理物理的整体；我们日常的心理学词汇所包含的谓词和术语是为描述和解释人类所具有的能力和他们所从事的活动而量身定做的。生物、心理、社会、化学和物理现象在真实的人类行为中并不是孤立存在的，它们共同构成了一个心理物理活动区域。心物二分充其量是一种逻辑建构，它由心理、社会、生理和其他现象被纳入真实人类行为的方式中抽象而来。

形质论者还为身心问题提出了独特的解决方案。例如，只有当我们不直接了解他人的信念、欲望、疼痛和其他心理状态时，他心问题才会出现。而形质论者主张，我们确实对他人的心理状态有直接了解。信念、欲望、疼痛和其他心理现象都是正常人有能力辨别的社会及环境交互作用的模式，就像国际象棋选手有能力辨别棋盘上的配合或战术模式一样。这种研究心理现象的方法很容易与行为主义混淆。形质论和行为主义都不接受内在心灵图像。不过他们至少在三个方面有所不同。首先，形质论者反对物理主义，而行为主义者则不然。其次，形质论者的行为概念比行为主义者更宽泛。最后，形质论者对心理语言有不同的理解。

心理因果问题的出现是因为我们的科学和非科学描述似乎对人类行为做出了相互竞争的解释。而形质论者主张，行为是复杂的现象，它整合了许多不同的非竞争性因果或解释因素。打个比方，许多因素都有助于解释车祸：坡度不足，刹车设计不良，标志不充分，司机血液酒精含量高，等等。当我们需要对车祸做出解释时，我们通常不会要求列出所有导致事故的因素，而只是选出其中的一部分：土木工程师对道路的坡度感兴趣，机械工程师对刹车设计感兴趣，法官对血液中的酒精含量高感兴趣。我们对人类行为进行解释时也是如此，我们选择我们感兴趣的因素并专注于这些因素。在大多数情况下，我们感兴趣的是人们选择某些行动方案的理由——他们行为的理性结构，而不是使这种行为发生的生理机制。这并不意味着那些机制不会导致事故，正如机械工程师的解释并不意味着司机血液中的酒精含量不会导致事故一样。它所意味的是，诉诸理性的解释和诉诸生理机制的解释无论如何都不是在竞争同一个解释角色——作为行动的唯一原因的角色，就像刹车机制和酒精不会竞争成为车祸的唯一原因一样。因此，没有必要主张或者心理状态对行为没有贡献，或者物理状态对行为没有贡献，或者心理状态和物理状态共同承担了解释角色，从而成为行为的多元决定原因。

最后，只有当我们认为是低层生理事件生成或产生了高层行为时，心物突现问题才会出现。但形质论者否认大脑能产生信念、欲望和其他心理状态。他们认为，大脑并不能像木头和金属产生钢琴那样产生心理状态。相反，大脑是子系统，它使人类能够以高度结构化的方式与他人和环境发生交互作用，我们称这些方式为"信念""欲望"和"疼痛"。心理现象不是低层神经过程的因果副产品，它们是由低层现象构成的社会及环境交互作用的模式——是低层神经过程被结构化或组织化的方式。如果心理现象是社会及环境交互作用的模式，是生理事件得以被结构化的方式，那么突现问题便不会产生。如果实际上生理事件并不产生心理现象，那么要求解释生理现象如何产生心理现象就是没有意义的。

我们至少有两种论证可以支持心的形质理论。第一种诉诸普遍形质论世界观。该论证提出，既然我们有很好的理由在更普遍的情况下支持形质论（见10.8节），那我们就有很好的理由在更具体的心理现象方面支持形质论进路。第二种论证主张，心的形质理论在解决身心问题方面比竞争对手表现更好，并且由于心的形质理论不会面临竞争对手所面临的严重甚至更严重的问题，我们有很好的理由相信，心的形质理论为真。心的形质理论的批评者可以从几个方面对这些论证和理论本身进行批判。不过本章所描述的形质理论相当前沿，因此很难评价它的反驳意见和形质论者的回应。只有时间会告诉我们，是否有某种形质理论值得我们更为长久地对其进行关注。

11.1 社会及环境交互作用的模式

心的形质理论将第10章中讨论的生物学中的结构概念扩展到了心理领域。我们大多数人都很熟悉机械结构——事物组分之间的空间关系，它使那些组分能够以某种方式相互作用，从而赋予整体以其各个部分所不具有的能力。在这个意义上，我们可以谈论一个复杂的人造物比如内燃机的结构，或者一个器官比如心脏的结构。但在形质论者看来，机械结构并不是唯一存在的结构。他们提出，确定何种结构存在是个经验问题，是我们通过科学研究发现的东西，而科学研究揭示出，在机械结构之外还存在很多种结构。生物彼此之间以及与环境之间交互作用的特有方式也是结构化现象。

生物的行为不是随机的。鸟儿筑巢但不结网，产的是卵而不是橡子。人类长出了肺而不是鳃，身上是皮肤而不是鳞片。狗长皮毛却不长羽毛，有牙却没有喙。松鼠埋坚果并且是白天活动；浣熊晚上出没，如果我们不采取预防措施，它们还会来翻我们的垃圾。所有这些都是生命行为模式的例子。正如生物的各个组分不是随机排列而是具有独特的结构一样，生物的行为也具有独特的社会及环境交互作用的模式。我们可以考虑生物学家在努力描述和解释生物行为时发现的一些模式来帮助理解。

其中一些模式涉及生物体维持其独特结构以对抗熵增的方式，熵增是物理原理，根据该原理，物质总是趋向于均匀无序的状态。生物体维持其结构需要能量，生物学家已经制作了一个列表，列出了不同生物从环境中获取能量的方式、利用这些能量的代谢过程和催化剂，以及生物体为完成这些过程而维持必需的温度、流质和化学水平的方式。另外一些生命行为模式包括繁殖、发育和生长。有些生物是有性繁殖，有些则是无性繁殖。有些生物的繁殖周期比其他生物短，有些比其他生物长，这些周期有不同的阶段，并且可能受到各种不同的内部和外部因素影响。

还有一些生命行为模式则涉及生物体对环境特征做出反应并与其进行交互作用的能力。生物体可以通过多种不同的方式感知和响应内外部刺激，这其中涉及多种不同的生理机制：向光性，向地性，向触性，眼杯的感光性，复眼或单眼的感光性，机械性感受，内耳的听觉感受，侧线系统的听觉感受，平衡囊的本体感觉，其他机制的本体感觉（前庭或动觉），空气化学感受，水化学感受，电感受，等等。此外，这些感觉机制还具有不同程度的敏感性、激活阈值和对外部刺激的适应性。

环境交互作用的其他形式还包括运动。一些生物是固着的，另一些则能够移动，生物体移动的方式千差万别且涉及许多不同的生理机制。其中包括鞭毛运动、纤毛运动、变形运动、划水式游动、喷水式游动、水翼式游动、波浪式游动、蠕动爬行、波动爬行、伸缩爬行、多足行走、四足行走、两足行走、臂跃行动、滑翔和飞行。

其他行为模式还包括动机或觉醒状态：饥饿、口渴、恐惧、愤怒、厌恶。另一些则涉及认知能力。有些生物能够形成短期或长期记忆。另一些能够通过印迹、经典条件反射或操作性条件反射进行学习。有些能通过观察或模仿进行认知学习，而另一些则能够思考：能够形成心理图像或图式，能够使用符号进行表征、推理和问题解决。

某些生命行为的模式涉及生物所栖息的特定生态系统的特征，如苔原、热带森林、温带森林、草地、沙漠、沼泽、湖泊、海洋。它们包括各式各样的土壤和地形、动植物群、平均气温、降水量、平均日照时长，以及季节性或其他周期性的环境变化，如洪水、干旱、火山爆发、火灾。其他模式涉及与其他物种成员的交互作用，如竞争、捕食、寄生、感染以及共生关系。还有一些模式涉及生物体与自身物种成员的关系。生物可以是独居的，也可以是群居的，在后一种情况下,它们可以实施各种群体行为,如群居、教育、驱赶、一夫一妻制加一妻多夫制、一夫一妻制不加一妻多夫制、一夫多妻制和群分裂—融合等。

上述例子展示了生命世界中发现的一些行为模式。在形质论者看来,这些模式也包括心理现象。思维、感觉、知觉和行动都是社会及环境交互作用的模式。我们用知觉或感觉术语来描述其中一些模式:看、听、尝、感觉、痒。另一些模式更为复杂,是这类知觉或感觉模式的结合体。其中包括相信、想要、知道和记住。此外,这些高层模式通常还会被整合到更复杂的行为模式中,如智力习惯、个性或性格特征。举几个例子。

人类的进化史使人类具备了识别对自身生存有重要影响的环境特征的能力,人类不需要思考或反思就可以自动对这些特征做出反应。识别和自动反应的模式包括恐惧、愤怒、惊讶、享受、厌恶以及其他各种情绪。下面是心理学家保罗·埃克曼(Paul Ekman)举的一个例子:

> 情绪的进化是为了让我们迅速应对生活中最重要的事件。回忆一下,当你开车的时候另一辆车突然出现……好像就要撞到你了……在那一瞬间,来不及思考……你已经感觉到危险,恐惧开始蔓延……你不需要有意识地做出选择便会自动转扭方向盘以躲避其他车辆……同时,恐惧的表情掠过你的脸——眉头紧促,双目圆睁,嘴巴张大。你的心脏狂跳,浑身冒汗,血液涌向腿部的肌肉……情绪使我们能够在不必考虑该做什么的情况下就能处理重要的事件。[1]

此外,埃克曼的研究还表明,情绪并不是对环境刺激的私人反应,每种情绪都有重要的社会维度。人类已经进化出了一种生理机制,可以通过动作、姿势和声音向他人表达自己的情绪。埃克曼解释道:

> 情绪不是私人的……在我们进化的过程中,情绪有助于他人了解我们(所经历的情绪体验)……我们大部分的情绪都有独特的符号,它让别人知道我们的感受……(包括)独特的、普遍的面部表情……声音是另一种情绪符号系统……情绪冲动也可以表现为身体行动……比如,当我们处于愤怒之中……就会有一种冲动想要靠近情绪的触发点。当我们处于恐惧

之中，如果僵在原地能避免被发现，我们就会有僵在原地的冲动；或者如果我们一定会被发现，那么就会有逃跑的冲动……尽管每个人的表现方式不同，但情绪并非无形或沉默的。其他人看着我们，听我们说话，就能知道我们的感受，除非我们齐心协力压抑自己的表情。即使这样，我们的一些情绪痕迹还是会泄露出来并被察觉到。[2]

埃克曼的经验研究表明，情绪是社会及环境交互作用的模式——这种模式包括肌肉和神经在其子活动和子结构中的活动和状态。

现在来考察另一种模式。想象一下，我正在帮加布里埃尔把一些东西从他住的大楼二楼的公寓里搬出来。因为他住的社区不安全，所以他的门上装了很多锁。下楼的路程很短，我们打算把其中一件东西搬到他的车里后马上回来，他的车就停在大楼前面。然而，在下楼之前，他停下来从口袋里掏出一大串钥匙，然后锁上了门。我对他的行为感到十分困惑，"你为什么要锁门？"我问道，"我们马上就回来。"他回答说："我锁门是因为我最近一次下楼的时候家里被抢劫了，就像这次下楼一样。而且……"他低声补充道："我怀疑对面的邻居可能就是罪魁祸首。"他的回答解开了我的困惑。为什么？在形质论者看来，这其中的原因是，它使我能够在加布里埃尔的行为中发现一种我以前未能发现的模式。我之所以困惑是因为我对加布里埃尔和他的情况做了很多假设：

(1) 加布里埃尔是个理性的人，他根据理由采取行动。
(2) 理性的人往往会理性地行动。并且，
(3) 加布里埃尔想要节省时间和精力，而且
(4) 在目前的情况下，锁门是浪费时间和精力，但
(5) 加布里埃尔正在锁门。

陈述（1）—（5）产生了我不知该如何消解的紧张感。如果加布里埃尔是个理性的人，他想节省时间和精力，而且锁门是浪费时间和精力，那么他似乎不应该锁门。相反，如果他正在锁门，而这样做是浪费时间和精力，那么他似乎一定不是真的想节省时间和精力，否则他的行为一定是不合理的。因为陈述（1）—（5）看来都是真的，所以我不知道该如何理解加布里埃尔的行为。

加布里埃尔的回答提供了线索。它挑战了我对陈述（4）的承诺。它表明，锁门并不是浪费时间和精力，在我们返回的过程中遭遇抢劫的概率比我最初设想的要大。这样我就能从加布里埃尔的行为中发现我以前未能发现的理性模式。打个比方，我可能会对国际象棋大师的下棋方式疑惑不解，但决定性的一步棋可以使我突然意识到他一直采用的策略。在加布里埃尔的例子中，我们可以用以下方式来描述我能够识别的模式：

>　　加布里埃尔正在锁门，因为他担心自己可能会被邻居抢劫——根据最近发生的事情，他认为这很有可能。

对于我的问题，我们可以很容易想象出其他答案，这将揭示加布里埃尔的不同行为模式。举几个例子：

>　　"最近我一直在努力培养一种不受时间和精力限制的态度。"
>　　"我只是在检查这把钥匙能不能开锁。大楼外面的门也是这样锁着的，这把钥匙我不常用。"
>　　"我真的很喜欢锁门；我喜欢锁扣到位的感觉和它发出的悦耳声音。"
>　　"实际上在回去之前，我们还得去街区那头的街角商店买些东西。"
>　　"物理学家在这座建筑中发现了一个时间异常：人们走上楼梯所需的时间是位于异常区外的人走相同距离所花时间的三倍。"

这些答案中的任何一个都可以解答我的困惑，因为每个答案都能让我从加布里埃尔的行为中看出一个理性模式——我们可以用以下方式来描述这些模式：

>　　加布里埃尔把锁门作为一种精神锻炼。
>　　加布里埃尔没有锁门；他只是在试钥匙。
>　　加布里埃尔锁门纯粹是为了使自己兴奋。
>　　加布里埃尔正在锁门，因为他担心可能会被邻居抢劫——他认为在我们跑到街角商店的时间里，这件事可能会发生。

加布里埃尔正在锁门，因为他担心可能会被邻居抢劫——他之所以这么认为，很可能是基于物理学家最近对他的建筑的发现。

心的形质理论的核心思想是：感知、感觉、思维、知觉、行动和其他心理现象都是社会及环境交互作用的复杂模式。它们是像我们这样的动物与他人和环境交互作用的方式——是我们的行为被结构化或组织化的方式。

从历史上看，哲学家们已经通过多种方式发展了这一基本思想。例如，古希腊哲学家亚里士多德提出了一种方法，而他在古代和中世纪的追随者则提出了其他方法。不过，为了参与当前的身心争论，心的形质理论必须解决这些争论中出现的问题。鉴于本书主要关注当前的身心争论，下面的章节将描述一种新的形质理论，它基于心理学和认知科学的研究，以最近的身心文献中提出的一些新成果为基础，并解决了当前的某些身心问题。

11.2 拒斥内在心灵

心理现象的形质论进路与迄今为止所考察的许多身心理论都有根本不同。那些理论中的大多数都以某种方式承诺以下观点，即心理现象是内部状态，发生在"头脑中"，也就是说，发生在一个内部区域，比如大脑或笛卡尔式心灵中。我们可以称之为心理现象的内在心灵图景。根据内在心灵图景的支持者，内在心理领域不同于客观可见的身体动作和姿势的外部领域。对于外部领域的事件，我和其他人都可以访问。我对自身身体运动的观察与你或其他人对它们的观察没有什么不同。任何处于适当位置的观察者都能像我自己一样看到我的动作和姿势。然而，在内在心灵图景的支持者看来，心理领域并非如此，并不是每个人同样都能观察到它。你和我不能像观察对方的身体运动那样观察对方的心理状态。一般来说，人的心理状态不能被其他人直接观察到，至少在一般的感知环境下是这样。相反，我们每个人都必须根据可以直接观察到的事情，如身体运动和姿势来推断他人的心理状态。

心理现象是内部状态的观点通常与心理语言的理论模型结合在一起（见5.3节）。回想一下，根据理论模型，心理话语就像一种科学理论，它假设了假想实体——心理状态——它们之间的关系被用于解释可见的身体行为。我们说恺撒想要获得政治权力,并相信进军罗马是获得政治权力的最佳手段,当我们以此来解释恺撒为什么跨过卢比孔河时,理论模型的支持者主张,我们正在假设实体,假设一个信念和一个欲望,它们以类似定律的方式相互关联,定律的表达可以概括如下:

  L 当 x 想要 y,并且相信做 z 是获得 y 的最好方法,那么如果没有什么阻止 x 追求 y,x 通常会做 z。

根据理论模型的支持者,假想实体之间的这种类似定律的关系被用于解释恺撒的可观察行为。

  内在心灵图景的支持者中赞同理论模型的人认为,像 L 这样的定律中所假设的假想实体等同于某种内部状态,如大脑的状态,或由大脑状态引起的状态,或某个非物质心灵的状态。内在心灵图景的支持者认为,心理状态究竟是什么样的内部状态,这是一个开放的哲学问题。原因是他们认为心理状态应由 L 这样的关系来定义,而这些关系并没有具体说明信念、欲望和其他心理状态是什么样的内部状态。内在心灵图景的支持者提出,我们知道心理状态相互关联的方式一定是像 L 这样的概括所表达的那样,但是我们不能根据这些概括确切地知道这些状态的本质是什么。要知道这一点需要进行哲学研究。

  而内在心灵图景的支持者主张,无论心理状态最终是什么样的内部状态,我们对世界的经验都是由心理状态构成的。他们指出,我们每个人都有对外部世界的内在表征,这种表征在最好的情况下准确地反映了世界上发生的事件。但我们的内在经验,比如我们的幻觉或错误信念,也可能无法反映世界上发生的事件。在许多内在心灵图景的支持者看来,知觉一头大象和具有好像存在一头大象的幻觉之间可能没有经验上的区别。在这两种情况下,我的内在经验状态可能完全相同。我可能在这两者情况下都会有一种内在的视觉经验,好像存在一头大象;区别仅在于,在知觉的情况下,我的视觉经验对应世界上的某个事物,而在幻觉的情况下则并非如此。内在心灵的支持者称,这些情形有一个共同因素,即它们都涉及同一种内在视觉状态:一个经验,即好像存在一头大象。

刚才所描述的内在心灵图景是由一些松散的观念组成的。其中包括：

内在经验观 我们的经验是内部状态。有时，这些内部状态准确地表征了外部世界的对象、性质和事件，但也可能没能表征它们。

共同因素观 准确和不准确的经验都有一个共同的内在经验因素——例如，知觉和幻觉具有共同的内在经验。

推理访问观 他人的心理状态无法直接观察到；我们只有从身体行为做出推理才能知道他人的心理状态。

心理话语的理论模型 心理话语就像一种科学理论，它假设了假想实体（心理状态），这些实体之间的关系被用来解释可观察的人类行为。

中立观 信念、欲望和其他心理状态的定义可以脱离物理条件。心理状态的定义并不表明心理状态如何或是否与某些类型的物理状态相关联。

内在论 信念、欲望和其他心理状态的定义可以脱离社会和环境条件。心理状态的定义并不体现人们所生活的社群和环境。

并不是所有的哲学家都认同内在心灵图景，即使是那些认同该图景的哲学家通常也并不赞同与之相关的每一个主张。事实上，其中的某些主张已经受到了广泛的批评，并且不再受到大多数哲学家的青睐。心理现象的形质论进路之所以与众不同，是因为它拒斥前面提到的所有主张。它认为，思维、感觉、知觉和其他心理现象并不是发生在某个内部暗室里的事件；相反，它们是社会及环境交互作用的模式。这些模式并非隐而不见，任何有能力知觉它们的人，也就是大多数人都能轻易识别。而且，准确的经验和不准确的经验并不是同一种内在经验的不同种类；它们是完全不同的现象。例如，看到一只大象是与环境中的某物交互作用的方式，而产生幻觉，即好像存在一只大象并不是与环境中的某物交互作用的方式，而是与知觉有关的神经子系统失灵的一种情况——在这种情况下，那些子系统并不是因为社会和环境因素而被激活，而真正的知觉却是因为社会和环境因素才成为知觉的。心理谓词和术语也不假定假想的内在实体；相反，它们指称或表达我们通常观察到的人们参与的社会及环境交互作用的模式。此外，那些模式不能脱离社会和环境条件而被定义，也不能脱离物理条件而被定义——形质论者称，信念、欲望和其他心理现象本质上是具身的，它们的基本具身性反映在我们用来描述它们的谓词和术语中。因此，心的形质理论拒斥构成内在心灵图景的那些主张，它赞同的主张如下：

外在经验观 我们的经验不是反映外部世界所发生事件的内在事件；相反，它们是涉及世界中的个体、性质和事件的交互作用的模式。

析取论 不需要存在准确和不准确的经验共同具有的内在经验因素。

直接访问观 他人的心理状态是可以直接观察到的；我们可以通过直接知觉他人的心理状态来了解他人的心理状态。

心理话语的模式表达理论 心理话语不是像假设了假想实体的科学理论那样的理论；相反，它是一种社会行为形式，它用符号表达我们所参与的社会及环境交互作用的模式。

具身观 信念、欲望和其他心理现象的定义不能脱离物理条件。心理现象的定义表明了心理状态是如何与特定类型的物理状态相关联的。

外在论 信念、欲望和其他心理现象的定义不能脱离社会和环境因素。心理状态的定义体现了人们所生活的社群和环境。

我们将在下面几节中详细讨论这些主张。首先来考察外在论和外在经验观。

11.3 外在论

我们先来考察行动，这有助于我们理解形质论对外在论和外在经验观的承诺。形质论者称，行动是心理现象，它们是我们用心理语言描述和解释的事物。因此，我们可以用行动作为理解其他心理现象的模型。

形质论者提出，关于行动，我们首先要认识到它们不是一系列的肌肉收缩、身体运动或其他生理事件。行动当然包括肌肉收缩、身体运动和其他生理事件，但它们并不等同，因为行动除了生理因素之外还包括社会和环境因素。考虑一个简单的动作，比如拿起一杯水。为了让我实施这个动作，我的附近必须有一杯水。如果这个环境条件没有满足,没有杯子,或者杯子里的液体不是水而是别的什么东西,那么我就不是在拿一杯水。例如,如果杯子里装满了杜松子酒,那么我所做的就是拿起一杯杜松子酒。也许我想去拿一杯水,也许我误以为自己在拿一杯水,但无论我的意图或信念是什么,除非我要拿的杯子里有水,否则我就不是在拿水。喝水的动作也是如此。如果我开始喝杯子里的东西,如果我喝的实际上是杜松子酒,我就不能说我在喝水。这样的例子表明,行动的实施不仅取决于肌肉收缩和其他生理事件,还取决于环境因素。除非特定的环境条件得到满足,否则我无法拿起或喝一杯水;也就是说,附近得有一个装满水的玻璃杯。因为行动的实施取决于环境条件,所以行动不仅是生理事件的集合。拿一杯水的动作和拿一杯杜松子酒的动作可能涉及相同类型的肌肉收缩、身体运动和神经元放电;然而它们还是会因为杯子里的东西不同而有所不同。

还有一些例子表明,行动除了取决于环境条件外,还取决于社会条件。例如,想象一下,一位国会助理负责将一份法案交给白宫由总统签字。但是,助理并没有等待总统,而是以自己的名义签署了文件。法案会因此成为法律吗?当然不会,原因是签署法案使之成为法律需要满足非常具体的社会条件,即该法案必须由总统,一个占据非常特定的社会角色的人签署。阅读或购物等活动也是如此。它们不取决于社会角色,而是取决于其他社会条件。例如,阅读需要一种书面语言,一种社会内置的符号系统,而购物需要金钱,一种社会内置的商品交换工具。因此,行为不仅取决于神经系统的状态、身体的运动或生物体内部的其他状态,也取决于社会和环境因素。

形质论者关于行动的主张同样适用于知觉。就像我不能在水不存在的情况下拿一杯水一样,同样地,我不能在水不存在的情况下看到一杯水——或者品尝、触摸、闻到水。我对正在品尝、触摸或闻到的东西的判断可能会出错。如果我的味蕾出现了错乱,我可能无法根据味道来区分水和杜松子酒,但这并不意味着水和杜松子酒没有区别,也不意味着我正在品尝水,即使我嘴里的液体是杜松子酒。

行动、知觉和其他心理现象取决于社会或环境条件,这种观点在心灵哲学中有时被称为**外在论**(externalism)。形质论者除了是关于行动和知觉的外在论者,也是关于思维——命题态度,如信念和欲望——的外在论者(见2.5

节)。思维的外在论最著名的论证或许就是由哲学家普特南所提出的。

普特南的论证依据的是通常所说的**孪生地球思想实验**。孪生地球思想实验关注的是,两个个体(或者在两种不同环境中的同一个体)生活的环境在某些方面是不同的,环境差异导致他们的信念、欲望和其他命题态度都存在差异。以加布里埃尔和泽维尔为例。在加布里埃尔的环境中,人们喝水(H_2O);他们用水洗澡;水以雨的形式从天而降;水从饮水机流出,水填满湖泊、河流和海洋;等等。相比之下,在泽维尔的环境中,水(H_2O)不存在,存在的是另一种加布里埃尔的环境中没有的物质XYZ。XYZ的所有宏观特征都与水无异:颜色、气味、质地、味道、黏度等。在泽维尔的环境中,人们喝的、洗澡用的、从天而降的、从饮水机中流出的、填满了湖泊、河流和海洋的都是XYZ。泽维尔环境中的人从未见过水,相反,加布里埃尔环境中的人从未见过XYZ。尽管存在这种差异,但两种环境中讲英语的普通人在谈到他们所谓的"水"时说出的话语是一样的。加布里埃尔环境中的人们说:"水是我们喝的东西,我们洗澡用的东西,它以雨的形式从天而降,在冬天结冰,填满了湖泊、河流和海洋。"泽维尔环境中的人们说着同样的话:"水是我们喝的东西,我们洗澡用的东西,它以雨的形式从天而降,在冬天结冰……"尽管在谈到所谓的"水"时他们发出了相同的语音,然而加布里埃尔环境中的人们和泽维尔环境中的人们有一个重要的区别:当他们谈论或思考水时,他们谈论或思考的是不同种类的东西。

当加布里埃尔环境中的人们说出或认为水是填满河流、湖泊和海洋的东西时,他们想到的是H_2O。当他们想解渴或希望有足够的热水洗个舒服的澡时,他们渴望的是H_2O,他们对H_2O抱有希望。因为他们从未见过XYZ,所以很难看出他们怎么会渴望它,或者对它抱有希望或信念。当加布里埃尔向酒保要一杯水时,他是在让酒保给他提供他过去经常喝的能解渴的液体,并不是要求酒保用一种他从未喝过的液体给他来个惊喜。他要的是H_2O。泽维尔及其环境中的人们也是如此。他们的信念、欲望和希望与H_2O无关,而与XYZ有关。因为他们从未在自己的环境中接触过H_2O,所以他们不会渴望H_2O,不会用H_2O洗澡,也不会对H_2O抱有希望或信念。生活在这两种环境中的人有不同的思维——不同的信念、欲望、希望和其他命题态度。在加布里埃尔的环境中,人们关心的是H_2O,而在泽维尔的环境中,人们关心的是XYZ。两种环境中的人们之所以有不同的思维，是因为他们在各自的环境中与不同的事物发生交互作用：一个是 H_2O，一个是 XYZ。加布里埃尔和泽维尔的例子说明，人们的信念、欲望和其他命题态度部分取决于环境条件——例如，它们部分取决于人们通常与之发生交互作用的东西的种类。

哲学家泰勒·伯奇（Tyler Burge）扩展了普特南的观点：他认为，思维不仅取决于环境条件，也取决于社会条件。由于这个原因，外在论也被称为反个人主义（anti-individualism），因为它否认思维只涉及单个的个人。伯奇提出的一个支持反个人主义的例子涉及两个不同的语言群体，他们都使用术语"关节炎"，但表达的却是两个不同的概念。假设在加布里埃尔的语言群体中，"关节炎"指的是关节发炎，而在泽维尔的语言群体中，它指的是关节或肌肉发炎。加布里埃尔和泽维尔可能处于相同的生理状态，但由于属于不同的语言群体，他们对自己的状况有不同的态度。例如，想象一下，加布里埃尔和泽维尔都经历了右大腿的长期疼痛。他们都说："我怀疑我的大腿有关节炎，我害怕医生会证实我的怀疑。"但是，他们说的是不同的事情。每个人实际上都在说，他患有他所在语言群体中的医生称之为"关节炎"的疾病。但两种疾病是不同的。在加布里埃尔的群体中，"关节炎"指的是关节的疾病，而在泽维尔的群体中，它指的是关节或肌肉的疾病。因此，泽维尔的怀疑是有根据的，他的恐惧可能会成为现实——他可能患有他所在语言群体中的医生所说的"关节炎"。但加布里埃尔的情况不是这样。他的大腿不可能患上他所谓的"关节炎"，医生也不可能准确地把他的病诊断为关节炎，因为在他的语言群体中，"关节炎"这个词只指关节的疾病，而不是关节或肌肉的疾病。因此，加布里埃尔和泽维尔显然具有不同的命题态度——不同的恐惧和怀疑。此外，他们的态度不同是由于他们所处的社会环境不同——他们各自的语言群体使用"关节炎"一词的方式是不同的。

心的形质理论与外在论论证的观点一致，他们主张，我们用心理学术语描述的现象，包括思维、知觉和行动，都是复杂的关系现象。当我们说某人正在实施某个行动，或正在知觉、相信或想要某物时，我们是在描述这个人与他人和环境的关联方式。信念、欲望和疼痛不是大脑状态或由大脑状态产生的内部状态；相反，它们是社会及环境交互作用的模式。这些模式需要我们的大脑处于某种状态，正如我们以"拿起一杯水"和"签署一项法案"的方式与环境相关联，这要求我们的肌肉和神经处于特定的状态，但这些大脑状态并不是具有信念、欲望或疼痛所需要的唯一因素，就像我们的肌肉和神经并不是拿起一杯水或签署一项法案所需要的唯一因素。因此，形质论者提出，正如行动取决于社会和环境因素，思维、感觉和知觉也是如此。

11.4 内在经验与感觉运动探索

形质论者对外在论的承诺与他们对内在经验观的拒斥密切相关。可以这么说，形质论者否认我们的经验是发生"在头脑中"的事情。相反，他们提出，我们的经验发生在世界之中。以知觉为例。内在心灵图景的倡导者通常主张，我们的知觉经验就在于具有对外部世界的内在表征，但形质论者反对我们的经验是反映外部事物的内部状态。相反，他们主张，我们的经验是真实世界中的个体、性质和事件交互作用的模式。这一观点的发展建立在认知科学最近的一些研究成果之上。

意识的感觉运动理论（见4.9节）主张，知觉经验是一种探索活动，在这种活动中，生物体使用知觉子系统不断对其环境特征进行采样。感觉运动理论的倡导者利用变化盲视（change blindness）现象实验来论证他们的观点。在变化盲视实验中，我们给受试者展示一张发生了很大、很明显的变化的图片或场景：前景中一个男人的裤子颜色从蓝色变成了棕色，一根指向右边的香蕉变成了指向左边，一棵大树消失在背景中，或者一座大型建筑突然出现。尽管这些变化很明显，但相当大比例（25%至75%）的受试者未能察觉到。

变化盲视研究表明，知觉经验并不在于具有对外部世界的连续内在表征，如果它在于此，我们就会对视野中的方方面面都有完整的知觉意识；我们的经验由大量内在的意识元素构成——意识到这里的蓝裤子，意识到指向右边的香蕉，意识到那里的树，等等。然而，如果我们的经验由大片这样的内在意识元素构成，那么我们就会期望受试者能够意识到他们视野中的一切变化，因为视野只在于内在意识经验。而变化盲视研究表明，受试者通常意识不到他们视野中的变化，这表明知觉经验并不在于对外部世界的内在表征。那它在于什么呢？

在感觉运动理论的支持者看来，它在于一系列的探索事件，在这些事件中，生物体使用知觉子系统不断对其环境特征进行采样。感觉运动理论的支持者指出，受试者对可见环境中的变化视而不见的原因是，受试者并没有持续地意识到环境的所有特征。生物体对环境的意识不是一个连续的内部状态，而是一系列外部导向的环境特征采样。知觉经验是一个过程，在这个过程中，生物体不同的时间在不同的地点活动，留意周围环境的不同特征。受试者没有在既定时间接触到环境的每个特性，因此没有发现他们在那些时间没有接触到的特征的变化。知觉经验并不在于具有详细的、不间断的内在意识印象的景象；知觉经验由一连串的事件组成，在这些事件中，我们使用感觉和运动子系统，首先关注环境的一个特征，然后是另一个，以此类推。

但是，有人可能会强调，我们的意识经验看似好像确实在于详细的内在意识印象的连续景象。一定有什么能解释这种表象。根据感觉运动理论的支持者，我们的经验看似是连续的，不是因为存在内在印象的景象，而是因为我们的感官探索可以持续不断地访问这个世界。我们对周围环境的探索访问在很大程度上是畅通无阻的。我们可以自由地接触环境的这个或那个特征，所以对我们来说，似乎整个意识经验领域都在我们体内，就好像它是一个完整的不间断的景象。但实际上，意识经验领域不在我们体内，而是在这个世界之中，在我们与世界接触的模式之中。哲学家诺依这样说道：

> 我们有这样的印象，世界的完整细节都在意识中得以表征，因为无论我们看向哪里，我们都会看到细节。所有的细节都被呈现，但它只是虚拟的呈现，比如说，就像网站的内容呈现在你的电脑桌面上……好像远程服务器上的所有内容都呈现在你的本地机器上，即使它不是真的……要虚拟地体验细节，你不需要把所有的细节都记在脑子里。你只需要在需要相关细节的时候能够快速方便地访问它。就像你不需要下载整份《纽约时报》才能在你的桌面上阅读一样，你不需要为你面前的场景的所有细节构建一个表征才能感受它的细节呈现。[3]

认知科学家埃里克·米恩（Erik Myin）和J. 凯文·奥里根（J. Kevin

O'Regan）也有类似的阐述：

> 我们所面对的场景看似有很多细节，这不是因为我们每时每刻都能看到所有的细节，而是因为我们在寻找细节的时候就能找到细节……外周视觉中的场景要素或目前没有注意到的场景要素只是在间接的意义上被看到。视网膜记录了这些要素，但当我们观察我们所留意的事物时，我们并没有看到全部要素。只有当我们转而仔细审视它们时，我们才能真正看到所有的细节……这种在我们眼前的视野中能看到一切的印象并不是缘于所有的细节实际上都在不断地（内在地）呈现，而是缘于仅仅是眼睛或注意力的一闪我们就能立即访问它们。如果这是真的，那么当这些变化发生在图像的某一部分——不是目前观看者正在进行视觉探索的那一部分——图像中的大变化当然就不会被注意到。[4]

那么，根据感觉运动理论的支持者，知觉经验并不在于对环境具有详细的内在表征，而在于对环境的一系列探索采样，它是环境交互作用的整体模式。正如米恩和奥里根所说："看和知觉不是孤立的头部或大脑的成就……生物体转动眼睛，重新定位它的身体，以更好地知觉周围的物体……知觉处理的区域包括整个世界而不仅仅局限于头部。"[5]这是形质论者赞同的一种理解知觉经验的方法，该方法不是将知觉经验作为内部状态，而是作为环境交互作用的模式。感觉运动理论的倡导者认为，该方法能对变化盲视等现象做出最佳解释。

内在经验观的支持者可以通过对变化盲视提出其他解释来回应上述论证。他们可以说，受试者没有注意到视野中的变化，原因是受试者没有注意到他们对事物的详细内在表征的特征。内在经验论的支持者可以说，我们并不总是能注意到我们对外部世界的内在表征的所有特征，正因为如此，我们才没能注意到这种表征的变化。而感觉运动论者可以主张，这种解释并不理想。他们可以说，别的不提，它首先与奥卡姆剃刀相冲突。

回想一下，奥卡姆剃刀是一种方法论原则，它是指我们应该尽量使用尽可能简单的理论工具来解释现象（见5.5节）。如果你要在TA和TB两个理论中进行选择，它们在所有相关方面都很相似，但是TA的本体论更简单，即它假设的基本实体比 TB 少，那么你应该选择 TA，因为它是本体论上更简单的理论。感觉运动理论的支持者可以主张，他们对变化盲视的解释优于内在经验的支持者所提供的解释，因为他们的解释在本体论上更简单。根据感觉运动论者的看法，受试者没有注意到视野中的变化，因为他们没有注意到周围环境的所有特征。内在经验的支持者也有类似的观点。在他们看来，受试者没有注意到他们对周围环境的内在表征的所有特征。感觉运动论者和内在经验的支持者都假定了周围环境，但内在经验的支持者假定了另外一个实体领域，即对那个环境的内在表征领域。因此，感觉运动论者指出，内在经验的支持者所提供的解释太复杂。它使用了两倍于感觉运动理论的实体来做同样的解释工作，所以根据奥卡姆剃刀，感觉运动理论更优越。

形质论者和其他感觉运动理论的拥护者所赞同的对知觉经验的解释是与内在心灵图景的彻底决裂。它否认需要假定内在表征来解释知觉经验。形质论者拒斥内在心灵的另一个武器是析取论，即准确和不准确的经验，例如，知觉和幻觉，并不需要具有共同的内在经验因素。

11.5 析取论

许多内在心灵图景的支持者把准确和不准确的经验视为同一种内在现象的不同类型。他们提出，我看到一头大象和我产生了好像存在一头大象的幻觉，在这两种情况下，我具有同一种内在经验——在知觉的情形中，这种内在经验与真正的大象相关联，而在幻觉的情形中，它不与任何东西相关联。形质论者拒斥这种观点。准确的经验和不准确的经验并不或至少不需要具有共同的内在经验因素。知觉和幻觉并不是同一种内在心理状态的不同类型，而是完全不相关的现象。这种观点在心灵哲学中有时被称为析取论。

"析取论"这个标签来源于这样一种观点：当我们对自己的经验做出陈述时，那些陈述都有一种隐含的析取形式——也就是包含了析取逻辑运算的形式——或者……或者……例如，考虑下面的陈述：

（1）我有一个经验，好像存在一头大象。

在很多内在心灵图景的支持者看来，这样的陈述可以用来报告内在心理状态的发生。但是，根据析取论者的观点，这种陈述应该这样分析：

(2) 或者我看到了一头大象，或者我产生了幻觉，好像存在一头大象。

换句话说，根据析取论者的观点，陈述（1）并不是在报告一种单一的内在体验。陈述（1）是一种简写，它是在说或者我在知觉环境中的某物，或者我处于一种完全不同的状态——我在产生幻觉。

形质论者通过知觉子系统的离线操作（offline operation）来理解幻觉。我们的知觉子系统可以在我们实际并未知觉的情况下被激活。例如，让我们考察一下想象和操控心理意象所涉及的认知过程。图 11.1 描绘了三组图片。[6] A 组和 B 组展示了同一物体在不同方向旋转的图片。相比之下，C 组呈现的是不同物体的图片。在一个著名的实验中，心理学家罗杰·谢帕德（Roger Shepard）和杰奎琳·梅茨勒（Jacqueline Metzler）向受试者展示了几组这样的图片，并要求他们判断每组图片中左图与右图中的物体是相同还是不同。谢帕德和梅茨勒发现，受试者完成这项任务所需的时间与受试者"旋转"其中一张图片所需的时间相对应——就好像受试者在想象自己正在操控三维物体一样。许多研究人员使用正电子发射断层扫描（PET）和功能性磁共振成像（fMRI）进行了后续研究，揭示了大脑中在实际知觉时处于活跃状态的部分，如纹状皮层，在人们执行涉及心理意象的任务时也处于活跃状态。当我们试图想象一个物体在空间中旋转，或者想象如果我们移动不同的棋子棋局会是什么样子，或者试图想象我们自己或他人执行一项任务时，我们实际上并没有看到、触摸和做事情，但却激活了一些与实际的看到、触摸和做事情有关的视觉、触觉和其他知觉子系统。我们正在离线操作那些知觉子系统。

古希腊哲学家亚里士多德对我们知觉子系统的离线激活有一个通称，他称之为幻象（phantasia）活动。幻象这个词通常被译为"想象"（imagination）。但这是个有误导性的译法，因为对亚里士多德来说，幻象所包含的远不止我们所说的"想象"活动，它包括一系列涉及知觉子系统离线操作的活动。记忆、想象、做梦和许多其他认知过程都是亚里士多德意义上的幻象的例子。

第十一章 心的形质理论

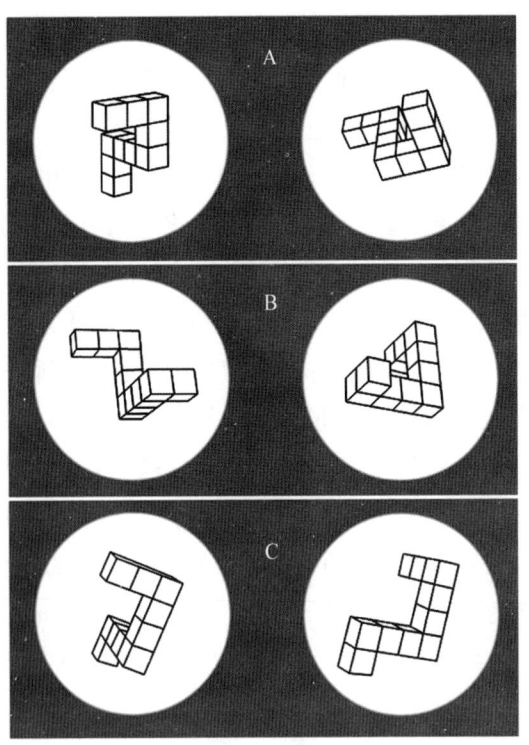

引自谢帕德和梅茨勒,《三维物体的心理旋转》,载《科学》,1971年。经美国科学促进会许可转载。

图 11.1　意象旋转实验

有时候,知觉子系统的离线激活是我们可以控制的。例如,当我下棋或考虑如何将一件大家具移出家门时,我就是在离线操作我的知觉子系统。但有时候我们并不需要对知觉子系统的离线激活负责。做梦就是个例子。幻觉也是。当我们的知觉子系统失灵时,幻觉就会出现,并导致我们对环境做出不准确的判断。幻觉与其他类型的失误类似:游击手①不小心把球扔了,旅行者忘记如何用意大利语说"小偷",作家不小心漏掉了冠词"the"。在这些情形中,神经系统的某些状况会导致我们在执行一些高级任务时出错。形质论者称,正如神经系统的某些状况会导致这类错误一样,它们也会在对环境做出判断时出错。幻觉就是个例子。我们看似好像在知觉某物,但实际上并没有。假如一个

---

① 游击手是在棒球或垒球比赛中负责防守二、三垒间的球员。——译者注

疯狂的神经科学家操控了玛德琳的神经系统，然后她宣称："我看到了一头粉色的大象！"因为对她来说，她确实看到了一头粉色的大象，而形质论者回答说："不，那不对，这里不存在粉色的大象，你的视觉系统失灵了：它处于一种状态，让你看似好像看到了一头粉色的大象，尽管你并没有看到。"玛德琳神经系统中使她能够看见某物的细胞正在进行各种各样的活动——如果有一头粉色的大象站在她面前，这些细胞可能也会进行同样的活动。但由于它们是由神经科学家用电极引起的，所以这些细胞的活动并没有整合到我们所说的"看到一头粉色大象"的环境交互作用的模式中；它们根本没有整合到我们称之为"看到"的环境交互作用的模式中。形质论者指出，"看到"需要有被"看到"的东西，而在玛德琳的例子里，不存在被看到的东西。我们可以给玛德琳的这种神经系统状态起个名字，可以称之为"具有视觉体验"。但是这么称呼它并不能使它成为一个知觉的例子。当玛德琳把她的状况描述为"看见"时，严格地说，她的描述是不正确的。

我们的知觉子系统并不是唯一可以离线操作的子系统。行动中涉及的子系统也可以。例如，当运动员进行"可视化"训练时，他们想象自己在执行各种任务，而实际上并没有执行这些任务，他们是在离线操作这些任务所涉及的子系统。[7] 此外，就像知觉子系统可能失灵一样，参与行动的子系统也可能失灵。比如，想象一下，一位疯狂的神经科学家操控了埃莉诺的大脑神经系统，并使其产生了与打篮球的人一样的神经状态和肌肉收缩。然而，埃莉诺并没有打篮球。因为没有球就不可能打篮球，所以埃莉诺没有打篮球。她的身体运动和状态可能与打篮球的人无异——就像玛德琳视觉系统的状态可能与看到粉色大象的人无异一样。然而，没有球埃莉诺就不是在打篮球。她的情况与幻觉的情况类似。幻觉是知觉子系统的失灵，在这种情况下，我们知觉子系统的活动没有整合到我们称之为"知觉"的环境交互作用的模式中。同样，埃莉诺的行为涉及参与行动的子系统失灵。在这种情况下，那些子系统的活动并没有整合到我们称之为"打篮球"的环境交互作用的模式中。

对析取论的一种反驳主张，析取论者未能解释幻觉经验和知觉经验对经验它们的人来说为何在质性上是无差别的。例如，想象一下，玛德琳准确地知觉到了一个熟透的西红柿。然而在 t 时刻，西红柿瞬间消失，一个神经植入物被激活，让玛德琳觉得好像她正在知觉的是同一个熟透的西红柿，尽管不是。这一转变发生得如此天衣无缝,以至于玛德琳无法区分 t 之前和 t 之后的经验。换句话说,她无法在对西红柿的知觉经验和幻觉之间做出区分。析取论的批评者称,知觉经验和幻觉经验在质性上是无差别的。玛德琳无法在内省的基础上,通过反思经验的质性特征来区分它们。如果让她描述 t 之前和 t 之后的经验,她在两种情况下说的话是一样的:"在我看来,我看到的是一个熟透的西红柿。"析取论的批评者坚信,必须有某种东西来解释玛德琳的知觉和幻觉状态在质性上的不可区分性,最好的解释当然是知觉和幻觉有共同的内在经验因素,存在一种玛德琳在 t 之前和 t 之后都具有的单一内在经验,也就是好像存在一个熟透的西红柿的内在经验,正是由于这种共同的内在因素,所以玛德琳分不清知觉状态和幻觉状态之间的差别。因此,批评者提出,析取论一定为假。

析取论者可以用几种方式回应这种反驳。我们来看其中一个。析取论者可以主张,反驳者在描述玛德琳的情形时,隐含地犯了乞题的错误。也就是说,反驳者在描述玛德琳的情形时,直接假设而不是证明析取论为假。析取论者可以强调,一旦以中立的方式,也就是不乞题的方式描述玛德琳的情形,我们就会看到析取论者可以像反驳者一样解释玛德琳的经验,因此,反驳无效。下面让我们来看看析取论者对玛德琳情形的中立描述。

玛德琳的环境和神经系统发生了改变,这导致她的知觉状态发生了变化。由于这些变化,她在 t 时刻之前知觉到一个熟透的西红柿,但在 t 时刻之后便不再知觉到那个熟透的西红柿了。然而她并未意识到这个变化。这里有什么需要解释的吗?根据析取论者的观点,唯一可能乍一看令人困惑的事情就是玛德琳怎么能够对她知觉状态的变化一无所知,她怎么能意识不到发生了变化。这实际上就是析取论的反驳者所关注的事情;这是他们假定共同内在经验的依据。反驳者称,玛德琳对变化一无所知,因为有一种内在经验在变化前后保持不变,由于这种共同的内在经验,玛德琳无法区分她在变化前的知觉状态和变化后的知觉状态。但是,我们需要假设一种内在经验来解释玛德琳对这种变化的一无所知吗?析取论者说,我们不需要,我们所需要的只是解释玛德琳为何无法获得关于她知觉状态的信息,而这并不需要我们假设共同的内在经验。它只需要我们认识到,知觉所涉及的东西比我们通过内省所能知道的要多,也比我们仅仅通过反思自身的经验所能知道的要多。知觉还包括认识我们与环境之间的关系。打个比方。

亚历山大参加了一个抽奖活动。中奖号码是在 t 时刻公布的，他实际上已经中奖了。但他一直不知道他中奖了。他无法通过电视、互联网或其他任何可能通知他中奖的信息来源得知自己中奖。因此，在 t 时刻，亚历山大的状态发生了变化，在 t 时刻之前他没有中奖，而在 t 时刻之后他中奖了。而他始终对已经发生的变化一无所知。我们需要假设一种共同的内在经验来解释亚历山大为何对自己中奖一无所知吗？显然不需要。亚历山大不知道中奖的原因很简单，就是他无法接触电视、互联网和其他有关中奖号码的信息来源。他对自己状态的变化始终一无所知，因为了解这种变化需要了解抽奖结果，而他不能仅仅通过内省来了解抽奖的结果。

析取论者提出，马德琳的情形与此类似。知觉涉及与环境处于特定的关系之中——这些关系玛德琳无法通过内省来了解。例如，玛德琳无法通过内省了解她的大脑状态正在被一个神经植入物操控，也不可能知道她之前看到的西红柿已经消失了。玛德琳无法获得有关她神经系统运作和她与环境之间关系的重要信息，因此，她始终没有意识到她知觉状态的变化。就像我们不需要假设一个共同的内在经验来解释亚历山大为什么对中彩票一无所知一样，我们也不需要假设一个共同的内在经验来解释玛德琳为什么对自己的幻觉一无所知。析取论者指出，要解释这两种情形，我们只需要说明亚历山大和玛德琳为何无法获得有关他们状况的信息，而这种说明析取论者是能够提供的。因此，他们可以主张对他们观点的反驳无效。一旦我们以上述方式描述玛德琳的情形，一旦我们认为在这种情形中我们只需要解释玛德琳为何对她知觉情况的变化一无所知，我们就会看到析取论解释与另一种解释同样有效。

析取论的反驳者可能会反驳说，析取论者误解了玛德琳的情形。析取论者必须要解释的不仅是玛德琳为何始终对她知觉状态的变化一无所知，还必须解释玛德琳在 t 时刻之前的经验为何与 t 时刻之后的经验在质性上没有差别。关于玛德琳的经验有一个肯定的事实——她的某些经验无法通过内省进行区分——这个事实需要解释，批评者可以坚持认为，析取论者未能对此做出解释。

然而，正是在这里，析取论者可以主张，他们的反驳者犯了乞题的谬误，因为他们似乎要求对析取论者否认的事情做出解释。析取论的反驳者假设玛德琳在 t 时刻之前和 t 时刻之后的经验有共同之处。特别是，他们假设存在特定的被经验的质性（例如，显然西红柿有显而易见的红色）在 t 时刻之前和 t 时刻之后是相同的。换句话说，反驳者主张，玛德琳的知觉和她的幻觉共有一个共同的质性因素，一组质性上无法区分的特征，需要解释的正是这种因素的共有。但析取论者否认存在这类共同因素。他们否认知觉和幻觉有共同的经验因素。他们指出，至少没有必要假定这些因素来解释为什么玛德琳不能区分知觉和幻觉。如果有很好的理由来假定共同的内在因素存在，那么析取论的反驳者就有责任提供这些理由。但仅仅假设这样的因素存在，并且认为析取论者必须解释它们，这就是在乞题。它是假定析取论为假，而不是证明它为假。因此，析取论者提出，或者他们能够像反驳者一样很好地解释玛德琳的情形，或者反驳者只是在乞题。析取论者指出，无论哪种情况，反驳都无效。

析取论只是形质论者拒斥内在心灵的论证中的一个组成部分。另一个重要的组成部分涉及我们对他人的认识。

11.6 直接访问、模式识别与他心问题

形质论者主张，我们可以直接知觉他人的思维、感觉、知觉和行动。他们拒斥的观点是，我们只能通过对身体行为的推断来了解他人的心理状态，正因为如此，他们主张自己的理论不会面临其他身心理论所面临的他心问题（见 1.5 节、3.4 节和 8.8 节）。

他心问题源于两个关键的假设。第一个假设是，我们不能直接知觉他人的心理状态，我们对他人心理状态的了解是基于身体行为对那些状态进行推断。第二个假设是，相同的身体行为和姿势可以与许多不同的心理状态相关联。假定这些假设为真。根据第一个假设，你只能通过从我的身体行为进行推断来认识我的心理状态。你观察我的姿势和动作，然后推断这些姿势和动作可能与感觉、欲望和其他心理状态相对应。然而，根据第二个假设，我的姿势和动作可能缘于各种不同的心理状态。例如，我扮鬼脸可能是由于真的感到疼痛，也可能是由于我想欺骗你，让你相信我很疼痛。因为我的动作和姿势不能提供决定性证据证明我处于哪种心理状态，所以你很难知道我具有什么样的心理状态。事实上，在某些内在心灵图景的支持者看来，你可能很难知道我是否具有任何

心理状态。例如，不少感质的支持者坚信，感质僵尸可能存在——即使人们没有现象经验，他们也可以完全像有现象经验那样做事（见4.8节）。如果事实上这是可能的，那么你根本不可能根据我的身体动作和姿势来推断我是一个有意识的存在者。

因此，如果上述两个假设都为真，如果相同的身体行为可以与许多不同的心理状态相关联，而我们获知他人心理状态的唯一途径是通过推断他们的身体行为，那么认识他人的心理状态就真的是个问题。而如果其中任何一个假设为假，那么问题就迎刃而解了。如果我们对他人心理状态的认识并不依赖于从身体行为做出推断，而是能够直接知觉他们的信念、欲望和疼痛，那么他心问题就不会产生了，同样，如果相同的身体动作和姿势不可能与各种不同的心理状态相关联，那么他心问题也不会产生：一个人的动作和姿势提供了强有力的证据，证明他或她具有一组特定的心理状态。所以任何一个假设为假都可以解决问题，而在形质论者看来，两个假设都为假。他们拒斥第一个假设，理由是我们可以直接知觉他人行为的模式，他们拒斥第二个假设，理由是心理现象本质上是具身的。我们将在本节考察他们对第一个假设的拒斥，11.9节考察他们对第二个假设的拒斥。

形质论者主张，信念、欲望、疼痛和其他心理现象并不是发生在一个隐藏的内在空间里；相反，它们是社会及环境交互作用的模式。我们认识和识别心理现象的方式类似于我们认识和识别棋盘上的模式或音乐模式的方式。例如，考虑图11.2中的将死模式。这种模式并非隐而不可见，它就在眼前：任何学会辨别将死棋局的人都能看出来。同样，听众不会推断出一段音乐有旋律，他们能直接知觉旋律。下棋和欣赏音乐是可能的，因为人们有能力辨别棋盘上的模式和声音中的模式。根据形质论者的观点，心理现象与此类似。

正常人具备识别他人行为模式——思维、感觉、知觉和行动——的能力。模式辨别能力的例子有很多，比如我们通过面部和声音表达辨别他人情绪状态的能力。心理学家埃克曼及其同事已经证明，正常人有能力从他人的面部和声音中辨别情绪状态，如愤怒、恐惧、快乐、悲伤、厌恶和惊讶，这种能力超越了文化界限——通过面部和声音识别情绪状态是人类的普遍特征。[8]

另一个例子涉及我们辨别他人意图的能力。例如，心理学家迈克尔·托马塞洛（Michael Tomasello）及其同事们已经证明，人类早在9—12个月大时就

白	黑
1. Qxh8+	Kxh8
2. Bf6+	Qg7
3. Re8++	

1. b2处的白后在h8处吃掉了车——将军！黑王吃掉了白后。

2. e7处的白象移动到f6——将军！黑后移动到g7。

3. e1处的车移动到e8——将死！

将死模式并非隐而不可见，它就在眼前。任何有能力辨别将死模式的人都能看出来。根据形质论者的观点，心理状态类似于国际象棋棋盘上的模式。任何有能力辨别它们的人都能直接观察到，大多数正常人都能。

图 11.2 棋盘上的模式

已发展出这种能力。在一项实验中，心理学家研究了两组不同的婴儿如何模仿成年人的行为。[9]第一组婴儿目睹了成年人从事一项旨在实现目标的活动，并成功实现了该目标。第二组婴儿目睹了成年人从事类似的活动，但未能实现预期目标。然后让婴儿有机会模仿他们观察到的活动。研究发现，两组婴儿都模仿了他们观察到的目标导向活动，无论最初成年人的活动是否实现了目标。第二组婴儿并未试图复制他们所看到的失败的活动；相反，他们试图实现第二组成年人试图实现但未能实现的目标。因此，即使第二组婴儿从未目睹目标的成功实现，他们仍然能够辨别目标是什么。他们不仅能辨别身体的动作和姿势，还能辨别成年人这样做的意图。此外，这类模式识别并非只有人类才具有。其他研究表明，类人猿比如黑猩猩也有辨别意图的能力。[10]

在形质论者看来，这类经验研究为正常的人类有能力辨别他人行为中的情绪、意图和其他心理模式这种观点提供了支持。他们指出，这种观点使我们有可能避免他心问题。

关于他心问题的形质论进路，还有两点值得注意。首先，形质论进路意味着，我们可以知道他人具有心理状态，也可以知道他人具有什么心理状态，但它并不意味着我们对他人心理状态的认识是绝对正确的。我们对心理模式识别能力的运用会出错，就像下棋者对模式识别能力的运用会出错一样。棋手可能在特定的情况下看不出将死的机会，而形质论者提出，我们同样也可能未能识别人们在特定场合的想法、感觉或行为。其次，形质论进路意味着我们每个人对自身心理状态的认识同样是有限的和易错的。我自己不能准确辨别出我的信念和欲望，别人也许能比我更准确地辨别出我的信念和欲望。再拿象棋作个类比：象棋大师可能比我自己更能准确地辨别出我的棋局的特征。

11.7　心理语言：模式表达与模型理论

　　人类有能力识别他人行为中的心理模式，这一观点是心理语言的形质观的基础。形质论者称，心理语言并不像一种理论；心理谓词和术语并不假设假想实体来解释直接可见的身体动作和姿势；相反，心理学谓词和术语指称或表达社会及环境交互作用的直接可见的模式。我们看到某物，感觉某物，认识并想得到某物，奋力争取某物，并且因为我们是社会性动物，所以我们进化出了让他人知道我们看到什么、感觉什么、认识和想要什么的能力。有时我们通过动作、面部表情和声音线索——一般来说是"肢体语言"——让他人了解我们。其他时候，我们用书面或口头语言符号与他人交流。根据形质论者的观点，心理语言是后一类社会行为的一种形式，这种形式用符号表达我们所参与的社会及环境交互作用的心理模式。我们可以称之为心理语言的**模式表达理论**（pattern expression theory）。关于该理论还有几个问题要说。

　　首先，心理语言的模式表达理论与一些心理学家和形质论者所赞同的基于使用的语言学习理论相吻合。基于使用的语言学的支持者认为，人类儿童通过与其他人的互动过程来学习说一门语言。他们在那些互动中辨别模式，然后学习使用口头表达来指称其中显眼的物体、性质或事件。心理学家托马塞洛这样描述基于使用的语言学习理论：

　　　　［词汇学习］在儿童参与社会互动的情境中自然而然地产生，在社会互动中，他们试图理解和解释成年人在言语中表达的交流意图……词汇学习过程……有两个方面：（1）儿童出生时所处的结构化社会世界——其中充满了字母、惯例、社交游戏和其他模式化的文化互动；（2）儿童……适应和参与这个结构化社会世界的能力——特别是分享式注意力和意图解

读［能力］……在人类世界里，照顾儿童的人要依惯例从事特定的活动……其中一些惯例在各种文化中都相当常见（比如哺乳）……社会互动惯例比如喂养……与许多其他活动共同构成了格式——分享式注意框架——儿童在其中获得了他们最早的语言符号……学会单个语词的交流意义就在于儿童第一次辨别成年人的整体交流意图……然后确定这个词在整个交流意图中所扮演的特定功能角色……共有的意图情境限制了对说话人交流意图的解释……儿童［因此］习得了语言符号——语言符号是与成人进行社会互动的一种副产品——就像他们学会了许多其他文化习俗一样。[11]

在托马塞洛看来，儿童和成年看护者参与的互动活动提供了儿童和成年人可以共同注意的项目或特征。由于这些活动所涉及的项目和特征数量有限，儿童能够在参与活动的过程中分辨出成年人在使用特定话语时想要传达的意图。儿童与看护者一起参与活动并辨别看护者意图的能力正是他们辨别看护者话语意义的基础。之后，儿童通过模仿看护者的言行学会了自己说出话语。

让我们思考一下，托马塞洛对语言学习的描述如何应用于心理表达的学习。一位母亲和她的孩子在灌木丛附近行走，突然一只猫从灌木丛后面跳出来，把他们吓坏了。他们往后一跳，眼睛睁得大大的，眉毛上扬，嘴巴向耳侧张开，心跳加速，孩子还哭了起来。"吓着你了吗？"母亲边说边抱起孩子安慰她。这段情节提供了一个情境，让孩子学会使用"害怕"这个表达。孩子和她的母亲都在关注一组有限的社会、环境和生理因素：令人吃惊的事件，对该事件的生理反应和社会反应，比如面部表情变化、哭泣以及母亲的安慰。这些因素提供了一个背景，在这个背景下，孩子可以辨别母亲说"害怕"时试图传达的是什么。之后，孩子会模仿母亲的话语及其背后的意图，并逐渐掌握话语的用法。此外，因为话语只是整个符号系统中的一种，相比人类对恐惧的原始的、非符号的表达方式，话语可以更加广泛地得到使用。孩子最终可以用它报告恐惧的情节（"我很害怕"），发出警告（"那很吓人"），或者表达预想的恐惧（"我害怕会受伤"）。基于心理语言的这种解释，我们对心理谓词和术语的使用建立在先前掌握的社会及环境交互作用的形式之上。在某些情况下，我们用心理谓词或术语对哭泣或抓东西之类的我们天生就会的行为模式做出符号表达，而在其他情况下，我们对心理谓词和术语的使用则建立在先前掌握的语言技能之上，类似于我们解二次方程的能力建立在先前掌握的算术技能之上。

在形质论者看来，心理语言是我们自然的情绪、知觉、认知和意动能力的延伸。它是一种移植到其他表达形式上的符号使用行为，我们用这些符号来表达社会及环境交互作用的模式。心理语言不是一种理论；当我们描述人们的信念、欲望和其他心理状态时，我们不是在假设假想的实体，我们指的是人们行为中直接可见的模式。当我说"加布里埃尔正在锁门，因为他害怕被邻居抢劫"时，我并不是在假设假想实体来解释我对加布里埃尔身体动作和话语的观察。相反，我是在描述加布里埃尔行为中一个直接可见的模式。

更重要的是，形质论者主张，我们用心理谓词和术语表达的社会及环境交互作用的模式涉及的不只是我们最初用来定义它们的那些社会、环境和生理因素。例如，情绪不只涉及动作、面部表情和声音线索，还涉及生理亚结构，比如大脑边缘系统的细胞的运作。这些亚结构只能通过科学研究来辨别；它们并不是愤怒、恐惧和悲伤等最初的前科学概念中的因素，但它们仍然包含在那些行为模式中。要理解这一观点，让我们思考一下克里普克和普特南等哲学家所捍卫的自然类词项（natural kind terms）的观点。

自然类词项包括指称物质的词项，如"金子"和"水"，以及我们用来指称生物的词项，如"榆树"和"人"。我们是通过典型事例来学习如何使用自然类词项的。例如，我们学习使用"水"这个词，是通过用它指称瓶子里的东西，从淋浴喷头流出来的东西，填满湖的东西，从云里滴下来的东西等。正如克里普克所说，这些交互作用锚定了"水"的指称，决定了"水"这个词在环境中指的是什么。此外，在这些交互作用中，我们用来鉴别水的那些特征可能会影响水的最初概念——我们对水的最初理解。例如，我们可以把水看成一种无色、无嗅、无味的液体，我们喝它，我们用它洗澡，它填满河流和湖泊，它化作雨从云里落下，等等。当我们后来对水进行科学研究时，我们可能会发现水的其他性质——比如说，它是由氢原子和氧原子构成的。然而，最初"水"一词所指的东西，以及水的最初概念所包含的东西都是由我们与它的日常交互作用决定的。

根据形质论者的观点，心理表达的定义方式与此类似。例如，我们通过与环境和周围人的交互作用来学习恐惧是什么。这些交互作用锚定了诸如"恐惧""愤怒"和"欲望"等心理表达的指称。此外,正如水具有某些性质,我们在日常生活中无法辨别,也无法纳入"水"的最初前科学概念,心理行为模式也是如此——它们涉及诸多条件,其中只有一些会出现在我们的日常生活中——面部表情、姿势和声音线索,以及环境触发和社会反应。

我们也可以用水作类比来帮助理解,根据形质观,我们有时会在描述人们的心理状态时出错。日常生活中,我们只是诉诸水的一小部分性质来鉴别水,比如水的观感和味道。因此,如果某种物质的观感和味道很像水,我们可能会错误地判断它就是水。回想一下,前面讨论过的孪生地球思想实验(见 11.3 节)中有一种物质 XYZ——一种与水不同,但在日常环境下与水难以区分的物质。因为 XYZ 看起来和尝起来都很像水,因为就我们通常用来鉴别水的性质而言,XYZ 都与水类似,所以我们很容易把一杯 XYZ 误认为是一杯水。根据形质观,心理状态的情况也是如此。我们在日常生活中最初鉴别情绪使用的是面部表情、姿势、声音线索以及其他因素,而情绪远不止这些,所以我们很容易错误地鉴别人们的情绪状态。同样,考虑理性行为的模式,如加布里埃尔锁门(见 11.1 节)。如果加布里埃尔是一个病态的人,喜欢为了欺骗而欺骗别人,那么他的动作和话语可能会让我将他的欺骗行为误以为是害怕被抢劫。

最后,水的类比还有助于理解另一个问题:根据形质观,我们对他人心理状态的判断并不总是错误的,这是为什么?将某物误认为是水缘于我们能够鉴别水的典型特征。当我判断杯子里的液体是水时,我是在对液体的某些特征,比如它的外观和味道做出鉴别和反应。如果一种液体看起来像水,尝起来也像水,我就判断它是水。更重要的是,无论我的判断是准确的还是不准确的——无论液体真的是水还是其他事物,我都能对它的外观和味道做出识别和反应。无论哪种情况,我的判断都是基于先前对水的特征做出鉴别和反应的能力。根据形质观,心理状态也是如此。举个例子。

埃克曼及其同事已经证明,与情绪相关的面部表情、姿势和声音线索遵循刻板模式,它会在人们体验到那些情绪时不由自主地发生,而他们没有体验到那些情绪时就很难主动产生。例如,当人们体验愉悦感时,眼睛周围的眼轮匝肌会不自觉地收缩,只有一小部分人(根据埃克曼的说法,大约 10%)会主动收缩。埃克曼说,有些演员看上去让人确信他们十分愉悦,他们可能属于能主动收缩肌肉的那一小群人,但更有可能他们是在回忆愉快的事情,而所回忆的情绪随后产生了不由自主的肌肉收缩。[12]其他心理状态也是如此。加布里埃尔害怕被邻居抢劫，他的恐惧可能有多种不同的表现方式——短暂出门还要锁门，在公寓里安装防盗摄像头，说"我担心我的邻居会抢劫我"，一想到公寓不上锁就感到不适。但就像情绪一样，表达恐惧的行为种类是有限的。如果加布里埃尔短暂出门时从不锁门，从不采取其他安全措施，否认他害怕被邻居抢劫，从不因为公寓不上锁的想法而感到不安，那么他是否真的害怕被邻居抢劫就值得怀疑了。只是因为人类的心理行为遵循这样有规律的模式，我们才有可能对人们的心理状态做出错误的鉴别。

当我判断埃莉诺正在体验愉悦感时，我是在对她行为的某些特征——例如，眼轮匝肌的收缩——做出鉴别和反应。埃莉诺的脸看起来是这样的，因此我判断她正在体验愉悦感。无论我的判断是否准确——无论埃莉诺真的在体验愉悦感还是她装得很像，我都是在对她的脸做出鉴别和回应。在这两种情况下，我的判断都是基于先前对愉悦感的特征做出鉴别和反应的能力。同样，当我判断加布里埃尔害怕被抢劫时，我也是在对他的行为特征，比如对他断言自己害怕被抢劫做出鉴别和回应。他的行为看起来和听起来都是某种样子，根据他看起来和听起来的样子，我判断他是害怕被抢劫。无论我的判断准不准确，我都是对加布里埃尔行为的这些特征做出鉴别和回应。对人们的心理状态做出错误的判断依赖于先前对那些心理状态的典型特征做出鉴别和反应的能力。

形质论者的结论就是，我们可能在某些时候对人们的心理状态判断有误，但我们不可能在所有时候都对人们的心理状态判断有误。如果不存在通常与心理状态相关的这种或那种社会、环境或生理特征，或者如果我们不能对那些特征做出鉴别和反应，那么我们就根本无法对他人的心理状态做出判断，无论判断正确与否。有时我们对他人的心理状态判断可能会出错，这依赖于我们在大多数时候对他人的心理状态判断是正确的。根据形质论者的观点，这是认为真正的他心问题不存在的深层理由。我们必须有关于他人心理状态的可靠信息来源，这样我们才能对他人的心理状态有错误的判断。

11.8 形质论与行为主义

在讨论心的形质理论的其他方面之前，我们有必要防止出现一些可能的误解。心的形质理论的某些特征很容易让读者联想到行为主义（见第 5 章）。例如，这两种理论都拒斥内在心灵图景的某些方面。两者都主张心理状态在某种意义上是行为模式，而且这些模式在日常环境中可以直接观察到，两者也都否认心理状态是前科学理论的假设物。不过尽管有这些相似之处，形质论和行为主义却是非常不同的理论。

首先，形质论者反对物理主义，而行为主义者则不然。事实上，正是对物理主义的承诺在某种程度上激发了行为主义者，使得他们将心理表达分析为对实际和潜在行为的简略物理描述。相比之下，形质论者并不承认物理主义是自然界中的一种结构（见 10.6 节）。

其次，形质论者对行为的理解并不像行为主义者那样窄。行为主义者往往只将身体动作或话语当作行为——这是物理学可以给出全面描述的东西，也是在日常环境下可以观察到的东西。而根据形质论者，行为不仅包括这些。思维、感觉、知觉和行动除了生理因素外，还涉及社会和环境因素。因此，形质论者并不认为我们有可能将心理谓词和术语分析为对实际和潜在身体运动和状态的复杂描述。相反，心理语言描述的是社会及环境交互作用的独特模式——这种结构不能被分析或还原为无结构的身体运动、生理状态或倾向。

最后，心理语言的形质论解释与行为主义解释不同。行为主义者主张，心理表达的作用类似于简化。与此相反，形质论者主张，心理表达的作用类似自然类词项。

形质论者并不是完全不赞同行为主义者的主张。在形质论者看来，行为主义者正确地认识到，心理表达暗含着身体条件，他们正确地认识到，人类社会及环境交互作用的模式非常复杂，我们只能用与事实相反的假设来描述其中的一些模式。例如，"如果孩子向父亲要糖果，那么父亲很可能会把糖果给孩子。"但是，形质论者指出，行为主义者从这些观察中得出了错误的结论。他们错误地认为，心理谓词和术语是对身体动作和状态的复杂物理描述的简化，他们没有认识到，心理谓词和术语表达了广泛的社会及环境交互作用的模式（身体动作和状态也被整合到了这些交互作用中）。被行为主义者当作行为的那些身体动作和状态只是形质论者所设想的行为模式所涉及的诸多条件中的一个。

11.9　具身

心的形质理论还承诺一个特殊的观点，即**具身**。根据形质论者，人的心理能力本质上是具身的，不提及人类所具有的特定身体部位，心理能力就不能被定义。让我们以动物的运动能力作个类比，鞭毛运动、纤毛运动、变形运动、划水式游动、两足行走、臂跃行动、飞行等。如果不提及与这些运动方式有关的身体部位，我们就不能给动物的这些运动方式下定义。纤毛运动需要纤毛，划水式游动需要手臂，两足行走需要两只脚，臂跃行动（用手臂摆动）需要手臂。繁衍和知觉活动也是如此。看、听、尝、交配——这些活动的定义都离不开特定的身体部位。

在形质论者看来，我们的思维和感觉能力与我们运动、繁衍和知觉环境的能力类似，离开了以特殊方式定位、移动或操作的身体的特定部位，思维和感觉无法被定义。再以情绪为例。情绪涉及特定种类的动作、面部表情和声音线索，使我们能够辨别出某人正在经历愤怒、恐惧、愉悦或悲伤。正如我们在11.7节所见，形质论者主张，这些动作、面部表情和声音线索是使我们能够锚定情绪词汇（如"恐惧"和"愉悦"）的条件。他们还认为，更复杂的行为模式与此类似，比如加布里埃尔担心邻居会抢劫时的所作所为：短暂出门时锁门，安装防盗摄像头，说"我害怕被邻居抢劫"，不锁公寓门会感到不适——这些都是定义加布里埃尔恐惧的条件，每个条件都涉及以特殊方式定位、移动或操作的人体部位。

于是根据形质论者，心理谓词和术语与我们描述生物体移动、繁衍或知觉环境的方式时所使用的谓词和术语类似。就像对微笑的定义离不开嘴一样，对人心理能力的定义也不得不提及身体部位。这种关于人类心理能力的观点有几个重要含义。

首先，它提出了对他心问题的另一种回应（见11.4节）。他心问题依赖于两个假设：一是我们只能根据他人的身体动作和姿势来推断他们的心理状态，二是相同的身体动作和姿势可以与许多不同的心理状态相关联。我们已经看到，形质论者拒斥第一个假设：他们主张我们可以直接辨别他人的行为模式。他们也拒斥第二个假设：他们主张，人类社会及环境交互作用的模式如何具身体现是有限制的。这些限制包括在体验愉悦时眼轮匝肌的不自主收缩，或害怕抢劫时表现出来的各种行为和言语。如果这类具身体现存在限制，那么心理状态和物理状态在彼此关联时就不会像他心问题所假设的有那么大的变化。

其次，具身形质观意味着拒斥中立观。中立观主张，心理状态的定义并不表明心理状态是什么，或者它们和发生是否与特定的物理状态相关联。或许功能主义对这一思想做出了最清晰的表述（见6.3节）。根据功能主义者，系统的心理状态被抽象地定义为将输入与输出相关联的内部状态，其关联方式对应于功能描述，这种描述并不指定输入、输出以及内部相关状态的本质，也不意味着它们必须在特定类型的物质中才能实现。如果形质论者是正确的，并且人类的心理能力本质上是具身的，那么像功能主义这样的观点必定为假。回想一下，人的心理能力本质上是具身的，这一观点是功能主义的具身心智反驳的基础（见6.9节）。

最后，具身形质观和心理语言对于形质论者如何理解多重可实现性具有重要意义（见6.1节）。多重可实现性是指一种既定类型的心理状态，如疼痛，可以与许多不同类型的状态——物理状态，比如人类大脑、火星人伽玛器官或复杂的硅芯片，以及甚至可能是非物理状态，如非物理的笛卡尔心灵——相关联。功能主义者很容易容纳多重可实现性。如果心理状态像功能主义者主张的那样由输入和输出抽象定义，那么只要一个系统按照正确的抽象功能描述将输入和输出关联起来，这个系统就具有心理状态。但是，如果心理状态不能被抽象地定义，特别是，如果形质论者坚持认为它们不能脱离人体部分而被定义，那么形质论者如何容纳多重可实现性的观点呢？

形质论者赞同我们可以用心理谓词和术语描述和解释我们熟悉的非人动物（如狗和猫）的行为。他们也承认，我们可以设想用那些谓词和术语描述和解释外星物种甚至是复杂机器人系统的行为。而根据形质论者，我们可以将基于人而定义的心理谓词和术语扩展到非人事物上，这并不是因为心理能力是抽象定义的，而是因为我们能够在非人事物的行为和我们自己的行为之间进行类比。打个比方，尽管没有以特定方式定位和移动的双手便不能打拳，但我们仍然用"打拳"这个词来描述装了假肢的人的活动。我们能够将以手定义的术语用在手之外的其他东西上，是通过在假肢和它所替代的真肢之间进行类比。根据形质论者，我们将心理谓词和术语用于非人事物的方式与此类似。

例如，我们熟悉的非人动物，比如狗和猫，它们的身体结构和功能组分与我们相似——都有头部、眼睛、鼻子和嘴巴。这些身体结构使我们很容易辨别它们与我们相似的行为模式，而这些相似之处使我们能够用诸如"吃""睡""看""相信"和"想要"等谓词和术语来描述和解释它们的行为。[13]出于类似的原因，我们可以设想可能会遇到外星物种，甚至是复杂的机器人系统，它们的行为模式与我们的非常相似，我们也可以将心理谓词和术语用在它们身上。我们甚至可以设想，将心理谓词和术语用于与我们在整体身体结构和功能组分方面截然不同的外来物种。举个例子，在电影《变形怪体》中，我们被请去从心理方面描述和解释变形怪体的行为。尽管它的身体结构与我们非常不同，但电影制作者在影片中加入了足够多的场景来展示它的行为方式，使我们能够辨别出与人类的欲望或意图相类似的行为模式。如果我们在现实中遇到像变形怪体一样的生物，并且能够观察到足够多的它们的行为，从而辨别出与人类相似的行为模式，那么我们也可以将心理谓词和术语用在它们身上。

然而，形质论者称，我们对心理谓词和术语的扩展使用是有限制的。只有当我们能够在与人类似的行为中辨别出社会及环境交互作用的模式时，我们才能从心理方面描述和解释某物的行为。而一个完全非物理的存在根本不会从事我们可以辨别出任何模式的行为。试图辨别其行为中的社会及环境交互作用的模式，就像试图在一个棋子不可见的棋盘上辨别棋手的位置一样。因此，形质论者提出，尽管可以设想有非物理的存在物，但我们永远无法从心理方面描述和解释它们的行为，除非非物理存在物也能从事人类所从事的各种社会及环境交互作用——需要人类的身体部分参与其中的交互作用——否则该存在物便不能从事任何使我们能够辨别心理模式的行为。形质论者因此否认我们可以将心理谓词和术语用于非具身的存在物，如笛卡尔的非物理的心灵。

心的形质理论的一个含义是，实体二元论不仅是假的，而且是不融贯的；实体二元论者说我们是非具身的心理存在物，但非具身的心理存在物不可能存在。形质论者认为，实体二元论在实体二元论者看来并不是不融贯的，唯一的原因只能是他们在心理谓词和术语上含糊不清；他们（也许是无意中）创造了心理能力的抽象定义——这些定义忽略了人的具身条件——并根据这些抽象定义使用心理谓词和术语。我们能为任何事物创造抽象定义。例如，我们可以创造一个定义，根据这个定义，愤怒只是一种将输入与输出相关联的状态；或者创造一个繁衍的定义，根据这个定义，繁衍只是一种生物的个体产生该种生物的另一些个体的过程。而在形质论者看来，如果我们这样定义"愤怒"和"繁衍"，这两个词就会失去它们在我们日常话语中所具有的一些内容，结果这些创造出来的术语在描述和解释真实事物的行为时用处就会有限。我们真正用来描述和解释人类行为的词汇与人的具身条件是紧密联系在一起的，而非物理存在物永远不可能满足这些条件。

总之，形质论者主张，心理谓词和术语与我们用来描述和解释人类运动、知觉和繁衍的谓词和术语属于同一类——它们都表征了行为模式，而这些行为模式都离不开人类具有的特定身体部位。正因为如此，我们的心理谓词和术语首先适用于在具体的人类身体结构中具身体现的具体人类行为。如果我们将这些谓词和术语扩展运用于非人事物，那么我们是通过在它们的行为和我们的行为之间进行类比来做到这一点的。

11.10　形质论与心物二分

具身形质观也暗示了形质论者如何理解心物二分。形质论者提出，因为思维、感觉、知觉和行动本质上是具身的，所以不能将它们视为非物理现象。相反，如果基本物理事件对行为的心理模式有贡献——如果它们是以心理的方式被结构化的——那么这些基本物理事件就不能被认为是非心理的。当一个电子对我的神经膜去极化有贡献时，那个事件便是行为的心理模式的一部分；它也是一个物理事件，可以用物理学描述和解释。根据形质论者，物理学有助于描述和解释什么是心理现象，就像它有助于描述和解释什么是一架好钢琴一样。因为一架钢琴既有结构又有被结构化的质料，所以对什么是好钢琴的阐述必须包括对这两者的描述和解释。同样，因为思维、感觉、知觉和行动既有结构，又有结构化的子活动，所以对它们的描述和解释也必须阐述它们是什么。高层人类活动以及由它们组成的子结构和子活动都可以称得上是社会、心理、生物以及物理现象。

根据形质观，人类是心物整体，我们日常的心理词汇包括各种谓词和术语，它们是为描述和解释人类所具有的能力和他们所从事的活动而量身定制的。当我们要对人类行为的不同描述和解释进行区分时，我们依据的是结构和子结构。例如，通过鉴别那些可以独立存在的子结构——无需整合进结构化的个体和行为就可以存在的子结构——我们可以对生物学、心理学、化学和物理学等不同学科分支进行区分。但是，生物、心理、化学和物理现象在真实的人类行为中并不是彼此分离的。在真实的人类行为中，它们共同构成了一个心物活动区域。因为真实的人类行为包含了所有这些结构层级，所以要完备地描述人类的思维、感觉、知觉和行动，就需要描述和解释人类所包含的所有组织层级。然而，通常我们关心的并不是对人类行为的完备描述。形质论者提出，通常我们会挑选出感兴趣的层级和因素，并把注意力集中在这些层级和因素上，从而忽略其他因素。还是以车祸为例：光滑的轮胎、有缺陷的刹车机制、道路坡度不足以及司机血液中的酒精含量高都会导致这场车祸。因此，要完备地解释车祸为何发生，就必须考虑所有这些因素。而在特定语境下，我们通常会选择其中的一两个因素：例如，汽车工程师关注刹车机制，土木工程师关注道路坡度，检察官关注血液中的酒精含量，等等。在形质论者看来，人类行为也是如此。要完备地解释一个简单的动作，比如拿起一杯水，必须考虑到各种社会和环境因素，以及影响行为发生的子活动和子系统。不过在大多数情况下，我们关注的并不是对行为做出完备解释；相反，我们心中只对少数几个描述和解释有兴趣，并且只关注少数几个影响因素。这幅解释图景对形质论者处理心理因果问题具有重要意义。

11.11 形质论与心理因果问题

回想一下突现论者所面临的心理因果问题（见8.11节）。以下几个陈述看起来是并存不一致的，但我们很难看出突现论者应当拒斥哪个陈述：

(1) 行动具有心理原因。
(2) 行动具有物理原因。
(3) 心理原因与物理原因不同。
(4) 一个行动不能具有一个以上的原因。

突现论者不能拒斥（1）这个取消物理主义者和副现象论者所拒斥的陈述，也不能拒斥（3）这个还原物理主义者所拒斥的陈述。而拒斥陈述（2）会使他们违反物理定律和物理领域的因果封闭，拒斥陈述（4）则使他们陷入了行为的多元决定，这是个尴尬的结果。

形质论者最初似乎与突现论者处境相同。因为他们认同具有10.2节中所描述的特征的突现性质存在，他们不能像取消论者和副现象论者那样拒斥（1），也不能像还原论者那样拒斥（3）。但与突现论者不同，他们不能拒斥（2），因为他们承诺高层行为永远不会违反低层物理定律。因此，他们会坚决拒斥（4），并接受行为的多元决定及其所有尴尬的后果吗？不，形质论者称，他们不会。他们主张，原因在于（1）—（4）并不是真的不一致。它们只是看似不一致，因为"原因"这个词语义含糊。他们指出，一旦认识到这一点，我们就会看到，或者四个陈述都为真且是一致的，或者其中一种陈述为假，但它为假并不会造成所谓的那种尴尬结果。

形质论者基于他们所承诺的因果多元论（见10.7节）来解决这个问题。形质论主张，存在多种不同类型的原因和多种不同类型的因果关系。形质论者称，假设心理状态以一种方式导致行动发生——比如说，它们使行动——并且物理事件，比如神经系统中的事件以另一种方式导致行动发生——它们触发与行动有关的肌肉子系统。在这种情况下，陈述（1）（2）和（3）必须改写为：

(1*) 行动被信念、欲望和其他心理状态合理化。
(2*) 肌肉收缩由神经系统的事件触发。
(3*) 理性原因不同于触发因素。

这三种说法形质论者都可以接受。他们如何看待排除一个行动可以具有多重原因的陈述（4）？鉴于触发因素和理性原因有所不同，形质论者主张，（4）可以用下列两种方式改写：

（4*）一个行动不能具有一个以上的理性原因。
（4**）一个行动不能具有一个以上的触发因素。

形质论者对这两个陈述可以都表示赞同，也可以都不接受。他们认为，无论哪种方式，他们都成功地解决了问题。如果他们赞同这两个陈述，那么由于（4*）和（4**）都与（1*）（2*）和（3*）相一致，所以他们成功地解决了心理因果问题。而如果他们拒斥其中一个陈述，那么由于否定（4*）和否定（4**）都与（1*）—（3*）相一致，所以他们仍然成功地解决了心理因果问题。形质论者称，无论他们赞不赞同（4*）和（4**），他们都能解决问题。

心理因果问题的上述解决方案依赖于对两种原因和因果关系，即理性原因与触发因素进行区分。但我们为什么要假设确实存在两种原因和因果关系？在形质论者看来，它们的存在是经验事实。他们说，事实上，我们总是通过诉诸两种原因和因果关系来解释事物的。还是以 10.7 节中的例子为例。

塞西莉亚焦急地等着玛德琳下楼，这样她们就可以及时离开去赴约。当得知玛德琳在看书时，塞西莉亚问道："为什么玛德琳在看书（而不是赶快下楼）？"并得到了下面的回答：

A1　玛德琳正在看书（而不是赶快下楼），因为书页上反射的光正照射到玛德琳的视网膜上，她眼睛里的肌肉在以这样那样的方式运动，她的大脑皮层里有这样那样的神经元在放电。

上述回答显然与塞西莉亚的问题无关。塞西莉亚想要的是一个能够将玛德琳的行为合理化，将其行为置于更宽泛的理性模式中的回答，就像下面的这个：

A2　玛德琳正在看书（而不是赶快下楼），因为她认为看完这一章比守时更重要。

如果神经科学家关心的是玛德琳看书的生理机制，那么他们可能会发现A1这样的回答是相关的，因为他们感兴趣的不是在那种情况下玛德琳行为中的理性结构，而是使她能够从事她所从事的活动的生理子结构。

我们对玛德琳的行为既可以做出理性解释，也可以做出机械解释。前者诉诸理由，即信念、欲望和其他心理状态；后者诉诸触发因素。这些理由和触发因素以不同的方式解释了它们的结果。它们满足了对不同信息的需求。形质论者提出，既然我们实际的描述和解释活动会诉诸两种类型的原因和因果关系，那么我们就有很好的理由认为，这两种类型的原因和因果关系都存在。他们主张，如果有人认为不存在两种原因和因果关系，那么举证责任至少应该落在他们身上。

心理因果问题的这种解决方案似乎很有吸引力，但它也不乏批评者。我们来考虑对它的两种反驳。首先，批评者认为，所谓的解决方案根本不是解决方案。形质论者把理性原因和触发因素做了区分，但批评者称，在那种情况下，我们可以重新表述最初的问题。例如，假设你拿起一瓶水的行为既可以由欲望进行理性解释，也可以由你神经系统中的事件触发。在那种情况下，你的行动看起来是多元决定的——不是由两个理性原因或两个触发因素决定的，而是由一个理性原因和一个触发因素决定的。因此，如果形质论者想要避免多元决定的尴尬结果，他们必须或者拒斥理性原因的存在，或者拒斥触发因素的存在。而在前一种情况下，形质论方案会崩溃成一种副现象论形式，在后一种情况下，它会像某些突现理论那样最终违反物理定律。

形质论者当然对该反驳做出了回应。他们认为，上述反驳基于两个错误的假设。首先，它假设行动是可以由物理原因触发的事情。而（2*）所说的并不是行动具有神经触发因素，而是肌肉收缩具有神经触发因素。相比之下，批评者赞同的是以下观点：

（2*）行动是由神经系统中的事件触发的。

形质论者认为该陈述为假。他们提出，行动具有理性结构，而触发因素是低层组织层面的原因，它们不需要符合高层理由模式。例如，如果神经科学家使用电极触发你手臂肌肉的收缩，并导致你的手拿刀刺向某人，你不会恰当地受到道德或法律指责。原因是，你的肢体运动不能算作你根据某些原因选择去做的行动。对行动和触发因素的这种理解已经在神经操控的真实案例中得到了证实。来看看神经外科医生潘菲尔德的观察：

> 当我把电极放在一个脑半球的运动皮层上，让一个神志清醒的病人移动他的手时，我通常会问他这是怎么回事。他的回答总是："我没有那样做。是你干的。"当我导致他发出声音时，他说："那声音不是我发出的。是你从我身体里拽出来的。"……电极……可以导致他转动头部和眼睛，或移动四肢，或发声和吞咽……但他本人与此无关。[14]

形质论者提出，同样的观点可以用另一种方式表达出来。行为不仅包括理由，还包括社会和环境因素。而触发因素并不取决于社会和环境因素。我们在 11.3 节和 11.5 节中考察了几个例子说明这一点。疯狂的神经科学家可以操控埃莉诺的神经系统，使其产生与打篮球时的神经状态和肌肉收缩无异的神经状态和肌肉收缩。然而，没有球，埃莉诺就不是在打篮球。形质论者称，行动可能涉及身体运动和其他作为子活动的生理状态，正因为如此，触发因素确实是对人类行动的完备解释中包含的一个因素。但是，对人类行动的完备解释不仅涉及身体运动的触发因素，还包括理性、社会和环境因素，正因为如此，行动不是像肌肉收缩那样被触发的事件。

其次，形质论者称，形质论的反驳者承认心理原因和物理原因在竞争同一个角色——作为行动的唯一原因的角色。这样的假设一直是心灵哲学中许多问题和论证的基础，比如金在权的排他性论证（见 6.10 节）和爱丁顿的两个桌子问题（见 1.3 节）。回想一下，爱丁顿的问题将对桌子的科学描述与常识的前科学描述对立起来。他提出，只有一个有权主张自己描述的是真实的桌子；换句话说，只有一个描述可以胜任"真实的"描述角色。因此，如果我们接受科学描述，我们就必须拒斥常识描述，如果我们接受常识描述，我们就必须拒斥科学描述。问题是我们不想拒斥任何一种描述，而且我们有很好的理由认为两者都为真。形质论者指出，反驳者对理性原因和触发因素做了类似的假设。在批评者看来，理性原因和触发因素在竞争同一个解释角色，也就是行动的唯一原因。基于这一假设，形质论的批评者得出结论，形质论者不得不或者否认理性原因占据这一角色，或者否认触发因素占据这一角色，或者接受两种原因共同占据这一角色的荒谬想法。

形质论者的回应是，并不存在理性原因和触发因素要竞争的一个因果角色。他们提出，行动是复杂的多结构现象，每个行动都包含许多层次的结构复杂性和许多不同的因果因素。因此，对一个行动的完备解释需要考虑一系列社会和环境因素以及每一层级的子活动和子结构，另外还有在每一层级上有助于对行为做出不同解释的各种原因。例如，塞西莉亚对玛德琳行为的理性结构感兴趣，而神经科学家则对使这种行为发生的神经亚结构感兴趣。因为这些原因以不同的方式促成了玛德琳的行为，所以它们并不是在竞争同一个解释角色；相反，它们在我们对复杂现象的解释中扮演着不同的非竞争性角色。触发因素是在组织层级上起作用的原因，该层级低于理由起作用的层级。所以在形质论者看来，对他们方案的反驳没有认识到存在许多不同种类的因果因素和因果关系，并且行动是由许多不同种类的原因和因果关系组成的复杂的多结构现象。

现在再来考察形质论的第二个反驳。与第一个反驳一样，它也主张形质论解决方案根本不是解决方案。该反驳称，形质论者不得不否认理性原因对人类行为有任何真正的控制或影响。其原因是，事物的特征由其各个组成部分的特征决定。例如，你的特征，包括你的心理特征都是由你的机体部分，比如你的大脑的特征决定的，你大脑的特征又是由构成它的分子的特征决定的，分子的特征又是由构成它们的原子决定的，以此类推。于是反驳者称，一切事物的特征最终都是由基本物理粒子的特征决定的，因为基本物理粒子是构成一切事物的基本成分。想想这对形质观意味着什么。如果发生的每一件事都是由基本物理层面的事件决定的，那么信念、欲望和其他心理状态就不可能真正解释人的行为，对人类行为和其他一切事物的真正解释都由基础物理学提供。如果是这样的话，那么信念、欲望和其他心理状态可能会如形质论者所说对行为做出理性解释，但理性解释没有任何真正的因果重要性，因为它们没有任何真正的解释重要性，而根据形质论，原因是解释因素。

形质论者回应说，这个反驳和第一个一样，都是基于两个错误的假设。第一个假设是，高层原因和低层原因——例如，理由和触发因素——在竞争同一个因果角色。反驳者认为，高层原因和低层原因必定以同样的方式解释它们的结果，正因为如此，他们认为，高层原因和低层原因或者必须相互排斥，不能占据同一个因果角色——高层行为的唯一原因的角色——或者必须共享这个角色，从而成为高层行为的多元原因。我们已经看到，形质论者拒斥这种对原因和因果关系的理解，他们支持因果多元论，他们认为因果多元论来自我们对事物为何以及如何运行的最佳经验解释。因此，形质论者向他们的反驳者提出挑战，要求他们证明经验数据不支持形质论。

上述反驳的第二个假设是，某物的性质由其各个组成部分的性质决定。我们称之为低层决定论（lower-level determination thesis）。决定是一种必然关系。大致来说，如果 X 事物决定 Y 事物，那么 X 事物的存在就会导致 Y 事物的存在，并且 X 事物的存在解释了 Y 事物的存在。例如，在低层决定论的支持者看来，如果亚历山大由具有低层性质 F_1, …, F_n 的某些低层组分构成，那么正是因为亚历山大的低层组分具有 F_1, …F_n 的性质，所以他确保具有某些高层性质。因为根据这个观点，亚历山大的所有性质都是由低层条件来解释的，该观点的支持者认为，它损害了高层性质的解释地位。

然而形质论者主张，低层决定论为假。他们提出，举证责任至少落在了那些低层决定论的支持者身上，他们要证明这个论点为真。当涉及我们之前所说的集合性质，如质量（见 10.2 节）时，支持低层决定论之类的观点可能是合理的。例如，我们可以合理地假设，一个生物体的质量由其基本物理成分的质量决定。但形质论者称，并非所有的性质都如此。某些性质不仅取决于构成事物的粒子或质料，还取决于这些粒子或质料的结构或组织方式。形质论者提出，这是我们根据对生命行为的最佳经验描述和解释所提出的主张。因此，如果形质论的批评者想拒斥这一主张而支持低层决定论，他们就有举证的责任来证明该主张为假。再考察一下 11.3 节中讨论的关于外在论的论证。外在论者认为，行动、知觉和思维不是由生物个体的物理状态决定的——比如说，不是由其各个组成部分的性质决定的——因为思维、知觉和行动除了取决于生理条件，还取决于社会和环境条件。加布里埃尔和泽维尔可能在物理方面彼此无异——他们可能具有完全相同的物理性质——但在心理方面却彼此不同。因此，外在论的支持论证提出，上述低层决定论是假的，低层决定论的支持者不仅必须考虑生物体的各个组分，还必须考虑构成其环境的低层条件。

作为回应，低层决定论的支持者可能会说两件事。首先，他们可以将低层决定论进行扩展，把构成生物体环境的低层条件包含进来。其次，在为低层决定论辩护时，他们可以诉诸随附概念（见6.11节）。随附是一种依赖关系。说 M 性质随附于 P 性质，就是说事物的 P 性质没有不同，M 性质便不可能不同，或者说，如果两个事物具有相同的 P 性质，它们也必须具有相同的 M 性质。例如，很多美学性质都随附于物理性质。如果画作 A 和画作 B 在物理方面没有不同，那么它们就不可能一个美而另一个丑，或者一个比例好而另一个比例差。如果美学性质随附于物理性质，那么物理孪生体必定也是美学孪生体；画作 A 和画作 B 之间的任何美学差异都必须能追溯到它们之间的物理差异。

不仅是物理主义者，而且在不少哲学家看来，假设高层性质在某种意义上随附于低层性质是合理的。如果两个事物具有相同的物理性质，它们必定也具有相同的心理性质；任何心理差异必定可以追溯到某种类型的物理差异。但是，高层性质随附于低层性质的最佳解释是高层性质由低层性质决定。如果高层条件由低层条件决定，那么相同的低层条件将产生相同的高层条件。例如，物理孪生体肯定是心理孪生体。于是低层决定论的支持者称，我们有很好的理由相信低层决定论为真。

形质论者对上述论证提出了两点回应。首先，他们认为形质论与各种随附关系都是相容的。例如，形质论者可以宣称，心理差异取决于更宽泛的社会和环境差异，而社会和环境差异取决于低层物理差异。因此，形质论者可以宣称心理差异取决于低层物理差异——心理性质随附于物理性质。举个例子。想象两个场景：在场景 A 中，亚历山大相信太阳系有八颗行星，在场景 B 中，他相信太阳系有九颗行星。形质论者可以宣称，这种心理差异取决于两种情形中的某种社会或环境差异。例如，我们可以合理地假设，对行星的不同信念取决于接受的教育不同，因此亚历山大在场景 A 的信念一定是由于他所受的教育中的某些东西（比如大学里的天文学讲座），而这是场景 B 所没有的。如果讲座发生在场景 A 而不是场景 B，那么在一个场景，演讲者的话语会使空气分子振动，最终撞击亚历山大的耳膜，而另一个场景中则不会有这些情况。如果两种场景之间没有某种低层物理差异，就不可能有社会和环境差异，而如果没有这些社会和环境差异，就不可能有任何心理差异。因此，形质论者可以宣称，心理差异取决于低层物理差异，心理性质以及更一般的高层性质随附于低层物理性质。但如果是这样，那么仅仅承诺随附性对形质论者来说并不是什么问题。

其次，因为可以容纳随附关系，所以形质论者质疑了低层决定为随附提供最佳解释的说法。低层决定的支持者为随附关系提供了一种解释，而形质论者则提供了另一种解释。他们提出，高层条件不是由低层条件决定的，高层条件只是依赖于低层条件，不同的高层条件依赖于不同的低层条件。例如，相信有八颗行星与相信有九颗行星需要不同的低层条件。因此，亚历山大关于行星数量的信念在场景 A 和场景 B 中不会有差异，除非这些场景在物理方面有差异。对随附关系来说，这绝不是一个明显比低层决定论更差的解释。那么，至少低层决定论的支持者必须证明，他们的解释更优越，这样才能支持他们对形质论的这部分反驳。

11.12　形质论与心物突现问题

形质论者认为，他们的观点也解决了心物突现问题。他们提出，信念、欲望、疼痛和其他心理现象都是行为结构。而结构并不是从非结构化质料中突现的。例如，钢琴不是从木头和金属中突现的，而是有人为了制造钢琴，将结构强加于木头和金属之上。根据形质论者，大脑不能产生思维、感觉和行动，就像木头和金属不能产生钢琴一样。心理现象不是低层神经过程的因果副产品，而是涉及低层现象的社会及环境交互作用的模式，是低层神经过程被结构化或组织化的方式。

如果这就是心理现象，如果它们是社会及环境交互作用的模式，是生理现象被结构化的方式，那么突现问题便不会产生。如果生理现象实际上并不产生心理现象，那么要求解释生理现象如何可能产生心理现象就是没有意义的。只有在 p 为真时我们才能合理地要求解释 p 如何可能。打个比方。想象一下，有人这样主张："你的天气理论通过水循环，即蒸发、凝结和降水来解释为什么会下雨。但是你的理论肯定是假的，因为它没有解释宙斯如何可能降雨。"这个反驳是有缺陷的，不是因为它的前提为假。事实上，它的前提为真：水循环理论并没有解释宙斯如何可能降雨。该反驳有缺陷的原因是，它没有解释宙斯降雨为什么不能算作对水循环理论的冲击。原因就是我们确信宙斯不会降雨。如果宙斯不会降雨，那么要求解释他如何降雨就是不合理的，如果对解释的要求本身就是不合理的，那么不提供解释也不能算作对该理论的冲击。

既然形质论者否认结构是从非结构化质料中突现的，那么他们就是认为，解释结构如何从非结构化质料中突现是不合理的要求。但是，如果要求对突现做出解释是不合理的，那么形质论者没有做出解释便不是什么问题。

11.13　心的形质理论的支持与反驳论证

心的形质理论至少有两种支持论证。第一种诉诸普遍形质论世界观。该论证提出，既然有很好的理由支持普遍形质论（见10.8节），那我们就有很好的理由在更具体的心理现象方面支持形质论进路。第二种论证主张，心的形质理论在解决身心问题方面比竞争对手表现更好，特别是，形质论者主张，他们的理论在解决他心问题、心理因果问题和心物突现问题方面做得更好。由于心的形质理论不会面临竞争对手所面临的严重甚至更严重的问题，我们有很好的理由认为心的形质理论为真。

心的形质理论的批评者可以从几个方面挑战这些论证。首先，他们可以用10.8节所述的方法来挑战普遍形质论世界观的支持论证。其次，他们可以主张，心的形质理论在解决身心问题方面并不比其他理论做得更好。最后，他们还可以主张，形质论有自己的问题，这些问题与竞争对手面临的问题一样严重，甚至更为严重。这些问题是什么？因为本章所呈现的心的形质理论都是最近提出的，所以在身心文献中很难找到对它比较成熟的反驳。尽管如此，还是有一些我们比较熟悉的反驳可以反对它的某些核心主张。这其中包括对外在论的反驳，对析取论的反驳，对构成的形质论观点的反驳，以及对更一般的感质和内在经验的形质论研究进路的反驳。举几个例子。

我们熟悉的对外在论的反驳认为，如果外在论为真，那么信念、欲望和其他心理状态在行为的产生或解释中不起任何作用。批评者称，如果外在论为真，那么心理状态就是生物体与其环境之间的关系。而唯一在生物行为的产生和解释中起作用的状态是生物的内部状态，比如神经系统的状态。批评者指出，因为这些内部状态本身就足以产生生物体的运动和其他对环境的反应，所以生物体与环境的关系在其行为的产生中不起任何作用。而如果外在论为真，那么生物体的心理状态就包含在这些关系之中。因此，如果外在论为真，一个生物体的信念、欲望和其他心理状态在其行为的产生或解释中不起任何作用。

作为回应，形质论者对生物体神经系统的状态完全足以产生所有行为这一前提提出了质疑。以行动为例。形质论者称，行动不仅涉及由生物体的神经系统触发的身体运动（见11.3节、11.5节和11.11节）。所以，如果一个生物的行为包括行动，那么很明显，生物神经系统的状态不足以产生它的所有行为。此外，由于对外在论的反驳比较成熟，所以外在论者对这些反驳的回应也同样成熟。于是形质论者可以诉诸标准的外在论回应来捍卫他们观点的这一方面。

诉诸感质的外在论反驳情况也是如此。在感质的支持者看来，形质论类似于物理主义。这两种观点都很难容纳私人的、主观的事件。因此，批评者称，可以对形质论构建基于感质的反驳，类似于针对物理主义提出的基于感质的反驳：知识论证，以及诉诸感质缺失或感质倒置（见4.7—4.8节）。形质论者可以回应说，如果有可能对形质论构建基于感质的反驳，类似于对物理主义提出的基于感质的反驳，那么也有可能对那些反驳提出形质论回应，类似于物理主义者所做出的回应。例如，为了容纳感质，形质论者可以制定意识的表征理论、高阶理论、感觉运动理论的形质论版本。事实上，我们之前考察过一种形质论者乐于支持的知觉经验的感觉运动解释（见11.4节）。如果批评者认为这样的理论不能容纳他们在谈论现象意识时所想到的一切，那么，形质论者可以像物理主义者一样主张，或者批评者所想到的现象意识概念在经验上是空洞的，正如本体论的自然主义和维特根斯坦的私人语言论证的支持者所主张的那样（见8.5节和8.7节），或者这个概念是不融贯的，正如支持丹尼特对感质的反驳论证的那些人所主张的那样（见8.6节）。

心的形质理论的其他反驳我们可能不太熟悉。例如，一些批评者可能会坚持认为，心的形质理论过于依赖经验猜想，比如，它对心理知识、心理语言、具身以及因果关系的描述会受到经验证伪的威胁。批评者可能会说，我们的最佳科学可能最终会证明他们是错的，这对身心理论来说是个大麻烦。

形质论者可以谈两件事作为回应。首先，他们可以主张，在身心理论中，经验可证伪性是优点而不是麻烦。身心理论必须契合关于心理现象和物理现象如何相关联的经验事实。我们在前面的章节中看到，一些身心理论遇到的问题正是批评者主张它们不符合经验事实。例如，实体二元论（见3.7节）、功能主义（见6.9节）以及经典突现论（见8.11节）。然而，构建符合经验事实的身心理论有时会涉及对经验事实的猜测。所以经验猜想是形成经验上充分的身心理论的必经之路。其次，如果批评者认为经验猜想是大麻烦，那么形质论并不是唯一遇到这个麻烦的理论。其他身心理论，如物理主义和经典突现论也依赖于经验猜想。所以，如果经验可证伪性对形质论来说是个问题，那么对它的不少竞争者来说也是个问题，在这种情况下，该反驳并不能支持那些理论优于形质论。

当然，本章所描述的形质理论相当前沿，因此很难对它的支持和反驳论证进行评价。只有时间会告诉我们，是否有某种形质理论值得我们更为长久地对其进行关注。

扩展读物

心理现象的形质论思想最经典的来源是亚里士多德的《论灵魂》（De Anima）。他将在《物理学》第1卷和第2卷引入的形质论形而上学运用于生命行为，并在《形而上学》第7卷和第8卷对其进行了进一步发展。在《论灵魂》第2卷第5—12章和第3卷第1、2章中，亚里士多德讨论了知觉。在第3卷第3章他提出了幻象，第4—6章他探讨了思维，第9—11章谈论的是欲望和行动。

对亚里士多德心理学的解释一直存在争议。主张亚里士多德支持某种二元论或二元属性论的学者包括霍华德·罗宾逊（Howard Robinson, 1983）和乔纳森·巴恩斯（Jonathan Barnes, 1971—1972）。而托马斯·斯莱克（Thomas Slakey, 1961）将亚里士多德解释为一种同一论者，而其他人则将他看作功能主义者，包括马克·科恩（Marc Cohen, 1992）、凯瑟琳·威尔克斯（1978）和埃德温·哈特曼（Edwin Hartman, 1977）。罗斯（G. R. T. Ross, 1973）认为亚里士多德是一个新平行论者，而麦尔斯·伯恩意特（Myles Burnyeat, 1992）则认为他信奉一种泛心论。最后，赫伯特·格兰杰（Herbert Granger, 1996）主张，亚里士多德信奉一个很奇怪的不融贯的观点；伯纳德·威廉姆斯（Bernard Williams, 1986）认为，亚里士多德的观点在不融贯和非还原物理主义之间摇摆不定。本章的立场是，所有这些解释都是错误的。身心问题的形质论进路不属于任何标准的后笛卡尔范畴。虽然它可能在某些方面与这个或那个标准身心理论相似，但在一些重要的方面，它与那些理论有所不同。如果真是这样，那就解释了为什么对亚里士多德心理学的解释会有如此大的差异。我们用自己熟悉的范畴来理解他人，而当代哲学家最熟悉的范畴完全受到了后笛卡尔思维模式的影响，以至于它们常常会阻碍我们理解前笛卡尔的观点。所以当代哲学家才将亚里士多德解释为从实体二元论到同一论的各种立场的支持者。

身心问题的形质论进路在当代的支持者寥寥无几。努斯鲍姆和普特南（1992）支持一种形质观，约翰·霍尔丹（1989）也是如此。在新维特根斯坦学者如安东尼·肯尼（Anthony Kenny, 1989）和哈克（见本内特和哈克，2003）的作品中，也可以明显地看到形质论进路的许多方面。维特根斯坦本人经常被归为行为主义者，但仔细阅读他的《哲学研究》（2001［1953］）和其他著作就会发现，他的心理语言理论更像形质论者所认同的观点。赖尔（1949）也是如此。

思维的外在论在心灵哲学中得到了广泛认可，这很大程度上要归功于普特南（1975c）和伯奇（1979）的影响。关于伯奇观点的介绍，还可参见伯奇（1982）。福多（1987：第2章）和塞尔（1983）是内在论思想的辩护者。伯奇（1989）反驳了福多并为外在论进行了辩护。伯奇（2007）收录了许多他本人关于外在论的文献。伯恩和洛格（2009）讨论了析取论。

埃克曼（2007）中有更多与情绪有关的社会条件，约瑟夫·勒杜（Joseph LeDoux, 1996）讨论了更多与情绪有关的神经机制。罗杰·谢帕德和杰奎琳·梅茨勒在1971年的著作中提出了他们最初的心理意象实验。斯蒂芬·科斯林（Stephen Kosslyn, 1994）讨论了视觉皮层在知觉和心理意象方面的活动；科斯林（2006）对这一话题的介绍更容易理解。阿瓦·诺依和奥里根（2002）通过诉诸变化盲视研究来捍卫知觉经验的感觉运动理论。另见奥里根（2009）和诺依（2004）。

心理语言的模式表达理论是维特根斯坦在《哲学研究》（2001［1953］）第一部分第244节中提出的。类似的观点也得到了阿拉斯代尔·麦金泰尔（Alasdair MacIntyre, 1999）、安东尼·肯尼（1989）、本内特和哈克（2003）的支持。有关基于使用的语言学的更多信息，请参阅托马塞洛（2003）。克里普克（1980）为自然类词项的解释辩护，普特南（1975c）与之类似。

关于认知科学中的具身和具身心灵运动，请参阅雷蒙德·吉布斯（2006）。另请参阅第 6 章结尾处关于功能主义的具身心智反驳的扩展读物。除了认知科学方面的工作，维特根斯坦（2001［1953］）、赖尔（1949）和斯特劳森（1959）似乎也在捍卫具身观。

注释

1. Paul Ekman, 2007, *Emotions Revealed: Recognizing Faces and Feelings to Improve Communication and Emotional Life*, 2nd edn., New York: Owl Books, 19–20.

2. Ekman, *Emotions Revealed*, 54–55, 58–61.

3. Alva Noë, 2004, *Action in Perception*, Cambridge, MA: MIT Press, 49–50.

4. Erik Myin and J. Kevin O'Regan, 2009, "Situated Perception and Sensation in Vision and Other Modalities: A Sensorimotor Approach," in *The Cambridge Handbook of Situated Cognition*, edited by Philip Robbins and Murat Aydede, 185–200, New York: Cambridge University Press, 187–188.

5. Myin and O'Regan, "Situated Perception and Sensation in Vision and Other Modalities," 185.

6. R. N. Shepard and J. Metzler, 1971, "Mental Rotation of Three-Dimensional Objects," *Science* 171: 701–703.

7. J. Decety, and J. Grezes, 1999, "Neural Mechanisms Subserving the Perception of Human Action," *Trends in Cognitive Science* 3: 172–178; and T. Rossi, F. Tecchio, Pasqualetti, et al., 2002, "Somatosensory Processing During Movement Observation in Humans," *Clinical Neurophysiology* 113/1: 16–24.

8. 参见 Ekman, *Emotions Revealed*, 以获取该研究工作的简要介绍。

9. A. Meltzoff, 1995, "Understanding the Intentions of Others: Re-enactment of Intended Acts by 18-Month-Old Children," *Developmental Psychology* 31: 838–850. See also Michael Tomasello, 2003, *Constructing a Language: A Usage-Based Theory of Language Acquisition*, Cambridge, MA: Harvard University Press, 26–27.

10. 关于该项研究的概要，见 Michael Tomasello, 2008, *Origins of Human Communication*,

Cambridge, MA: MIT Press, 44 – 47。

11. Tomasello, *Constructing a Language*, 87 – 90.

12. Ekman, *Emotions Revealed*, 206.

13. 心理学语言的这种观点似乎就是哲学家维特根斯坦在说"只有对于活着的人和类似于（行为上类似于）活人的东西才能说：它有感觉，它看；它是瞎子；它听；它是聋子；它有意识或者无意识"①（《哲学研究》，281）。

14. Wilder Penfield, 1975, *The Mystery of the Mind: A Critical Study of Consciousness and the Human Brain*. Princeton: Princeton University Press, 76 – 77.

---

① 本段译文引自《哲学研究》（维特根斯坦著，李步楼译，商务印书馆 2000 年版，第 145 页）。——译者注

词汇表

楷体字指向词汇表中的其他条目。

能力假说（Ability hypothesis） 是对知识论证的回应。能力假说的支持者否认玛丽在第一次看到熟透的西红柿时学会了一个新的事实；而是认为她获得了一种新的能力。

感质缺失（Absent qualia） 参见基于感质的论证。

行动者因果非决定论（Agent-causalindeterminism） 参见行动者因果理论。

行动者因果理论（Agent-causal theories） 意志自由论的一种形式，它主张行动不是由先前的事件产生，而是直接由行动者通过一种特殊的因果关系，即行动者因果产生。批评者认为，行动者因果的支持者未能证明这种类型的因果关系确实存在。

动物主义（Animalism） 人等同于动物的主张。

异常一元论（Anomalous monism） 非还原物理主义的一种形式，最初由唐纳德·戴维森提出。它主张一切都是物理的，而心理话语是异常的，也就是说，没有任何定律可以用心理词汇来表述。这意味着不存在只由心理谓词组成的定律，也不存在由心理谓词与物理谓词的结合物组成的定律。因为心物还原需要心理状态和物理状态之间有类似规律的联系，所以它需要由心理谓词和物理谓词的结合物组成的规律。因此，异常一元论拒斥心物还原的可能性。它主张，心理状态会导致物理状态，所以如果因果关系必须由定律作为支撑，那么必然存在规律将心理状态与物理状态关联起来。既然这些规律不能用心理学词汇来表述，那么它们必须用物理词汇来表述，这意味着心理状态必定具有物理描述；也就是说，它们必须是物理状态。

反取消论（Anti-eliminativism） 主张取消论为假。心理状态存在；心理话语至少在某种程度上是准确的。

反还原论（Anti-reductionism） 参见反还原论。

反还原论（Anti-reductivism） 认为心理性质与物理性质不同一，或者心理话语不能还原为物理理论。

托马斯·阿奎那（Aquinas, Thomas, 1224—1275） 著名的中世纪哲学家，以中世纪亚里士多德灵魂理论的捍卫者而在心灵哲学中为人熟知。他的观点的确切定位是一个颇有争议的问题。一些诠释者主张他赞同实体二元论的一种形式。另一些人认为他捍卫了一种形质论，还有一些人认为他捍卫了一种人的灵魂观。

亚里士多德（Aristotle, 公元前384—公元前322） 古代最伟大的哲学家，以捍卫早期的形质论而在心灵哲学界闻名，他主张因果多元论，并提出了具身心智反驳的一个早期版本来反对他同时代的人。

大卫·阿姆斯特朗（Armstrong, David M., 1926— ①） 澳大利亚哲学家，因在心灵哲学中捍卫一种心物同一论和意识的高阶理论而闻名。

安托万·阿尔诺（Arnauld, Antoine, 1612—1694） 法国哲学家，因在心灵哲学中对笛卡尔的《沉思集》做出了第四组反驳而闻名。

人工智能（Artificial Intelligence, AI） 认知科学的一个分支，试图构建具有智能或模拟智能的人工系统。认为这种系统只能模拟智能的观点被称为弱人工智能；认为它们确实具有智能的观点被称为强人工智能。约翰·塞尔以中文屋论证来反对强人工智能。

哲学行为主义（Behaviorism in philosophy） 参见逻辑行为主义。

心理学行为主义（Behaviorism in psychology） 心理学中的一个术语，指心理学家只应当关注可观察的现象。这通常被称为"方法论的行为主义"。它具有多少有些激进的解释。激进的行为主义者，如斯金纳主张，心理学家甚至不应假设内在机制来解释公开的刺激—反应模式。

乔治·贝克莱（Berkeley, George, 1685—1753） 英国哲学家，在心灵哲学中以捍卫本体论的唯心论的一种还原论形式而闻名。

---

① 大卫·阿姆斯特朗生卒年为1926—2014年。——译者注

词汇表

奈德·布洛克（Block, Ned, 1942— ） 美国哲学家，主要贡献是对意识的研究及对功能主义主要问题，包括自由主义反驳的汇编。

弗朗茨·布伦塔诺（Brentano, Franz, 1838—1917） 德国哲学家，因在现代哲学中重新引入意向性概念而在心灵哲学领域中扬名。他既是埃德蒙德·胡塞尔的老师，也对罗德里克·齐硕姆的思想产生了影响。

桥律（Bridgelaws） 参见桥原理。

桥原理（Bridge principles） 是得到经验支持的前提，它将具有不同谓词和术语的理论词汇联系起来。如果被还原理论的词汇中有还原理论的词汇所不具有的谓词和术语，那么桥原理对于理论间的还原是必要的。桥原理的一个例子是"热＝分子平均动能"，这是将热力学还原为统计力学所必需的原理。

泰勒·伯奇（Burge, Tyler, 1946— ） 美国哲学家，以捍卫外在论而闻名。

基于能力的自由意志和道德责任理论（Capacity-based theories of free will and moral responsibility） 一种相容论，利用特定能力，比如理性的自我管理能力的训练来理解自由意志。批评者主张，基于能力的理论未能把握我们对道德责任由什么构成的直觉认识。

因果非决定论（Causalin determinism） 意志自由论的一种形式，它主张行动是由非决定地引起的。诸如行动者的信念和欲望等先决条件使行动更有可能发生，但并不决定它的发生；也就是说，它们产生行动的概率不是100%。批评者断言，因果非决定论面临控制问题：如果行动者的行动不是由其信仰和欲望决定的，那么行动者就不能完全控制其行为的发生，在这种情况下，行动者就不能对其行为承担道德责任。

因果多元论（Causal pluralism） 主张存在多种类型的原因和多种类型的因果关系。形质论诉诸因果多元论解决心理因果问题。

中文屋论证（Chinese room argument） 对功能主义和强人工智能的反驳，最初由哲学家约翰·塞尔提出。如果功能主义为真，那么两个系统不可能在功能方面相同而在心理方面不同。而系统有可能在功能方面相同而在心理方面不同。一个人可以按照复杂图表上的指令学会将中文输入与中文输出联系起来，从而像母语是中文者一样将输入与输出联系起来。因此，这个人和母语是中文者在功能上是相同的，但他们在心理上是不同的，因为这个人不像母语是中文者，他不懂中文。这个人的操作就像计算机一样，所以如果他不能像母语是中文者那样通过将输入和输出相关联来理解中文，那么机器也不能理解中文。

罗德里克·齐硕姆（Chisholm, Roderick, 1916—1999） 美国哲学家，在心灵哲学中最为著名的是通过诉诸分体本质论来捍卫非机体二元属性论，捍卫自由意志的行动者因果理论，并向英美哲学家介绍弗朗茨·布伦塔诺的意向性概念。

保罗·丘奇兰德与帕特里夏·丘奇兰德（Churchland, Paul M., 1942—, Patricia S., 1943—） 加拿大—美国哲学家，以捍卫取消物理主义而闻名。

相容论（Compatibilism） 自由意志与决定论问题的一系列解决方案，它们都主张道德责任的存在与决定论相容。经典相容论主张，自由意志和道德责任需要以其他方式做事的能力，而这种能力与决定论是相容的。当代相容论通过诉诸法式例子否认道德责任需要以其他方式做事的能力。当代相容论包括层级理论、基于能力的理论、反应态度理论和半相容论。

心的计算理论（Computational theory of mind） 参见功能主义。

可设想性（Conceivability） 参见可设想性—可能性原则。

可设想性论证（Conceivability argument） 实体二元论的一种支持论证，主张人可以没有肉体而存在。该论证称，如果人没有肉体而存在是可设想的，那么人可以没有肉体而存在，人没有肉体而存在事实上是可设想的。因此，人可以没有身体而存在。

可设想性—可能性原则（Conceivability-possibility principles） 具有如下形式的陈述，即"如果 p 是可设想的，那么 p 是可能的"。可设想性—可能性原则在心灵哲学和哲学的许多论证中一般被用作前提。哲学家们往往会诉诸可设想性—可能性原则，但又不明确地陈述它——这种做法掩盖了其争议性。

概念本质主义（Conceptual essentialism） 参见经验本质主义与概念本质主义。

意识（Consciousness） 一个含糊的术语，在心灵哲学中至少有两种含义。一种含义是指某人行为中那些特定的公众可见的方面，例如，某人是否对口头命令或痛苦刺激做出反应。这是当我们说某个睡着或服用了药物的人没有意识的时候，在这些日常话语中使用的含义。而在身心争论中占据中心位置的意识概念通常被称为"现象意识"。它指的是所谓经验的私人的、质性的方面——感质。根据一种对现象意识的标准阐述，感质是非关系的且不可分例如，我们可以分析看到一个熟透的西红柿所涉及的大脑机制，但现象意识的标准阐述的支持者主张，看到一个熟透的西红柿的质性维度不能被分析成离散的机械成分的活动和它们之间的关系。现象意识的其他阐述则拒斥"感质是非关系的且不可分析"这一观点。这些理论包括意识的表征理论、意识的高阶理论和意识的感觉运动理论。

后果论证（Consequence argument） 相容论的反驳论证。该论证称，只有当我们的所作所为取决于我们自己时，我们才是自由的。然而，如果决定论为真，我们的所作所为则不取决于我们自己，因为如果决定论为真，那么我们的行为就是自然律和过去事件的必然结果——包括在我们出生前发生的事件。但过去的自然律和事件并不取决于我们。而如果这些事情不取决于我们，那么我们的行为也不取决于我们，因为它们是不取决于我们的事情的必然后果。所以如果决定论为真，我们的所作所为不取决于我们自己。但是，如果我们的所作所为不取决于我们自己，那么我们就不是自由的。因此，如果决定论为真，我们就不是自由的。相容论因而必然为假。后果论证仍然存在争议。

构成主义（Constitutionalism） 该观点认为我们由动物构成。构成被认为是两个事物之间的一种关系，这两个事物具有所有相同的组分，但它们的性质却不同。例如，一尊雕像由一块黏土构成。雕像和黏土有相同的组分，但根据构成主义者，它们是不同的事物，因为它们具有不同的性质。例如，被压扁后能幸存下来的是黏土，而不是雕像。

内容（Content） 参见意向性。

心理表征的共变理论（Covariation theories of mental representation） 该理论试图用环境状态和体验主体状态之间的因果共变关系来解释心理表征。例如，具有红色的内在表征，就是当且仅当环境中的某物是红色时，有一个内部成分被激活。简单共变理论主张，心理表征就在于这类因果共变关系，但那些理论很难解释是什么决定了心理表征的内容——表征是关于或关涉什么（参见意向性）。德雷斯基和福多等人的复杂共变理论试图解决这些难题。

唐纳德·戴维森（Davidson, Donald, 1917—2003） 美国哲学家，在心灵哲学中因其关于行动理论和异常一元论的研究而闻名。戴维森反对维特根斯坦的追随者，认为心理解释是一种因果解释。戴维森对异常一元论的支持论证将他的导师、哲学家奎因的一些观点进行了发展。

荷西·德尔加多（Delgado, Jose, 1915—[①]**）** 开创神经操控技术的神经外科医生。

德谟克利特（Democritus, 出生于公元前 460 年） 被认为是第一个相信原子存在的古希腊哲学家。德谟克利特提出了还原物理主义的早期版本。

丹尼尔·丹尼特（Dennett, Daniel, 1942—[②]**）** 美国哲学家，在心灵哲学中以抨击感质、捍卫相容论和工具主义而闻名。然而，丹尼特更为成熟的观点并不是工具主义的，其理论被描述为一种非还原物理主义，它强调心理解释的实践优势：我们使用心理话语是因为它在解释和预测人类行为方面比物理学更有效。

勒内·笛卡尔（Descartes, René, 1596—1650） 杰出的法国哲学家，他的思想极大地影响了我们自 17 世纪以来对心灵哲学的理解。笛卡尔最为人所知的是他通过模态论证为实体二元论辩护，并试图为交互作用论辩护。然而，笛卡尔的实体二元论的确切本质是个有争议的问题。一些诠释者将他的心灵哲学与托马斯·阿奎那的相比较，但其他人坚持认为他的哲学标志着与他与中世纪先辈的彻底决裂。笛卡尔关于心灵和肉体的名作包括《第一哲学沉思集》和《哲学原理》。

决定论（Determinism） 决定论主张，对某一时刻宇宙的任何既定状态而言，先在条件结合自然律已经决定了只可能产生一种结果状态。弱决定论是决定论与相容论的结合，强决定论则是决定论与不相容论的结合。

直接访问观（Direct access thesis） 直接访问观认为，他人的心理状态是可以直接观察到的，我们通过直接知觉就能知道他人的心理状态，而不必通过身体行为进行推断。形质论者和逻辑行为主义者都赞同某种形式的直接访问观。它与推断访问观相对立。

析取论（Disjunctivism） 析取论认为，不需要存在共同的内在经验元素为准确和不准确的经验所共有。不需要存在一种内在的状态——比如视觉经验——为知觉和幻觉所共有。

弗雷德·德雷斯基（Dretske, Fred, 1932—[③]**）** 美国哲学家，在心灵哲学中以捍卫复杂的心理表征的共变理论而闻名。根据德雷斯基，心理表征在

[①] 荷西·德尔加多生卒年为1915—2011年。——译者注
[②] 丹尼尔·丹尼特生卒年为1942—2024年。——译者注
[③] 弗雷德·德雷斯基生卒年为1932—2013年。——译者注

于一个内部成分在更广泛的系统中具有何种指示功能。一个系统的感觉器官或子系统的功能是向它提供有关环境的信息，它是通过内部状态与环境状态的共变来实现这一点的。

双面向论（Dual-aspect theory） 参见二元属性论。

二元属性论（Dual-attribute theory，DAT） 二元属性论承诺性质二元论与心物同存的结合体；换句话说，他们认为心理和物理性质不同，同一个个体可以同时具有这两种性质。相比之下，实体二元论赞同性质二元论，但拒斥心物同存二元属性论有时单指性质二元论，但这个标签是误导性的，因为实体二元论也承诺性质二元论。二元属性论彼此之间的区别在于两个方面：它们对同时具有心理和物理性质的事物的主张，以及它们对心理和物理性质之间关系的主张。机体二元属性论认为，同时具有心理和物理性质的东西是机体。这些理论往往承诺动物主义。非机体二元属性论则否认具有心理和物理性质的东西是机体。二元属性论最流行的形式是突现论和副现象论。两者都主张心理性质由物理交互作用产生或生成。二元属性论有时也会与非还原物理主义的形式产生混淆。

二元论（Dualism） 参见一元论与二元论。

阿瑟·斯坦利·爱丁顿（Eddington，Arthur Stanley，1882—1944） 英国天文学家和物理学家。爱丁顿是首批试图用实验证实爱因斯坦广义相对论的科学家之一。在哲学界，他因提出了关于两张桌子的哲学问题而闻名：一张由物理学描述的桌子和一张由常识描述的桌子。

取消物理主义（Eliminative physicalism） 物理主义的一种形式，它否认心理话语具有任何描述或解释的合法性。取消论者称，信念、欲望、希望、愉悦或疼痛在现实中不存在。试图通过诉诸心理状态来描述和解释人类行为，就像试图通过诉诸希腊诸神来描述和解释天气一样：它是一个有缺陷的概念框架的副产品，它可能一度有用，而一旦对人类行为有了完备的科学理解，它就会被取消（因此被贴上了"取消"的标签）。相比之下，还原物理主义和非还原物理主义认为，心理学话语确实具有描述和解释的合法性。

取消论（Eliminativism） 在本书中或者指取消物理主义，或者指虚无主义。

波西米亚的伊丽莎白（Elisabeth of Bohemia，1618—1680） 伊丽莎白公主是笛卡尔的学生，她提出了交互作用问题。

具身心智反驳（Embodied mind objection） 一种反驳功能主义的论证，它主张人类的心理能力不能像功能主义者假设的那样抽象地定义。相反，心理状态本质上体现在人类具有的各种子结构或子系统中。认知科学中具身心智反驳的当代支持者认为，用具身性所做认知能力解释比不用具身性的由功能主义启发的解释要优越。

具身观（Embodiment thesis） 心的形质理论赞同的一种主张：人类的心理能力本质上是具身的。如果不提及人类具有的身体组分，它们就不能被定义。具身对形质论者如何理解多重可实现性有重要影响。他们主张，我们可以将心理谓词和术语应用于非人事物，不是因为心理能力可以像功能主义者所说的那样被抽象地定义，而是因为我们能够在非人事物的行为和身体构成与我们自己的行为和身体构成之间进行类比。

突现论（Emergentism） 一种二元属性论，与副现象论一样，它认为心理性质是由物理交互作用产生或从物理交互作用中突现的。而与副现象论者不同的是，突现论者主张心理性质对物理事物施加了因果影响。突现论者认为他们的理论是对某些经验事实的最佳解释。批评者否认了这一点，他们主张，突现论面临心物突现问题，以及心理因果问题。

经验本质主义（Empirical essentialism） 参见经验本质主义与概念本质主义。

经验本质主义与概念本质主义（Empirical versus conceptual essentialism） 关于我们如何辨别事物本质属性的两种不同观点。经验本质主义者主张，我们通过经验研究发现事物的本质属性。概念本质主义者否认我们必须通过经验研究辨别事物的本质属性。笛卡尔是概念本质主义者的代表，克里普克、普特南和亚里士多德是经验本质主义者的代表。

副现象论（Epiphenomenalism） 一种二元属性论，主张心理性质由事物的物理性质导致，而心理性质不能反过来对事物产生因果影响。当代副现象论主张，感质以及符合心理现象私人概念的一般心理状态都是副现象的，但符合心理现象公众概念的命题态度和心理状态不是副现象的，而是如心物同一论所主张的与物理状态同一。

本质属性论证（Essential property argument） 本质属性论证由笛卡尔提出，用于支持人可以在没有肉体的情况下存在的实体二元论主张。该论证称，我们唯一的本质属性是思维。然而，如果那是我们唯一的本质属性，我们存在所需要唯一属性，那么我们的存在就不需要物理属性。但如果我们的存在不需要物理属性,那么我们的存在也不需要肉体。因此,人可以没有肉体而存在。该论证隐含地承诺可设想性—可能性原则和概念本质主义。

事件—因果非决定论(Event-causal indeterminism) 参见因果非决定论。

事件(Events) 心灵哲学家在陈述他们的观点时,至少会诉诸三种事件理论。由金在权、古德曼和本内特捍卫的性质例证理论主张,事件是在某一时间具有性质或处于关系中的个体。戴维森捍卫了一种不同的事件理论,根据这一理论,事件是具有独特的原因和结果的不可重复的个例。其他哲学家支持事件的丛束理论(bundle theories of events),认为事件是性质的束。

排他性论证(Exclusion argument) 心理因果问题的一个版本,由哲学家金在权提出,作为他对突现论和非还原物理主义的批评。根据该论证,突现论者和非还原物理主义者并没有令人满意的方法来解决这个问题。

排他性问题(Exclusion problem) 参见排他性论证。

解释鸿沟(Explanatory gap) 该术语表达了以下观点,即物理学的描述和解释资源与用于描述和解释感质的资源之间存在不可逾越的鸿沟。

外在论(Externalism) 主张心理状态以某种方式取决于心理状态所属的个体外部的社会或环境条件。相比之下,内在论者则主张,心理状态不取决于外部条件。外在论有时被称为"反个体主义"。尽管过去许多哲学家都是外在论者,但对当代外在论的兴趣却是由普特南的孪生地球思想实验引发的。

第一人称权威(First-person authority) 该观点认为,我们每个人对自己心理状态的了解在某种程度上是特权性的。我们每个人对他人的心理状态有可能出错,但我们对自己的心理状态却不会出错。第一人称权威和第一人称无误性不同,第一人称无误性是指我们不可能对自己的信念、欲望或感受出错。第一人称权威也不同于第一人称顽固性,即他人不可能纠正我们的想法、欲望或感觉。

分裂问题(Fission problem) 该论证旨在证明,人格同一性的心理连续解释是假的。人格同一性的心理连续性解释认为,个体同一性存在于心理连续性中,但一个人在心理上与两个不同的个体保持连续性是可能的。由于一个人不可能与两个人完全相同,批评者认为心理连续性解释一定为假。

杰瑞·福多(Fodor, Jerry, 1935—)[①] 美国哲学家,以捍卫功能主义、非还原物理主义、复杂的心理表征共变理论和思维语言假说而闻名。思维语言

---

① 杰瑞·福多生卒年年为 1935—2017 年。——译者注

假说认为，心理表征就像纯心理语言（mentalese）中的符号，它们根据句法规则组成类似句子的实体。福多还捍卫了民间心理学的描述和解释的合法性以反对取消论者的主张，并一度批评内容的外在论。

民间心理学（Folk psychology） 日常心理话语的一个标签（原为贬义）。

四维论（Four-dimensionalism） 参见时间部分理论。

哈里·法兰克福（Frankfurt, Harry, 1929—①） 美国哲学家，以提出法氏例子反对可供取舍的可能性原则以及捍卫自由意志和道德责任的层级理论而闻名。

法氏例子（Frankfurt-type examples） 旨在证明可供取舍的可能性原则为假。这些例子涉及有时所谓的"法兰克福控制者"，他们有能力控制行动者的行为，但却不想不必要地干涉行动者的行为。如果行动者按照法兰克福控制者希望的方式行动，那么控制者不会干预改变行动者的行为。直觉上，我们可以让行动者对他的行为负责，即使他没有以其他方式做事的能力。因此，道德责任并不要求以其他方式做事的能力。法式例子仍有争议。

功能（Function） 在心灵哲学中，这个术语有几种不同的用法。经典的功能主义理论认为，功能是将系统的输入与输出相关联的状态。这个概念不同于目的论功能的概念。目的论功能是指某物在一个更广泛的系统中的工作或目的。心脏的目的是泵血，这是心脏在人体中所做的工作，是它（在目的论意义上）的功能。目的论功能主义者诉诸目的论的功能概念来处理对经典功能主义的自由主义反驳。

功能分析（Functional analysis） 生物学家、认知科学家、工程师和其他研究复杂系统如何运作的学者所使用的科学研究方法。该方法涉及将系统的活动分析为由更简单的子系统执行的更简单的子活动。令人困惑的是，生物学家经常将功能分析称为"还原"，但这与还原的哲学概念不同。后者是一种理论接替另一种理论的描述和解释工作的概念，但承诺功能分析是一种研究方法，并不意味着在这个意义上承诺还原。

功能主义（Functionalism） 一种流行的理论，主张心理状态是功能状态，它将系统的输入与输出以及其他内部状态关联起来。虽然功能主义最初是受到图灵测试和图灵思想的启发，但首先阐述它的是普特南。与身心争论中的

---

① 哈里·法兰克福生卒年为 1929—2023 年。——译者注

许多其他理论不同，功能主义对何物存在没有立场。例如，它并没有说任何东西都是物理的，或某些东西是非物理的。功能主义在本体论问题上保持中立，它只是刻画了心理语言的特征。它提出，心理话语是一种抽象的话语，它忽略了系统的物理或其他细节，只关注系统如何将输入与输出关联起来。换句话说，心理话语类似于几何话语，后者忽略了事物的物理细节（比如，它是由什么构成的），而仅仅关注它的空间特性。因此，根据功能主义者的观点，心理性质是抽象的高阶性质，由具体的低阶事物来实现。功能主义者认为，他们的理论很明显可以解释多重可实现性。批评者否认这一点，并认为功能主义面临中文屋论证、具身心智反驳和自由主义反驳等问题。目的论功能主义者试图通过限制能够实现心理状态的系统种类来解决第三个问题。虽然功能主义与实体二元论、唯心论、中立一元论和二元属性论都相容，但它经常与物理主义结合在一起。由此产生的观点便是实现物理主义。

皮埃尔·伽桑狄（Gassendi, Pierre, 1592—1655） 法国哲学家，在心灵哲学中最为人所知的是他提出了第五组反对笛卡儿的《沉思集》的观点，并提出了交互作用问题。

全局随附（Global supervenience） 参见随附。

强决定论（Hard determinism） 对自由意志与决定论问题的一种解决方法，它否定相容论，肯定决定论。强决定论主张，决定论为真，而决定论的真与自由意志的存在不相容。因此，他们否认自由意志存在。

强不相容论（Hard incompatibilism） 强不相容论对自由意志与决定论问题的一种解决方法，它否认自由意志和道德责任存在。与强决定论者一样，强不相容论者也否认相容论，但他们并不断言决定论为真，因为他们认为这是一个经验问题。他们有其他理由否认自由意志和道德责任存在。

卡尔·亨普尔（Hempel, Carl, 1905—1997） 德国科学哲学家，对科学解释有重要影响。他在心灵哲学中最为人所知的是，他曾是逻辑实证主义者和逻辑行为主义者，后来提出了物理主义理论面临的一个问题：亨普尔难题。

亨普尔难题（Hempel's dilemma） 科学哲学家亨普尔提出的反对物理主义的论证。物理主义认为，一切事物都是物理学所说的那样。但是，物理学必须或者根据物理学发展的初期阶段来定义，或者根据其最终的理想阶段来定义。如果以前一种方式定义，那么物理主义就是假的，因为初期的物理理论为假。如果以后一种方式来定义，那么物理学就缺乏内容，因为我们还不知道最终的理想的物理理论具有什么内容。

自由意志和道德责任的层级理论（Hierarchical theories of free will and moral responsibility） 一种相容论，它从低阶欲望符合高阶欲望的角度分析自由意志。批评者认为，层级理论未能把握我们对道德责任构成的直觉。

高层性质与低层性质（Higher-and lower-level properties） 多层级世界观中不同层级的性质之间的区别。低层性质是基础物理学所假定的性质。高层性质是特殊科学：化学、生物学、心理学、经济学和其他社会科学所假定的性质。高层性质与低层性质之间的区别不应与高阶性质与低阶性质之间的区别混淆。后一种区别关注的是抽象的程度或阶，但层级不需要根据抽象的层级来定义。

高阶欲望与低阶欲望（Higher-and lower-order desires） 一种与自由意志和道德责任的层级理论有关的区分。大致来说，一阶欲望是对普通事物的欲望，而二阶欲望是对其他欲望的欲望。例如，如果我想成为一个慷慨的人，我就想具有某些欲望，比如帮助别人的欲望。三阶欲望是对某种二阶欲望的欲望，以此类推。高阶欲望与低阶欲望不应与高阶性质与低阶性质相混淆。

高阶性质与低阶性质（Higher-and lower-order properties） 高阶性质的定义是对其他性质的量化。实现物理主义者主张，心理性质是高阶性质。例如，疼痛被定义为这样一种性质，它具有某种物理性质，该物理性质将某些输入与某些输出关联起来。在这种情况下，物理性质相对于疼痛是低阶性质，而特定的疼痛的实例被认为是由特定的物理性质的实例实现的。高阶性质和低阶性质不应与高层性质与低层性质相混淆，因为层级不必对应于抽象的阶。它们也不应与高阶欲望与低阶欲望相混淆，因为后者是在讨论自由意志和道德责任的层级理论时才能得到理解的概念。最后，高阶性质不应该与高阶思维和高阶知觉的概念相混淆，因为它们要结合意识的高阶理论才能理解。

高阶知觉（Higher-order perception） 参见意识的高阶理论。

意识的高阶理论（Higher-order theories of consciousness） 意识的高阶理论认为，意识状态是系统的一个内部状态，受到该系统其他内部状态的监控。例如，当我有一种内部感觉状态记录环境中红色的存在，而另一种内部状态记录内部感觉状态的存在时，我意识到看到了红色。至少有两种意识的高阶理论。高阶知觉理论认为，内部监控状态就像对感官状态的内部知觉；高阶思维理论认为，内部监控状态就像对感官状态的思考。意识的高阶理论与意识的表征理论非常相似。物理主义者希望借助这两种理论对反对他们观点的基于感质的论证做出回应。

高阶思维（Higher-order thought） 参见意识的高阶理论。

托马斯·霍布斯（Hobbes，Thomas，1588—1679） 英国哲学家，在心灵哲学中最为人所知的是，他支持心物同一论的早期现代版本，支持相容论，并撰写了对笛卡尔《沉思集》的第三组反驳。

小人论（Homunctionalism） 参见目的论功能主义。

小人功能主义（Homuncular functionalism） 参见目的论功能主义。

埃德蒙德·胡塞尔（Husserl，Edmund，1859—1938） 德国哲学家，布伦塔诺的学生，海德格尔的老师。胡塞尔最为人所知的身份是现象学的创始人，现象学是研究意向性的一种哲学方法。

心的形质理论（Hylomorphic theory of mind） 该理论将形质论原理用于身心问题。心的形质理论的支持者提出，虽然自然界中的某些结构只是事物组分的空间排列，但生物与其他生物和环境交互作用的特殊方式也是结构化的现象。这些社会和环境交互作用的模式包括心理状态。心的形质理论反对心理状态是内部状态的观点。心理状态可能包含内部状态，如神经系统的状态，但它们不等同于内部状态，因为它们还涉及社会和环境因素。心的形质理论很容易与逻辑行为主义相混淆。这两种理论都反对心理状态是内部状态的观点，但它们至少在三个方面有所不同：形质论者拒斥物理主义，而行为主义则不；与行为主义者相比，形质论者对什么是行为有更宽泛的概念；形质论对心理语言有不同的理解。心的形质理论承诺外在论、析取论、心理语言的模式表达理论、直接访问观和具身观。该理论的支持者也赞同意识的感觉运动理论。

形质论（Hylomorphism） 该理论认为，结构或组织是实在的、不可还原的本体论和解释原则。事物不仅由基本的物理物质或粒子构成，还由那些以不同方式组织或结构化的质料构成的。那些结构将一种事物和另一种事物区分开来，并解释了事物为何如此运作。例如，人和狗是由相同的物理质料构成的，将它们区分开来的是这些质料的结构或组织方式。在科学革命之前，形质论是理解人类心理能力的主要进路。心的形质理论将形质论的一般原理应用于身心问题。

唯心论（Idealism） 唯心论认为，一切都是心理的。"唯心论"一词既可以指概念唯心论，也可以指本体论唯心论。概念唯心论主张，我们对世界的经验部分依赖于我们的心灵提供的概念或结构。康德的先验唯心论是概念唯心论的一个范例。本体论唯心论就像是物理主义的反义词。它最杰出的捍卫者是英国哲学家贝克莱。本体论唯心论者追随贝克莱，成为物理话语的还原论者：他们称，我们对独立于心灵的对象的谈论，可以还原为对我们经验的谈论。这种观点通常被称为"现象主义"。

同一（Identity） 每个事物只与它自身才具有的关系。说 x 同一于 y 就是说 x 和 y 是一个事物。同一是由同一者的不可区分性、同一的必然性和同一的传递性等公理所规定的。

同一条件（Identity conditions） 参见续存条件。

同一论（Identity theory） 参见心物同一论。

不相容论（Incompatibilism） 对相容论的否定。不相容论主张，决定论与自由意志和道德责任的存在不相容。意志自由论和强决定论都是不相容论。

同一者的不可区分性（Indiscernibility of identicals） 这个原则是指，如果 $x = y$，那么 x 和 y 必定具有全部相同的性质。一个事物所具有的性质不可能不同于它本身所具有的性质。同一者的不可区分性有时被称为"莱布尼茨定律"；虽然这一术语也用于同一者的不可区分性和有争议的不可区分的同一性（即如果 x 和 y 具有全部相同的性质，则 $x = y$ 的原则）的合取。同一者的不可区分性经常被用作论证的前提，以表明一个事物与另一个事物并不同一。例如，如果疼痛与大脑状态 B 同一，那么某物就不可能具有疼痛而不具有大脑状态 B。因此，如果一个论证表明，某物可以具有疼痛而不具有大脑状态 B，反之亦然，那么这就表明疼痛和大脑状态 B 并不同一。

以往科学成功的归纳概括（Inductive generalization from past scientific success） 物理主义的支持论证。在过去，每当人们试图用非物理的方式解释事物时，他们的尝试总是失败，而物理解释都成功了。该论证认为，既然过去一直如此，我们就有很好的理由认为情况会一直如此。换句话说，我们有很好的理由认为，对现象的非物理解释总是失败的，而对那些现象的物理解释总是成功的。因此，我们有很好的理由认为，一切都可以得到物理解释，而没有任何东西可以用非物理的方式解释。于是我们有很好的理由认为一切都是物理的，物理主义为真。

推断访问观（Inferential access thesis） 我们只有通过对他人的身体行为进行推断才能知道他人的心理状态。如果心理状态是私人的、主观的事件，那么我们就不能像直接观察他人客观的身体运动那样直接观察他们的心理状态。因此，我们对他人心理状态的了解依赖于从身体动作和话语做出推断。推断访问观与直接访问观相对。

工具主义（Instrumentalism） 在心灵哲学中，工具主义认为心理话语并不像心理话语的实在论者所主张的那样旨在表达实在的性质；相反，心理话语只是一种预测人类行为的工具或手段，它的使用并没有显著的本体论含义。

意向性（Intentionality） 至少某些心理状态所具有的关于或关涉或对于某物的特征。例如，恐惧永远是对于某物的恐惧，信念永远是关于某物的信念，欲望永远是对于某事的欲望。意向性的概念在中世纪哲学中发挥了重要作用，但到了现代一直被忽视，直到19世纪德国哲学家布伦塔诺重新引入它，而它进入英美哲学则在一定程度上要归功于齐硕姆。塞尔在澄清这一概念方面做了很多工作。哲学家也从心理表征的角度讨论意向性：像信念这样的心理状态被认为表征了世界。哲学家还会从命题态度的角度讨论意向性。相信 $2+2=4$ 是一种对命题 "$2+2=4$" 的接受态度。此外，这个命题被认为是意向状态或心理表征的内容。物理主义者通常关注的是对意向性做出与他们观点相一致的解释。他们通常根据心理表征理解意向性，然后试图用在整个物理世界中发现的关系来解释心理表征。例如，心理表征的共变理论试图用因果关系来解释心理表征，而物理主义者主张，因果关系可以用物理学来全面理解。

交互作用论与非交互作用论（Interactionism versus noninteractionism） 实体二元论的种类。交互作用论认为，人与身体可以发生因果交互作用。非交互作用论，包括平行论和偶因论否认这一点。虽然交互作用论是实体二元论者的默认立场，但交互作用问题促使一些实体二元论者支持非交互作用论。非交互作用论者的责任是解释为什么人和身体在实际上并不发生交互作用的情况下，看起来却是在发生交互作用。莱布尼茨等平行论者主张，人和身体是平行运作的：他们的状态有关联但不是交互作用。像马勒伯朗士这样的偶因论者则主张，上帝作为一个因果中介，协调了人的变化与身体的变化。

内在论与外在论（Internalism versus externalism） 参见外在论。

感质倒置（Inverted qualia） 参见基于感质的论证。

光谱倒置（Inverted spectrum） 参见基于感质的论证。

弗兰克·杰克逊（Jackson, Frank, 1943—） 澳大利亚哲学家，在心灵哲学领域以提出知识论证和捍卫副现象论而闻名。

威廉·詹姆斯（James, William, 1842—1910） 美国哲学家和心理学家，在心灵哲学中以捍卫中立一元论而闻名。

伊曼纽尔·康德（Kant, Immanuel, 1724—1804） 18世纪伟大的哲学家。康德以捍卫概念唯心论以及自由意志与决定论问题的意志自由论解决方案而闻名。康德意志自由论的独特之处在于，它赞同自由主义的自由意志存在，同时否认我们能够解释自由主义的自由意志如何可能。在康德看来，我们可以知道我们是自由的存在，但不知道我们如何可能是自由的。

金在权（Kim, Jaegwon, 1934— ①） 韩裔美国哲学家，在心灵哲学中最为人所知的是，他阐明了随附的概念，并通过金在权的三难困境和排他性论证对非还原物理主义进行了有力的攻击。金在权最初赞同心物同一论。尽管如此，他还是研究了非还原性物理主义的形式，之后才支持窄心理类型以回应多重可实现性论证。最近他支持副现象论。

金在权的三难困境（Kim's trilemma） 金在权提出的一种论证，旨在表明实现物理主义者必须或者放弃他们对物理主义的承诺，或者放弃他们对反取消论的承诺，或者放弃他们对反还原论的承诺。

知识论证（Knowledge argument） 杰克逊提出的一种反物理主义论证。如果物理主义为真，那么所有的事实都是物理事实。但该论证称，并不是所有的事实都是物理事实，因为一个人可能知道所有的物理事实而不知道所有的事实。例如，玛丽有完备的物理知识。她知道所有的物理事实，但她以前从未经验过颜色。当她第一次经验颜色时，她学到了一些新的东西，获得了她以前不知道的关于事实的知识。既然她知道所有的物理事实，那么她一定学到了一个非物理事实。因此，并非所有的事实都是物理事实，物理主义必定为假。对这一论证的批评包括能力假说，以及主张玛丽知道的是新表征下的旧事实。

---

① 金在权生卒年为1934—2019年。——译者注

索尔·克里普克（Kripke, Saul, 1940—[①]**）** 美国哲学家，在心灵哲学中最为人所知的是捍卫了性质二元论和同一的必然性，发展了一种颇有影响力的自然类词项解释，并澄清了必然性和先验性之间的区别。克里普克认为，存在后验可知的必然真理，比如水是 H_2O 的真理，也存在先验可知的偶然真理，比如在巴黎有一根金属棒长 1 米的真理。这种区别有助于纠正心物同一论的主张，即心理状态偶然同一于大脑状态。正如克里普克所言，如果同一是必然的，并且疼痛与大脑状态 B 同一，那么疼痛必然是大脑状态 B，同一论者表述其观点的正确方法是，疼痛必然与大脑状态 B 同一，但这个必然真理是后验发现的。克里普克因提出反对心理状态同一于物理状态的论证而闻名。

戈特弗里德·威廉·冯·莱布尼茨（Leibniz, Gottfried Wilhelm von 1646—1716） 杰出的德国哲学家，在心灵哲学中因以实体二元论者的身份支持平行论而闻名。

实在的层级（Levels of reality） 参见多层级世界观。

大卫·刘易斯（Lewis, David K., 1941—2001） 美国哲学家，在心灵哲学中最为人所知的是捍卫心物同一论，基于同一性的传递性的一个理论同一模型，以及捍卫时间部分理论。

功能主义的自由主义反驳（Liberalism objection to functionalism） 如果功能主义为真，那么几乎任何事物都可以实现心理状态，甚至直觉上最怪异的系统，比如一个由所有中国人构成的巨大的"大脑"。假定这样的系统真的能够实现心理状态是十分荒谬的，因而，功能主义必然为假。

意志自由论（Libertarianism） 自由意志与决定论问题的一组解决方案。意志自由论主张，自由意志的存在与决定论为假是相容的。这些方案包括朴素非决定论、因果非决定论以及行动者因果理论。

约翰·洛克（Locke, John, 1632—1704） 17 世纪杰出的英国哲学家，在心灵哲学中最为人所知的是，赞同意识的高阶知觉理论（参见意识的高阶理论），并提出了感质倒置概念（参见基于感质的论证）。洛克还赞同人格同一性的心理连续性解释，动物个性的结构解释，以及自由意志的相容论解释。

逻辑行为主义（Logical behaviorism） 受逻辑实证主义启发而产生的一种研究身心问题的进路。它主张心理表达是对实际和潜在行为的较长描述的简

[①] 索尔·克里普克生卒年为 1940—2022 年。——译者注

化，其中典型的行为包括身体动作和话语。逻辑行为主义产生的动机是还原物理主义试图证明心理现象就是物理现象。心物同一论试图通过科学研究证明这一点，与心物同一论不同，逻辑行为主义试图通过概念分析先验地证明这一点。它意味着每种心理表达都可以被分析成对实际和潜在行为的等效物理描述。逻辑行为主义面临许多问题，并在20世纪50年代早期随着实证主义的式微而基本上被抛弃。

逻辑实证主义（Logical positivism） 20世纪早期的一场哲学运动。一般来说，实证主义者认为人类历史的演进经历了几个阶段：宗教阶段之后是哲学或形而上学阶段，再之后是科学阶段。每一个新阶段的发起者都必须努力使人类的理解超越前一个阶段。逻辑实证主义者认为，他们利用逻辑学家和数学家弗雷格（1848—1925）以及哲学家罗素和维特根斯坦开发的逻辑学和语言学工具，使人类的理解超越了哲学/形而上学阶段，他们认为自己为这一成就做出了贡献。实证主义运动在20世纪30年代和40年代达到鼎盛，但到了50年代初，它已日薄西山。逻辑行为主义是实证主义哲学的一个分支，主要研究身心问题。

机器功能主义（Machine functionalism） 参见功能主义。

尼古拉斯·马勒伯朗士（Malebranche, Nicholas, 1638—1715） 法国哲学家，在心灵哲学中以支持实体二元论和偶因论（参见交互作用论与非交互作用论）而闻名。马勒伯朗士主张，上帝是唯一的行动者，唯一能够因果导致任何事件的存在者。该主张意味着人和身体都不能对彼此产生因果影响。马勒伯朗士认为，对人—身体看似能够产生交互作用的解释是，上帝因果地影响了二者。

唯物主义（Materialism） 参见物理主义。

心理（Mental） 心理现象由心理话语定义。心理性质和事件是由心理谓词和描述所表达的东西。宽泛地说，存在两种心理现象的概念：心理现象的私人概念和心理现象的公众概念。

心理内容（Mental content） 参见意向性。

心理一元论（Mental monism） 参见唯心论。

心理表征（Mental representation） 参见意向性。

分体本质论（Mereological essentialism） 该理论主张，一个事物具有它所有的组分，并且只在本质上具有那些组分。它的意思是，如果一个事物得到或失去了一个组分，那么这个事物就不复存在了。齐硕姆诉诸分体本质论反对我们是生物体的主张。形质论提供了组分关系的另一种解释。

分体共相论（Mereological universalism） 该理论主张，任何物体都是一个独特的整体。例如，存在一个由你的左手、埃菲尔铁塔和总统的鼻子构成的物体。分体共相论被用来支持虚无主义，即人不存在的主张。形质论提供了组分关系的另一种解释。

方法论行为主义（Methodological behaviorism） 参见心理学行为主义。

心灵（Mind） 一个比较含糊的术语，它既可以被用于指称心理能力，比如思维或感觉的能力，也可以指称具有那些能力的实体。为避免混淆，本书一般不使用该术语。

身心悲观论（Mind-body pessimism） 该理论否认解决身心问题的可能性。

身心问题（Mind-body problems） 当我们试图理解心理现象如何与物理现象相关联时产生的哲学问题。这其中包括他心问题、心理因果问题和心物突现问题等。带定冠词的"身心问题"有时被用于指称与心理现象的本质和心理现象与物理现象的关系相关的一系列问题。

实体二元论的模态论证（Modal argument for substance dualism） 如果我可以没有肉体而存在，那么我不可能是一个肉体；我可以没有肉体而存在。第二个前提通过诉诸可设想性论证和本质属性论证而得到了辩护。

一元论与二元论（Monism versus dualism） 在心灵哲学中，一元论与二元论的区分主要是针对哪种事物存在的问题。一元论主张，只存在一种事物。二元论主张，存在两种事物。一元论包括唯心论、物理主义和中立一元论。二元论包括二元属性论和实体二元论。

多层级世界观（Multilevel worldview） 也被称为"多层世界观"（multi-layered worldview）：一幅关于宇宙的图景，根据这种图景，现实由许多不同的层级或层构成。这些层级通常被认为与科学的分支相对应，最低的层级与基础物理学所假设的对象、性质和事件相对应，其次是原子物理学、化学、生物学、心理学和经济学等社会科学所假设的对象、性质和事件。低层对象、性质和事件被认为构成了高层对象、性质和事件。例如，基本的物理粒子构成原子，原子又构成分子，分子构成有机组织，有机组织构成有机体，再构成社会系统。不同的多层级世界观以不同的方式理解层间关系：一些世界观认为高层科学可以还原为低层科学；另一些则否认这一点。有些认为高层性质是从低级系统之间的交互作用中突现的；另一些认为高层性质由低层交互作用实现。还有一些认为高层现象是在低层子活动和子系统中具身体现的。层级可以全局定义也可以局部定义。全局层级观主张，自然世界中存在着同样的层级结构。局部层级观否认自然界中存在着单一的层级结构；相反，不同的层级对应着不同的事物。

多重可实现性论证（Multiple-realizability argument） 该论证用于证明心物同一论为假，并支持反还原论。该论证有三个前提。第一是多重可实现性论题：（1）心理状态是多重可实现的，也就是说，一种特定类型的心理状态有可能在不只一种类型的物理状态中实现。例如，疼痛可以由人类大脑的状态、火星人伽玛器官的状态或复杂的机器人电路的状态来实现。（2）如果心理状态是多重可实现的，那么它们就不等同于物理状态。（3）如果心理状态不等同于物理状态，那么心理话语就不能还原为物理理论。多重可实现性论题是通过可设想性—可能性原则，以及生物学、神经科学和人工智能研究工作来辩护的。还原物理主义者可以用几种方式来回应这个论证，因此它仍然存在争议。尽管如此，它依然非常有影响力，它与功能主义一起激发了非还原物理主义。

托马斯·内格尔（Nagel, Thomas, 1937—） 美国哲学家，在心灵哲学中因其对主体性和感质的观点而闻名。

同一的必然性（Necessity of identity） 该原则是指，如果 $x = y$，那么必然 $x = y$。一个事物不仅不会没有它自身而存在，并且不可能没有它自身而存在。

新柏拉图主义者（Neoplatonists） 参见柏拉图。

中立一元论（Neutral monism） 一种身心理论。它主张，从根本上讲，一切事物都既不是心理的也不是物理的，而是中立的。该理论的捍卫者包括哲学家詹姆斯和罗素。中立一元论在心灵哲学中是一种相对边缘的理论，这主要是因为它的支持者未能提出中立现象的有效定义。

虚无主义（Nihilism）[人的取消论（eliminativism about people）] 本书使用该术语指称人，比如你和我，并不存在。虚无主义的支持论证诉诸分体共相论。就在我所在的地方，有许多不同的粒子集合，它们组成了一个整体，这些整体都是我的候选者。因为不存在一种原则性的方法确定单词"我"指的是哪个集合，所以它一定不是指其中任何一个集合。因此"我"没有指称物。

我不存在，所有人都是如此。

非机体二元属性论（Nonorganismic dual-attribute theory） 参见二元属性论。

非还原物理主义（Nonreductive physicalism） 拒斥特殊科学能够还原为物理学的一系列物理主义理论。与取消物理主义者不同，但与还原物理主义者类似，非还原物理主义者主张，心理话语具有真实的描述和解释的合法性。而与还原物理主义者不同，非还原论者否认这种合法性是由于心理范畴直接对应于物理范畴。相反，它是由于心理范畴满足了我们的特殊旨趣。我们有许多不同的描述和解释旨趣。物理学满足了其中的一些，但不能满足所有旨趣；只有特殊科学才能做到。因此，物理学无法取代其他特殊科学所起的描述和解释作用。所以特殊科学不能还原为物理学。二元属性论也否认特殊科学可以还原为物理学，但它有其他理由。与非还原物理主义理论不同，它否认所有的性质都是物理性质。因为非还原性物理主义拒斥还原论，因为它的某些形式对高阶性质和低阶性质进行了区分，所以它有时也被刻画为性质二元论的一种形式，但这个标签有误导性。非还原物理主义承诺物理主义这种一元论形式。它意味着所有的性质都是物理性质，因此它与性质二元论是不相容的。"非还原性物理主义"这个标签也被用来描述任何满足以下条件的观点：（1）拒斥还原论，但（2）意味着我们完全由物理粒子构成。这也是一个有误导性的标签，因为许多非物理主义理论也支持（1）和（2），其中包括形质论和二元属性论，比如突现论和副现象论。非还原物理主义的形式包括实现物理主义、随附物理主义和异常一元论。非还原物理主义的灵感来自反对心物同一论的论证，比如多重可实现性论证。

非还原论（Nonreductivism） 在本书中这个标签是非还原物理主义的简化。

客观的（Objective） 参见主体性与客观性。

偶因论（Occasionalism） 参见交互作用论与非交互作用论。

奥卡姆剃刀（Ockham's razor） 以14世纪哲学家奥卡姆的威廉（1287—1347）命名的一种方法论原则。它提出，在构建理论的时候，如无必要，勿增实体。如果要在两种难以取舍的理论之间做出选择，奥卡姆剃刀要求我们应该选择本体论更简单的理论，即假设基本实体更少的理论。奥卡姆剃刀是

J. J. C. 斯马特提出心物同一论的前提。

新表征下的旧事实（Old facts under new representations） 对知识论证的一种反驳。它主张玛丽在初次经验颜色时并没有学到新知识，只是在一种新的表征下了解了同一种旧事实。

本体论自然主义（Ontological naturalism） 它主张，当决定何物存在时，科学扮演了重量级的角色。本体论自然主义者认为，科学可能不是关于何物存在的唯一指南，但科学是最可靠的，当我们决定何物存在何物不存在时，科学应当享有特权地位。反对感质和分体共相论的论证都借助了本体论自然主义。

多元决定（Overdetermination） 一个事件是多元决定的，如果它有两个或两个以上独立的完全充分的原因。

泛原心论（Panprotopsychism） 一种二元属性论，它试图通过假定原意识或原心理状态解决心物突现问题。这些原心理状态被认为结合在一起形成了更为复杂的原心理状态，并最终产生了一种我们所熟知的心理状态。由于该理论并没有将通常的心理状态归属于基本物理粒子，所以泛原心论被认为比泛心论更为合理。

泛心论（Panpsychism） 一种二元属性论，它主张一切事物都具有心理状态，包括基本物理粒子。泛心论不应与唯心论相混淆，唯心论是一种一元论，它主张一切都是心理的。

平行论（Parallelism） 实体二元论的一种非交互作用论形式。它主张，人和身体并不发生交互作用，二者只是看起来是如此，这是因为它们是平行运作的；它们的状态相互关联但并不发生交互作用。莱布尼茨赞同用前定和谐原理解释人与身体的平行运作：上帝创造了宇宙，以至于人和身体同步运行。还可参见交互作用论与非交互作用论。

心理语言的模式表征理论（Pattern expression theory of psychological language） 维特根斯坦提出的一种对心理语言的解释，该理论得到了支持心的形质理论的学者的认同。心理语言不像心理话语的理论模型所主张的那样是一种假定了假想实体的理论。相反，心理话语是一种社会行为，它使用符号直接表达社会及环境交互作用的可见模式。

威尔德·潘菲尔德（Penfield, Wilder, 1891—1976） 加拿大神经外科医生，他开创性地利用电刺激绘制大脑功能区域图。潘菲尔德支持一种实体二元论。

罗杰·彭罗斯（Penrose, Roger, 1931— ） 英国物理学家，在心灵哲学中最为人所知的是诉诸哥德尔定理抨击功能主义，并且捍卫未来物理学将为解释意识的突现提供资源的观点。

续存条件（Persistence conditions） 某物在一段时间内存在的充分和必要条件。

人（Persons） 这个术语在哲学和日常话语中有许多不同的用法。一些哲学家将人定义为心理生物——具有心理状态或能够具有心理状态的事物。参见人格同一性的心理连续性理论、动物主义和构成主义。

现象意识（Phenomenal consciousness） 参见感质。

现象主义（Phenomenalism） 参见唯心论。

物理的（Physical） 物理现象由物理学定义。物理对象、性质和事件在严格的意义上是由物理学假定的。

物理封闭（Physical closure） 如果一个物理事件在时刻 t 有一个原因，那么它在时刻 t 有一个物理原因。封闭并不意味着每个物理事件都有一个原因，它与无原因的物理事件的存在是相容的。它也不意味着物理事件不能具有非物理原因，它与一个事件具有一个物理原因以及一个多元决定的非物理原因也是相容的。物理封闭主要出现诉诸心理因果问题反对非还原物理主义和突现论的论证中。

物理一元论（Physicalmonism） 参见物理主义。

物理主义（Physicalism） 主张一切都是物理的。物理主义也被称为"唯物主义"。后者是一个较为古老的术语，可以追溯到物理学家相信物理领域由物质定义的那个时代。然而，19 世纪的能量物理学使他们相信，物质并不是统一物理学主题的基本范畴。物理主义的种类包括取消物理主义、还原物理主义和非还原物理主义。物理主义得到了以往科学成功的归纳概括的支持。批评者通过诉诸亨普尔难题、知识论证和基于感质的论证来反驳它。

柏拉图（Plato, 公元前 427—公元前 347） 古希腊哲学家，在心灵哲学中以实体二元论的早期捍卫者而闻名。在柏拉图的对话录《斐多篇》中，苏格拉底认为，灵魂不朽。古代晚期的新柏拉图主义者用柏拉图的思想解释基督教教义。许多新柏拉图主义者，尤其是诺斯替派基督徒，将对灵魂的实体二元论理解与物质宇宙是一个邪恶或腐败的监狱的想法结合在一起,而我们将在死亡时从监狱中解放出来。

柏拉图主义者(Platonists) 参见柏拉图。

可能性(Possibility) 关于什么是可能的争论在心灵哲学和其他哲学领域中均占有重要地位。不同的可能性概念有不同的范围。例如,如果某物与当前的技术限制相容,那么它在技术上是可能的。如果某物与物理定律相容,那么它在物理上是可能的;如果某物与自身相容,那么它在形而上学上是可能的。比如,一个已婚的单身汉不仅在技术上或物理上是不可能的,在形而上学或逻辑上也是不可能的。形而上学或广义逻辑的可能性是绝对的可能性。关于何物可能的主张通常会诉诸可设想性—可能性原则来进行辩护。

可供取舍的可能性原则(Principle of Alternative Possibilities, PAP) 主张道德责任需要以其他方式做事的能力。大多数当代相容论者都因为法氏例子驳斥了 PAP 而放弃了该原则。

私人语言论证(Private language argument) 维特根斯坦反驳心理现象的私人概念而提出的论证。如果"疼痛"等心理表达指的是私人的、主观的事件,那么我们不可能用这些表达进行人与人之间的交流。既然我们确实在用这些表达进行了人与人之间的交流,那么它们必定不指称私人的、主观的事件。

心理现象的私人概念与公众概念(Private versuspublic conceptions of mentalphenomena) 心理现象的私人概念主要关注第一人称权威、主体性和意识等概念。它认为心理现象是内部的主观事件,只有经验它们的个人才能直接访问。相比之下,心理现象的公众概念主要关注意向性、心理表征和理性等概念。它认为心理现象在于我们与世界进行交互作用的方式——这些方式可以用理性术语进行描述和评估。

特权访问(Privileged access) 参见第一人称权威。

因果/解释排他性问题(Problem of causal/explanatory exclusion) 参见排他性论证。

自由意志与决定论问题(Problem of free will and determinism) 一个哲学问题,它可以根据下面的陈述来理解。(1)或者决定论为真,或者决定论为假。(2)如果决定论为真,那么自由意志不存在。(3)如果决定论为假,那么自由意志不存在。(4) 只有自由意志存在，道德责任才存在。(5) 道德责任存在。陈述（1）—（3）意味着自由意志不存在，但陈述（4）和（5）意味着自由意志存在。这些陈述是并存不一致的，但我们很难知晓哪个陈述为假。相容论试图通过拒斥（2）和（4）来解决问题。意志自由论试图通过拒斥（3）来解决问题，而强决定论和强不相容论试图通过拒斥（5）来解决问题。

交互作用问题（Problem of interaction） 心理因果问题的一种形式，被用于反驳实体二元论。该论证指出，如果实体二元论为真，那么人和身体不可能发生因果交互作用，但人和身体能够发生因果交互作用。因此，实体二元论为假。

心理因果问题（Problem of mental causation） 行动具有物理原因，即神经系统中的事件。行动也具有心理原因——比如信念和欲望。理解行动的心理原因和物理原因如何关联是个哲学问题：(1) 行动具有心理原因；(2) 行动具有物理原因；(3) 心理原因与物理原因不同；(4) 一个行动不能具有一个以上的原因。陈述（1）—（3）意味着任何既定的行动都有一个以上的原因，但陈述（4）排除了这种情况。取消物理主义者和副现象论者拒斥陈述（1）。心物同一论者拒斥陈述（3）。突现论者、非还原物理主义者和实体二元论者拒斥陈述（2）或（4），而形质论者则诉诸因果多元论，认为问题在于"原因"一词含糊不清，一旦澄清了这个概念，陈述（1）—（4）便不再是不一致的。金在权的排他性论证诉诸这个问题来反驳非还原物理主义和突现论。

他心问题（Problem of other minds） 由下面的陈述所产生的问题：(1) 我们通常知道他人的想法和感觉；(2) 他人的想法和感觉属于私人的主观领域；(3) 如果他人的想法和感觉属于私人的主观领域，那么我们就不可能像我们认为的那样通常知道他人的想法和感觉。取消物理主义者、一些实体二元论者和一些二元属性论者拒斥陈述（1）。形质论者和行为主义者拒斥陈述（2）而支持直接访问观，很多哲学家都拒斥陈述（3）而支持某种推断访问观。

心物突现问题（Problem of psychophysical emergence） 由下列陈述产生的哲学问题：(1) 我们是有意识的存在；(2) 我们完全由无意识的部分构成；(3) 没有任何无意识的部分可以组合成一个有意识的整体；(4) 整体的性质

是由其各部分的性质决定的。取消物理主义者拒斥陈述（1）。泛心论者和泛原心论者拒斥陈述（2），实体二元论者、唯心论者和非机体二元属性论者也是如此，只不过理由不同。许多突现论者、副现象论者、物理主义者和中立一元论者拒斥陈述（3），形质论者拒斥陈述（4），一些身心悲观论者则认为这个问题是完全无法解决的。

性质（Properties） 谓词的本体论关联。性质由谓词表示。例如，红色的性质可以用谓词"是红色的"来表示。同样，相信 2 + 2 = 4 的性质可以用谓词"相信 2 + 2 = 4"表示。心理性质由心理谓词表达，比如"处于疼痛中""希望不会下雨""相信太阳系有八颗行星"。物理性质由物理谓词表达，比如"质量为 3 千克"。

性质二元论（Property dualism） 认为心理性质存在，物理性质也存在，并且心理性质与物理性质不同。性质二元论是所有二元理论的决定性特征，无论是二元属性论还是实体二元论。非还原物理主义有时也被描述为性质二元论，因为它的某些形式，比如实现物理主义会在高阶性质和低阶性质之间做出区分。但这是一种误导性的描述，因为它表明物理主义并不承诺一切都是物理的，包括所有的性质。性质二元论承诺存在两种不同的一阶性质。换句话说，这两种性质都不是纯粹的逻辑建构。

命题态度（Propositional attitudes） 参见意向性。

原意识状态（Protoconscious states） 参见泛原心论。

原心理状态（Protomental states） 参见泛原心论。

人格同一性的心理连续性理论（Psychological-continuity theory of personal identity） 随着时间的推移，人还是那个人就在于人随着时间的推移保持着心理的连续性。根据这一解释，4 岁的埃莉诺和 40 岁的埃莉诺是同一个人，因为 4 岁埃莉诺的心理状态和 40 岁的埃莉诺的心理状态是有连续性的。人格同一性的心理连续性解释遇到了分裂问题。一些哲学家通过支持时间部分理论来处理这些问题。另一些人反对心理连续性理论，转而支持动物主义，这意味着随着时间的推移，我们的同一性在于我们是同一个动物。

心物同存（Psychophysical coincidence） 主张同一个个体可以既具有心理性质也具有物理性质。心物同存遭到了实体二元论者和取消论者的拒斥，但却受到了二元属性论者、还原物理主义者和非还原物理主义者的认同。

心物同一论（Psychophysical identity theory） 一种还原物理主义理论，它主张通过经验研究心理状态将同一于神经系统的状态——这是一个理论同一过程。

心理现象的公众概念（Public conception of mental phenomena） 参见心理现象的私人概念与公众概念。

希拉里·普特南（Putnam, Hilary, 1926—[①]） 美国哲学家，心灵哲学的多产贡献者。普特南是心理话语理论模型的早期支持者，是逻辑行为主义的批评者，也是经验本质主义的捍卫者。然而，他最为人所知的大概就是功能主义的创始人和后来的批评者，以及为支持外在论而提出了孪生地球思想实验。他的学生包括布洛克、福多和金在权。在20世纪，很少有哲学家能像普特南那样对心灵哲学产生如此深远的影响。

感质（Qualia） 拉丁语，意思是质性。其单数形式为"quale"。感质被认为是意识经验的质性或现象特征。主要的例子包括感觉和疼痛。哲学家内格尔引入了"是什么样子"这一表述来指称感质。经验疼痛、味道或气味是某种样子。感质的支持者称，是什么样子不能用言语表达出来；想知道是什么样子你必须亲身经验它。物理主义及类似理论的批评者通常会诉诸感质。他们的论证包括知识论证、其他基于感质的论证，以及副现象论的支持论证。也有一些论证反对感质存在，包括取消物理主义的支持论证、诉诸本体论自然主义的论证、丹尼特反驳感质的论证，以及维特根斯坦的私人语言论证。

基于感质的论证（Qualia-based arguments） 诉诸感质存在而进行的论证，它试图表明物理主义及类似的理论为假。根据该论证，两个系统A和B在物理方面没有不同的情况下，有可能在现象状态或感质方面有所不同：可能A和B经验了不同的感质（感质倒置的可能性），或者可能A具有感质而B没有（感质缺失的可能性：B可能是感质僵尸）。无论哪种情况，如果物理主义为真，那么感质倒置和感质缺失都是不可能的。如果它们可能，那么物理主义必定为假。

感质僵尸（Qualia zombies） 参见基于感质的论证。

威拉德·冯·奥曼·奎因（Quine, Willard van Orman, 1908—2000） 杰出的美国哲学家。奎因对逻辑实证主义的消亡做出了贡献，他还是哲学家戴

[①] 希拉里·普特南生卒年为1926—2016年。——译者注

维森、刘易斯和丹尼特的老师，这几位哲学家都对心灵哲学做出了重要贡献。奎因看起来在其职业生涯早期支持某种行为主义，但他有时也赞同取消论，后来他支持戴维森的异常一元论。

激进的行为主义（Radical behaviorism） 参见心理学行为主义。

理性（Rationality） 借助人们的信念、欲望和其他内部心理状态来描述人的行为，就是将行为归为某种可以诉诸理性来解释的东西。在无理性行为和非理性行为之间做出区分十分重要。无理性行为是不能诉诸理性来解释的行为。比如，岩石的行为是无理性的。而非理性行为是可以诉诸理性来解释的行为，但它不符合理性评估的特定标准。如果我的行动与最符合我利益的行动相反，那么我就是在非理性地行动，但并不是无理性地行动。

自由意志与道德责任的反应态度理论（Reactive attitude theories of free will and moral responsibility） 一种相容论，认为道德责任的基础在涉及反应态度，比如感激和怨恨的日常社会实践中。"反应态度"一词是由哲学家斯特劳森提出的。批评者认为，反应态度理论未能把握我们对道德责任构成的直觉。

实在论与工具主义（Realism versus Instrumentalism） 参见工具主义。

实现（Realization） 抽象描述或事物与具体描述或事物之间的关系。一个抽象的对象，比如一个矩形是在一块木头或金属中实现的。同样，一个抽象的过程，比如算法，也是在计算器的齿轮或电路中实现的。功能主义认为，心理性质是抽象性质；它们是由低阶性质实现的高阶性质。例如，我的信念、欲望、疼痛和其他心理状态都是由大脑的状态实现的。如果心理状态也能由其他事物实现，那么它们就是多重可实现的。

实现物理主义（Realization physicalism） 一种结合了物理主义和功能主义的非还原物理主义形式。实现物理主义主张，一般来说，心理性质和特殊科学性质都是由低层性质实现的。它提出，高层性质是高阶性质，是对其他性质进行量化后的逻辑建构。反对实现物理主义的论证包括金在权的三难困境和排他性论证，以及针对功能主义和物理主义的论证。

还原（Reduction） 一种理论或概念框架取代另一种理论或概念框架的描述和解释作用的能力。最具影响力的还原理论是科学哲学家内格尔（1901—1985）提出的。在内格尔看来，如果 A 理论的定律可以用 B 理论的定律来解释，那么 B 理论就可以取代 A 理论的描述和解释作用。内格尔把理论看作一系列的定律陈述，他追随亨普尔把解释看作从定律陈述中进行演绎。因此，根据内格尔的观点，还原包括一个理论的定律陈述从另一个理论的定律陈述中演绎出来。如果被还原理论的词汇中有谓词或术语不包括在还原理论的词汇中，那么演绎可能需要桥原理。生物学家和从事生物学分支学科（如神经科学）工作的科学家经常使用"还原"一词，指的不是一种理论取代另一种理论的描述和解释作用的能力，而是指功能分析的方法。

还原论（Reductionism） 参见还原物理主义。

还原物理主义（Reductive physicalism） 物理主义的一种形式，主张心理范畴以某种直接的方式对应于物理范畴。心物同一论和逻辑行为主义都是还原物理主义。根据还原论者的观点，我们所说的"疼痛"实际上只是一种物理状态，比如大脑状态。心理和物理概念框架只是描述相同事物的两种不同框架。相比之下，取消物理主义者否认"疼痛"这类术语指称任何实在物，非还原物理主义者否认心理范畴以某种直接的方式对应于物理范畴。还原物理主义之所以如此得名，是因为它意味着心物还原，意味着物理话语可以取代心理话语的描述和解释作用。

还原论（Reductivism） 参见还原物理主义。

意识的表征理论（Representational theories of consciousness） 表征理论认为，现象意识可以通过心理表征来理解。他们否认感质是私人的非关系现象，并主张我们经验的质性特征是我们经验的对象本身的特征——我们用感觉器官在内部表征的特征。例如，我们在看西红柿时经验的红色是西红柿本身的一种性质，它由神经系统的内部状态所表征，神经系统记录了环境中这种性质的呈现。物理主义者诉诸意识的表征理论，试图回应基于感质的论证对他们的反驳。

阿尔法规则（Rule Alpha） 后果论证的一个前提。它指出，什么是必然的情况不是我们能控制的。

贝塔规则（Rule Beta） 后果论证的一个前提。它指出，如果 X 不是我们能控制的，而 Y 是 X 的必然后果，并且 Y 是 X 的必然后果也不是我们能控制的，那么 Y 也不是我们能控制的。

伯特兰·罗素（Russell, Bertrand, 1872—1970） 英国哲学家、高产作家，在心灵哲学中以捍卫中立一元论和激发了逻辑实证主义而闻名。

吉尔伯特·赖尔（Ryle, Gilbert, 1900—1976） 英国哲学家，在牛津大学教授古代哲学。他最著名的著作是《心的概念》。赖尔和他在剑桥的同僚维特根斯坦通常被归为逻辑行为主义者。而我们有很好的理由认为，他们只是反对心理现象的私人概念并希望抛弃推断访问观。

科学革命（Scientific Revolution） 指16、17世纪人们研究自然世界的方式发生的一系列重大变化。当16世纪的天文学家哥白尼提出一个全新的宇宙模型时，亚里士多德的科学观念已经支配了西方思想长达1000多年。与亚里士多德不同，哥白尼声称地球围绕太阳转动，而不是太阳围绕地球转动。为了证明哥白尼的宇宙模型是正确的，伽利略和科学革命的其他领导者发展了研究自然世界的新工具和新技术。这些技术最终表明，不仅亚里士多德的宇宙论是错误的，而且其科学的几乎所有方面都是错误的。然而，科学革命不只是对亚里士多德科学的拒斥，也包含了对亚里士多德哲学的拒斥。取而代之的是，人们建立了一种基于二分法的新哲学：自由与决定论，事实与价值，心灵与身体。这种二分法导致了现代哲学的许多问题。自科学革命以来，哲学的任务一直是解决二分法所产生的各种紧张关系——解释如果我们生活在一个宇宙中，这个宇宙在基本物理层面上没有自由、心理、道德等特征，我们如何能够成为有自由、心理和道德的生物。自由意志和决定论问题就是个例子。心灵哲学则试图解决由身心或心物二分产生的问题。这些问题就是所谓的身心问题。

约翰·塞尔（Searle, John, 1932— ） 美国哲学家，在心灵哲学中最为人所知的是，阐明了意向性的本质，提出反对功能主义和强人工智能的中文屋论证。塞尔赞同一种突现论，但该理论的融贯性值得怀疑。他主张，心理性质既是由大脑状态实现的，也是由大脑状态导致的，但根据标准的解释，实现与因果关系是不相容的，塞尔并没有提供一个明确的有竞争力的解释。我们也不清楚他的解释如何避免困扰突现论和实现物理主义的问题，如心理因果问题。

威尔弗雷德·塞拉斯（Sellars, Wilfrid, 1912—1989） 美国哲学家，最著名的论文是《经验主义与心灵哲学》，他在其中预言了许多问题和思想，这些问题和思想在后来的身心争论中占据了中心地位。其中包括心理话语的理论模型、心物同一论、有关现象意识和感质的问题。

半相容论（Semicompatibilism） 一种相容论，它把道德责任建立在对行为进行正确控制的基础上。然而，与其他相容论不同的是，半相容论否认自由意志与决定论相容。因此，半相容论者否认道德责任需要自由意志。批评者认为，半相容论未能把握我们关于道德责任构成的直觉。

感觉运动相倚（Sensorimotor contingencies） 也被称为"感觉运动期望"：感觉、运动和环境之间的类似规律的关系。例如，我内隐地知道，如果我围绕面前的物体转动我的头，物体会呈现出不同的视觉轮廓。意识的感觉运动理论的支持者主张，我们经验的质性方面部分是由我们对感觉运动相倚的内隐知识构成的。

意识的感觉运动理论（Sensorimotor theories of consciousness） 感觉运动理论认为，经验的质性特征可以用与环境的感觉运动交互作用模式来解释。例如，看到红色的感觉是由我们运用感官和运动能力对红色物体做出反应和交互作用的一系列方式构成的。这些交互作用的形式涉及对感觉运动相倚的内隐知识。因为意识的感觉运动理论把意识经验看作环境交互作用的模式，所以它们与心的形质理论非常吻合。而物理主义者也诉诸意识的感觉运动理论，以便回应基于感质的论证对他们的观点所做的反驳。

朴素非决定论（Simple indeterminism） 意志自由论的一种形式，主张行动完全是无原因的。批评者认为，朴素非决定论面临控制问题：如果一个行动者的行动完全是无原因的，那么行动者就无法控制这些行为的发生，在这种情况下，行动者就不可能对这些行动负道德责任。

J. J. C. 斯马特（Smart, J. J. C., 1920—2012） 澳大利亚哲学家，在心灵哲学中因诉诸奥卡姆剃刀捍卫心物同一论而闻名。

弱决定论（Soft determinism） 一种赞同决定论的相容论。弱决定论与强决定论形成了对比。

灵魂（Soul，希腊语 *psyche*，拉丁语 *anima*） 一个很含糊的术语，在心灵哲学中，该术语经常被用来描述一种实体二元论。灵魂被认为是依附于肉体的非物理实体。而根据灵魂的一种较早的定义，它是生命的原则，是区分生物与非生物的东西。古希腊自然哲学家比如德谟克利特认为，灵魂可以在基本物理层面得到描述，比如球形原子的一大部分。而受柏拉图影响的哲学家主张，灵魂是存在于生物中的非物理实体。最后，受亚里士多德影响的哲学家主张，灵魂是生物中的基本物理质料的结构或组织。古希腊自然主义者、柏拉图主义者和亚里士多德的灵魂形质观之间的区别后来反映在现代生物学中机械论、生机论和机体论之间的区别上。

人的灵魂观（Soul view of persons） 本书中此术语指的是我们是具有非物理成分——灵魂的动物。

特殊科学（Special sciences） 基础物理学以外的科学，比如化学、生物学、心理学以及社会科学，比如经济学。基础物理学被认为是一门普遍的科学，其定律毫无例外地适用于任何地方。相比之下，特殊科学的规律仅限于特定的领域——比如生物学中的生物，或心理学中的心理事物。"特殊科学"一词也用于指不属于严格意义上的科学的概念框架，比如日常心理话语。

P. F. 斯特劳森（Strawson, P. F., 1919—2006） 英国哲学家，在心灵哲学中因捍卫二元属性论和自由意志的反应态度理论而闻名。斯特劳森是哲学家盖伦·斯特劳森（1952— ）的父亲，盖伦·斯特劳森在心灵哲学中最为人所知的是支持感质并提出了反对自由意志和道德责任存在的论证。

强人工智能（Strong AI） 参见人工智能。

强随附（Strong super venience） 参见随附。

主观性与客观性（Subjectivity versus objectivity） 心理状态是主观的，这个观点也就是说，原则上只有一个人能够访问这些状态——拥有这些心理状态或经历的那个人。相比之下，客观现象原则上可以被不止一个人访问。例如，身体行为被认为是客观的。在心灵哲学中，主观—客观区分与内部—外部区分或内在—外在区分密切相关。一些观点认为，我们的心理状态由内部的、主观领域构成，只有经验的拥有者才能访问，而我们的身体行为属于外部的、客观领域，其他人也能访问。这幅图景产生了推断访问观。主观性的概念也与我们每个人都具有独特的视角有关。内格尔主张，科学是努力实现客观态度——没有任何视角——也就是不受任何特定的主观视角的影响。

实体二元论（Substance dualism） 一种身心理论，支持性质二元论但否认心物同存。根据实体二元论者的观点，不只存在两种不同的性质，还存在两种不同的具有这些性质的个体或实体：只具有心理性质的个体（人）和只有物理性质的个体（肉体）。实体二元论本身并没有规定人与肉体之间的关系，因此它有交互作用论和非交互作用论两种形式。实体二元论者诉诸模态论证来捍卫他们的理论。

随附（Supervenience） 实体（性质、事件、描述）不可能在一个方面有所不同而在另一个方面没有不同。例如，说 A 性质随附于 B 性质，就是说两个事物 x 和 y，不可能在 A 方面有所不同而在 B 方面没有不同。如果 x 和 y 具有相同的 B 性质，那么它们必定具有相同的 A 性质；换句话说，B 孪生体一定是 A 孪生体。存在不同类型的随附关系：例如，弱随附、全局随附和强随附。A 性质弱随附于 B 性质，如果对于世界 w 中的任何个体 x 和 y，如果 x 和 y 是 w 中的物理孪生体，它们也一定是 w 中的心理孪生体。A 性质全局随附于 B 性质，如果世界中 B 性质在个体上的分布不可区分，那么这些世界中 A 性质在个体上的分布也不可区分。A 性质强随附于 B 性质，如果世界 w_1 中的 x 和世界 w_2 中的 y 不可能在它们的 A 性质上彼此不同而在它们的 B 性质上并没有不同。在 20 世纪 80、90 年代，许多哲学家认为，某种形式的随附关系将为可行的非还原物理主义形式提供基础。他们的乐观情绪在金在权等哲学家的批评下逐步降温。

随附论证（Supervenience argument） 参见排他性论证。

随附物理主义（Supervenience physicalism） 一种非还原物理主义形式，主张特殊科学现象随附于物理现象。随附物理主义面临若干非常严重的问题，并且受到了金在权的强有力的抨击。

目的论功能主义（Teleological functionalism） 一种功能主义理论，它对能够实现心理状态的系统设置了限制。目的论功能主义者提出，要实现心理状态，一个系统的组成部分必须在系统中服务于一个目的；它们必须具有目的论意义上的功能，这个功能与经典功能理论所使用的功能概念不同。通过在实现上设置限制，目的论功能主义者试图对功能主义的自由主义反驳进行回应。

时间部分理论（Temporal parts theory） 主张对象不仅由空间部分构成，还由时间部分构成。换句话说，对象不仅在空间中延伸，还在时间中延伸。人格同一性的心理连续性解释有时诉诸时间部分理论解决分裂问题。

理论同一（Theoretical identification） 通过科学研究，将一种理论假设的实体与另一种理论假设的实体进行同一的过程。理论同一的概念是心物同一论的核心概念。至少存在两种理论同一模型。斯马特提出，理论同一是奥卡姆剃刀的结果。刘易斯和阿姆斯特朗认为，理论同一是同一性的传递性的含义：如果根据定义，疼痛是由烧伤引起的状态，而我们从经验上发现，大脑状态 B 是由烧伤引起的状态，那么疼痛必定与大脑状态 B 相同一。

心理话语的理论模型（Theory model of psychological discourse） 由塞拉斯和普特南等人提出的一种流行的心理语言解释，但它的主要捍卫者是保罗·丘奇兰德与帕特里夏·丘奇兰德。根据理论模型，心理话语是或类似于一种科学理论，它假设了假想实体（心理状态），这些实体之间的关系被认为可以解释可见的人类行为。理论模型的批评者包括心理语言的模式表达理论的支持者，如形质论者。

个例物理主义（Token physicalism） 参见类型物理主义与个例物理主义。

同一性的传递性（Transitivity of identity） 一个原则，如果 $x=y$，并且 $y=z$，那么 $x=z$。同一性的传递性是刘易斯和阿姆斯特朗所支持的理论同一模型的核心概念。

阿兰·图灵（Turing, Alan, 1912—1954） 英国数学家，被公认为计算机科学之父。在心灵哲学中，他最为人所知的就是图灵测试。

图灵机（Turing machine） 一个图灵机是一个输入—输出系统的抽象描述。它以图灵的名字命名，是心灵的功能主义思想的基础。

图灵测试（Turing test） 英国数学家图灵提出的一个思想实验。一个人类评判员用一台只能传输文字的装置与一个人和一台机器对话。如果评判员不能区分对话的对象是人还是机器，则机器通过了图灵测试。图灵提出，智能只在于以正确的方式将输入和输出相互关联，所以通过了图灵测试的机器应当算作智能物。这种观点启发了功能主义。

孪生地球思想实验（Twin Earth thought experiments） 两个个体（或者在两种不同环境中的同一个体）生活的环境在某些方面是不同的，环境差异导致他们的信念、欲望和其他命题态度都存在差异。在加布里埃尔的环境中，人们喝水（H_2O）。在泽维尔的环境中，水（H_2O）不存在，存在的是另一种加布里埃尔的环境中没有的物质 XYZ。XYZ 的所有宏观特征都与水无异，因此，在泽维尔的环境中，人们喝的是 XYZ。泽维尔从未见过水，加布里埃尔从未见过 XYZ，但两种环境中讲英语的普通人在谈到"水"时说出的话语是一样的。然而，当他们说出那些话语时，他们指称的是不同的东西。加布里埃尔说"我想要水"时，他在谈论的是他过去一直在喝的 H_2O。泽维尔说"我想要水"时，他在谈论的是他过去一直在喝的 XYZ。所以加布里埃尔和泽维尔具有不同的思维。加布里埃尔的思维关心的是 H_2O，而泽维尔的思维关心的是

XYZ，原因是他们在各自的环境中与不同的事物发生交互作用。人们的信念、欲望和其他命题态度取决于环境条件，比如他们通常与之发生交互作用的那些东西。

类型—个例区分（Type-token distinction） 最初由美国哲学家皮尔士（1839—1914）做出的区分。一个类型就是一个一般的范畴，而单个的个例就是范畴的成员。我口袋里的五个 25 分硬币是同一类型的五个个例。在心灵哲学中，类型—个例区分通常是描述还原物理主义和非还原物理主义之间的差异的一个方式。参见类型物理主义与个例物理主义。

类型物理主义与个例物理主义（Type versus token physicalism） 一种基于类型—个例区分对还原物理主义和非还原物理主义进行区分的方式。非还原物理主义被称为"个例物理主义"，因为它主张每个个例，也就是每个特殊的个体或事件都是一个物理个例，即使不是每个类型都是物理类型。例如，特殊科学所假定的个体、性质或事件的类型就不是物理类型。还原物理主义通常被称为"类型物理主义"，因为它主张特殊科学所假定的范畴或类型直接对应于物理学所假定的范畴或类型。于是，每个个例都是物理个例，此外，每个类型都是物理类型。因为类型—个例区分可以用于更广泛的本体论范畴，所以类型物理主义和个例物理主义之间的区分并不能提供足够的信息，除非我们知道所讨论的类型和个例是什么，因此，物理主义理论的其他表述更为可取。

意义的证实理论（Verifiability theory of meaning） 逻辑实证主义的一个信条。它主张陈述的意义在于其证实条件，证实条件足以使我们知道该陈述为真。根据逻辑实证主义者，陈述只能通过两种方式得到证实：通过科学研究以经验方式证实，或者通过分析陈述的谓词和术语的意义以分析方式证实。根据实证主义者，不能以任何方式得到证实的话语是没有意义的。意义的证实理论由于几个原因而受到质疑，其中最重要的原因是它是自指不融贯的（self-referentially incoherent）：它不满足自己的意义标准，因为它所主张的意义在于其证实条件既不能被经验证实，也不能被分析证实。

弱人工智能（Weak AI） 参见人工智能。

弱（Weak super venience） 参见随附。

是什么样子（What it's like） 参见感质。

路德维希·维特根斯坦（Wittgenstein, Ludwig, 1889—1951） 非常有

影响力的奥地利哲学家，曾在剑桥大学任教。他最著名的作品是《逻辑哲学论》和他去世后出版的《哲学研究》。前者是对逻辑实证主义者的启发，尽管维特根斯坦对实证主义运动很反感；写完这本书后，维特根斯坦离开了哲学领域，到奥地利一个偏远的村庄教小学。他随后发展或者可能放弃了（这是一个有争议的问题）他在《逻辑哲学论》中阐述的观点。最终结果便是《哲学研究》。该书在心灵哲学中非常有影响力很大程度上是由于私人语言论证，这是对心理现象的私人概念的一致性进行挑战的一系列思考的合集。维特根斯坦与他同时代的赖尔一样，经常被描述为逻辑行为主义者，这个描述不太准确，可能是因为他提出了一种心理语言的模式表达理论，这种理论得到了形质论者的认可。

参考文献

ALEXANDER, SAMUEL. 1966. *Space, Time, and Deity*, Gifford Lectures. New York: Dover Publications.

AQUINAS, THOMAS. 1964. *Summa Theologiae*. Edited by Thomas Gilby. Cambridge: Blackfriars.

AQUINAS, THOMAS. 1995. "Commentary on Paul's First Epistle to the Corinthians." In *The Gifts of the Spirit: Selected Spiritual Writings*, edited by Benedict M. Ashley, 21–78. Hyde Park: New City Press.

AQUINAS, THOMAS. 1999. *A Commentary on Aristotle's De Anima*. Translated by Robert Pasnau. New Haven: Yale University Press.

ARISTOTLE. 1984. *The Complete Works of Aristotle*. Edited by Jonathan Barnes. 2 vols. Princeton: Princeton University Press.

ARMSTRONG, D. M. 1981. *The Nature of Mind and Other Essays*. Ithaca: Cornell University Press.

ARMSTRONG, D. M. 1993. *A Materialist Theory of the Mind*. 2nd edn. New York: Routledge. AYALA, F. A. 1968. "Biology as an Autonomous Science." *American Scientist* 56: 207–221. AYER, A. J. 1952. *Language, Truth, and Logic*. New York: Dover Publications.

BAKER, LYNNE RUDDER. 2000. *Persons and Bodies: A Constitution View*. New York: Cambridge University Press.

BALLARD, DANA. 1996. "On the Function of Visual Representation." In *Perception*, edited by Kathleen Akins, 111–131. New York: Oxford University Press.

Reprinted in *Vision and Mind: Selected Readings in the Philosophy of Perception*, edited by Alva Noë and Evan Thompson.

BARNES, JONATHAN. 1971 – 1972. "Aristotle's Concept of Mind." *Proceedings of the Aristotelian Society* 72: 101 – 114.

BARNES, JONATHAN. 1979. *The Presocratic Philosophers*. 2 vols. Boston: Routledge.

BARNES, JONATHAN. 2001. *Early Greek Philosophy*. 2nd edn. New York: Penguin Books.

BECHTEL, WILLIAM. 2007. "Reducing Psychology While Maintaining Its Autonomy Via Mechanistic Explanation." In *The Matter of the Mind: Philosophical Essays on Psychology, Neuroscience, and Reduction*, edited by Maurice Kenneth Davy Schouten and Huibert Looren de Jong, 172 – 198. Malden: Blackwell Publishers.

BENNETT, JONATHANFRANCIS. 1988. *Events and Their Names*. Indianapolis: Hackett Publishing Co.

BENNETT, M. R., and P. M. S. HACKER. 2003. *Philosophical Foundations of Neuroscience*. Malden: Blackwell Publishers.

BERKELEY, GEORGE. 1998a [1710]. *A Treatise Concerning the Principles of Human Knowledge*. Edited by Jonathan Dancy. New York: Oxford University Press.

BERKELEY, GEORGE. 1998b [1713]. *Three Dialogues between Hylas and Philonous*. Edited by Jonathan Dancy. New York: Oxford University Press.

BICKLE, JOHN. 1998. *Psychoneural Reduction: The New Wave*. Cambridge, MA: MIT Press/A Bradford Book.

BICKLE, JOHN. 2003. *Philosophy and Neuroscience: A Ruthlessly Reductive Account*. Dordrecht: Kluwer Academic.

BIGELOW, JOHN C., and ROBERT PARGETTER. 1990. "Acquaintance with Qualia." *Theoria* 61/3: 129 – 147.

BLOCK, NED. 1980. "Troubles with Functionalism." In *Readings in Philosophy of Psychology*, edited by Ned Joel Block, 268 – 305. Cambridge, MA: Harvard University Press.

BLOCK, NED, and JERRY A. FODOR. 1972. "What Psychological States Are

Not." *Philosophical Review* 81/2: 159 – 181.

BRENTANO, FRANZ CLEMENS. 1973. *Psychology from an Empirical Standpoint*. Translated by Margaret Schättle and Linda L. McAlister. Edited by Oskar Kraus and Linda L. McAlister. New York: Humanities Press.

BROAD, C. D. 1925. *The Mind and Its Place in Nature*. London: Paul, Trench, Trubner. BURGE, TYLER. 1979. "Individualism and the Mental." *Midwest Studies in Philosophy* 4: 73 – 121.

BURGE, TYLER. 1982. "Other Bodies." In *Thought and Object*, edited by Andrew Woodfield, 97 – 120. New York: Oxford University Press.

BURGE, TYLER. 1989. "Individuation and Causation in Psychology." *Pacific Philosophical Quarterly* 70: 303 – 322.

BURGE, TYLER. 2007. *Foundations of Mind.* New York: Oxford University Press. BURNYEAT, M. F. 1992. "Is an Aristotelian Theory of Mind Still Credible? (A Draft)." *In Essays on Aristotle's De Anima*, edited by Martha Craven Nussbaum and Amélie Rorty, 15 – 26. New York: Oxford University Press.

BUTTERFIELD, HERBERT. 1997. *The Origins of Modern Science*: 1300 – 1800. Rev. edn. New York, NY: The Free Press.

BYRNE, ALEX, and HEATHER LOGUE. 2009. *Disjunctivism*: *Contemporary Readings*. Cambridge: MIT Press.

BYRNE, RICHARD W., and ANDREW WHITEN. 1988. *Machiavellian Intelligence*: *Social Expertise and the Evolution of Intellect in Monkeys, Apes, and Humans*. New York: Oxford University Press.

CAMPBELL, NEIL A. 1996. *Biology*. 4th edn. Benjamin/Cummings Publishing Company, Inc. CAMPBELL, NEIL A., and JANE B. REECE. 2009. Biology. 8th edn. San Francisco: Pearson Benjamin Cummings.

CARNAP, RUDOLPH. 1959. "Psychology in Physical Language." In *Logical Positivism*, edited by A. J. Ayer, 165 – 198. Glencoe: Free Press.

CARRUTHERS, PETER. 2003. *Phenomenal Consciousness*: *A Naturalistic Theory*. Cambridge: Cambridge University Press.

CARTWRIGHT, NANCY. 1999. *The Dappled World*: *A Study of the Boundaries of Science*. New York: Cambridge University Press.

CAUSEY, ROBERT L. 1977. *Unity of Science*. Boston: D. Reidel Publishing Co.

CHALMERS, DAVID JOHN. 1996. *The Conscious Mind*, Philosophy of Mind Series. New York: Oxford University Press.

CHALMERS, DAVID JOHN. 2002. "Consciousness and Its Place in Nature." In *Philosophy of Mind: Classical and Contemporary Readings*, edited by David John Chalmers, 247–272. New York: Oxford University Press.

CHISHOLM, RODERICK M. 1948. "The Problem of Empiricism." *Journal of Philosophy* 45/19: 512–517.

CHISHOLM, RODERICK M. 1957. *Perceiving: A Philosophical Study*. Ithaca: Cornell University Press.

CHISHOLM, RODERICK M. 1989. "Is There a Mind-Body Problem?" In *On Metaphysics*, 119–128. Minneapolis: University of Minnesota Press.

CHISHOLM, RODERICK M. 2002. "Human Freedom and the Self." In *Free Will*, edited by Robert Kane, 47–58. Malden: Blackwell Publishers.

CHRISTENSEN, SCOTT M., and DALE R. TURNER. 1993. *Folk Psychology and the Philosophy of Mind*. Hillsdale: Lawrence Erlbaum.

CHURCHLAND, PATRICIA SMITH. 1986. Neurophilosophy. Cambridge, MA: MIT Press.

CHURCHLAND, PAUL M. 1981. "Eliminative Materialism and the Propositional Attitudes." *Journal of Philosophy* 78: 67–90.

CHURCHLAND, PAUL M. 1984. *Matter and Consciousness*. Cambridge, MA: MIT Press. CHURCHLAND, PAUL M. 1989. *A Neurocomputational Perspective: The Nature of Mind and the Structure of Science*. Cambridge, MA: MIT Press.

CLARKE, RANDOLPH. 1993. "Toward a Credible Agent-Causal Account of Free Will." *Nous* 27/2: 191–203.

CLARKE, RANDOLPH. 1996. "Agent Causation and Event Causation in the Production of Free Action." *Philosophical Topics* 24/2: 19–48.

COHEN, MARC. 1992. "The Credibility of Aristotle's Philosophy of Mind." In *Essays on Aristotle's De Anima*, edited by Martha Craven Nussbaum and Amélie Rorty, 57 – 73. New York: Oxford University Press.

CONEE, EARL. 1994. "Phenomenal Knowledge." *Australasian Journal of Philosophy* 72/2: 136 – 150.

CRANE, TIM, and D. H. MELLOR. 1990. "There Is No Question of Physicalism." *Mind* 99: 185 – 206.

CRAVER, CARL F. 2007. *Explaining the Brain: Mechanisms and the Mosaic Unity of Neuroscience*. New York: Oxford University Press.

CUMMINS, ROBERT E. 1975. "Functional Analysis." *Journal of Philosophy* 72: 741 – 764.

DAVIDSON, DONALD. 1993. "Thinking Causes." In *Mental Causation*, edited by John Heil and Alfred R. Mele, 3 – 18. New York: Oxford University Press.

DAVIDSON, DONALD. 2001a. "Actions, Reasons, and Causes." In *Essays on Actions and Events*, 3 – 20. New York: Oxford University Press.

DAVIDSON, DONALD. 2001b. "Events as Particulars." In *Essays on Actions and Events*, 181 – 188. New York: Oxford University Press.

DAVIDSON, DONALD. 2001c. "Mental Events." In *Essays on Actions and Events*, 207 – 224. New York: Oxford University Press.

DAVIDSON, DONALD. 2001d. "Psychology as Philosophy." In *Essays on Actions and Events*, 229 – 238. New York: Oxford University Press.

DAVIDSON, DONALD. 2001e. "Rational Animals." In *Subjective, Intersubjective, Objective*, 95 – 106. New York: Oxford University Press.

DAVIDSON, DONALD. 2001f. "The Individuation of Events." In *Essays on Actions and Events*, 163 – 180. New York: Oxford University Press.

DAVIDSON, DONALD. 2001g. "Thought and Talk." In *Inquiries into Truth and Interpretation*, 155 – 170. New York: Oxford University Press.

DECETY, J., and J. GREZES. 1999. "Neural Mechanisms Subserving the Perception of Human Action." *Trends in Cognitive Science* 3: 172 – 178.

DENNETT, DANIEL CLEMENT. 1978. "On Giving Libertarians What They Say They Want." In *Brainstorms*, 286 – 299. Montgomery: Bradford Books.

DENNETT, DANIEL CLEMENT. 1984. *Elbow Room: The Varieties of Free Will*

Worth Wanting. Cambridge: MIT Press.

DENNETT, DANIEL CLEMENT. 1987. *The Intentional Stance.* Cambridge, MA: MIT Press.

DENNETT, DANIEL CLEMENT. 1991a. *Consciousness Explained.* Boston: Little, Brown, and Co.

DENNETT, DANIEL CLEMENT. 1991b. "Real Patterns." *Journal of Philosophy* 88/1: 27–51.

DENNETT, DANIELCLEMENT. 1993. "Quining Qualia." In *Readings in Philosophy and Cognitive Science*, edited by Alvin I. Goldman, 381–414. Cambridge, MA: MIT Press.

DESCARTES, RENÉ. 1984. *The Philosophical Writings of Descartes.* Translated by John Cottingham, Robert Stoothoff, and Dugald Murdoch. 3 vols. New York: Cambridge University Press.

DEVITT, MICHAEL, and KIM STERELNY. 1999. *Language and Reality: An Introduction to the Philosophy of Language.* 2nd edn. Cambridge, MA: MIT Press.

DEWEY, JOHN. 1958. *Experience and Nature.* New York: Dover Publications.

D'HOLBACH, BARON. 1999 [1770]. *System of Nature.* Translated by H. D. Robinson and Alastair Jackson. Manchester: Clinamen Press.

DRETSKE, FRED I. 1988. *Explaining Behavior: Reasons in a World of Causes.* Cambridge, MA: MIT Press/A Bradford Book.

DRETSKE, FRED I. 1995. *Naturalizing the Mind.* Cambridge, MA: MIT Press.

DUNBAR, ROBIN. 1996. *Grooming, Gossip, and the Evolution of Language.* Cambridge, MA: Harvard University Press.

DWORKIN, GERALD. 1988. *The Theory and Practice of Autonomy.* New York: Cambridge University Press.

EDDINGTON, ARTHUR STANLEY. 1928. *The Nature of the Physical World.* New York: Macmillan Company.

EDWARDS, PAUL. 2002. "Hard and Soft Determinism." In *Free Will*, edited by Robert Kane, 59–69. Malden: Blackwell Publishers.

EKMAN, PAUL. 2007. *Emotions Revealed: Recognizing Faces and Feelings to*

Improve Communication and Emotional Life. 2nd edn. New York: Owl Books.

EKSTROM, LAURA WADDELL. 2001. *Agency and Responsibility: Essays on the Metaphysics of Freedom.* Boulder: Westview Press.

FEIGL, HERBERT. 1958. "The 'Mental' and the 'Physical'." In *Minnesota Studies in the Philosophy of Science*, edited by Herbert Feigl, Michael Scriven, and Grover Maxwell, 370 – 497. Minneapolis: University of Minnesota Press.

FEYERABEND, PAUL. 1963. "Materialism and the Mind-Body Problem." *Review of Metaphysics* 17/1: 49 – 66.

FISCHER, JOHN MARTIN, and MARK RAVIZZA. 1998. *Responsibility and Control: A Theory of Moral Responsibility.* New York: Cambridge University Press.

FLANAGAN, OWEN J. 1991. *The Science of the Mind.* 2nd edn. Cambridge, MA: MIT Press.

FODOR, JERRY A. 1968. *Psychological Explanation.* New York: Random House.

FODOR, JERRY A. 1974. "Special Sciences, or, The Disunity of Science as a Working Hypothesis." *Synthese* 28: 97 – 115.

FODOR, JERRY A. 1975. *The Language of Thought.* Cambridge, MA: Harvard University Press.

FODOR, JERRY A. 1987. *Psychosemantics: The Problem of Meaning in the Philosophy of Mind.* Cambridge, MA: MIT Press.

FOSTER, JOHN. 1982. *The Case for Idealism.* Boston: Routledge.

FOSTER, JOHN. 1991. *The Immaterial Self: A Defence of the Cartesian Dualist Conception of the Mind.* New York: Routledge.

FOSTER, JOHN. 1993. "The Succinct Case for Idealism." In *Objections to Physicalism*, edited by Howard Robinson, 293 – 313. New York: Oxford University Press.

FRANKFURT, HARRY. 1969. "Alternative Possibilities and Moral Responsibility." *Journal of Philosophy* 66: 829 – 839.

FRANKFURT, HARRY. 1988. *The Importance of What We Care About.* New York: Cambridge University Press.

GARBER, DANIEL. 1982. "Understanding Interaction: What Descartes Should

Have Told Elisabeth." *Southern Journal of Philosophy* 21, Supplement: 15-32.

GARDNER, HOWARD. 1985. *The Mind's New Science.* New York: Basic Books.

GEACH, PETER. 1967. *Mental Acts.* New York: Humanities Press.

GENDLER, TAMAR, and JOHN HAWTHORNE. 2002. *Conceivability and Possibility.* New York: Oxford University Press.

GIBBS, RAYMOND W. 2006. *Embodiment and Cognitive Science.* New York: Cambridge University Press.

GIBSON, JAMES JEROME. 1986. *The Ecological Approach to Visual Perception.* Hillsdale: Lawrence Erlbaum.

GINET, CARL. 1990. *On Action.* New York: Cambridge University Press.

GINET, CARL. 1996. "In Defense of the Principle of Alternative Possibilities: Why I Don't Find Frankfurt's Argument Convincing." *Philosophical Perspectives* 10: 403-417.

GOLDMAN, ALVIN I. 1970. *A Theory of Human Action.* Englewood Cliffs: Prentice-Hall.

GOLDMAN, ALVIN I. 1993. "Consciousness, Folk Psychology, and Cognitive Science." *Consciousness and Cognition* 2: 364-382.

GRANGER, HERBERT. 1996. *Aristotle's Idea of the Soul.* Dordrecht: Kluwer Academic.

HALDANE, JOHN. 1988. "Understanding Folk." *Proceedings of the Aristotelian Society* Supplementary Volume 62: 223-254.

HALDANE, JOHN. 1998. "A Return to Form in the Philosophy of Mind." *Ratio* 11/3: 253-277.

HALL, A. RUPERT. 1981. *From Galileo to Newton.* New York: Dover Publications.

HANKINS, THOMAS L. 1985. *Science and the Enlightenment.* New York: Cambridge University Press.

HARMAN, P. M. 1982. *Energy, Force, and Matter: The Conceptual Development of Nineteenth-Century Physics.* New York: Cambridge University Press.

HART, W. D. 1988. *The Engines of the Soul.* New York: Cambridge University

Press.

HARTMAN, EDWIN. 1977. *Substance, Body, and Soul: Aristotelian Investigations*. Princeton: Princeton University Press.

HASLANGER, SALLY. 1989. "Endurance and Temporary Intrinsics." *Analysis* 49/3: 119 – 125.

HEIL, JOHN, and ALFRED R. MELE, eds. 1993. *Mental Causation*. New York: Oxford University Press.

HEMPEL, CARL. 1950. "Problems and Changes in the Empiricist Criterion of Meaning." *Revue Internationale de Philosophie* 41: 41 – 63.

HEMPEL, CARL. 1965. *Aspects of Scientific Explanation*. New York: Free Press.

HEMPEL, CARL. 1969. "Reduction: Ontological and Linguistic Facets." In *Philosophy, Science, and Method: Essays in Honor of Ernest Nagel*, edited by Sidney Morgenbesser, Patrick Suppes, and Morton Gabriel White, 179 – 199. New York: St Martin's Press.

HEMPEL, CARL. 1980. "The Logical Analysis of Psychology." In *Readings in Philosophy of Psychology*, edited by Ned Joel Block, 14 – 23. Cambridge, MA: Harvard University Press.

HOBBES, THOMAS. 1991 [1642]. *Man and Citizen: De Homine and De Cive*. Edited by Charles T. Wood, T. S. K. Scott-Craig and Bernard Gert. Indianapolis: Hackett Publishing Co.

HOBBES, THOMAS. 1996 [1651]. *Leviathan*. Edited by Richard Tuck. New York: Cambridge University Press.

HOLT, EDWIN B. 1973. *The Concept of Consciousness*. New York: Arno Press.

HONDERICH, TED. 1982. "The Argument for Anomalous Monism." *Analysis* 42: 59 – 64.

HONDERICH, TED. 2002. *How Free Are You?* 2nd edn. New York: Oxford University Press.

HOOKER, CLIFFORD. 1981. "Towards a General Theory of Reduction." *Dialogue* 20/1: 38 – 59.

HORGAN, JOHN. 2005. "The Forgotten Era of Brain Chips." *Scientific Ameri-*

can 293: 66 –73.

HORGAN, TERENCE. 1984. "Jackson on Physical Information and Qualia." *Philosophical Quarterly* 34/135: 147 – 152.

HORGAN, TERENCE. 1994. "Physicalism (1)." In *A Companion to the Philosophy of Mind*, edited by Samuel D. Guttenplan, 471 – 479. Cambridge: Blackwell Publishers.

HUDSON, HUD. 2001. *A Materialist Metaphysics of the Human Person*. Ithaca: Cornell University Press.

HUME, DAVID. 2007 [1748]. *An Enquiry Concerning Human Understanding and Other Writings*. Edited by Stephen Buckle. New York: Cambridge University Press.

HUSSERL, EDMUND. 1970 [1900 – 1]. *Logical Investigations*. Translated by J. N. Findlay. 2 vols. New York: Humanities Press.

HUXLEY, T. H. 1874. "On the Hypothesis That Animals Are Automata, and Its History." *Nature* 10: 362 – 366.

JACKSON, FRANK. 1982. "Epiphenomenal Qualia." *Philosophical Quarterly* 32: 127 – 136.

JACKSON, FRANK. 1986. "What Mary Didn't Know." *Journal of Philosophy* 83: 291 – 295.

JACKSON, FRANK. 1998. "Postscript on Qualia." In *Mind, Methods and Conditionals: Selected Essays*, 76 – 79. London: Routledge.

JACKSON, FRANK. 2003. "Mind and Illusion." *In Minds and Persons*, edited by Anthony O'Hear, 251 – 272. New York: Cambridge University Press.

JAMES, WILLIAM. 1984a [1904]. "A World of Pure Experience." In *William James: The Essential Writings*, edited by Bruce W. Wilshire, 178 – 197. Albany: State University of New York Press.

JAMES, WILLIAM. 1984b [1904]. "Does "Consciousness" Exist?'" In *William James: The Essential Writings*, edited by Bruce W. Wilshire, 162 – 177. Albany: State University of New York Press.

JAWORSKI, WILLIAM. 2009. "The Logic of How-Questions." *Synthese* 166:

133 – 155.

JAWORSKI, WILLIAM. "Mind and Multiple Realizability." Internet Encyclopedia of Philosophy, http://www.iep.utm.edu/mult-rea/

KANE, ROBERT. 1985. *Free Will and Values*. Albany: State University of New York Press.

KANE, ROBERT. 1996. *The Significance of Free Will*. New York: Oxford University Press.

KANE, ROBERT. 1999. "Responsibility, Luck, and Chance: Reflections on Free Will and Indeterminism." *Journal of Philosophy* 96/5: 217 – 240.

KANE, ROBERT. 2001. *The Oxford Handbook of Free Will*. New York: Oxford University Press.

KANE, ROBERT. 2002. *Free Will*. Malden: Blackwell Publishers.

KANE, ROBERT. 2005. *A Contemporary Introduction to Free Will*. New York: Oxford University Press.

KANT, IMMANUEL. 1993 [1785]. *Grounding for the Metaphysics of Morals*. Translated by James W. Ellington. 3rd edn. Indianapolis: Hackett Publishing Co.

KANT, IMMANUEL. 1998 [1781]. *Critique of Pure Reason*. Translated by Paul Guyer and Allen W. Wood. New York: Cambridge University Press.

KENNY, ANTHONY. 1968. "Cartesian Privacy." In *Wittgenstein: The Philosophical Investigations*, edited by George Pitcher, 352 – 370. Notre Dame: University of Notre Dame Press.

KENNY, ANTHONY. 1973. *Wittgenstein*. Cambridge, MA: Harvard University Press.

KENNY, ANTHONY. 1989. *The Metaphysics of Mind*. New York: Oxford University Press.

KIM, JAEGWON. 1972. "Phenomenal Properties, Psychophysical Laws and the Identity Theory." *The Monist* 56: 178 – 192. Selections reprinted in *Readings in Philosophy of Psychology*, 2 vols, edited by Ned Block, 234 – 236. Cambridge, MA: Harvard University Press.

KIM, JAEGWON. 1989. "The Myth of Nonreductive Physicalism." *Proceedings* of the American Philosophical Association 63: 31 – 47. Reprinted in Supervenience and Mind.

KIM, JAEGWON. 1992a. "'Downward Causation' in Emergentism and Nonreductive Physicalism." In *Emergence or Reduction?: Essays on the Prospects of Nonreductive Physicalism*, edited by Ansgar Beckermann, H. Flohr, and Jaegwon Kim, 119 – 138. Berlin: W. de Gruyter.

KIM, JAEGWON. 1992b. "Multiple Realizability and the Metaphysics of Reduction." *Philosophy and Phenomenological Research* 52/1: 1 – 26. Reprinted in *Supervenience and Mind*.

KIM, JAEGWON. 1993a. "Events as Property Exemplifications." In *Supervenience and Mind*, 33 – 52. New York: Cambridge University Press.

KIM, JAEGWON. 1993b. *Supervenience and Mind*. New York: Cambridge University Press.

KIM, JAEGWON. 1993c. "The Non-Reductivist's Troubles with Mental Causation." In *Mental Causation*, edited by John Heil and Alfred R. Mele, 189 – 210. Oxford: Clarendon Press. Reprinted in *Supervenience and Mind*.

KIM, JAEGWON. 1998. Mind in a Physical World: *An Essay on the Mind-Body Problem and Mental Causation*. Cambridge, MA: MIT Press.

KIM, JAEGWON. 1999. "Making Sense of Emergence." *Philosophical Studies* 95/1: 3 – 36.

KIM, JAEGWON. 2005. *Physicalism, or Something near Enough*. Princeton: Princeton University Press.

KIM, JAEGWON. 2006. "Emergence: Core Ideas and Issues. *Synthese* 151/3: 547 – 559.

KOLB, BRYAN, and IAN Q. WHISHAW. 2003. *Fundamentals of Human Neuropsychology*. 5th edn. New York: Worth Publishers.

KOSSLYN, STEPHEN MICHAEL. 1994. *Image and Brain: The Resolution of the Imagery Debate*. Cambridge, MA: MIT Press.

KOSSLYN, STEPHEN MICHAEL. 2006. "Mental Imagery and the Brain." In *Progress in Psychological Science around the World: Proceedings of the 28th Interna-*

tional Congress of Psychology, edited by Qicheng Jing, 195 – 209. New York: Psychology Press.

KRIPKE, SAUL A. 1980. *Naming and Necessity*. Cambridge, MA: Harvard University Press.

KUHN, THOMAS S. 1996. *The Structure of Scientific Revolutions*. 3rd edn. Chicago: University of Chicago Press.

LA METTRIE, JULIEN OFFRAY DE. 1996 [1747]. *Machine Man and Other Writings*. Edited by Ann Thomson. New York: Cambridge University Press.

LAPLACE, PIERRE SIMON. 1951. *A Philosophical Essay on Probabilities*. Edited by Frederick Wilson Truscott. New York: Dover Publications.

LEDOUX, JOSEPH. 1996. *The Emotional Brain*. New York: Simon and Schuster.

LEIBNIZ, GOTTFRIED WILHELM. 1989. *Philosophical Essays*. Edited by Roger Ariew and Daniel Garber. Indianapolis: Hackett Publishing Co.

LEVINE, JOSEPH. 1983. "Materialism and Qualia: The Explanatory Gap." *Pacific Philosophical Quarterly* 64: 354 – 361.

LEWIS, DAVID. 1966. "An Argument for the Identity Theory." *Journal of Philosophy* 63: 17 – 25.

LEWIS, DAVID. 1972. "Psychophysical and Theoretical Identifications." *Australasian Journal of Philosophy* 50/3: 249 – 258.

LEWIS, DAVID. 1980. "Mad Pain and Martian Pain." In *Readings in Philosophy of Psychology*, edited by Ned Block, 216 – 222. Cambridge, MA: Harvard University Press.

LEWIS, DAVID. 1983. "Postscript to 'Mad Pain and Martian Pain'." In *Philosophical Papers*, Vol. 1, 130 – 132. New York: Oxford University Press.

LEWIS, DAVID. 1986. *On the Plurality of Worlds*. Malden: Blackwell Publishers.

LEWIS, DAVID. 1988. "Rearrangement of Particles: Reply to Lowe." *Analysis* 48/2: 65 – 72.

LEWIS, DAVID. 2003. "Survival and Identity." In *Personal Identity*, edited by

Raymond Martin and John Barresi, 144 – 167. Malden: Blackwell Publishers.

LOAR, BRIAN. 1990. "Phenomenal States." *Philosophical Perspectives* 4: 81 – 108.

LOCKE, JOHN. 1959 [1690]. *An Essay Concerning Human Understanding.* 2 vols. New York: Dover Publications, Inc.

LOUX, MICHAEL J. 2002. *Metaphysics: A Contemporary Introduction.* 2nd edn. New York: Routledge.

LOWE, ERNEST J. 1987. "Lewis on Perdurance Versus Endurance." *Analysis* 47/3: 152 – 154.

LOWE, ERNEST J. 1988. "The Problems of Intrinsic Change: Rejoinder to Lewis." *Analysis* 48/2: 72 – 77.

LOWE, ERNEST J. 1996. *Subjects of Experience.* New York: Cambridge University Press.

LYCAN, WILLIAM G. 1987. *Consciousness.* Cambridge, MA: MIT Press.

LYCAN, WILLIAM G. 1990. *Mind and Cognition: A Reader.* Cambridge: Blackwell Publishers.

LYCAN, WILLIAM G. 1996. *Consciousness and Experience.* Cambridge, MA: MIT Press.

MACH, ERNST. 1959. *The Analysis of Sensations, and the Relation of the Physical to the Psychical.* New York: Dover Publications.

MACINTYRE, ALASDAIR C. 1999. *Dependent Rational Animals: Why Human Beings Need the Virtues.* Chicago: Open Court.

MALCOLM, NORMAN. 1956. "Dreaming and Skepticism." *Philosophical Review* 65: 14 – 37.

MALEBRANCHE, NICOLAS. 1997a [1688]. *Dialogues on Metaphysics and on Religion.* Edited by Nicholas Jolley and David Scott. New York: Cambridge University Press.

MALEBRANCHE, NICOLAS. 1997b [1674 – 1675]. *The Search after Truth.* Edited by Thomas M. Lennon and Paul J. Olscamp. New York: Cambridge University Press.

MARTIN, RAYMOND, and JOHN BARRESI. 2003. *Personal Identity*. Malden: Blackwell Publishers.

MAYR, ERNST. 1982. *The Growth of Biological Thought: Diversity, Evolution, and Inheritance*. Cambridge: Belknap Press.

MAYR, ERNST. 1988. *Toward a New Philosophy of Biology: Observations of an Evolutionist*. Cambridge: Belknap Press.

MCCANN, HUGH. 1998. *The Works of Agency: On Human Action, Will, and Freedom*. Ithaca: Cornell University Press.

MCCLOSKEY, MICHAEL. 1983. "Intuitive Physics." *Scientific American* 248/4: 122–130.

MCDOWELL, JOHN HENRY. 1994. *Mind and World*. Cambridge, MA: Harvard University Press.

MCGINN, COLIN. 1989. "Can We Solve the Mind-Body Problem?" *Mind* 98: 349–366.

MCGINN, MARIE. 1997. *Wittgenstein and the Philosophical Investigations*, Routledge Philosophy Guidebooks. New York: Routledge.

MCLAUGHLIN, BRIAN. 1992. "The Rise and Fall of British Emergentism." In *Emergence or Reduction?: Essays on the Prospects of Nonreductive Physicalism*, edited by Ansgar Beckermann, H. Flohr, and Jaegwon Kim, 49–93. Berlin: W. de Gruyter.

MEEHL, PAUL E., and WILFRID S. SELLARS. 1956. "The Concept of Emergence." In *Minnesota Studies in the Philosophy of Science*, edited by Herbert Feigl and Michael Scriven, 239–252. Minneapolis: University of Minnesota Press.

MELE, ALFRED R. 1995. *Autonomous Agents: From Self-Control to Autonomy*. New York: Oxford University Press.

MELNYK, ANDREW. 2003. *A Physicalist Manifesto*. New York: Cambridge University Press.

MELTZOFF, A. 1995. "Understanding the Intentions of Others: Re-Enactment of Intended Acts by 18-Month-Old Children." *Developmental Psychology* 31: 838–850.

MERLEAU-PONTY, MAURICE. 1962. *Phenomenology of Perception*. Translated by Colin Smith. New York: Routledge.

MILL, JOHN STUART. 1965 [1843]. *A System of Logic.* 8th edn. New York: Longmans.

MILLER, JONATHAN. 1982. *The Body in Question.* New York: Vintage Books.

MORGAN, C. LLOYD. 1923. *Emergent Evolution*, Gifford Lectures. London: Williams and Norgate.

MYIN, ERIK, and J. KEVIN O'REGAN. 2009. "Situated Perception and Sensation in Vision and Other Modalities: A Sensorimotor Approach." In *The Cambridge Handbook of Situated Cognition*, edited by Philip Robbins and Murat Aydede, 185 – 200. New York: Cambridge University Press.

NAGEL, ERNEST. 1979. *The Structure of Science.* 2nd edn. Indianapolis: Hackett Publishing Co.

NAGEL, THOMAS. 1974. "What Is It Like to Be a Bat?" *Philosophical Review* 84: 435 – 450.

NAGEL, THOMAS. 1989. *The View from Nowhere.* New York: Oxford University Press.

NEMIROW, LAURENCE. 1990. "Physicalism and the Cognitive Role of Acquaintance." In *Mind and Cognition: A Reader*, edited by William G. Lycan, 490 – 499. Oxford: Blackwell Publishers.

NIELSEN, KAI. 2002. "The Compatibility of Freedom and Determinism." In *Free Will*, edited by Robert Kane, 39 – 46. Malden: Blackwell Publishers.

NOË, ALVA. 2004. *Action in Perception.* Cambridge, MA: MIT Press.

NOË, ALVA. 2009. *Out of Our Heads: Why You Are Not Your Brain, and Other Lessons from the Biology of Consciousness.* New York: Hill & Wang.

NOË, ALVA, and J. KEVIN O'REGAN. 2002. "On the Brain-Basis of Visual Consciousness: A Sensorimotor Account." In *Vision and Mind: Selected Readings in the Philosophy of Perception*, edited by Alva Noë and Evan Thompson, 567 – 598. Cambridge, MA: MIT Press.

NOË, ALVA, and EVAN THOMPSON. 2002. *Vision and Mind: Selected Readings in the Philosophy of Perception.* Cambridge, MA: MIT Press.

NUSSBAUM, MARTHA C., and HILARY PUTNAM. 1992. "Changing Aristotle's Mind." In *Essays on Aristotle's De Anima*, edited by Martha Craven Nussbaum and Amélie Rorty, 27 – 56. New York: Oxford University Press.

O'CONNOR, TIMOTHY. 2000. *Persons and Causes: The Metaphysics of Free Will*. New York: Oxford University Press.

OLSON, ERIC T. 1997. *The Human Animal: Personal Identity without Psychology*. New York: Oxford University Press.

OLSON, ERIC T. 2007. *What Are We?: A Study in Personal Ontology*. New York: Oxford University Press.

OPPENHEIM, PAUL, and HILARY PUTNAM. 1958. "The Unity of Science as a Working Hypothesis." In *Minnesota Studies in the Philosophy of Science*, edited by Herbert Feigl, Michael Scriven, and Grover Maxwell, 3 – 36. Minneapolis: University of Minnesota Press.

O'REGAN, J. K. 2009. "Sensorimotor Approach to (Phenomenal) Consciousness." In *The Oxford Companion to Consciousness*, edited by T. Baynes, A. Cleeremans, and P. Wilken, 588 – 593. Oxford: Oxford University Press.

OSMUNDSEN, JOHN A. 1965. "'Matador' with a Radio Stops Wired Bull." *New York Times*, May 17.

PENFIELD, WILDER. 1975. *The Mystery of the Mind: A Critical Study of Consciousness and the Human Brain*. Princeton: Princeton University Press.

PENFIELD, WILDER, and PHANOR PEROT. 1963. "The Brain's Record of Auditory and Visual Experience: A Final Summary and Discussion." *Brain* 86: 595 – 696.

PENROSE, ROGER. 1990. *The Emperor's New Mind: Concerning Computers, Minds, and the Laws of Physics*. New York: Oxford University Press.

PENROSE, ROGER. 1994. *Shadows of the Mind: A Search for the Missing Science of Consciousness*. New York: Oxford University Press.

PENROSE, ROGER, and M. S. LONGAIR. 1997. *The Large, the Small and the Human Mind*. New York: Cambridge University Press.

PEREBOOM, DERK. 2001. *Living without Free Will*. New York: Cambridge University Press.

PERRY, JOHN. 1975. *Personal Identity.* Berkeley: University of California Press.

PERRY, RALPH BARTON. 1968. *Present Philosophical Tendencies.* New York: Greenwood Press.

PLACE, U. T. 1956. "Is Consciousness a Brain Process?" *British Journal of Psychology* 47: 44 –50.

PLANTINGA, ALVIN. 1974. *The Nature of Necessity.* New York: Oxford University Press.

PLATO. 1997. *Complete Works.* Edited by John M. Cooper and D. S. Hutchinson. Indianapolis: Hackett Publishing Co.

POLAND, JEFFREY STEPHEN. 1994. *Physicalism.* New York: Oxford University Press. PUCCETTI, ROLAND. 1973. "Brain Bisection and Personal Identity." *British Journal for the Philosophy of Science* 24: 339 –355.

PUTNAM, HILARY. 1970. "On Properties." In *Essays in Honor of Carl G. Hempel*, edited by N. Rescher. Dordrecht: D. Reidel. Reprinted in HILARY PUTNAM, 1975, *Mathematics, Matter and Method: Philosophical Papers*, Vol. 1, 305 – 322. New York: Cambridge University Press.

PUTNAM, HILARY. 1975a. "Brains and Behavior." In *Mind, Language, and Reality: Philosophical Papers*, Vol. 2, 325 –341. New York: Cambridge University Press.

PUTNAM, HILARY. 1975b. "Robots: Machines or Artificially Created Life?" In Mind, Language, and Reality: Philosophical Papers, Vol. 2, 386 –407. New York: Cambridge University Press.

PUTNAM, HILARY. 1975c. "The Meaning of 'Meaning'." In *Mind, Language, and Reality: Philosophical Papers*, Vol. 2. New York: Cambridge University Press.

PUTNAM, HILARY. 1975d. "The Meaning of 'Meaning'." *Minnesota Studies in the Philosophy of Science* 7: 131 –193.

PUTNAM, HILARY. 1975e. "The Mental Life of Some Machines." In *Mind,*

Language, and Reality: Philosophical Papers, Vol. 2, 408 – 428. New York: Cambridge University Press.

PUTNAM, HILARY. 1975f. "The Nature of Mental States." In *Mind, Language, and Reality: Philosophical Papers*, Vol. 2, 429 – 440. New York: Cambridge University Press.

PUTNAM, HILARY. 1980. "Philosophy and Our Mental Life." In *Readings in Philosophy of Psychology*, edited by Ned Joel Block, 134 – 143. Cambridge, MA: Harvard University Press.

PUTNAM, HILARY. 1988. *Representation and Reality.* Cambridge, MA: MIT Press.

PUTNAM, HILARY. 1999. *The Threefold Cord: Mind, Body, and World.* New York: Columbia University Press.

QUINE, W. V. O. 1964. "Two Dogmas of Empiricism." In *From a Logical Point of View.* Cambridge: Harvard University Press.

QUINE, W. V. O. 1966. "On Mental Entities." In *The Ways of Paradox and Other Essays.* Cambridge, MA: Harvard University Press.

QUINE, W. V. O. 1985. "States of Mind." *Journal of Philosophy* 82: 5 – 8.

REA, MICHAEL C. 1997. *Material Constitution: A Reader.* Lanham: Rowman & Littlefield.

REID, THOMAS. 2002 [1785]. *Essays on the Intellectual Powers of Man.* Edited by Derek Brookes and Knud Haakonssen. University Park: Pennsylvania State University Press.

REID, THOMAS, WILLIAM HAMILTON, and DUGALD STEWART. 1872. *The Works of Thomas Reid*, Vol. 1. 6th edn. Edinburgh: Maclachlan and Stewart.

RESCHER, NICHOLAS. 1998. "Idealism." Reprinted in *Reason, Method, and Value: A Reader on the Philosophy of Nicholas Rescher*, edited by Dale Jacquette, 389 – 404. Frankfurt: Ontos-Verlag, 2009.

ROBINSON, HOWARD. 1983. "Aristotelian Dualism." *Oxford Studies in Ancient Philosophy* 1: 123 – 144.

RORTY, AMÉLIE OKSENBERG. 1976. *The Identities of Persons.* Berkeley: University of California Press.

RORTY, RICHARD. 1965. "Mind-Body Identity, Privacy, and Categories." *Review of Metaphysics* 19/1: 24 – 54.

ROSEN, GIDEON. 2002. "The Case for Incompatibilism." *Philosophy and Phenomenological Research* 64/3: 699 – 706.

ROSENTHAL, DAVID M. 2005. *Consciousness and Mind.* New York: Oxford University Press.

ROSS, G. R. T. 1973. *De Sensu and De Memoria.* New York: Arno Press.

ROSSI, T., F. TECCHIO, P. PASQUALETTI, et al. 2002. "Somatosensory Processing During Movement Observation in Humans." *Clinical Neurophysiology* 113/1: 16 – 24.

RUSSELL, BERTRAND. 1956. "Mind and Matter." In *Portraits from Memory and Other Essays*, 145 – 165. New York: Simon and Schuster.

RUSSELL, BERTRAND. 2005 [1921]. *The Analysis of Mind.* Mineola: Dover Publications.

RYLE, GILBERT. 1949. *The Concept of Mind.* New York: Barnes & Noble.

SAYRE, KENNETH M. 1976. *Cybernetics and the Philosophy of Mind.* Atlantic Highlands: Humanities Press.

SCHAFFNER, KENNETH F. 1967. "Approaches to Reduction" *Philosophy of Science* 34/2: 137 – 147.

SEARLE, JOHN R. 1980. "Minds, Brains, and Programs." *Behavioral and Brain Sciences* 3/3: 417 – 457.

SEARLE, JOHN R. 1983. *Intentionality.* New York: Cambridge University Press.
SEARLE, JOHN R. 1992. *The Rediscovery of the Mind.* Cambridge, MA: MIT Press.

SEARLE, JOHN R. 2004. Mind: *A Brief Introduction.* New York: Oxford University Press.

SELLARS, WILFRID. 1956. "Empiricism and the Philosophy of Mind." In *Minnesota Studies in the Philosophy of Science*, edited by Herbert Feigl and Michael Scriven, 127 – 196. Minneapolis: University of Minnesota Press.

SELLARS, WILFRID. 1963. "Philosophy and the Scientific Image of Man." In

Science, *Perception and Reality*, 1 – 40. New York: Humanities Press.

SELLARS, WILFRID. 1965. "The Identity Approach to the Mind-Body Problem." *Review of Metaphysics* 18/3: 430 – 451.

SHAPIN, STEVEN. 1998. *The Scientific Revolution*. Chicago: University of Chicago Press. SHAPIRO, LAWRENCE A. 2004. The Mind Incarnate. Cambridge, MA: MIT Press/A Bradford Book.

SHARPE, ROBERT A. 1987. "The Very Idea of a Folk Psychology." *Inquiry* 30: 381 – 393.

SHEPARD, ROGER N., and JACQUELINE METZLER. 1971. "Mental Rotation of Three-Dimensional Objects." *Science* 171: 701 – 703.

SHOEMAKER, SYDNEY. 1984. "Personal Identity: A Materialist's Account." In *Personal Identity*, edited by Sydney Shoemaker and Richard Swinburne, 67 – 132. Oxford: Blackwell Publishers.

SIDER, THEODORE. 2001. *Four-Dimensionalism: An Ontology of Persistence and Time*. New York: Oxford University Press.

SIMPSON, GEORGE GAYLORD. 1964. *This View of Life: The World of an Evolutionist*. New York: Harcourt.

SKLAR, LAWRENCE. 1967. "Types of Inter-Theoretic Reduction." *British Journal for the Philosophy of Science* 18/2: 109 – 124.

SLAKEY, THOMAS J. 1961. "Aristotle on Sense Perception." *Philosophical Review* 70/4: 470 – 484.

SMART, J. J. C. 1959. "Sensations and Brain Processes." *Philosophical Review* 68: 141 – 156.

SMART, J. J. C. 1961. "Free-Will, Praise and Blame." *Mind* 70/279: 291 – 306.

SMILANSKY, SAUL. 2000. *Free Will and Illusion*. New York: Oxford University Press.

SOKOLOWSKI, ROBERT. 2000. *Introduction to Phenomenology*. New York: Cambridge University Press.

SOMMERHOFF, GERD. 1969. "The Abstract Characteristics of Living Systems." In *Systems Thinking: Selected Readings*, edited by F. E. Emery, 147 – 202. Harmondsworth: Penguin.

SOSA, ERNEST. 1984. "Mind-Body Interaction and Supervenient Causation." *Midwest Studies in Philosophy* 9: 271 – 281.

SPERRY, ROGER. 1975. "Mental Phenomena as Causal Determinants in Brain Function." *Process Studies* 5: 247 – 256.

STERELNY, KIM. 1990. *The Representational Theory of Mind: An Introduction*. Oxford: Blackwell Publishers.

STICH, STEPHEN P. 1983. *From Folk Psychology to Cognitive Science: The Case against Belief*. Cambridge, MA: MIT Press.

STRAWSON, GALEN. 1986. *Freedom and Belief*. New York: Oxford University Press.

STRAWSON, GALEN. 1994. "The Impossibility of Moral Responsibility." *Philosophical Studies* 75: 5 – 24.

STRAWSON, P. F. 1959. *Individuals: An Essay in Descriptive Metaphysics*. London: Methuen.

STRAWSON, P. F. 1974. "Freedom and Resentment." In *Freedom and Resentment and Other Essays*, 1 – 28. New York: Routledge.

SWINBURNE, RICHARD. 1997. *The Evolution of the Soul*. New York: Oxford University Press.

TANNER, NORMAN P., ed. 1990. *Decrees of the Ecumenical Councils*. 2 vols. Washington, DC: Georgetown University Press.

TAYLOR, RICHARD. 1992. *Metaphysics*. 4th edn. Englewood Cliffs: Prentice-Hall.

TOMASELLO, MICHAEL. 2003. *Constructing a Language: A Usage-Based Theory of Language Acquisition*. Cambridge, MA: Harvard University Press.

TOMASELLO, MICHAEL. 2008. *Origins of Human Communication*. Cambridge, MA: MIT Press.

TURING, ALAN. 1950. "Computing Machinery and Intelligence." *Mind* 49: 433 – 460.

TYE, MICHAEL. 1995. *Ten Problems of Consciousness*. Cambridge, MA: MIT Press.

TYE, MICHAEL. 2000. *Consciousness, Color, and Content*. Cambridge, MA: MIT Press.

UNGER, PETER K. 2006a. "I Do Not Exist." In *Philosophical Papers*, 36 – 52. New York: Oxford University Press.

UNGER, PETER K. 2006b. "The Problem of the Many." In *Philosophical Papers*, 113 – 182. New York: Oxford University Press.

UNGER, PETER K. 2006c. "Why There Are No People." In *Philosophical Papers*, 53 – 109. New York: Oxford University Press.

VAN FRAASSEN, BAS C. 1980. *The Scientific Image*. New York: Oxford University Press.

VAN INWAGEN, PETER. 1983. *An Essay on Free Will*. New York: Oxford University Press.

VAN INWAGEN, PETER. 1990. *Material Beings*. Ithaca: Cornell University Press.

WALLACE, R. JAY. 1994. *Responsibility and the Moral Sentiments*. Cambridge, MA: Harvard University Press.

WATSON, GARY. 1975. "Free Agency." *Journal of Philosophy* 24: 205 – 220.

WATSON, GARY. 2003. *Free Will*. 2nd edn. New York: Oxford University Press.

WESTFALL, RICHARD S. 1977. *The Construction of Modern Science*. New York: Cambridge University Press.

WHITEN, ANDREW, and RICHARD W. BYRNE. 1997. *Machiavellian Intelligence II: Extensions and Evaluations*. New York: Cambridge University Press.

WEINTRAUB, PAMELA. 1984. *The Omni Interviews*. New York: Tickner and Fields.

WIDERKER, DAVID. 1995. "Libertarianism and Frankfurt's Attack on the Principle of Alternative Possibilities." *Philosophical Review* 104/2: 247 – 261.

WIDERKER, DAVID, and MICHAEL MCKENNA. 2003. *Moral Responsibility and Alternative Possibilities: Essays on the Importance of Alternative Possibilities*. Burlington: Ashgate.

WIGGINS, DAVID. 1980. *Sameness and Substance*. Cambridge, MA: Harvard University Press.

WILKES, KATHLEEN V. 1978. *Physicalism*. Atlantic Highlands: Humanities Press.

WILKES, KATHLEEN V. 1991. "Relationship between Scientific Psychology and Common Sense Psychology." *Synthese* 89: 15 – 39.

WILLIAMS, BERNARD. 1986. "Hylomorphism." Oxford Studies in *Ancient Philosophy* 4: 189 – 199.

WIMSATT, WILLIAM C. 1985. "Forms of Aggregativity." In *Human Nature and Natural Knowledge*, edited by Marjorie Grene, Alan Donagan, Anthony N. Perovich, and Michael V. Wedin. Dordrecht: Reidel.

WITTGENSTEIN, LUDWIG. 2001 [1953]. *Philosophical Investigations*. Translated by G. E. M. Anscombe. 3rd edn. Malden: Blackwell Publishers.

WOLF, SUSAN R. 1990. *Freedom within Reason*. New York: Oxford University Press.

WYMA, KEITH. 1997. "Moral Responsibility and the Leeway for Action." *American Philosophical Quarterly* 34: 57 – 70.

YOUNG, J. Z. 1971. *An Introduction to the Study of Man*. Oxford: Clarendon Press.

致　谢

很多人为我完成这本书提供了帮助，对此我十分感激。尤其是几位学生，包括查理·拉斯特（Charlie Lassiter）、文斯·埃文斯（Vince Evans）、卡洛·达维亚（Carlo DaVia）和肖恩·威尔金斯（Shane Wilkins），我要特别感谢他们。其他提供反馈意见的人还包括乔·科莱比（Joe Corabi）、布莱恩·弗朗西丝（Bryan Frances）和威利·布莱克威尔出版社的两位匿名审稿人。我非常感谢杰夫·迪恩（Jeff Dean）在整个项目中一直给予的支持，以及蒂芙尼·莫（Tiffany Mok）、莎拉·丹西（Sarah Dancy）和克莱尔·克里菲尔德在最后阶段的不懈努力。最重要的是，我要感谢塞西莉亚·贾沃斯基（Cecilia Jaworski），感谢亚历山大（Alexander）、玛德琳（Madeleine）、埃莉诺（Eleanor）、加布里埃尔（Gabriel）和泽维尔·贾沃斯基（Xavier Jaworski）给予我的耐心支持，感谢他们参与了我对他们进行的所有思想实验。

索 引

后验同一 *a posteriori* identification　102
　　参见理论同一 see also theoretical identification
布拉案例研究 A. Bra. case study　3
能力假说 ability hypothesis　86
感质缺失 absent qualia　86–88, 354
　　参见感质 see also qualia
感质缺失/倒置论证 absent/inverted qualia argument　155, 213, 215
特设陈述 *ad hoc* claims　61
集合性质 aggregative properties　232, 235, 350
分析行为主义 analytic behaviorism　见逻辑行为主义 see logical behaviorism
分析现象主义 analytic phenomenalism　249
分析真理和分析谬误 analytic truths and falsehoods　47
阿那克萨戈拉 Anaxagoras　294
动物主义 animalism　206
异常一元论 anomalous monism　177, 180–181, 192
　　反驳论证 arguments against　199–200
　　支持论证 arguments for　181, 194–199
　　批评 critics of　181
反取消论 anti-eliminativism　161, 162, 171
反个体主义 anti-individualism　320
　　参见外在论 see also externalism

索 引

反还原论 anti-reductionism 见反还原论 see anti-reductivism
反还原论 anti-reductivism 161，162，177
亚里士多德 Aristotle 24，55，62，144，159，280，281，296，314，326
 幻象 phantasia 327
大卫·阿姆斯特朗 Armstrong, David 95，113，142，212
 参见刘易斯—阿姆斯特朗理论同一模型 see also Lewis-Armstrong model of theoretical identification
安托万·阿尔诺 Arnauld, Antoine 49
人工智能（AI）artificial intelligence（AI） 133
人造器官 artificial organs 279
随附物理主义的非对称问题 asymmetry problem for supervenience physicalism 130，167，169
 同一性公理 axioms of identity 39
A. J. 艾耶尔 Ayer, A. J. 249

弗朗西斯·培根 Bacon, Francis 285
达纳·巴拉德 Ballard, Dana 160
基本实体 basic entities 261
威廉·贝克特尔 Bechtel, William 276，282，287
行为主义 Behaviorism 103–106
 支持与反驳论证 arguments for and against 106–111
信念 belief 5，72
乔纳森·本内特 Bennett, Jonathan 221
M. R. 本内特 Bennett, M. R. 217
乔治·贝克莱 246，248，249–253，254，255
边界条件 boundary conditions 121
罗伯特·波义耳 Boyle, Robert 285
F. H. 布拉德利 Bradley, F. H. 248
大脑 brain 2–4
大脑状态 brain states 63，263

桥律（桥原理）bridge laws (bridge principles) 122

宽物理类型 broad physical types 135

C. D. 布罗德 Broad, C. D. 235

泰勒·伯奇 Burge, Tyler 320

尼尔·坎贝尔 Campbell, Neil A. 284

鲁道夫·卡尔纳普 Carnap, Rudolph 107

笛卡尔自我 Cartesian ego 124, 142

物理域的因果封闭 causal closure of the physical domain 117, 242

因果继承原则 causal inheritance principle 163

因果多元论 causal pluralism 290–296

大卫·查尔默斯 Chalmers, David 212, 215

变化盲视 change blindness 321, 322, 323

将死模式 checkmating pattern 332–333

中文屋论证 Chinese Room argument 130, 156–158

罗德里克·齐硕姆 Chisholm, Roderick 32, 207, 209, 210

保罗·丘奇兰德 Churchland, Paul M. 181

经典突现论（"英国突现论"）classic emergentism ("British Emergentism")
238, 303, 355

经典条件 classical conditioning 311

认知心理学 cognitive psychology 105

认知科学 cognitive science 94

共同因素观 common element thesis 316

计算功能主义 computational functionalism 137

心的计算理论 computational theory of mind 137

 参见功能主义 see also functionalism

可设想性论证 conceivability argument 40, 41, 132

 批评 criticism of 43, 44

 参见实体二元论的模态论证 see also modal argument for substance dualism

可设想性 conceivability 见可设想性—可能性原则 see conceivability-possibility principles

可设想性—可能性原则（CPs）conceivability-possibility principles（CPs） 34，40，44，85，88，132，157

概念本体主义 conceptual essentialism 35，42

 参见经验本质主义与概念本质主义 see also empirical versus conceptual essentialism

概念唯心论 conceptual idealism 247

意识 consciousness 14，26–28，29，263

 参见感质 see also qualia

物理学的守恒定律 conservation laws of physics 58，59，65，242

心理表征的内容 content of mental representations 90

 参见意向性 see also intentionality

性质的对比类别 contrast class of propositions 292

对比解释 contrastive explanation 292

调节类型学策略 coordinated typology strategy 135

解释的覆盖律模型 covering-law model of explanation 122

卡尔·克拉芙尔 Craver, Carl 288

唐纳德·戴维森 Davidson, Donald 32，175，192

 异常一元论的支持论证 argument for anomalous monism 176，194–199

记忆幻觉 déjà vu 3

荷西·德尔加多 Delgado, Jose 4，18

德谟克利特 Democritus 103，272，281

丹尼尔·丹尼特 Dennett, Daniel 88，218

 感质的反驳论证 argument against qualia 219–222，228，266，354

排他性论证的依赖原因回应 dependent cause response to the exclusion argument 173

勒内·笛卡尔 Descartes, René 23，24，25，35，42，43，45，48–50，55，58，104，132，216，217，252

 第一哲学沉思集 Meditations on First Philosophy 41，42

欲望 desire　5, 72

决定论 determinism　12

约翰·杜威 Dewey, John　283

直接访问观 direct access thesis　317, 331-333

直接实在论 direct realist view　252

析取论 disjunctivism　317, 324-330

四因说 doctrine of the four causes　296

梦 dream　41

弗雷德·德雷斯基 Dretske, Fred　91, 92, 94, 95

双面向论 dual-aspect theory 见二元属性论 see dual-attribute theories

二元属性论（DAT）dual-attribute theories (DAT)　1, 5, 8, 9, 15, 18, 21, 63, 79, 130, 177, 202-244

　　正确理解 in perspective　243-244

　　二元属性论与物理主义和实体二元论 versus physicalism and substance dualism　203-206

二元理论 dualistic theories　1, 5

约翰·埃克尔斯 Eccles, John　35

阿瑟·斯坦利·爱丁顿爵士 Eddington, Sir Arthur Stanley　12-13, 185

两个桌子问题 two table problem　12-13, 348

阿尔伯特·爱因斯坦：广义相对论 Einstein, Albert: general theory of relativity　185

保罗·埃克曼 Ekman, Paul　311-312, 332, 337

电磁学 electromagnetism　135

取消物理主义 eliminative physicalism　68, 69, 71-74

　　参见取消论 see also eliminativism

取消论 eliminativism　10, 15, 18, 72, 74, 76, 130, 165, 180-181

　　反驳论证 argument against　187-188

　　支持论证 argument for　181-187, 228

波西米亚公主伊丽莎白 Elisabeth, Princess of Bohemia　55, 58

功能主义的具身心智反驳 embodied mind objection to functionalism　159 – 161

具身观 embodiment thesis　317, 339 – 343

突现 emergence　229 – 233

意识的突现 emergence of consciousness　263

突现性质 emergent properties　234, 235, 236, 274, 291

突现论 emergentism　8, 9, 15, 21, 63, 64, 165, 203, 211, 233 – 236

　　支持和反驳论证 arguments for and against　236 – 243

　　多层级世界观 multilevel worldview　234

经验本质主义 empirical essentialism 见经验本质主义与概念本质主义 see empirical versus conceptual essentialism

经验本质主义与概念本质主义 empirical versus conceptual essentialism　42, 48

能量封闭系统 energetically closed systems　58

副现象论 epiphenomenalism　8, 9, 15, 21, 63, 64, 165, 167, 210 – 212, 228, 233

　　支持论证 argument for　213 – 215

　　反驳论证 arguments against　203, 228 – 229

　　反直觉含义 counterintuitive implications　228

　　理论 theories　212

本质属性论证 essential property argument　41, 42, 49

　　反驳 objections to　48

　　参见实体二元论的模态论证 see also modal argument for substance dualism

欧几里得几何 Euclidean geometry　25, 136, 144

事件 events　174 – 176, 192, 364

排他性论证 exclusion argument　169 – 174

排他性问题 exclusion problem 见排他性论证 see exclusion argument

解释力不足 explanatory impotence　62 – 65

随附物理主义的解释问题 explanation problem for supervenience physicalism　130, 167, 169

解释鸿沟 explanatory gap　213

外在论 externalism　317, 318 – 321, 350

反驳 objection to　353

事实—价值二分法 fact-value dichotomy　12
假信念 false belief　315
感觉 feeling　5
赫伯特·费格尔 Feigl, Herbert　107
保罗·费耶阿本德 Feyerabend, Paul　181
J. G. 费希特 Fichte, J. G.　248
第一人称权威 first-person authority　26 – 28
第一人称顽固性 first-person incorrigibility　26
第一人称无误性 first-person infallibility　26
第一人称主体性 first-person subjectivity　26 – 28
民间物理学 folk physics　182
民间心理学 folk psychology　181 – 182, 184 – 188
民间理论 folk theory　111
随附物理主义的表述问题 formulation problem for supervenience physicalism　165, 169
自由意志 free will　12
功能分析 functional analysis　270, 276, 277, 278
功能性磁共振成像（fMRI） functional magnetic resonance imaging（fMRI）　325
功能组织 functional organization　139
功能主义 functionalism　130, 136 – 140, 142, 143, 355
　　功能主义与非还原论共识 and nonreductivist consensus　144 – 149
　　功能主义的问题 troubles with　149 – 155
　　功能主义与同一论 versus the identity theory　140 – 141

伽利略 Galileo　27
皮埃尔·伽桑狄 Gassendi, Pierre　55
广义相对论 general relativity theory　155
全局随附 global supervenience　166, 167

参见随附 see also supervenience

目标导向行为 goal-directed behavior　153

上帝的概念 God, notion of　254

向地性 gravitotropism　310

葛氏定律 Gresham's Law　185, 186

P. M. S. 哈克 Hacker, P. M. S.　217

幻觉 hallucination　41, 254, 315, 316, 324, 327

幻觉经验 hallucinatory experiences　328

G. W. F. 黑格尔 Hegel, G. W. F.　248

卡尔·亨普尔 Hempel, Carl　79, 106, 107

亨普尔难题 Hempel's dilemma　69, 79－83, 85

高阶知觉 higher-order perception 见意识的高阶理论 see higher-order theories of consciousness

高阶性质 higher-order properties　140－141, 368

意识的高阶理论 higher-order theories of consciousness　88, 89－100, 266

高阶思维 higher-order thought 见意识的高阶理论 see higher-order theories of consciousness

托马斯·霍布斯 Hobbes, Thomas　103, 285

心理话语的整体论 holism of psychological discourse　108, 109

小人论 homunctionalism 见目的论功能主义 see teleological functionalism

小人功能主义 homuncular functionalism 见目的论功能主义 see teleological functionalism

具有非物理组分的人 humans with nonphysical parts　65

心的形质理论 hylomorphic theory of mind　306－311, 342

　　支持和反驳论证 arguments for and against　353－355

形质论世界观 hylomorphic worldview　269－270, 271－275, 285－258

　　局域性定义的层级 locally-defined levels　287

　　构成观 view of composition　280

　　具身观 view of embodiment　307

形质论 hylomorphism　2, 10, 11, 16, 18, 21, 79, 120, 130, 165, 177, 243
 另一种分体论 alternative mereology　210
 支持论证 argument for　296-303
 因果多元论与形质论 causal pluralism and　344
 承诺外在论 commitment to externalism　321
 定义 definition　270-271
 机械结构 mechanical structures　309
 心—物二分法与形质论 mental-physical dichotomy and　290, 343-244
 机体构成 organic composition　276
 社会及环境交互作用的模式 patterns of social and environmental interaction　185
 心物突现问题 problem of psychophysical emergence　352-353
 心理因果问题 problem of mental causation　344-352
 形质论与行为主义 versus behaviorism　338-339
 形质论与物理主义和经典突现论 versus physicalism and classic emergentism　288-290
 形质论与结构非还原论 versus structural nonreductivists　299

唯心论 idealism　1, 5, 15, 248
 反驳论证 arguments against　253-255
 种类 varieties of　247-249
同一 identification　102
同一论 identity theory　21, 102, 113, 116, 143, 149, 165, 167, 212, 243
 支持论证 arguments for　115
参见心物同一论 see also psychophysical identity theory
意象旋转实验 image rotation experiments　326
印迹 imprinting　311
以往科学成功的归纳概括 inductive generalization from past scientific success　54, 55, 117
较差解释推理 inference from a worse explanation　62

最佳解释推理 inference to the best explanation 62

推断访问观 inferential access thesis 316

内在经验观 inner experience thesis 316

 内在经验观与感觉运动探索 versus sensorimotor exploration 321–324

拒斥内存心灵 inner minds, rejection of 314–317

内在—外在区分 inner-outer distinction 27

工具主义 instrumentalism 2, 10, 70, 177, 188–191

 反驳论证 argument against 181, 190–191

 支持论证 argument for 181, 190–191

意向性 intentionality 30–31

交互作用论 interactionism 见非交互作用论 see noninteractionism

内部—外部区分 internal-external distinction 27

内在论 internalism 316

 参见外在论 see also externalism

理论间还原 intertheoretic reduction 121, 122

内省 introspection 263, 329

直觉 intuition 53, 216

感质倒置 inverted qualia 86–88, 94, 155, 213, 215, 354

 参见感质 see also qualia

光谱倒置 inverted spectra 87

 参见感质 see also qualia

无理性行为 irrational behavior 32

弗兰克·杰克逊 Jackson, Frank 83, 212

威廉·詹姆斯 James, William 261

伊曼纽尔·康德 Kant, Immanuel 247, 248, 263

 唯心论 idealism 246, 248

开普勒定律 Kepler's laws 121, 122, 123

金在权 Kim, Jaegwon 161–164, 170

排他性论证 exclusion argument　130, 176, 348

金在权的三难困境 Kim's trilemma　130, 161 – 164, 169

功能主义的自由主义反驳的膝跳回应 knee-jerk response to the liberalism objection to functionalism　152 – 153

知识论证 knowledge argument　83 – 86, 157, 215

索尔·克里普克 Kripke, Saul　336

被还原理论和还原理论定律 laws of a reduced theory and a reducing theory　122

戈特弗里德·威廉·冯·莱布尼茨 Leibniz, Gottfried Wilhelm von　35, 60, 166

莱布尼茨定律 Leibniz's law　207, 209

实在的层级 levels of reality 见多层级世界观 see multilevel worldview

大卫·刘易斯 Lewis, David　113, 115, 117 – 120, 212

　　参见刘易斯—阿姆斯特朗理论同一模型 see also Lewis-Armstrong model of theoretical identification

刘易斯—阿姆斯特朗理论同一模型 Lewis-Armstrong model of theoretical identification　114 – 115, 142 – 144, 212

功能主义的自由主义反驳 liberalism objection to functionalism　130, 149 – 155

约翰·洛克 Locke, John　252, 283

逻辑行为主义 logical behaviorism　102, 105, 107

逻辑实证主义 logical positivism　106

逻辑真与逻辑假 logical truths and falsehoods　47

低层决定论 lower-level determination thesis　349

马基雅弗利智力假说 Machiavellian intelligence hypothesis　187

　　参见社会脑假说 see also social brain hypothesis

机器功能主义 machine functionalism　137

　　参见功能主义 see also functionalism

机器表 machine table　136

尼古拉斯·马勒伯朗士 Malebranche, Nicholas　35, 61

大卫·马尔 Marr, David　160

唯物主义 materialism 见物理主义 see physicalism
恩斯特·迈尔 Mayr, Ernst　284
科林·麦金 McGinn, Colin　214, 263-266, 277
布莱恩·麦克劳克林 McLaughlin, Brian　237
J. M. E. 麦克塔加特 McTaggart, J. M. E.　248
机械结构 mechanical structures　309
机械解释 mechanistic explanation　294
机械性感受 mechanoreception　310
心理因果 mental causation　243, 290
　　心理因果问题 problem of　18-21
　　心理因果问题的解决 solutions to the problem of　20, 170, 239
心理内容 mental content 见意向性 see intentionality
心理领域 mental domain　23
心理事件 mental events　256
心理一元论 mental monism 见唯心论 see idealism
心理现象 mental phenomena　110, 211, 212
心理照片 mental photographs　226
心理性质 mental properties　1
心理表征 mental representation　94, 95
　　命题态度与心理表征 propositional attitudes and　30-31
　　参见意向性 see also intentionality
心理状态 mental states　63
心理—物理区分 mental-physical distinction　23-32
分体论本质主义 mereological essentialism　207-208, 209
分体论 mereology　208
方法论行为主义 methodological behaviorism　104
方法论原则 methodological principle　107
杰奎琳·梅茨勒 Metzler, Jacqueline　325
乔纳森·米勒 Miller, Jonathan　284
心灵 mind　2-4, 373

身心悲观论 mind-body pessimism　2, 10, 11, 16, 214, 246-247, 263-267

身心问题 mind-body problems　2, 11-13, 247

身心理论 mind-body theories　5-11

独立于心灵的对象 mind-independent objects　248

实体二元论的模态论证 modal argument for substance dualism　39, 362, 373, 385

一元论 monistic theories　1, 5

多层级世界观 multilevel worldview　124-126

多重可实现性论题（MRT）multiple realizability thesis（MRT）　131-133, 142, 144, 149, 341

里克·米恩 Myin, Erik　323

内格尔的还原模型 Nagel model of reduction　121, 123

欧内斯特·内格尔 Nagel, Ernest　122

托马斯·内格尔 Nagel, Thomas　214

窄心理类型 narrow mental types　134, 164

自然类词项 natural kind terms　336

自然选择 natural selection　95, 154

新柏拉图主义者 Neoplatonists　35, 38

　　参见柏拉图 see also Plato

神经操控 neural manipulation　18

神经科学 neuroscience　133

中立一元论 neutral monism　1, 5, 16, 18, 124, 130, 256-257

　　支持与反驳论证 arguments for and against　257-262

中立观 neutrality thesis　316

艾萨克·牛顿爵士：运动定律 Newton, Sir Isaac：laws of motion　25, 121, 122, 123, 273

阿瓦·诺依 Noë, Alva　98, 323

非分析现象主义 nonanalytic phenomenalism　249

非笛卡尔二元论 non-Cartesian dualism　206

非交互作用论 noninteractionism　59-62

非机体二元属性论 nonorganismic dual-attribute theories 9, 15, 65, 206-210

   参见二元属性论 see also dual-attribute theories

非物理主义解释 nonphysical explanations

  生命的非物理主义解释 of life 78

  磁场的非物理主义解释 of magnetism 77

  心理疾病的非物理主义解释 of mental illness 78

  行星运动的非物理主义解释 of planetary motion 78

非理论行为 nonrational behavior 32

非还原物理主义 nonreductive physicalism 16, 21, 68, 69, 71-74, 103, 129-177, 204-205, 288, 375

非还原论多层级世界观 nonreductivist multilevel worldview 146

非标准身心理论 non-standard mind-body theories 6

客观的 objective 见主观/客观区分 see subjective/objective distinction

客观性 objectivity 27

偶因论 occasionalism 59-62

   参见非交互作用论 see also noninteractionism

奥卡姆剃刀 Ockham's razor 115-117, 247, 258, 301, 302, 324

知觉子系统的离线操作 offline operation of perceptual subsystems 325

朱利安·奥弗鲁瓦·德·拉美特利 Offray de La Mettrie, Julien 103

新表征下的旧事实 old facts under new representations 86

本体论唯心论 ontological idealism 247, 248

  动机与支持论证 motivation and argument for 249-253

本体论自然主义 ontological naturalism 218, 228

本体论节俭 ontological parsimony 247

   参见奥卡姆剃刀 see also Ockham's razor

操作条件 operant conditioning 311

凯文·奥里根 O'Regan, J. Kevin 98, 323

机体构成和功能分析 organic composition and functional analysis 275-280

机体二元属性论 Organismic DATs 206

组织的概念 organization, concept of 280–285
　　参见形质论 see also hylomorphism
外在经验观 outer experience thesis 317
多元决定 overdetermination 240, 241

普遍的疼痛 pain *simpliciter* 164
　　普遍的疼痛与窄心理类型 and narrow mental types 134, 135, 164
泛原心论 panprotopsychism 15, 203, 229–233
泛心论 panpsychism 15, 203, 231, 232, 248
平行论 parallelism 59–62
心理语言的模式表达理论 pattern expression theory of psychological language
　　119, 317, 334–338
模式识别 pattern recognition 33, 331–333
棋盘 chess board 332
社会及环境交互作用 social and environmental interaction 309–314
查尔斯·桑德斯·皮尔士 Peirce, Charles Sanders 173
威尔德·潘菲尔德 Penfield, Wilder 3–4, 35, 347
罗杰·彭罗斯 Penrose, Roger 272
幻象 *phantasia* 326
现象意识 phenomenal consciousness 28–29, 94, 97, 99
　　参见感质 see also qualia
现象主义 phenomenalism 249
　　参见唯心论 see also idealism
燃素 phlogiston 76, 183
向光性 phototropism 310
感质的物理解释 physical account of qualia 89–100, 214
物理一元论 physical monism 见物理主义 see physicalism
物理现象 physical phenomena 24–26
物理性质 physical properties 1
物理主义 physicalism 1, 5, 9, 15, 18, 130, 161–162

反驳论证 arguments against   69

支持论证 arguments for   77－79

物理主义的主张 claims of   69－71

物理主义的含义 implications of   74－75

物理主义的动机 motivations for   75－77

物理主义的类型 varieties of   68，69，71－74

物理主义与二元属性论 versus dual-attribute theory   203－205

物理主义与形质论 versus hylomorphism   288－290

物理主义世界观 worldview   68－100

物理化学能 physico-chemical energy   283

阿尔文·普兰廷加 Plantinga, Alvin   35

柏拉图 Plato   35，38，55，62，281，294

Platonism   144

柏拉图主义 Platonists 见柏拉图 see Plato

正电子发射断层扫描（PET）positron emission tomography（PET）   325

可能世界 possible worlds   166

前定和谐论 pre-established harmony, doctrine of   60

心理现象的私人概念 private conception of mental phenomena   23

私人语言论证 private language argument   219，222－228，266，354

特权访问 privileged access 见第一人称权威 see first-person authority

因果/解释排他性问题 problem of causal/explanatory exclusion 见排他性论证 see exclusion argument

解释力不足的问题 problem of explanatory impotence   210

交互作用问题 problem of interaction   55－59，207，253

心理因果问题 problem of mental causation   18－21

他心问题 problem of other minds   17－18，51，210，228，331－333

性质二元论 property dualism   102，116，205，248

事件的性质例证理论 property exemplification theory of events   174－175，191－192

性质示例 property instances 见事件的性质例证理论 see property exemplification theory of events

性质例示 property instantiation 见事件的性质例证理论 see property exemplification theory of events

命题态度 propositional attitudes 见意向性 see intentionality

原信念 protobeliefs 232

原意识状态 protoconscious states 231

原心理状态 protomental states 见泛原心论 see panprotopsychism protoscientific theory 111

心理 psyche 281

心理话语 psychological discourse 10, 16, 111 - 112, 159, 181, 315

心理语言 psychological language 334 - 338, 339

 参见心理语言的模式表达理论 see also pattern expression theory of psychological language

 参见心理话语的理论模型 see also theory model of psychological discourse

心物突现 psychophysical emergence 13 - 17, 213, 229, 238

心物同一论 psychophysical identity theory 63, 64, 102, 112 - 115

心物定律 psychophysical laws 229 - 233

心物性质同存 psychophysical property coincidence 203

心理现象的公众概念 public conception of mental phenomena 23

希拉里·普特南 Putnam, Hilary 110, 136, 137, 140, 319, 320, 336, 380

感质 qualia 28 - 29, 89, 91, 103, 149 - 155, 203, 212

 感质的存在 existence of 215 - 219

感质倒置 qualia inversion 87

感质怀疑论者 qualia skeptics 216

感质僵尸 qualia zombies 28, 218, 228

量子理论 quantum theory 155, 185

威拉德·冯·奥曼·奎因 Quine, Willard van Orman 181

理查德案例研究 R. W. case study 2 - 3, 4, 14

激进的行为主义 radical behaviorism　104，105

理性 rationality　30，31－32

真实的知觉 real perception　96

实在表征与工具表征 real versus instrumental representations　189

实在论者 realists　10

实现物理主义 realization physicalism　130，144－149，161，165，205，256

实现关系 realization relations　139

被还原理论 reduced theory　121

还原理论 reducing theory　121

还原 reduction　277，278

还原论 reductionism 见还原物理主义 see reductive physicalism

还原物理主义 reductive physicalism　15，21，68，69，71－74，75，102

　多层级世界观 multilevel worldview　125

　对多重可实现性论证的回应 responses to multiple-realizability argument　134－136

还原论 reductivism　120－124

　参见还原物理主义 see also reductive physicalism

转世说 reincarnation, doctrine of　38

意识的表征理论 representational theories of consciousness　88，89－100，221，226

表征主义 representationalism　252，253

理查德·罗蒂 Rorty, Richard　181

伯特兰·罗素 Russell, Bertrand　106，258，259，261

吉尔伯特·赖尔 Ryle, Gilbert　288

科学可错论 scientific fallibilism　85

科学革命 Scientific Revolution　25，75

约翰·塞尔：中文屋论证 Searle, John：Chinese room argument　133，155，156－158

第二或第三人称不可访问性 second-or third-person inaccessibility　28

威尔弗雷德·塞拉斯 Sellars, Wilfrid　29, 32

可被感知的事物 sensibilia　261

感觉运动相倚 sensorimotor contingencies　98

意识的感觉运动理论 sensorimotor theories of consciousness　88, 89 – 100, 321

感官机制 sensory mechanisms　310

罗杰·谢帕德 Shepard, Roger　325

查尔斯·谢林顿 Sherrington, Charles　35

心理表征的简单共变理论 simple covariation theories of mental representation　90

G. G. 辛普森 Simpson, G. G.　284

B. F. 斯金纳 Skinner, B. F.　104

劳伦斯·斯克拉 Sklar, Lawrence　123

J. J. C. 斯马特 Smart, J. J. C.　32, 113, 115, 258, 301

　　参见奥卡姆剃刀 see also Ockham's razor

社会脑假说 social brain hypothesis　187

苏格拉底 Socrates　294, 295

小苏格拉底 Socrates the Younger　159

格尔德·佐默霍夫 Sommerhoff, Gerd　284, 289

心理表征的复杂共变理论 sophisticated covariation theories of mental representation　91

特殊科学 special sciences　71, 73, 129, 145

物种特有的心理类型 species-specific mental types　134

罗杰·斯佩里 Sperry, Roger　236

标准身心理论 standard mind-body theories　6, 7

强人工智能 strong AI 见人工智能 see artificial intelligence

强随附 strong supervenience　167

　　参见随附 see also supervenience

结构 structure 见组织概念 see organization, concept of

结构取消论者 structural eliminativists　298

结构非还原论者 structural nonreductivists　298

结构还原论者 structural reductivists　298

主观/客观区分 subjective/objective distinction 214

主体性 subjectivity 27

实体—属性本体论 substance-attribute ontology 174, 191

实体二元论 substance dualism 1, 5, 9, 15, 18, 21, 34–65, 85, 228, 355

 支持论证 argument for 39–43, 88, 157

 正确理解实体二元论 in perspective 65

 实体二元论的动机 motivations for 35–38

 对实体二元论支持论证的反驳 objections to the argument for 43–50

 实体二元论关于人—肉体交互作用 on person-body interaction 37

 实体二元论与他心问题 and the problem of other minds 50–55

超级演员 super actors 110

超物理学家 Super Physicist 70–71, 177, 204, 270, 290

超级斯巴达人 super Spartans 110

随附 supervenience 130, 350–352

随附论证 supervenience argument 见排他性论证 see exclusion argument

随附物理主义 supervenience physicalism 130, 148, 164–169

理查德·斯温伯恩 Swinburne, Richard 35

理论的句法模型 syntactic model of theories 122

目的论功能主义 teleological functionalism 153, 278

理论同一 theoretical identification 113, 123

心理话语的理论模型 theory model of psychological discourse 111–112, 119, 184, 315, 316

个例物理主义 token physicalism 173, 174, 199

 参见类型物理主义 see also type physicalism

迈克尔·托马塞洛 Tomasello, Michael 333, 334–335

同一性的传递性 transitivity of identity 114

阿兰·图灵 Turing, Alan 137

图灵机 Turing machine 136, 137, 138

图灵测试 Turing test 137, 138

孪生地球思想实验 Twin Earth thought experiment　319，337

迈克尔·泰伊 Tye, Michael　44

A 型唯物主义 type-A materialism　215

类型物理主义 type physicalism　174

类型—个例区分 type-token distinction　173，174

巴斯·范·弗拉森 van Fraassen, Bas　292

彼得·范·英瓦根 van Inwagen, Peter　275，282

意义的证实理论 verifiability theory of meaning　107

J. B. 华生 Watson, J. B.　104

弱人工智能 weak AI 见人工智能 see artificial intelligence

弱随附物理主义 Weak supervenience physicalism　166

是什么样子 what it's like 见感质 see qualia

维德曼–弗朗兹定律 Wiedemann-Franz law　123

奥卡姆的威廉 William of Ockham　115

威廉·文萨特 Wimsatt, William　232，235

路德维希·维特根斯坦 Wittgenstein, Ludwig　88，218

　　私人语言论证 private language argument　219，222-228，266，354

J. Z. 扬 Young, J. Z.　284